靜力學

曾彥魁　編著

全華圖書股份有限公司

序言

工程力學是工程科學領域中最基本的科目，其中又以靜力學最為簡單易學。靜力學顧名思義是在探討物體或結構受力達到平衡狀態時，該物體或結構的受力狀態，由此所得到的結果，可以作為後續結構設計或力學分析的條件依據。

作者曾在工業界服務超過十五年，深知力學基礎能力在機械、航太、土木、建築等工程領域的重要性，然而在近幾年的教學經驗中，卻發現許多學生的學習成果不甚理想，究其原因，主要在於數學和物理背景知識不夠扎實，以及未能清楚理解力學平衡的真正含意所致。雖然市面上已有多本不錯的教材可供選擇，但如果能在章節編排和內容難易上作適度調整，並以圖案及簡單易懂的文辭來敘述說明，必定更能提高學習興趣與學習效果。修習的學生只要能按部就班完成本書所有單元的內容學習，必然就會擁有堅強而踏實的靜力學基礎，對往後材料力學、動力學、機構學、結構分析和振動學等課程的學習大有助益。

本書為作者響應翻轉教學，依照現階段學生學習需要所重編之翻轉教材，已在校內試用多年，成效良好。又本書內容難易適中，除了特別重視定義與觀念闡明以外，也輔以生動明確之圖示說明公式和易懂之練習題強化觀念，能使學生在學習時產生興趣與信心，達到有效學習的目的。

本書雖經多次校稿，但疏漏與錯誤仍在所難免，各位學界先進或使用本書之學子倘有發現，還請包涵並不吝予以指正，感謝！

曾彥魁　謹識

編輯部序

「系統編輯」是我們的編輯方針，我們所提供給您的，絕不只是一本書，而是關於這門學問的所有知識，它們由淺入深，循序漸進。

本書內容簡單易學且配合學校上課週數，內容適恰，各章提要加入了生活化應用照片與說明，讓靜力學與生活做結合，加上本書以圖解的編排說明公式，不僅讓學生輕鬆理解加深其學習興趣，老師也能輕易備課掌握教學進度。另外本書題目經過設計，答案數字精簡易算，解答詳細，更附有圖示解釋說明，奠定靜力學基礎養成。

同時，為了使您能有系統且循序漸進研習相關方面的叢書，我們以流程圖方式，列出各有關圖書的閱讀順序，以減少您研習此門學問的摸索時間，並能對這門學問有完整的知識。若您在這方面有任何問題，歡迎來函聯繫，我們將竭誠為您服務。

編輯部　謹識

相關叢書介紹

書號：05974
書名：應用力學
編著：陳宏州

書號：05549
書名：材料力學
編著：李鴻昌

書號：02032
書名：靜力學
編著：劉上聰

書號：02876
書名：材料力學
編著：許佩佩、鄒國益

書號：06016
書名：靜力學
英譯：Meriam、陳文中、邱昱仁

書號：06094
書名：動力學
編著：劉上聰、錢志回、林 震

流程圖

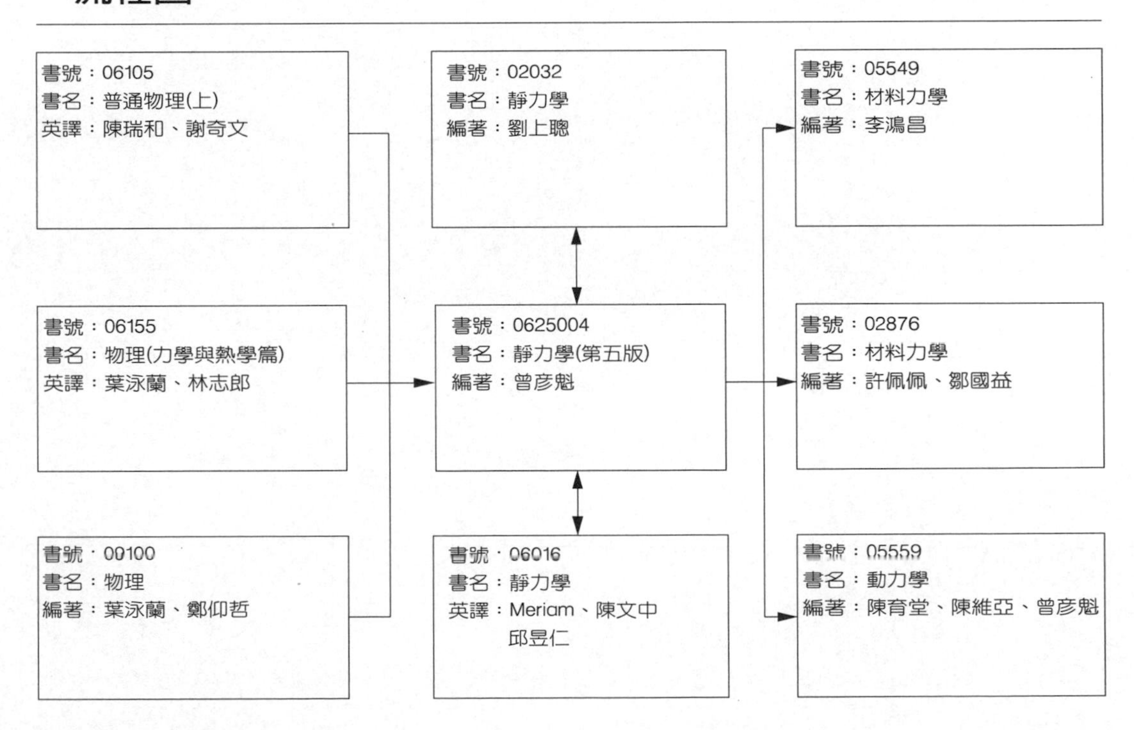

目錄

第01章 力與力學概要

1-1 力的定義與要素 1-4
1-2 力學的定義 1-6
1-3 牛頓運動定律 1-9
1-4 單位與因次 1-13

第02章 力的向量性質

2-1 向量運算的基本方法 2-4
2-2 力的分解與合成 2-15
2-3 以三角函數定理求力在座標軸上的分力 2-20
2-4 以畢氏定理求座標軸分力的合成力 2-24
2-5 正弦定理與餘弦定理 2-26
2-6 力的大小與單位向量 2-30

第03章 質點的平衡

3-1 質點的平衡條件 3-4
3-2 質點受力自由體圖 3-5
3-3 二維力系的平衡 3-6
3-4 三維力系的平衡 3-16

目錄

第 04 章 力系的合成與簡化

4-1 力矩的表示及其特性 4-4
4-2 向量乘積與力矩 4-10
4-3 力偶與力偶矩 4-18
4-4 力偶矩的合成與分解 4-22
4-5 力偶之轉換與平衡條件 4-28
4-6 平面上單力與力偶矩之變換 4-30
4-7 等效力系 4-33
4-8 平面力系的合成 4-37
4-9 空間力系的合成 4-40
4-10 扳鉗力系 4-43

第 05 章 剛體的平衡

5-1 剛體平衡的條件 5-4
5-2 二維力系自由體圖與作用力的平衡 5-5
5-3 三維力系自由體圖與作用力的平衡 5-17
5-4 二力元件的定義與平衡方程式 5-21
5-5 三力元件的定義與平衡方程式 5-26

目錄

第06章 重力、彈簧力與張力

6-1 重力與正向力 6-4
6-2 彈簧力 6-11
6-3 滑輪與繩索之張力 6-21

第07章 平面結構分析

7-1 桁架的特性和構成方式 7-4
7-2 平面桁架受力分析－節點法 7-7
7-3 平面桁架分析的簡化 7-15
7-4 平面桁架分析－截面法 7-24
7-5 構架與機具結構分析 7-33

第08章 摩擦與摩擦力

8-1 摩擦與摩擦力的定義 8-4
8-2 受摩擦力作用物體的平衡 8-5
8-3 摩擦在機械上的應用 8-17

目錄

第09章 重心、質心與形心

9-1 平行力系的合力 9-4
9-2 剛體的重心、質心與形心 9-15

第10章 慣性矩

10-1 慣性矩的定義 10-4
10-2 面積慣性矩 10-5
10-3 平行軸定理 10-14
10-4 質量慣性矩 10-20

第11章 功與能

11-1 作用力與功 11-4
11-2 力矩所作的功 11-9
11-3 虛功原理 11-12
11-4 重力位能與彈性位能 11-18

01 力與力學概要

本章大綱

1-1　力的定義與要素

1-2　力學的定義

1-3　牛頓運動定律

1-4　單位與因次

學習重點

本章主要在讓學習者了解力的定義，以及力存在所必需具備的要素，並清楚力學的基本分類和牛頓三大運動定律的基本觀念，藉以奠定力學的學習基礎。此外，力學分析時常會應用到的各種單位必需加以熟識，並能以因次分析方法來簡化運算時出現的複雜單位問題，使研修力學能變得較為簡易而有趣。

Learing Objectives

- *To understand the definition of force and elements for its existence.*
- *To clarify the basic classification of mechanics and the basic concepts of Newton's three laws of motion.*
- *To use the dimensional analysis method to simplify complex unit problems in calculations.*

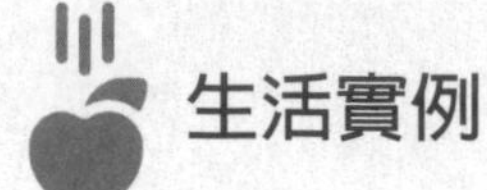

生活實例

我們日常生活周遭的一切，包含樓房、橋樑、汽車、飛機，甚至人造衛星等，在建造時，首先要考慮的就是它們的力學問題，這樣才能確保功能性與安全性。因此，學習力學分析能力，是每個有志於投入工程領域學子的基本必要課題。

建築物或橋樑的設計，必需符合力學平衡原理，才能達到安全耐用的目的。本章將開啓基礎力學研習之門，讓力學從此成為生活中有趣而實用的一部分。

生活實例

Everything around us in our daily life, including buildings, bridges, cars, airplanes, and even space shuttles, satellites, etc., when building, the first thing to consider is their mechanics, so as to ensure functionality and safety. Therefore, to have ability on basic mechanical analysis is important and necessary for every student who is interested in the field of engineering.

The design of space shuttles, satellites must comply with the principle of mechanical balance in order to achieve the purpose of safety and durability. In this chapter, the door of learning basic mechanics will be opened to make mechanics as an interesting and practical part of life.

1-1 力的定義與要素 Definition and Essentials of a Force

我們日常生活中常會提到**力** force★[1]，究竟什麼是力呢？簡單的說，力就是「**一種可以使物體產生變形、破壞、運動或位移的物理量**」。力雖然肉眼看不見，但卻可以用人類的感官系統來感受它的存在。一般來說，力必需包含三個基本要素，那就是**力的大小**、**力的方向**和**力的施力點**，也就是說，力是可以計量的，而且具有方向性，但必需要有一個作用點或施力點，這樣，力的性質和存在的特性才可以顯現。

以力存在的特性來說，一般可以將它分爲接觸力和超距力兩種。所謂接觸力就是施力和被施力物體之間有接觸才會產生的力，如摩擦力、碰撞力等。接觸力本質上是一種**表面力** surface force，只發生在相互接觸的兩個物體表面之上。另外一種不必相互接觸就可以產生的力就是超距力，如磁力、重力等。超距力是一種**徹體力** body force，它會分布在整個物體上。另外，以存在的狀態來說，力又可以分爲**外力** external force★[2] **和內力** internal force★[3] 兩種。外力是指由物體外部所施加於物體的作用力，而內力則是指物體受到外力作用時系統內部各單元之間所產生的相互抵抗力。內力的大小和外力相同，當外力的作用存在時內力就會存在，但當外力作用消失的同時，內力也就隨之消失了，也就是說外力和內力會同時存在於一個物體上，不過兩者存在的方式和意義不同，需要加以分別，不可混淆。

圖 1-1 中，當一根桿件 member 受到大小為 F 的拉力 tension force 作用時，對桿件來說 F 是由外部施加上去的，因此是外力，此時如果將桿件從中間切開，它的內部會存在一對大小相等但方向相反的力，這一對力就是這個桿件的內力。

內力會存在於整個桿件之中，因此，將圖 1-1 中所有介於 A 點和 B 點之間的任何點剖開，都會有內力顯現出來，而且所顯現出的內力大小和方向都會和由 C 點剖開時的情況相同，但如果不將桿件剖開，內力仍然存在，只是不會呈現出來。

Note

★1. force：is a physical quantity that can deform, destroy, move, or displace an object.

★2. external force：refers to the force exerted on the object by the outside of the object.

★3. internal force：refers to the mutual resistance between the various units inside the system when the object is subjected to external force.

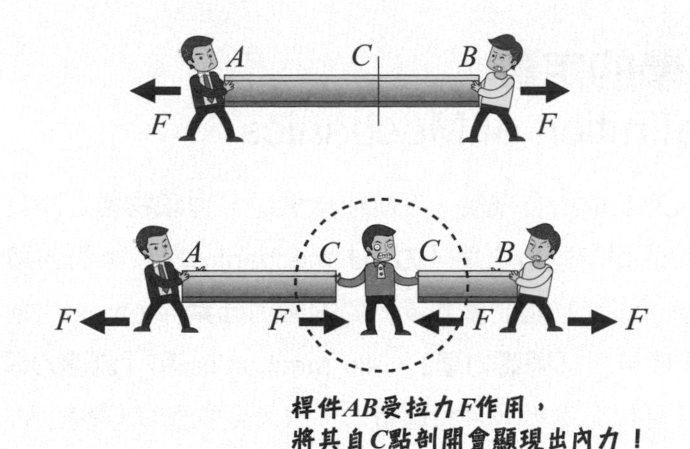

圖 1-1　桿件的內力

同一個物體中的不同單元所互相施加的力對整個物體來說算是內力，不會對物體的存在狀態或運動情形有所影響。例如坐在車上的乘客對車子施加推力並不會改變車子的行車速度，因爲兩者可視爲同一個物體的不同單元，當乘客對車子施力的同時，車子也會給乘客一個反向力來相互抵消，兩者是一種內力關係。不過，如果是在研究乘客對車子上的某個單元施力，會讓這個單元產生多大的反作用力或位移時，則乘客和汽車上的這個單元各自變成一個獨立個體，乘客的施力對這個單元來說就變成了外力。當然，乘客下車後，站在地面上對車子推一把，因爲乘客和車子已不再是同一個單元，此時乘客對車子的作用力就是外力，必然會對車子的行駛速度或方向產生影響。

力的另一個特性是具有可傳遞性，傳遞方向就是延著力的**作用線** line of action 方向。當作用力施加在作用線上任何一點之上時，所產生的外在效應如**反作用力** reaction force 和運動狀態的改變都會相同，但是它的內在效應如**變形量** deformation **和內應力** stress 則會不同，如圖 1-2 所示，當作用力被施加於 B 點時，O 點上的反作用力和作用力施加於 A 點時是相同的，但桿件的變形量卻不同，其中 A 點和 B 點之間完全沒有受力，當然也就不會有內力和變形量存在。

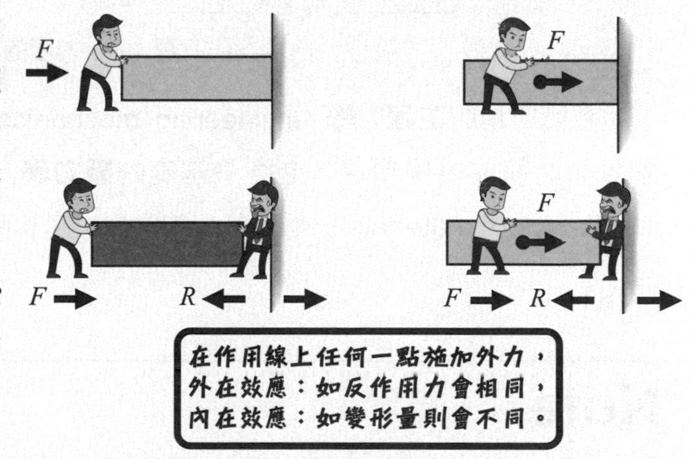

圖 1-2　外力作用點的效應

1-2 力學的定義 Definition of Mechanics

力會存在我們所能及的所有環境、系統或結構中，力和物體之間具有某些相關性，研究這兩者之間相關性的科學就稱它爲**「力學」**mechanics。前述的物體可以是固體、液體或氣體，研究的對象可以是物體的整體或物體的個別**元素** element。通常，可以依不同的研究領域將力學種類區分爲**「固體力學」**solid mechanics 和**「流體力學」**fluid mechanics 兩大類。固體力學又可以分爲不考量物體變形，只考量物體狀態變化的**「剛體力學」**rigid-body[*1] mechanics，以及考量物體變形的**「非剛體力學」**non-rigid-body mechanics。至於流體力學則是指對液體與氣體等具有流動特性物體的力學研究，共同認知的力學領域以圖 1-3 表示，可以清楚知道彼此間的相互關係。

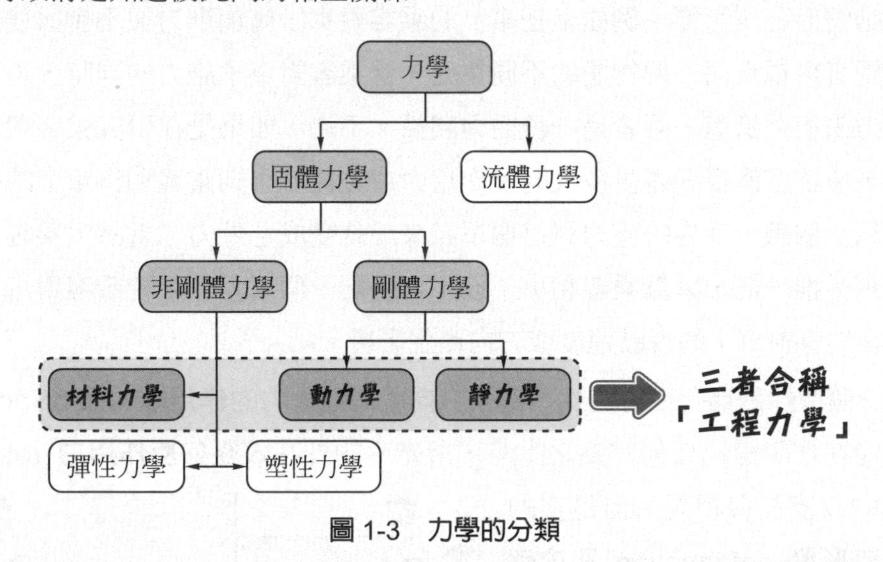

圖 1-3　力學的分類

我們所稱的**工程力學** engineering mechanics 是在工程設計中最爲常用到，而且也必需考量的基本力學項目，包含最基礎的**靜力學** statics、**動力學** dynamics **和材料力學** mechanics of materials 三個部分，其中靜力學和動力學是屬於剛體力學領域，而材料力學

Note

★1. rigid body：A rigid body can be considered as a combination of a large number of particals, in which all the particals remain at a fixed distance from another, both befor and after applying a load.

則是屬於非剛體力學的範疇。為了更進一步清楚了解工程力學所包含三個部分的內涵，將進一步說明如下：

靜力學(statics)

當物體受到外力作用後，若系統達到力的平衡狀態，這種力學問題屬於靜力學範疇。譬如一個鉛球置放在水平桌面上，鉛球的重量 W 是一種受到**地心引力** gravitational force 作用而產生的力，會向下垂直作用在桌面上，此時桌面會產生一個大小相等但方向相反的反作用力 R 作用在鉛球上。作用力 W 和反作用力 R 作用在同一個點上或同一條直線上，且兩個力的大小相等又方向相反，合力為零，此時作用在鉛球上的所有力達到平衡狀態 equilibrium★1，如圖 1-4 所示，就是一種靜力學問題。

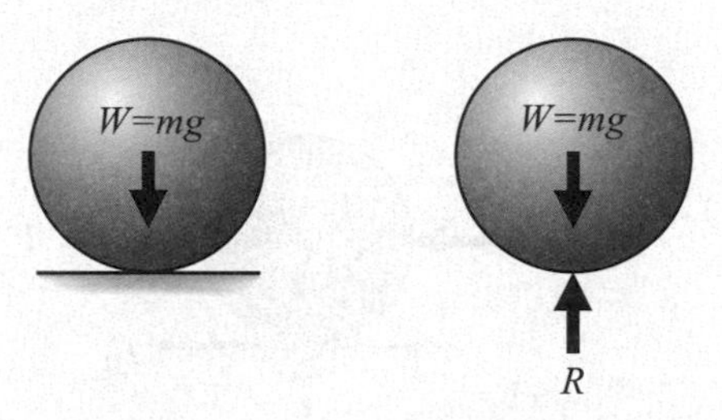

圖 1-4　鉛球靜止於桌面上的靜力學問題

如果要知道作用力和反作用力的大小，可以應用力平衡的關係式來求得，亦即 $W+R=0$，得到 $R=-W$，驗證了作用力 W 和反作用力 R 具有大小相等但方向相反的相互關係。

動力學(dynamics)

如果同一個物體的所有作力之間無法達成力的平衡，此時合力不為零，依牛頓第二運動定律，力作用在具有**質量** mass★2的物體上，則該物體必然會產生**加速度** acceleration，有加速度就會產生**速度** velocity，有速度就會產生**位移** displacement，因而物體會產生運動，這就是動力學。動力學又可細分為**「運動學」**kinematics 和**「動力學」**dynamics 兩個

Note

★1. equilibrium：The action force W and the reaction force R act on the same point or on the same line, the two forces are equal in magnitude and opposite in direction, and the resultant force is zero. At this time, all the forces acting on the shot are in equilibrium.

★2. mass：is a measure of a quantity of matter, that is used to compare the action of one body with that of another.

部分。當一個物體受力產生運動時，如果只討論物體的位移 S、速度 V、加速度 a 和時間 t 之間的相互關係，而不牽涉作用力 F 和物體質量 m 之間的相互關係時，我們稱之爲運動學。但如果作用力 F 和質量 m 的因素都必需同時被考量，則就是屬於動力學 dynamics★1 的範疇了，如圖 1-5 所示。和靜力學一樣，運動學和動力學的研究中都不考慮物體材料的特性，也不考慮物體因受力所產生的變形等問題。

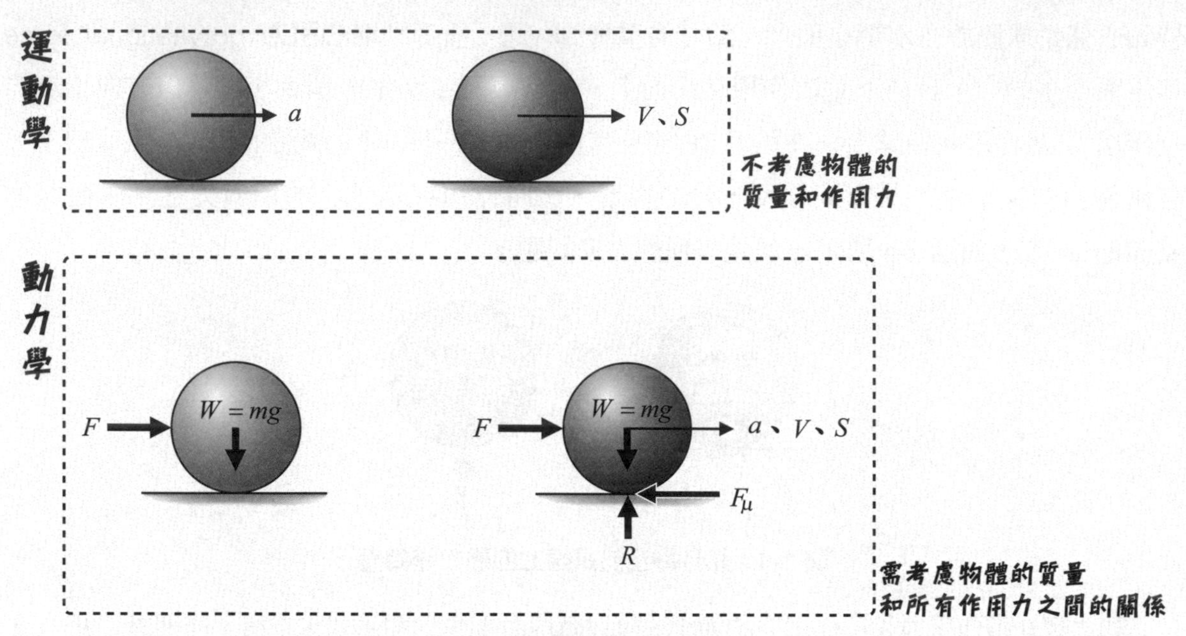

圖 1-5 運動學與動力學

材料力學(mechanics of materials★2)

當一個物體或結構物受到力的作用時，如果探討物體以及結構物的變形量或它們內部的受力狀況時，此種議題就屬於材料力學的範疇了，如圖 1-6 所示。

Note

★1. dynamics：When an object is forced to move, if only the displacement S, velocity V, acceleration a and time t are discussed, and do not involve the applied force F and the object's mass m, then we call it "kinematics". But if the factors of force F and mass m were considered at the same time, it belongs to the category of "dynamics".

★2. mechanics of materials：It is the "mechanics of materials" that discusses the deformation and internal force of objects.

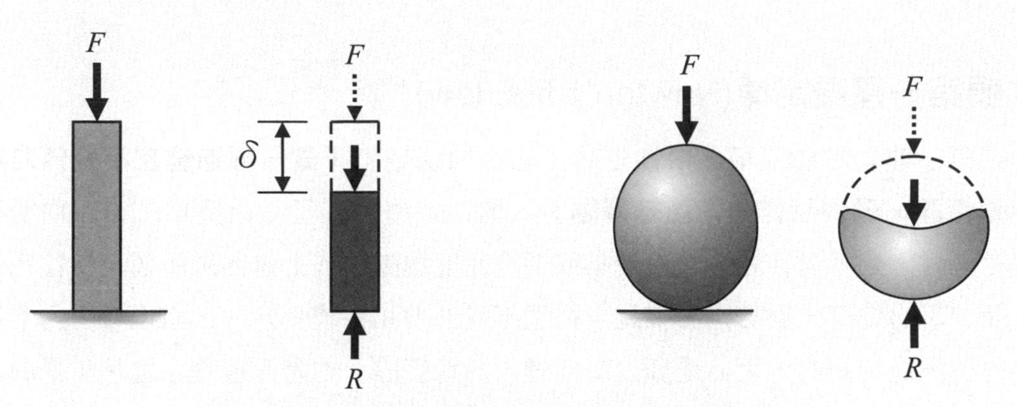

圖 1-6　材料力學探討物體受力變形和內部受力狀況

當力作用在一個物體上時，物體會產生相對效應，該效應可分爲內在和外在兩類，內在效應包括產生變形和產生內在應力，會在材料力學中討論，外在效應則包含產生反作用力但不改變物體運動狀態的部分，是屬於靜力學問題，但如果產生反作用力，而且運動狀態也被改變了，就是屬於動力學的問題了。

1-3 牛頓運動定律 Newton's Laws of Motion

英國偉大的物理學家牛頓是力學研究的鼻祖，除了發現了地心引力與萬有引力以外，所歸納的物體三大運動定律更是後人研究力學的重要理論依據。

牛頓第一運動定律(Newton's first law)★1

牛頓第一運動定律又稱爲慣性定律，它的內涵是：**「當一個物體在不受外力的情況下，靜者恆靜，動者恆作等速直線運動」**。慣性定律包含了三項重點：亦即物體不受外力、靜者恆靜、動者恆作等速直線運動或稱等速度運動。依上述內涵所述，慣性定律也可以說是靜力學的定律，對於剛體來說，物體不受外力和物體受外力作用但合力爲零達成平衡狀態的情況是相同的，因此是靜力學問題，靜者恆靜，物體永遠靜止當然也是靜力學的問題，至於動者恆作等速直線運動這一項呢？假如有一顆球在完全沒有摩擦力作用的平面上滾動，在不受外力的情況下，它以等速直線永遠向前滾動，除了球作用在平面上的重量或稱重力以外，就是一個大小相等、方向相反的反作用力作用於球，兩者互相抵消。球雖然同時受到這兩個外力作用，但因爲達成了平衡狀態，因此也是屬於靜力學的範疇。

牛頓第二運動定律(Newton's second law)★2

牛頓第二運動定律又稱爲力與加速度定律，它的內涵是：**「當質量為 m 的物體受到一個作用力 F 作用時，必然會產生加速度 a」**。必需注意的是物體一定要有質量 m，且要有作用力 F 的作用，作用後的結果才會產生加速度 a，如此才能構成牛頓第二運動定律的應用條件。前述 m、F、a 三項要件中，任何兩者存在就一定可以得到第三者。如果考慮作用力 F 與加速度 a 都在一條直線上發生，可以直接用純量方式表示三者的關係式，亦即，$F = ma$。如果不是在一直線上發生，需要考慮方向，就用向量 $\vec{F} = m\vec{a}$ 表示，如圖 1-7 所示。

Note

★1. Newton's first law：A particle originally at rest, or moving in a straight line at constant velocity, tends to remain in this state provided the particle is not subjected to an unbalanced force.

★2. Newton's second law：A particle acted upon by an unbalanced force F experiences an acceleration a, that has the same direction as the force and a magnitude that is directly proportional to the force. If F is applied to a particle of mass m, this law may be expressed mathematically as $F = ma$.

$$\vec{F} = m\vec{a}$$

當一個物體受到多個力同時作用時，關係式必須修正為$\Sigma\vec{F}_i = m\vec{a}$：

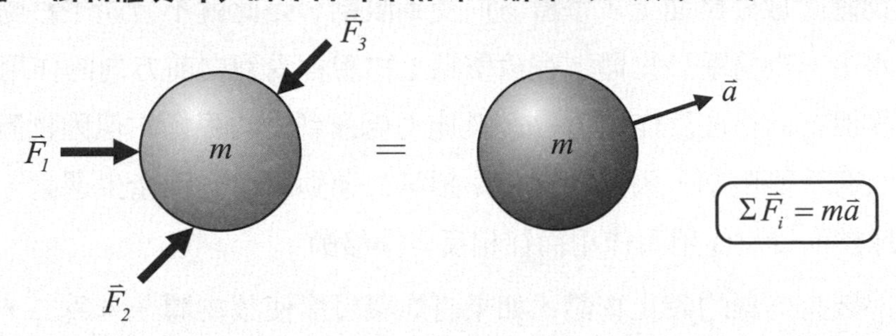

如果是多個物體分別受到多個力作用的系統，則以$\Sigma\vec{F}_i = \Sigma m_i\vec{a}_i$表示：

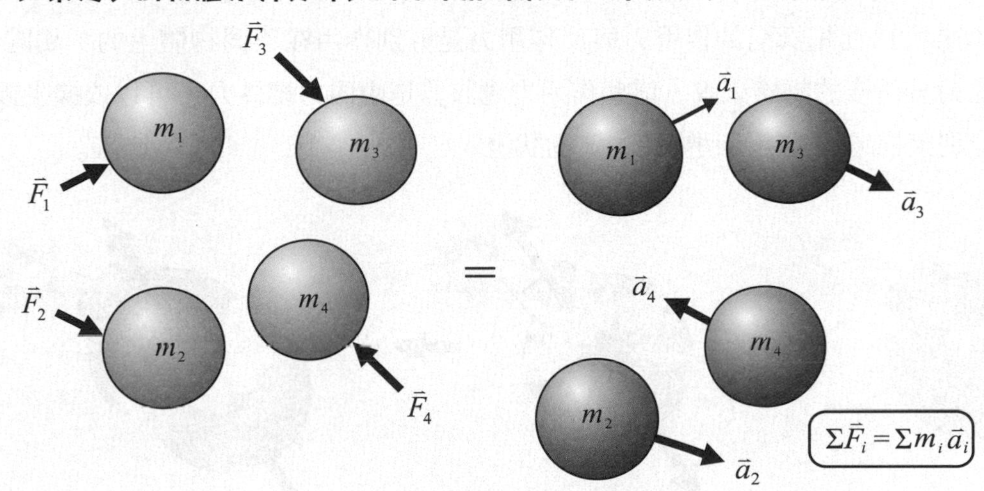

圖 1-7　力、質量和加速度之關係

牛頓第三運動定律(Newton's third law)★1

牛頓第三運動定律又稱爲作用力與反作用力定律，它的內涵是：**「當物體受到一個力作用時，物體必在該作用點上產生一個大小相等但方向相反的反作用力」**。此時該作用點的合力達成平衡，但是因爲作用力和反作用力分別作用在不同物體上，假若物體的運動受到限制，比如說將物體置放於桌面上，垂直方向受到限制，因此就不會產生移動，但假若此時拿一撞球桿在水平方向撞擊該物體，在撞擊點上物體會受到向前方向的作用力 F，球桿則會受到大小相等但方向往後反作用力$-F$，其施力處達到力的平衡，但因物體和桿的運動在水平方向上並沒有受到限制，因此都會依牛頓第二運動定律分別產生運動，亦即物體受力向前方運動，球桿則受反作用力作用而往相反方向移動。

空間中一個內部裝有炸藥的靜止物體，如果將炸藥引爆使該物體一分爲二，此兩個分裂後的物體會分別受到大小相等但方向相反的兩個力的作用，類似作用力與反作用力的關係一般。以整個物體來說，爆炸後產生的力像是內力，可以互相抵消，不過因爲物體一分爲二，本來可以互相抵消的作用力與反作用力是分別作用在不同物體上的，如圖 1-8 所示，因此對分裂後的物體來說，這些作用力應該算是由內力轉外力，可以依據牛頓第二運動定律分別來描述炸裂後兩個物體的運動狀況。

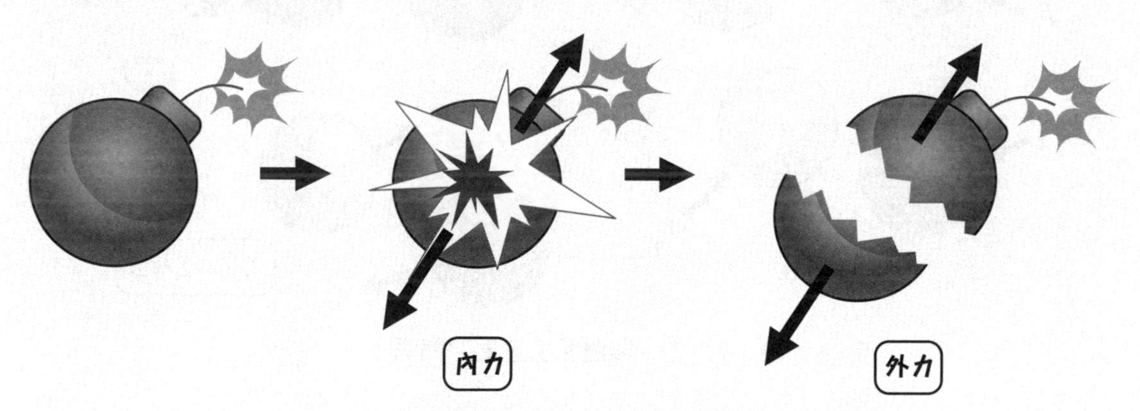

圖 1-8　物體因內力作用導致分裂並產生外力效應

Note

★1. Newton's third law：The mutual forces of action between two particles are equal, opposite, and colinear.

1-4 單位與因次 Units and Dimentions

對物體存在狀態的描述稱爲物理量，比如說一個物體在空間中的那一個位置？溫度是多少？受到多大的力？在某一個時間點的速度、加速度是多少？上述這些描述物體狀態的量包含位置、溫度、時間、速度和加速度等就是物理量。顧名思義，物理量一定是具有特定的物理意義，而且必需可以用科學方法和儀器來做量測。爲了能對物理量作定量描述，每個物理量必需有它的單位。單位的訂定並沒有一定的道理，而是依早期的使用者約定成俗而來，因此不同地區對同一個物理量所定的單位可能不同，有時必需加以換算，譬如說國際單位系統(SI)的長度單位是米 m(meter)，質量單位是公斤 kg(kilogram)，而英制(FPS)長度單位是英尺 ft(foot)，質量單位是司拉格 slug(slug)，兩者使用的單位不同，但都是對同一種物理量的相同描述。

為了避免被不同的單位系統混淆，有時也應用因次 dimension 的觀念來描述物理量。在力學領域中，常用的物理量單位和因次如表 1-1 所列，必要時可以用來參考查詢。當兩個物理量因次不同時，表示這兩者所代表的物理意義是不同的，反之，兩個相同因次的物理量縱使表面上看去不同，但這兩個物理量其實代表的是同一種物理意義。物理量的因次可分爲基本因次 fundamental dimension 與誘導因次 derived dimension 兩種，基本因次指的是長度 L、質量 M 和時間 T 三者，利用這三個基本因次所導出的就是誘導因次，譬如力 F、速度 V、加速度 A 和密度 ρ 等等。

誘導因次的求法是依據各相關公式或定義而得，常用的誘導因次如下：

速度：V =距離／時間= $L/T = LT^{-1}$

加速度：A =速度／時間= $V/T = LT^{-1}/T = LT^{-2}$

力：F =質量 × 加速度= $M \times A = M \times LT^{-2} = MLT^{-2}$

表 1-1　物理量的因次與單位

物理量	因次	公制單位	英制單位	公英制換算
質量	M	公斤(kg)	司拉格(slug)	14.5938：1
長度	L	米(m)	英呎(ft)	0.3048：1
時間	T	秒(s)	秒(s)	1：1
速度	$V = LT^{-1}$	m/s	ft/s	0.3048：1
加速度	$A = LT^{-2}$	m/s^2	ft/s^2	0.3048：1
力	$F = MLT^{-2}$	牛頓(N)	英磅(lbf)	4.4482：1

英制的質量單位司拉格(slug)一般人較不熟悉，它的定義是能夠讓 1 英磅(1 lbf)的力產生 1 ft/s^2 加速度的質量，依牛頓第二運動定律 $m = F/A$ 的定義，1 slug = 1 lbf / 1 ft s^{-2} = 4.4482 N / 0.3048 m s^{-2} = 14.5938 kg。

國際(SI)和英制(FPS)兩個系統之間除了大小不同以外，進位方式也不同。公制的所有度量都是以十進位，非常容易了解，又每一個千倍爲大進位，並以特定符號代表如表 1-2 所示。至於英制，進位沒有一定的規則，如表 1-3 所示，長時間的使用後約定成俗久而久之就習慣了。

表 1-2　國際(SI)的大進位表示符號

約數	指數型式	字首	符號
0.000,000,000,001	10^{-12}	pico	p
0.000,000,001	10^{-9}	nano	n
0.000,001	10^{-6}	micro	μ
0.001	10^{-3}	milli	m

表 1-2 國際(SI)的大進位表示符號(續)

倍數	指數型式	字首	符號
1,000	10^3	kilo	k
1,000,000	10^6	mega	M
1,000,000,000	10^9	giga	G
1,000,000,000,000	10^{12}	tera	T
1,000,000,000,000,000	10^{15}	peta	P
1,000,000,000,000,000,000	10^{18}	exa	E

表 1-3 英制(FPS)的進位

1ft(英呎)	12in(英吋)
1ml(英哩)	5,280ft(英呎)
1kip(千磅)	1,000lb(英磅)
1ton(英噸)	2,000lb(英磅)

例 1-1

試求出下列各物理量之因次

(1)密度 (2)能量或功 (3)功率 (4)扭矩或力矩 (5)應力 (6)應變

解析

(1) 密度之定義爲單位體積之質量，故 $\rho = \frac{m}{V} = \frac{m}{L^3} = mL^{-3}$

(2) 能量或功之定義爲作用力在力的作用線上，使物體產生一個位移，亦即 $\omega = FS = MLT^{-2} \cdot L = ML^2T^{-2}$

(3) 功率之定義爲單位時間所作的功，故 $P = \frac{\omega}{T} = ML^2T^{-2}T^{-1} = ML^2T^{-3}$

(4) 扭矩之定義爲力乘以力臂，故 $M = Fd = MLT^{-2} \cdot L = ML^2T^{-2}$

(5) 應力之定義爲單位面積上所受的力，故 $\sigma = \frac{F}{A} = MLT^{-2} \cdot L^{-2} = ML^{-1}T^{-2}$

(6) 應變之定義爲單位長度受力後之伸長量，故 $\varepsilon = \frac{\Delta S}{S} = LL^{-1} = L^0$ 爲無因次

例 1-2

介於兩平板間的流體受到剪力 F 作用時，其流體行爲可以用剪應力τ和速度梯度 du/dy 之關係式$\tau = \mu\dfrac{du}{dy}$來描述，其中 μ 稱爲動力黏度，試求 μ 之因次。

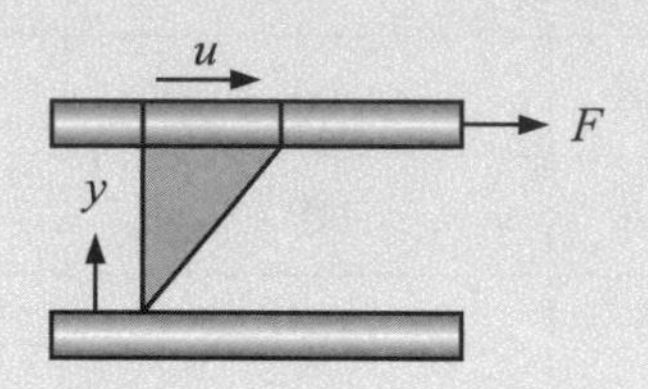

解析

$$\tau = \frac{F}{A} = MLT^{-2} \cdot L^{-2} = ML^{-1}T^{-2}$$

$$\frac{du}{dy} = LT^{-1} \cdot L^{-1} = T^{-1}，$$

則 $\dfrac{dy}{du} = T$

$$\mu = \tau \cdot \frac{dy}{du} = ML^{-1}T^{-2} \cdot T = ML^{-1}T^{-1}$$

例 1-3

求面積慣性矩與質量慣性矩之因次。

解析

(1) 面積慣性矩之定義爲 $J_0 = \int r^2 dA$，故因次爲 L^4

(2) 質量慣性矩之定義爲 $I = \int r^2 dm$，故因次爲 ML^2

例 1-4

壓力單位可以用公制、英制以及 SI 三種單位來表示，分別爲 kgf/cm^2、lbf/in^2 和 bar，試求其間之關係？(定義 1 bar = 10^5 Pa，1 Pa = 1 N/m^2)

解析

(1) 公制單位 $1kgf/cm^2$

(2) 英制單位

1 kgf = 2.2 lbf，1 in = 2.54 cm

$$1\ kgf/cm^2 = \frac{2.2\,lbf}{\left(\frac{1}{2.54}in\right)^2} = 14.2\ lbf/in^2 = 14.2\ psi$$

(3) SI 單位

定義 1 Pa = 1 N/m^2

1 bar = 10^5 Pa

1 kgf = 9.81 N

$$\begin{aligned}1\ kgf/cm^2 &= 9.81\ N/10^{-4}m^2\\ &= 9.81 \times 10^4\ N/m^2\\ &= 9.81 \times 10^4\ Pa\\ &= 0.981 \times 10^5\ Pa\end{aligned}$$

則 $1Pa = 1.02 \times 10^{-5}\ kgf/cm^2$

$$\begin{aligned}1\ bar &= 10^5\ Pa\\ &= 10^5 \times (1.02 \times 10^{-5})\ kgf/cm^2\\ &= 1.02\ kgf/cm^2\end{aligned}$$

得 1 bar = 1.02 kgf/cm^2

又 1 kgf/cm^2 = 14.2 psi

則 1 bar = 1.02 × 14.2 psi = 14.48 psi

得 1 bar = 14.48 psi

TIPS

兩個物理量因次若相同，表示它們具有相同的物理意義；相反的，若兩個物理量因次不同，則代表該兩個物理量所代表的意義不相同。

If the dimensions of two physical quantities are the same, it means that they have the same physical meaning; on the contrary, if the dimensions of the two physical quantities are different, it means that the meanings represented by the two physical quantities are different.

例 1-5

汽車以 50 km/h 的速度行駛，試估算通過 60 米長橋梁所需時間？

解析

行駛速度爲

V = 50 (km/h) = 50 (km/h)(1000 m/km)(1 h/3600 s)

= 50000/3600 (m/s) = 13.89 (m/s)

過橋所需時間 t = 60 m/13.89(m/s) = 4.32 (s)

例 1-6

某人每月可以使用之電訊數據流量爲 0.3 GB，若其每天平均使用 5000 kB，試問是否會超量使用？

解析

數據每月可使用流量爲 0.3 GB = 0.3×10^9 B = 3×10^5 kB

每天平均可使用流量爲 Q =3×10^5 kB/30 日= 10000 (kB/日)

因爲 $Q > 5000$，所以不會超量使用

例 1-7

試估算 1 公斤重的牛肉等於多少磅？

解析

重量 $w = m \times g$

1 kgw = 1 mg × 9.81 m/s^2 = 9.81 (mg.m/s^2) = 9.81 (N)

從表中知，4.4482 N = 1 lbf，1 N = 0.2248 lbf，故得

1 kgw = 9.81 N = 9.81 × 0.2248 = 2.205 lbf

02

力的向量性質

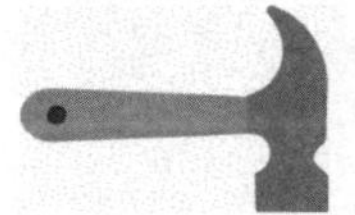

本章大綱

2-1 向量運算的基本方法

2-2 力的分解與合成

2-3 以三角函數定理求力在座標軸上的分力

2-4 以畢氏定理求座標軸分力的合成力

2-5 正弦定理與餘弦定理

2-6 力的大小與單位向量

學習重點

本章介紹向量的基本定義以及其運算方法，包含重要的點積與乘積運算，並教導如何將力以向量型態表示，然後運用向量的各種運算法則，試著處理力的分解與合成問題，尤其是熟悉三角函數定理以便將力分解為各直角座標軸分量，以利於後續的各種運算所需。除此以外，本章亦將教導學員如何運用三角函數定理、畢氏定理、正弦定理、餘弦定理和拉密定理來處理力的合成與分解問題，以及如何將空間中直角座標軸上任一個力，以大小和方向來表示，或將一個力以個別座標的分量來表示，使力學分析問題變得更為簡單而明確。

Learing Objectives

- *To introduce the basic definition of vector and its operation rules.*
- *To decompose force into components on each rectangular coordinate axis by using vector method.*
- *To use trigonometric function theorems to deal with the synthesis and decomposition of forces in terms of magnitude and direction on the rectangular coordinate axis.*

生活實例

力的三要素中包含力的大小、方向和施力點，這說明了力是一種具有方向和大小的量，我們就稱其為**向量**。在直角座標系中，一個向量力可以被分解成各個座標軸上的分力，而各個座標軸上的分力也可以結合成為空間中原本的向量力。因各軸向上的分力互相垂直，在結合過程中可以應用三角函數定理和**畢氏定理**，其中三角函數定理則以**正弦定理**和**餘弦定理**最具應用上的方便性。

力是一種向量，包含了大小和作用方向，在空間中運作的起重機或吊車，吊桿的施力是一個向量，可以把它清楚地分解到直角座標的各個軸向上。本章中，我們將學習向量的運算法則，以及力的向量性質，使向量成為研習力學過程中的有利工具。

生活實例

The three elements of force include the magnitude, direction and point of application, which shows that force is a quantity with direction and magnitude，and we call it a vector. In the Cartesian coordinate system, a vector force can be decomposed into component forces on each coordinate axis, in the other hand, the component forces on each coordinate axis can also be combined into the original vector force in space. Because the component forces on each axis are perpendicular to each other, the trigonometric function theorem and Pythagorean theorem can be applied in the combination process.

For a rocket or a missile flying in the air, their flight speed is a vector, so it can be decomposed into three mutually perpendicular components in the Cartesian coordinates. In addition, if the launch point is taken as the origin, then the pointing position of a particular time is also a vector, representing the flight direction at that instant.

2-1 向量運算的基本方法 Methods for Vector Operations

所謂**向量 vector**★[1]就是一個具有大小與方向的物理量，如作用力、位移或速度等，只有大小而沒有方向的物理量，就稱爲**純量 scalar**★[2]，如長度、質量或時間等。本節將針對向量 vector 最常用的六種運算方法加以說明，以作爲後續章節應用的基礎。向量運算的表達方式有兩種，一種是圖解法，另一種是座標分量法。圖解法是以圖來表示運算的過程和結果，必要時再以**三角函數** trigonometric function 的諸項定理來求得數值解。至於座標分量法，則是將各向量分解爲**直角座標** rectangular coordinate 或稱**卡氏座標** Cartesian coordinate 上 x 軸、y 軸和 z 軸的分向量，然後將單一座標軸上的所有分量逐步做運算，最後再將三個軸向運算所得到的結果加以結合，就成爲完整的解答。

向量在卡氏座標系統上的體現

卡氏座標是由法國數學家勒內．笛卡爾(Rene Descartes)所引入，以直線相互垂直的方式來構成，因此也被稱爲直角座標系統。直角座標系統可以是二維的或是三維的，二維系統由兩條相互垂直的直線所構成，直線被稱爲座標軸，在平面內，任何一點的座標可以根據軸上對應的點來給定。二維的直角座標系包含兩個互相垂直的座標軸，通常被分別稱爲 x-軸和 y-軸；兩個座標軸的相交點，通常標記爲 O，爲座標軸之原點。習慣上，x-軸被水平擺放，稱爲橫軸，指向右方爲正，以 $\vec{i}$ 來表示；y-軸被豎直擺放而稱爲縱軸，指向上方爲正，以 $\vec{j}$ 來表示，如圖 2-1(a)所示。卡氏座標系也可以擴展至三維空間，在原本的二維直角座標系上，再添加上一個垂直於 x-軸與 y-軸的座標軸，稱爲 z-軸，以 $\vec{k}$ 來標示其正向。這三個座標軸的相關定位以滿足右手定則爲準，亦即以右手的拇指爲 x-軸正向，食指爲 y-軸正向，中指爲 z-軸正向，構成三維的直角座標系統，其原點被定位在 z-軸與 x-軸、y-軸三者的相交點，如圖 2-1(b)所示。在二維空間和三維空間中的任何一點 A 或 B，都可以利用此三維直角座標來表達其位置，如圖 2-1(a)與 2-1(c)所示。

Note

★1. vector：A vector is any physical quantity that requires both a magnitude and a direction for its complete description. Examples are force, displacement or velocity etc.

★2. scalar：A scalar is any positive or negative physical quantity that can be completely specified by magnitude. Examples are length, mass or time etc.

空間中的一個向量，在卡氏座標系上的體現方式，乃以原點為其起始點，在座標上的點為其終點，兩點以帶有箭頭的線段連接即得。向量一般都以上方加有箭頭符號的英文字母來表示，同時可以標示出其大小和方向。比如說一個向量的終點是在二維座標的(2, 3)上，其向量可以表示為 $\overrightarrow{A}=2\overrightarrow{i}+3\overrightarrow{j}$ 。終點若是在三維座標的(10, 20, −10)上，則其向量可以表示為 $\overrightarrow{B}=10\overrightarrow{i}+20\overrightarrow{j}-10\overrightarrow{k}$ ，其餘類推。

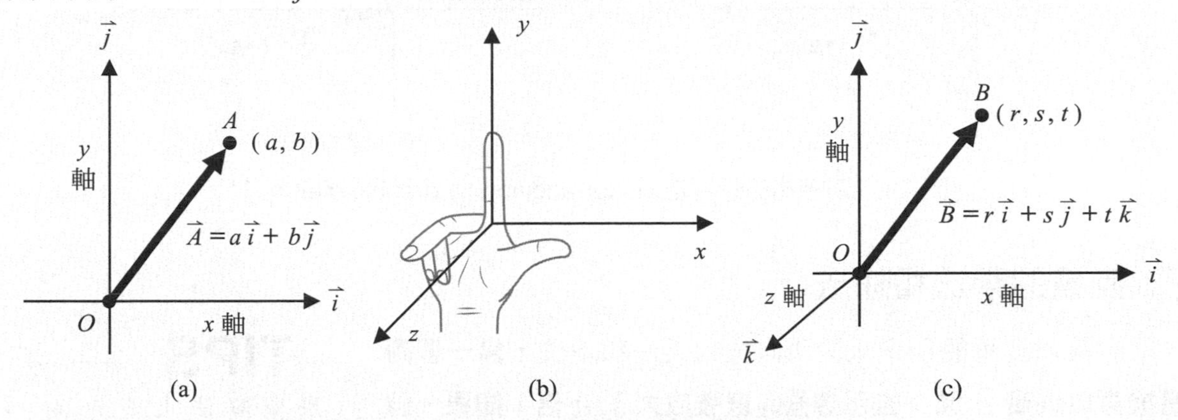

圖 2-1　向量在卡氏座標上的體現方式

向量的加法與減法(vector addition & subtraction)

以簡單的例子來說明向量的加法和減法最容易理解，若有兩個向量 $\overrightarrow{A}$ 和 $\overrightarrow{B}$ 分別為 $\overrightarrow{A}=2\overrightarrow{i}+3\overrightarrow{j}$ 以及 $\overrightarrow{B}=4\overrightarrow{i}-\overrightarrow{j}$ ，則兩個向量要相加或是相減，程序就是把各座標軸分別作運算處理，然後再結合起來，亦即

加法：$\overrightarrow{A}+\overrightarrow{B}=(2\overrightarrow{i}+3\overrightarrow{j})+(4\overrightarrow{i}-\overrightarrow{j})=6\overrightarrow{i}+2\overrightarrow{j}$

減法：$\overrightarrow{A}-\overrightarrow{B}=(2\overrightarrow{i}+3\overrightarrow{j})-(4\overrightarrow{i}-\overrightarrow{j})=-2\overrightarrow{i}+4\overrightarrow{j}$

如果以圖解法運算，可以用圖 2-2 所示的方式處理，得到的結果與數學運算方式所得到的相同。

由圖 2-2 中可知，**利用圖解法來表示兩個向量相加時，是把第二個向量加以平移，使它的起點和第一個向量的終點重疊，然後以第一個向量的起點為起點，以第二個向量的終點為終點，將起點和終點連接所形成的新向量就是原來那兩個向量相加所得到的和**。

TIPS

向量相減圖解法：
先把要減去的向量反向處理得到負向量，然後再依上述方法把第一個向量和這個負向量相加起來即可！

vector subtraction by graphic method：
Firstly, reverse the vector to be subtracted to obtain its negative vector, and then add this negative vector to the other vector by above addition method.

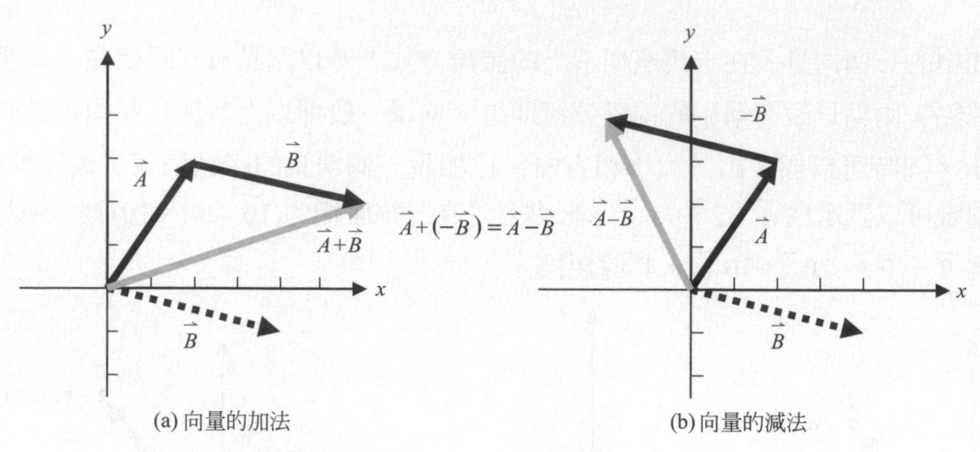

(a) 向量的加法　　(b) 向量的減法

圖 2-2　向量相加圖解法 vector addition by graphic method★1

向量的乘法和除法

同樣以簡單的例子來說明向量的乘法和除法，**當一個向量被乘以純量 n 時，表示這個向量被放大了 n 倍，如果一個向量被除以純量 n 時，表示這個向量被縮小了 n 倍**★2。若有兩個向量分別為 $\vec{A}=2\vec{i}+3\vec{j}$ 和 $\vec{B}=4\vec{i}-\vec{j}$，則

乘法：$\vec{A}\times 2=2\times\vec{A}=2\times(2\vec{i}+3\vec{j})=4\vec{i}+6\vec{j}$

除法：$\vec{B}\div 2=0.5\vec{B}=(4\vec{i}-\vec{j})\div 2=2\vec{i}-0.5\vec{j}$

當以圖解法運算後，可以得到如圖 2-3 所示的結果，與數學運算方式所得到的也是相同。

TIPS

用圖解法來表示兩個向量的相加或相減，有時可以把問題簡單化！

Using diagram method can sometimes simplify the problem of vector operations.

除了向量與純量的乘積以外，向量與向量之間也可以進行乘法運算，包括向量與向量的點積 $\vec{A}\cdot\vec{B}$，向量與向量的乘積 $\vec{A}\times\vec{B}$，以及三個向量之間的連乘積 $\vec{A}\cdot(\vec{B}\times\vec{C})$ 和 $\vec{A}\times(\vec{B}\times\vec{C})$。由於三個向量之間的連乘積在靜力學上少有用到，故而不予討論。

Note

★1. vector addition by graphic method：
When using the graphic method to express the addition of two vectors, the second vector is translated so that its starting point overlaps with the end point of the first vector, and take the starting point of the first vector as the starting point, the end point of the second vector as the end point, and then formed the new vector by connecting the start point and the end point, which is the sum obtained by adding the original two vectors.

★2. When a vector is multiplied by the scalar n, it means that the vector is enlarged by n times, and if a vector is divided by the scalar n, it means that the vector is shrunk by n times.

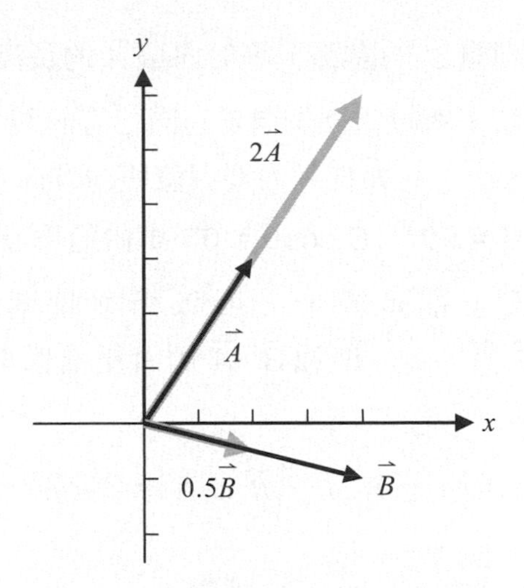

圖 2-3　向量乘以和除以一個純量

向量的點積

向量與向量的點積 dot product★1**或稱為內積** inner product **的定義是：若 θ 為向量 $\vec{A}$ 與向量 $\vec{B}$ 之間的夾角，則 $\vec{A}$ 和 $\vec{B}$ 兩向量的內積為 $\vec{A}\cdot\vec{B} = AB\cos\theta$。**

其中 A 和 B 分別爲向量 $\vec{A}$ 和向量 $\vec{B}$ 的長度或大小。

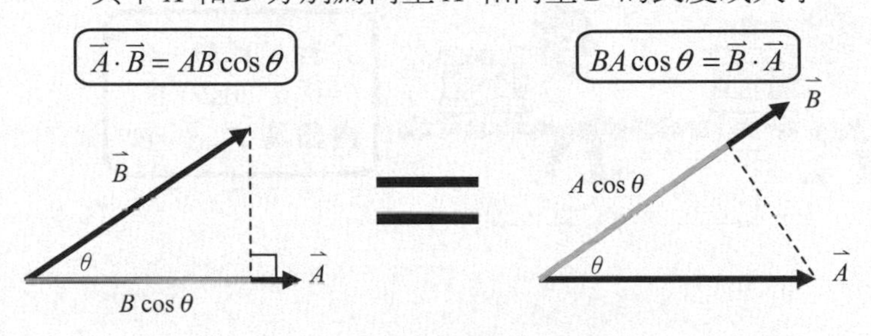

圖 2-4　向量之內積圖示法

TIPS

內積的物理意義是什麼呢？簡單的說就是「向量 $\vec{A}$ 的大小 A 和向量 $\vec{B}$ 在向量 $\vec{A}$ 方向分量大小 $B\cos\theta$ 的相乘積」！

The physical meaning of inner product is "the product of the size A of the vector $\vec{A}$ and the size of the component of the vector $\vec{B}$ along the direction of the vector $\vec{A}$, that is $B\cos\theta$".

Note

★1. dot product：The definition of dot product or inner product between vector $\vec{A}$ and vector $\vec{B}$ is : if θ is the angle between those two vectors, then the dot product of the two vectors is defined by $AB\cos\theta$.
where A and B are the length or size of each vector respectively.

由定義可知，向量$\overrightarrow{A}$和向量$\overrightarrow{B}$的點積，等於向量$\overrightarrow{A}$的長度 A，和向量$\overrightarrow{B}$在向量$\overrightarrow{A}$方向的分量大小 $B\cos\theta$ 的乘積，所以當兩個向量在同一方向時才能產生效應，透過內積的運算就可以得到眞實效應的大小。比如作用力要與位移同方向才能作功，如果作用力$\overrightarrow{A}$和位移$\overrightarrow{B}$兩者互相垂直，夾角 $\theta = 90°$，$B\cos\theta = 0$，則內積爲 0，表示完全沒有作功。因爲向量的長度和向量分量大小都是純量，所以相乘時兩者次序可以對調，亦即$\overrightarrow{A}\cdot\overrightarrow{B} = AB\cos\theta = BA\cos\theta = \overrightarrow{B}\cdot\overrightarrow{A}$。$\overrightarrow{A}\cdot\overrightarrow{B}$ 和 $\overrightarrow{B}\cdot\overrightarrow{A}$ 兩者相乘以後得到的內積大小相等，而且也都是純量，如圖 2-4 所示。

向量點積有不變的運算法則。已知$\overrightarrow{A}$、$\overrightarrow{B}$二者皆爲向量，$\overrightarrow{i}$、$\overrightarrow{j}$、$\overrightarrow{k}$則爲直角座標軸 x、y 和 z 軸上的單位向量，則：

$$\overrightarrow{A} = a_x\overrightarrow{i} + a_y\overrightarrow{j} + a_z\overrightarrow{k}$$

$$\overrightarrow{B} = b_x\overrightarrow{i} + b_y\overrightarrow{j} + b_z\overrightarrow{k}$$

$$\begin{aligned}\overrightarrow{A}\cdot\overrightarrow{B} &= (a_x\overrightarrow{i} + a_y\overrightarrow{j} + a_z\overrightarrow{k})\cdot(b_x\overrightarrow{i} + b_y\overrightarrow{j} + b_z\overrightarrow{k})\\ &= a_xb_x\overrightarrow{i}\cdot\overrightarrow{i} + a_xb_y\overrightarrow{i}\cdot\overrightarrow{j} + a_xb_z\overrightarrow{i}\cdot\overrightarrow{k} + a_yb_x\overrightarrow{j}\cdot\overrightarrow{i} + a_yb_y\overrightarrow{j}\cdot\overrightarrow{j}\\ &\quad + a_yb_z\overrightarrow{j}\cdot\overrightarrow{k} + a_zb_x\overrightarrow{k}\cdot\overrightarrow{i} + a_zb_y\overrightarrow{k}\cdot\overrightarrow{j} + a_zb_z\overrightarrow{k}\cdot\overrightarrow{k}\end{aligned}$$

若兩向量同方向
亦即$\theta=0°$，則$\cos\theta=1$
那麼這兩向量的內積
就等於兩者大小的相乘積

$\overrightarrow{F}$和$\overrightarrow{S}$同向
$\theta=0°$，$\cos\theta=1$
內積為 $\overrightarrow{F}\cdot\overrightarrow{S}=FS$

若兩向量相互垂直
亦即$\theta=90°$，則$\cos\theta=0$
那麼這兩向量的內積就等於零

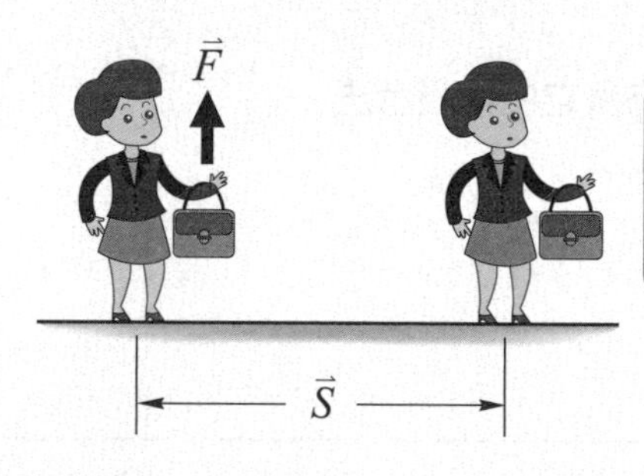

$\overrightarrow{F}$和$\overrightarrow{S}$垂直
$\theta=90°$，$\cos\theta=0$
內積為 $\overrightarrow{F}\cdot\overrightarrow{S}=0$

前式中$\overrightarrow{i}$、$\overrightarrow{j}$、$\overrightarrow{k}$爲三個座標軸的單位向量，三者相互垂直，所以它們自我之間方向相同，夾角 $\theta = 0°$，因此內積爲 1，亦即是說$\overrightarrow{i}\cdot\overrightarrow{i}=\overrightarrow{j}\cdot\overrightarrow{j}=\overrightarrow{k}\cdot\overrightarrow{k}=1$

至於各不同方向的單位向量因互相垂直，夾角 θ = 90°，所以相互間的內積爲零。亦即 $\vec{i}\cdot\vec{j}=\vec{j}\cdot\vec{k}=\vec{k}\cdot\vec{i}=\vec{j}\cdot\vec{i}=\vec{k}\cdot\vec{j}=\vec{i}\cdot\vec{k}=0$

因此上面所提到向量 $\vec{A}$ 和向量 $\vec{B}$ 的內積可以化簡爲 $\vec{A}\cdot\vec{B}=a_xb_x+a_yb_y+a_zb_z$

向量內積也可以用來求得兩個向量 $\vec{A}$ 和 $\vec{B}$ 的大小以及兩者之間的夾角。依向量內積定義，$\vec{A}\cdot\vec{B}=AB\cos\theta$，則

$$\cos\theta=\frac{\vec{A}\cdot\vec{B}}{AB}\qquad \theta=\cos^{-1}\frac{\vec{A}\cdot\vec{B}}{AB}$$

其中 A 和 B 分別爲向量 $\vec{A}$ 以及向量 $\vec{B}$ 的長度或大小。因爲向量在各個座標軸上的分量彼此之間互相垂直，可以輕易的運用畢式定理來求得它的大小，亦即

$$A=\sqrt{a_x^2+a_y^2+a_z^2}\qquad B=\sqrt{b_x^2+b_y^2+b_z^2}$$

向量的內積若等於零，表示兩個向量互相垂直，所以要判斷空間中的兩個向量是否垂直，只要看看兩者的內積是否爲零就可以知道了。

例 2-1

若向量 $\vec{A}=2\vec{i}+3\vec{j}$，$\vec{B}=4\vec{i}-\vec{j}$，求此二向量的內積及其夾角？

解析

依據向量內積的定義，

$$\vec{A}\cdot\vec{B}=2\times4+3\times(-1)=5$$

向量的大小 A 和 B 分別爲

$A^2=2^2+3^2$ 則 $A=\sqrt{13}=3.60$

$B^2=4^2+(-1)^2$ 則 $B=\sqrt{17}=4.12$

$$\theta=\cos^{-1}=\frac{\vec{A}\cdot\vec{B}}{AB}=\cos^{-1}\frac{5}{3.60\times4.12}=70.3°$$

則兩向量的夾角 θ = 70.3°

例 2-2

若向量 $\overrightarrow{A}=2\overrightarrow{i}+\overrightarrow{j}-2\overrightarrow{k}$，求該向量與座標軸 x、y、z 之間的夾角？

解析

向量之大小 $A=\sqrt{2^2+1^2+(-2)^2}=3$

向量與三個座標軸之單位向量的內積爲

(1) $\overrightarrow{A}\cdot\overrightarrow{i}=(2\overrightarrow{i}+\overrightarrow{j}-2\overrightarrow{k})\cdot\overrightarrow{i}=2$，又 $\overrightarrow{A}\cdot\overrightarrow{i}=A\cdot 1\cos\alpha=3\cos\alpha$，則

$3\cos\alpha=2$，$\cos\alpha=\dfrac{2}{3}$，$\alpha=48.19°$

(2) $\overrightarrow{A}\cdot\overrightarrow{j}=(2\overrightarrow{i}+\overrightarrow{j}-2\overrightarrow{k})\cdot\overrightarrow{j}=1$，又 $\overrightarrow{A}\cdot\overrightarrow{j}=A\cdot 1\cos\beta=3\cos\beta$，則

$3\cos\beta=1$，$\cos\beta=\dfrac{1}{3}$，$\beta=70.53°$

(3) $\overrightarrow{A}\cdot\overrightarrow{k}=(2\overrightarrow{i}+\overrightarrow{j}-2\overrightarrow{k})\cdot\overrightarrow{k}=-2$，又 $\overrightarrow{A}\cdot\overrightarrow{k}=A\cdot 1\cos\gamma=3\cos\gamma$，則

$3\cos\gamma=-2$，$\cos\gamma=-\dfrac{2}{3}$，$\gamma=131.81°$

例 2-3

求 $\overrightarrow{u}=5\overrightarrow{i}+2\overrightarrow{j}+\overrightarrow{k}$ 在向量 $\overrightarrow{v}=2\overrightarrow{i}+\overrightarrow{k}$ 上的分量？又兩者之夾角爲何？

解析

$\overrightarrow{u}\cdot\overrightarrow{v}=(5\overrightarrow{i}+2\overrightarrow{j}+\overrightarrow{k})\cdot(2\overrightarrow{i}+\overrightarrow{k})=10+1=11$

又 $\overrightarrow{u}\cdot\overrightarrow{v}=uv\cos\theta$

$u=\sqrt{5^2+2^2+1^2}=\sqrt{30}$　　$v=\sqrt{2^2+1^2}=\sqrt{5}$

則 $11=\sqrt{30}\sqrt{5}\cos\theta$，$\cos\theta=\dfrac{11}{\sqrt{150}}$，$\theta=26.08°$

$\overrightarrow{u}$ 在 $\overrightarrow{v}$ 上的分量爲 $\overrightarrow{u}\cdot\overrightarrow{e_v}$，其中 $\overrightarrow{e_v}$ 爲 $\overrightarrow{v}$ 的單位向量，大小爲 1

$\overrightarrow{u}\cdot\overrightarrow{e_v}=u\cdot 1\cos\theta=\sqrt{30}\cos 26.08°=4.92$

例 2-4

向量$\overrightarrow{A}=3\overrightarrow{i}+5\overrightarrow{j}-2\overrightarrow{k}$；$\overrightarrow{B}=5\overrightarrow{i}-\overrightarrow{j}+2\overrightarrow{k}$，試求向量$\overrightarrow{A}$在向量$\overrightarrow{B}$方向的投影量或分量？

解析

依據向量內積的定義，

$$\overrightarrow{A}\cdot\overrightarrow{B}=2\times4+3\times(-1)=5$$

向量的大小 A 和 B 分別為

$$A^2=2^2+3^2 \quad 則 \quad A=\sqrt{13}=3.60$$

$$B^2=4^2+(-1)^2 \quad 則 \quad B=\sqrt{17}=4.12$$

$$\theta=\cos^{-1}=\frac{\overrightarrow{A}\cdot\overrightarrow{B}}{AB}=\cos^{-1}\frac{5}{3.60\times4.12}=70.3°$$

則兩向量的夾角 $\theta=70.3°$

向量的乘積

向量與向量的乘積 cross product★1或稱為外積 vector product 的定義是：若 θ 為向量$\overrightarrow{A}$與向量$\overrightarrow{B}$之間的夾角，則$\overrightarrow{A}$和$\overrightarrow{B}$兩向量的外積為：

$$\overrightarrow{A}\times\overrightarrow{B}=AB\sin\theta\,\overrightarrow{e}$$

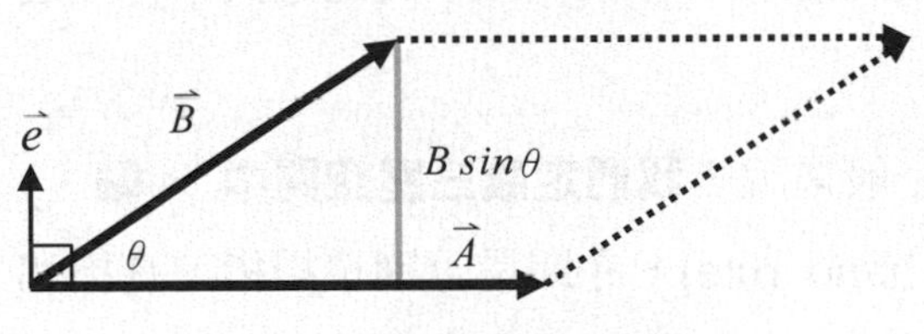

圖 2-5 向量的外積圖示法

TIPS

外積的物理意義是什麼呢？簡單的說就是「以向量$\overrightarrow{A}$和向量$\overrightarrow{B}$為邊界所圍成的平行四邊形面積」

The physical meaning of outer product is "the area of the parallelogram enclosed by vector $\overrightarrow{A}$ and vector $\overrightarrow{B}$".

Note

★1. cross product：If θ is the angle between vector $\overrightarrow{A}$ and vector $\overrightarrow{B}$, then the cross product of these two vectors is defined by $AB\sin\theta\,\overrightarrow{e}$.

where A and B are the size of each vector respectively, and $\overrightarrow{e}$ is a unit vector which is perpendicular to both vector $\overrightarrow{A}$ and vector $\overrightarrow{B}$.

由定義可知，向量$\overrightarrow{A}$和向量$\overrightarrow{B}$的乘積，等於向量$\overrightarrow{A}$的長度 A，和向量$\overrightarrow{B}$在向量$\overrightarrow{A}$垂直方向的分量大小 $B\sin\theta$ **的乘積**，如圖 2-5 所示。所以當兩個向量在互相垂直的方向時才能產生效應，透過乘積的運算就可以得到眞實效應的大小。比如作用力要與力臂垂直才能產生力矩，如果作用力$\overrightarrow{F}$和位移$\overrightarrow{r}$兩者同向，則其夾角 $\theta = 0^0$，得 $r\sin\theta = 0$，則$\overrightarrow{F}$和$\overrightarrow{r}$兩者的乘積爲 0，表示完全沒有力矩產生。若二者不同向，則就會有力矩$\overrightarrow{M}$產生，亦即$\overrightarrow{M} = \overrightarrow{r} \times \overrightarrow{F}$ 如圖 2-6 所示。

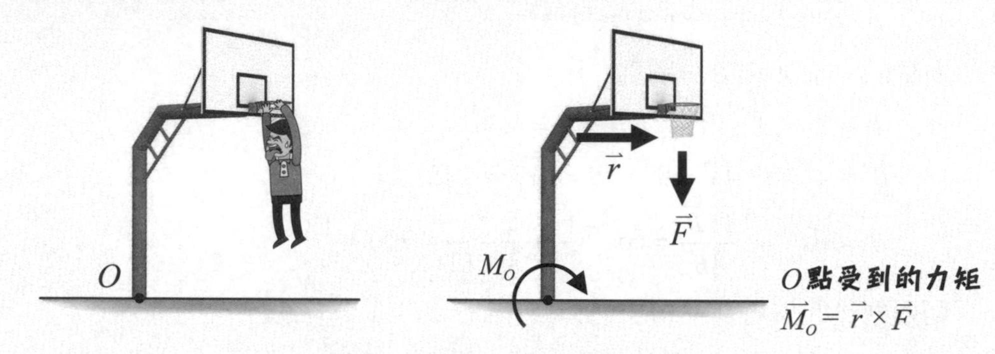

圖 2-6　作用力與力臂產生力矩

兩兩個向量$\overrightarrow{A}$與$\overrightarrow{B}$的相乘積是一個新向量，這個新向量會同時垂直於向量$\overrightarrow{A}$和向量$\overrightarrow{B}$。上式中 A 和 B 分別爲向量$\overrightarrow{A}$以及向量$\overrightarrow{B}$的長度或大小，$\overrightarrow{e}$則是所得到這個新向量的**單位向量** unit vector★1，又因爲$\overrightarrow{e}$和$\overrightarrow{A}$與$\overrightarrow{B}$所構成的平面垂直，因此也稱爲這個平面的**單位法向量** unit normal vector★2。

由圖中可以得知，**向量**$\overrightarrow{A}$的大小 A 是平行四邊形的底，$B\sin\theta$ 則是平行四邊形的高，兩者相乘就是以向量$\overrightarrow{A}$和$\overrightarrow{B}$爲邊所圍成的平行四邊形面積，單位向量$\overrightarrow{e}$則是這個平行四邊形的單位向量，大小爲 1，在垂直於平面的方向上。

向量乘積或向量外積的方向該如何決定呢？一般來說，**我們定義三度空間中 x 軸、y 軸和 z 軸三者的方向關係最常運用右手定則**(right hand rule)，亦即是分別以拇指、食指和中指來代表 x 軸、y 軸和 z 軸的正方向，如圖 2-7(a)所示。

Note

★1. unit vector：The unit vector $\overrightarrow{e}$ has a length of 1 but without any units, and it point to the direction of each vector which is concerned.

★2. unit normal vector：The unit normal vector $\overrightarrow{e}$ is a unit vector, which is perpendicular to any vector or vectors which were concerned.

在向量乘積的運算中，向量$\vec{A}$和向量$\vec{B}$與單位向量$\vec{e}$的相對關係可以用右手螺旋定則 right hand screw rule 來表示，比如說，$\vec{A}$是在$\vec{j}$方向而$\vec{B}$在$\vec{k}$方向，則兩者乘積$\vec{A}\times\vec{B}$的方向就是在$\vec{i}$方向，如圖 2-7(b)所示。

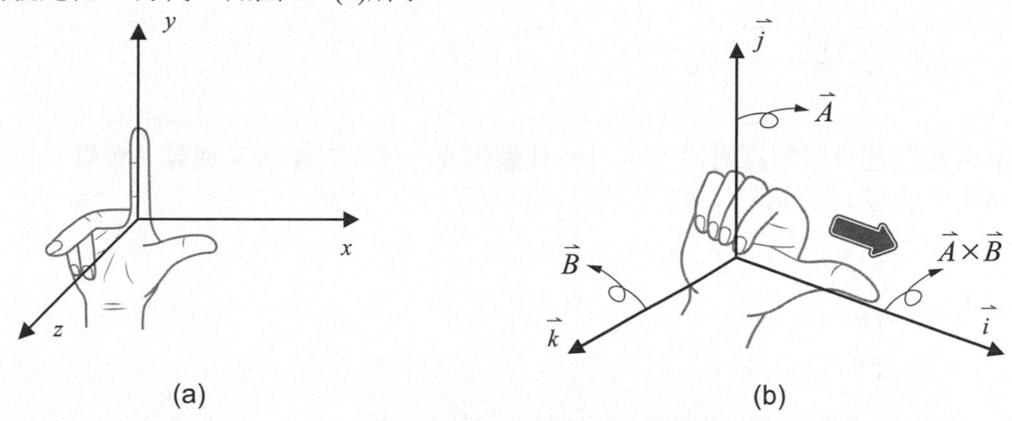

圖 2-7　向量方向的右手定則與右手螺旋定則

依據右手螺旋定則，向量乘積的方向判別，如圖 2-8 所示。

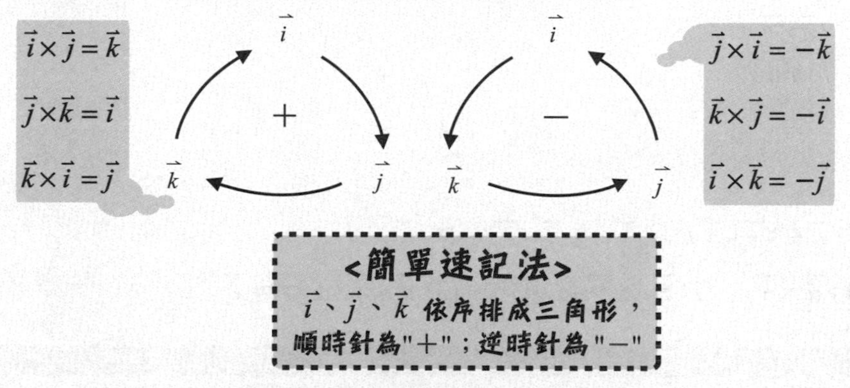

圖 2-8　向量乘積的方向判別

至於$\vec{i}\times\vec{i}$、$\vec{j}\times\vec{j}$和$\vec{k}\times\vec{k}$的結果是什麼呢？因爲兩者同方向，彼此之間的夾角 θ 爲 0°，因此 $\sin\theta = 0$，向量的乘積也是零，所以

$$\vec{i}\times\vec{i}=\vec{j}\times\vec{j}=\vec{k}\times\vec{k}=0$$

向量的乘積若等於零，表示兩個向量互相平行，所以要判斷空間中的兩個向量是否平行，只要看看兩者的乘積是否爲零就可以知道了。

向量乘積之定義爲 $\vec{u}\times\vec{v}=uv\sin\theta\,\vec{e}$ ，如果要以此式求 $\vec{u}$ 和 $\vec{v}$ 兩個向量之間的夾角 θ，可以忽略單位向量 $\vec{e}$ (因其大小爲 1，主要爲方向標示用)，而用其向量的大小來求得，亦即

$$\sin\theta=\frac{|\vec{u}\times\vec{v}|}{|\vec{u}||\vec{v}|}=\frac{|\vec{u}\times\vec{v}|}{uv}$$

向量乘積在運算時略顯繁複，可以將其變化成行列式的模式來運算，會變得更爲簡單而不易弄錯，若 $\vec{u}=u_x\vec{i}+u_y\vec{j}+u_z\vec{k}$ ， $\vec{v}=v_x\vec{i}+v_y\vec{j}+v_z\vec{k}$ ，則

$$\vec{u}\times\vec{v}=\begin{vmatrix}\vec{i} & \vec{j} & \vec{k}\\ u_x & u_y & u_z\\ v_x & v_y & v_z\end{vmatrix}$$

將行列式展開可以得到和兩者直接相乘完全相同的結果。

至於向量乘積運算後之單位向量 $\vec{e}$ 可由上述定義求得，即 $\vec{u}\times\vec{v}=uv\sin\theta\,\vec{e}$ ，則

$$\vec{e}=\frac{\vec{u}\times\vec{v}}{uv\sin\theta}$$

例 2-5

若 $\vec{u}=3\vec{i}+4\vec{k}$ ，$\vec{v}=2\vec{j}-\vec{k}$ ，求

(1) $\vec{u}\times\vec{v}$　(2) $\vec{u}$ 與 $\vec{v}$ 之夾角　(3) $\vec{u}\times\vec{v}$ 之方向 $\vec{e}$

解析

(1) $\vec{u}\times\vec{v}=\begin{vmatrix}\vec{i} & \vec{j} & \vec{k}\\ 3 & 0 & 4\\ 0 & 2 & -1\end{vmatrix}=(0\vec{i}+6\vec{k}+0\vec{j})-(0\vec{k}+8\vec{i}-3\vec{j})=-8\vec{i}+3\vec{j}+6\vec{k}$

(2) $\sin\theta=\dfrac{|\vec{u}\times\vec{v}|}{|\vec{u}||\vec{v}|}=\dfrac{\sqrt{(-8)^2+3^2+6^2}}{\sqrt{3^2+4^2}\sqrt{2^2+(-1)^2}}=\dfrac{\sqrt{109}}{\sqrt{25}\sqrt{5}}=\sqrt{\dfrac{109}{125}}=0.934$

$\theta=\sin^{-1}(0.934)=69°$　($\vec{u}$ 與 $\vec{v}$ 之夾角)

(3) $\vec{u}\times\vec{v}=uv\sin\theta\,\vec{e}$ ，則

$$\vec{e}=\frac{\vec{u}\times\vec{v}}{uv\sin\theta}=\frac{-8\vec{i}+3\vec{j}+6\vec{k}}{\sqrt{125}\sin 69°}=\frac{1}{10.44}(-8\vec{i}+3\vec{j}+6\vec{k})$$

$$=-0.766\vec{i}+0.287\vec{j}+0.575\vec{k}$$

例 2-6

一固定桿裝置如下圖，若其頂端 A 處受到作用力 $\overrightarrow{F}=30\overrightarrow{i}+15\overrightarrow{j}+20\overrightarrow{k}$ 拉扯，試求 O 點所受到之力矩？

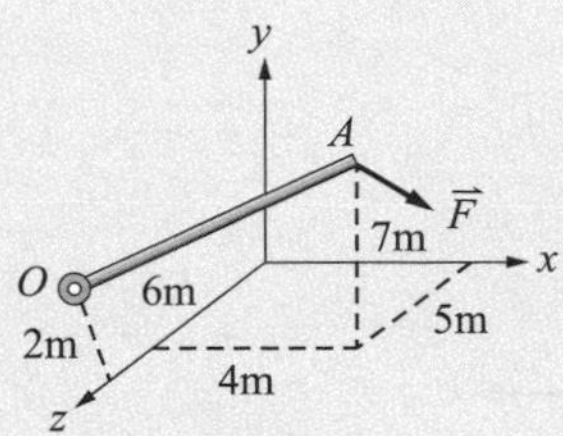

解析

由圖中可知固定桿兩端之座標爲 $O(0, 2, 6)$、$A(4, 7, 5)$，則

向量　$\overrightarrow{A}=(4-0)\overrightarrow{i}+(7-2)\overrightarrow{j}+(5-6)\overrightarrow{k}=4\overrightarrow{i}+5\overrightarrow{j}-\overrightarrow{k}$

則 O 點所受到之力矩爲

$$\overrightarrow{M}O=\overrightarrow{A}\times\overrightarrow{F}=(4\overrightarrow{i}+5\overrightarrow{j}-\overrightarrow{k})\times(30\overrightarrow{i}+15\overrightarrow{j}+20\overrightarrow{k})$$
$$=(115\overrightarrow{i}-110\overrightarrow{j}-90\overrightarrow{k})$$

2-2 力的分解與合成

具有大小和方向的量存在的空間中，最方便的方法是利用直角坐標系來描述。一般來說，空間可以用**三個維度** three-dimensions 來構成，假若分別是 x 軸、y 軸和 z 軸，其中任兩軸均可以構成一個平面，三軸同構則成爲立體空間。**當空間中有任何一個力 $\vec{F}$ 存在時，我們都可以把它分解並分別對應到各個軸向上，如圖 2-9 所示，稱為 $\vec{F}$ 在 x 軸的分力 $\vec{F}_x$、$\vec{F}$ 在 y 軸的分力 $\vec{F}_y$ 和 $\vec{F}$ 在 z 軸的分力 $\vec{F}_z$** ★1。

TIPS

一個力可以分解為 x 軸、y 軸和 z 軸的分量，分別在 x 軸、y 軸和 z 軸的力也可以合成為一個空間中的力。

A force can be decomposed into components of the x-axis,y-axis and z-axis,and the forces on those 3 axes can also be synthesized into a force.

Note

★1：When any force exists in space,we can decompose it and correspond to each axis respectively, as shown in Figure 2-9,we called $\overrightarrow{F}_x$ the component force on the x axis, $\overrightarrow{F}_y$ the component force on the y axis,and $\overrightarrow{F}_z$ the component force on the z axis.

既然一個力可以分解成三個座標軸上的分力，這三個分力也就一定可以加以合成回復爲原來的力$\vec{F}$，如圖 2-10 所示。

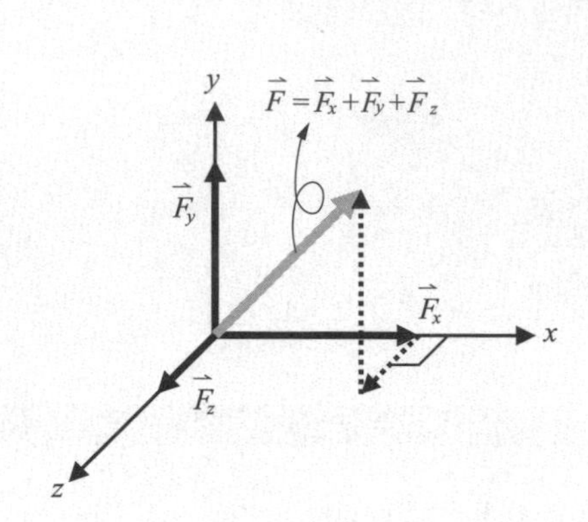

圖 2-9　力可分解為各座標軸上的分量

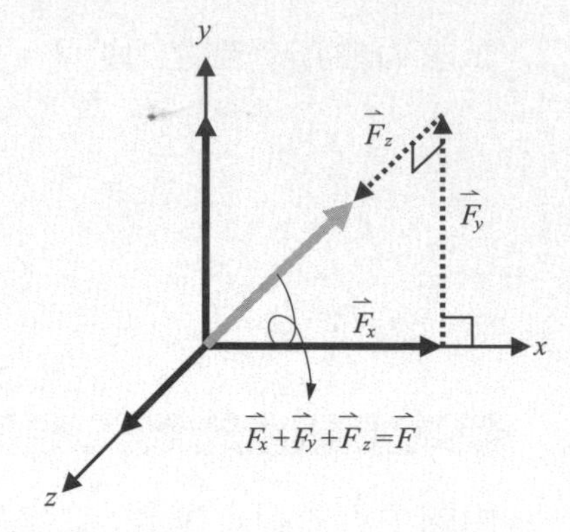

圖 2-10　分力$\vec{F}_x$、$\vec{F}_y$、$\vec{F}_z$的合成

因此，$\vec{F}=\vec{F}_x+\vec{F}_y+\vec{F}_z$(分解)和$\vec{F}_x+\vec{F}_y+\vec{F}_z=\vec{F}$(合成)是一體的兩面，在任何條件下該等關係都會同時存在★1。

力既然是一種具有大小和方向的量，那麼它就一定可以表示爲$\vec{F}=F\vec{e}$，其中 F 爲力的大小，$\vec{e}$ 爲力的方向。習慣上，我們用直角座標上各個軸向的分力來表示更爲清楚，亦即

$$\vec{F}_x=F_x\vec{i}$$

$$\vec{F}_y=F_y\vec{j}$$

$$\vec{F}_z=F_z\vec{k}$$

其中 F_x、F_y、F_z 分別是$\vec{F}$在 x 軸、y 軸和 z 軸方向的分力大小，$\vec{i}$、$\vec{j}$、$\vec{k}$ 則分別爲 x 軸、y 軸與 z 軸的方向，或稱爲 x 軸、y 軸與 z 軸的**單位向量** unit vector，單位向量可以指出向量的方向，它的長度或大小等於 1。

在空間中，力的向量加法與一般向量的加法相同，而且具有交換性，或稱爲適用**交換律** commutative law，亦即

$$\vec{F}_1+\vec{F}_2=\vec{F}_2+\vec{F}_1$$

Note

★1. That means the relations of $\vec{F}=\vec{F}_x+\vec{F}_y+\vec{F}_z$ (decompose)and $\vec{F}_x+\vec{F}_y+\vec{F}_z=\vec{F}$ (synthesize) will be always exist at the same time.

圖 2-11 顯示，力在合成時，彼此間的次序調換並不會影響最後的結果，證明力的向量加法具有交換性。

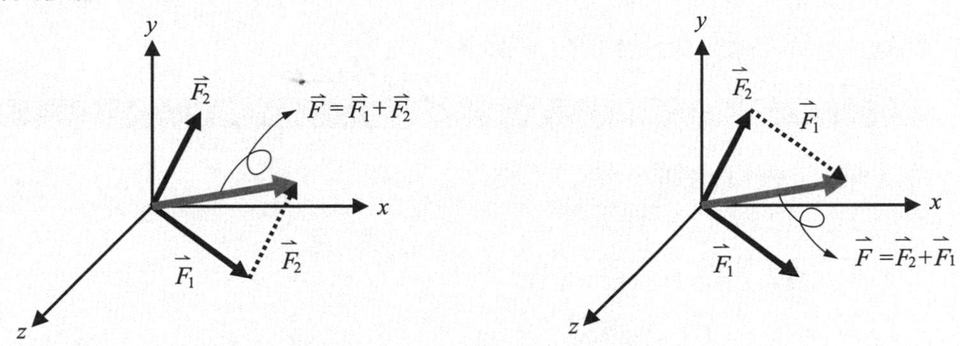

圖 2-11　力合成時適用交換律

當有多個力同時存在時，如果要將這些力加總起來，可分別先將這些力的 x 軸、y 軸和 z 軸的分力分別加總起來，再合成總合力，亦即

$$\vec{F}_1 = F_{1x}\vec{i} + F_{1y}\vec{j} + F_{1z}\vec{k}$$

$$\vec{F}_2 = F_{2x}\vec{i} + F_{2y}\vec{j} + F_{2z}\vec{k}$$

$$\vec{F}_3 = F_{3x}\vec{i} + F_{3y}\vec{j} + F_{3z}\vec{k}$$

則

$$\begin{aligned}\vec{F} &= \vec{F}_1 + \vec{F}_2 + \vec{F}_3 \\ &= (F_{1x} + F_{2x} + F_{3x})\vec{i} + (F_{1y} + F_{2y} + F_{3y})\vec{j} + (F_{1z} + F_{2z} + F_{3z})\vec{k} \\ &= F_x\vec{i} + F_y\vec{j} + F_z\vec{k}\end{aligned}$$

其中

$$F_x = F_{1x} + F_{2x} + F_{3x}$$

$$F_y = F_{1y} + F_{2y} + F_{3y}$$

$$F_z = F_{1z} + F_{2z} + F_{3z}$$

例 2-7

有 3 個力$\overrightarrow{F}_1=3\overrightarrow{i}+2\overrightarrow{j}+\overrightarrow{k}$、$\overrightarrow{F}_2=\overrightarrow{i}+2\overrightarrow{k}$和$\overrightarrow{F}_3=-3\overrightarrow{i}-3\overrightarrow{j}+\overrightarrow{k}$同時作用在一個物體上，求各軸向所受到的力以及總合力？

解析

在 x 軸、y 軸和 z 軸的分力分別爲

$$\overrightarrow{F}_x=(3\overrightarrow{i}+\overrightarrow{i}-3\overrightarrow{i})=\overrightarrow{i}$$

$$\overrightarrow{F}_y=(2\overrightarrow{j}-3\overrightarrow{j})=-\overrightarrow{j}$$

$$\overrightarrow{F}_z=(\overrightarrow{k}+2\overrightarrow{k}+\overrightarrow{k})=4\overrightarrow{k}$$

三個軸向的分力合成的合力爲

$$\overrightarrow{F}=\overrightarrow{F}_x+\overrightarrow{F}_y+\overrightarrow{F}_z=\overrightarrow{i}-\overrightarrow{j}+4\overrightarrow{k}$$

例 2-8

空間中三個力作用於一個物體上，若$\overrightarrow{F}_1=10\overrightarrow{i}+10\overrightarrow{j}-5\overrightarrow{k}$、$\overrightarrow{F}_2=15\overrightarrow{i}+10\overrightarrow{j}+20\overrightarrow{k}$，$\overrightarrow{F}_3$之大小爲 30N，作用後使物體在 y 軸之合力爲零，若欲使 x 軸之合力與 z 軸之合力大小相等，求$\overrightarrow{F}_3=$？

解析

物體受力後之合力爲

$$\Sigma\overrightarrow{F}=\overrightarrow{F}_1+\overrightarrow{F}_2+\overrightarrow{F}_3=(10+15+F_{3x})\overrightarrow{i}+(10+10+F_{3y})\overrightarrow{j}+(-5+20+F_{3z})\overrightarrow{k}$$

因 y 軸方向合力爲零

故　$F_{3y}=-20\ (\text{N})$

又　$\overrightarrow{F}_3$之大小爲 30 (N)

則　$\sqrt{(F_{3x})^2+(-20)^2+(F_{3z})^2}=30$

$(F_{3x})^2+(F_{3z})^2=500\cdots$①

因　$\Sigma\overrightarrow{F}_x=\Sigma\overrightarrow{F}_z$，故

$25+F_{3x}=15+F_{3z}\cdots$②

由②得 $F_{3z}=F_{3x}+10\cdots$③

TIPS

可以依據各個軸向上的條件分別求出未知數，然後將未知數代入得到各個力分量後，再合成為合力。

The unknown component forces can be calculated according to the conditions in each axis, and then all the component forces can be synthesized into a resultant force.

③代入①得

$$(F_{3x})^2 + (F_{3x} + 10)^2 = 500$$

則 $2(F_{3x})^2 + 20F_{3x} + 100 = 500$

$$(F_{3x})^2 + 10F_{3x} - 200 = 0$$

$$F_{3x} = \frac{-10 \pm \sqrt{100 - 4(-200)}}{2} = -5 \pm 15$$

得 $F_{3x} = 10$ (N) 或 $F_{3x} = -20$ (N)

代入③得 $F_{3z} = 20$ (N)或 $F_{3z} = -10$ (N)

則 $\vec{F}_3 = 10\vec{i} - 20\vec{j} + 20\vec{k}$ 或 $\vec{F}_3 = -20\vec{i} - 20\vec{j} - 10\vec{k}$

例 2-9

汽車被以 2 條繩索拖拉如下圖所示，試求拉力 F_A、F_B 之大小，使得汽車能受到合力 800N 作用並沿著 x 軸方向移動？

解析

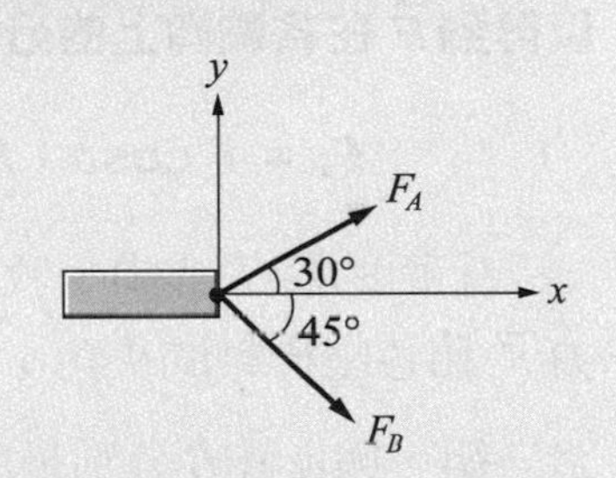

$F_A \sin 30° = \mathrm{F_B} \sin 45° \cdots$①

$F_A \cos 30° + F_B \cos 45° = 800(\mathrm{N}) \cdots$②

由①可得

$$0.5F_A = \sqrt{2} \div 2F_B，$$

則 $F_A = \sqrt{2}F_B$

代入②可得

$$\sqrt{2}F_B(\sqrt{3} \div 2) + F_B(\sqrt{2} \div 2) = 800(\mathrm{N})，$$

則 $F_B = 414.1(\mathrm{N})$，

$F_A = 585.6(\mathrm{N})$

2-3 以三角函數定理求力在座標軸上的分力 Application of Trigonometric functions

一個力可以分解成直角座標上 x 軸、y 軸和 z 軸三個方向的分力，也就是說，這個力可以用三個不同軸向的分量來表示。在前面所學力的合成與分解過程中，以圖示法來說，它是一種三角形邊與角的關係，也就是可以應用**三角函數** trigonometric function 的定義來計算出力分解後的分量和夾角，相同的，在力合成的過程中也是如此，可以透過這些數學方法求得合力大小和方向。

如果一個力要分解成爲直角坐標上 x 軸、y 軸和 z 軸上各個方向的分量，只要應用三角函數的基本定理就可以完成，不過必需要知道力的大小以及力和各個座標軸之間的夾角。假設有一個力 $\vec{F}$ 和 x 軸、y 軸與 z 軸之間的夾角分別爲 α、β 和 γ，那麼 $\vec{F}$ 在各座標軸上的分量就可以利用三角函數的定義來逐步分解，然後將其對應到各座標軸上。當 α、β 和 γ 三個角中有任何一個爲零的時候，就代表 $\vec{F}$ 是作用在一個平面上，稱爲平面力(Plane force)，就讓我們先從二維空間的平面力開始探討。如圖 2-12 所示，**平面上的一個力和 x 軸、y 軸之間的夾角分別是 α 和 β，很顯然的，此時 α 和 β 的和是 90°，由三角函數定理可以得到 $\vec{F}$ 在各軸向上的分力大小分別是**

$$F_x = F\cos\alpha；F_y = F\sin\alpha \quad 或 \quad F_y = F\cos\beta；F_x = F\sin\beta$$ ★1

上面的關係式中，我們可以選擇適當的任何一組來表示，爲了能更清楚了解原有作用力 $\vec{F}$ 和各座標軸間夾角 α 和 β 與分力的關係，我們選用了 $F_x = F\cos\alpha$ 以及 $F_y = F\cos\beta$ 這一組，因 α 和 β 分別是力和 x 軸以及 y 軸之間的夾角，最容易記憶。上面關係式也可以用向量法來表示，亦即

$$\vec{F}_x = F\cos\alpha\,\vec{i}$$

$$\vec{F}_y = F\cos\beta\,\vec{j}$$

Note

★1. The included angles of a force $\vec{F}$ on the plane and the x-axis as well as y-axis are α and β respectively. Obviously, the sum of α and β is 90° at this time, and the component force on each axis can be obtained from the trigonometric function theorem, that is
$F_x = F\cos\alpha$；$F_y = F\cos\beta$, or in vector form $\vec{F}_x = F\cos\alpha\,\vec{i}$ ；$\vec{F}_y = F\cos\beta\,\vec{j}$

式中清楚的顯示出，一個力$\vec{F}$在各座標軸上的分力$\vec{F}_x$、$\vec{F}_y$與這個力和座標軸之間的夾角α和β有關。

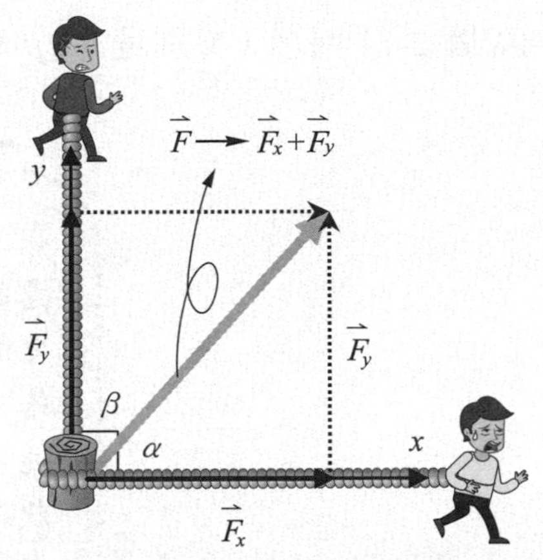

圖 2-12　平面上力與各座標軸的夾角

例 2-10

平面上的一個力大小爲 50N，力和 x 軸的夾角爲 30°，試求該力在 x 軸和 y 軸的分量？

解析

平面上的力和 x 軸的夾角爲 30°，
則和 y 軸的夾角爲 60°，
依據前述公式，可以得到：

$$F_x = F\cos\alpha = 50\cos 30^\circ = 50\times 0.866 = 43.3\ (\text{N})$$

$$F_y = F\cos\beta = 50\cos 60^\circ = 50\times 0.5 = 25\ (\text{N})$$

如果力存在於三維空間中，它的分解方式和二維空間的平面力是一樣的，力在各軸向的分力求法也是相同，可以直接將二維平面的結果引伸到三維空間，亦即，當作用力$\overrightarrow{F}$和x軸、y軸以及z軸之間的夾角如圖 2-13 所示，分別是α、β和γ時，則各座標軸方向上的分力大小分別為

$$F_x = F\cos\alpha \;;$$

$$F_y = F\cos\beta \;;$$

$$F_z = F\cos\gamma$$

或以向量法表示為

$$\overrightarrow{F}_x = F\cos\alpha\,\overrightarrow{i} \;;$$

$$\overrightarrow{F}_y = F\cos\beta\,\overrightarrow{j} \;;$$

$$\overrightarrow{F}_z = F\cos\gamma\,\overrightarrow{k}$$

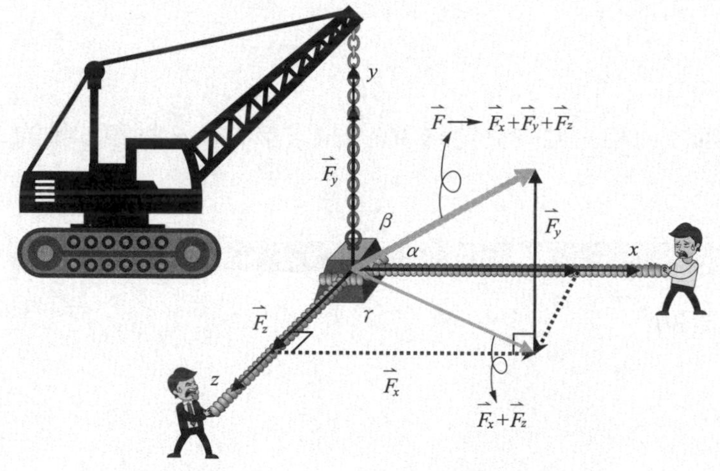

圖 2-13　三維空間中力與各坐標軸間的夾角

TIPS

在三維空間的應用上，必需注意的是α、β和γ這三個夾角之間具有一定的相關性，隨意給一組夾角有可能無法滿足上述之關係式，也就是會有矛盾狀況產生，或者此向量不可能存在，確認合理夾角使向量存在的方法將於後續章節中說明。

It must be noted that, in three-dimensional space, there is a certain correlation among the three included angles of α, β and γ. A random set of included angles may not satisfy the above relational formula, that is, the contradiction may happen in some cases. Or it is impossible for this vector to exist, and the method of confirming the existence of a reasonable angle to make the vector exist will be explained in the following chapters.

例 2-11

空間中的一個力大小為 100N，力和 x 軸的夾角為 45°，和 y 軸的夾角為 60°，試求該力在 x 軸、y 軸和 z 軸的分量以及該力和 z 軸之夾角 γ？

解析

各座標軸方向上的分力大小分別為：

$$F_x = F\cos\alpha = 100\times\cos 45° = 100\times 0.707 = 70.7\text{N}$$

$$F_y = F\cos\beta = 100\times\cos 60° = 100\times 0.5 = 50\text{N}$$

$$F = \sqrt{F_x^2+F_y^2+F_z^2} = 100$$

亦即 $(100)^2 = (70.7)^2 + (50)^2 + F_z^2$，得到 $F_z = 50\text{N}$

因 $F_z = F\cos\gamma$，則 $\cos\gamma = \dfrac{F_z}{F} = \dfrac{50}{100} = \dfrac{1}{2}$，得 $\gamma = \cos^{-1}\dfrac{1}{2} = 60°$

例 2-12

空間中一個力 $\overrightarrow{F}$ 與 x 軸、y 軸、z 軸之夾角分別為 α、β、γ，若力之大小 F 為 100N，且 $\alpha = 2\beta = \gamma$，求力之向量 $\overrightarrow{F}$？

解析

$F_x = 100\cos\alpha = 100\cos(2\beta)$，$F_y = 100\cos\beta$，$F_z = 100\cos\gamma = 100\cos(2\beta)$

因 $F = \sqrt{F_x{}^2+F_y{}^2+F_z{}^2} = 100$，則 $100\sqrt{\cos^2 2\beta+\cos^2\beta+\cos^2 2\beta} = 100$，

即 $\cos^2 2\beta+\cos^2\beta+\cos^2 2\beta = 1 \cdots ①$

由二倍角公式，$\cos 2\beta = 2\cos^2\beta - 1$，

$$\cos^2 2\beta = (2\cos^2\beta-1)^2 = 4\cos^4\beta - 4\cos^2\beta + 1$$

代入①得 $2(4\cos^4\beta-4\cos^2\beta+1)+\cos^2\beta = 1$，$8\cos^4\beta - 7\cos^2\beta + 1 = 0$

$$\cos^2\beta = \frac{-(-7)\pm\sqrt{(-7)^2-4\cdot 8\cdot 1}}{2\times 8} = \frac{7\pm\sqrt{17}}{16} = 0.695 \quad \text{或} \quad 0.180$$

$$\cos\beta = 0.834 \quad \text{或} \quad \cos\beta = 0.424$$

$$\beta = 33.5° \quad \text{或} \quad \beta = 64.9°$$

代入上述 F_x，F_y，F_z 之關係式得

$F_x = 39.1$，$F_y = 83.4$，$F_z = 39.1$ 或 $F_x = -64$，$F_y = 42.4$，$F_z = -64$

則 $\overrightarrow{F} = 39.1\overrightarrow{i} + 83.4\overrightarrow{j} + 39.1\overrightarrow{k}$ 或 $\overrightarrow{F} = -64\overrightarrow{i} + 42.4\overrightarrow{j} - 64\overrightarrow{k}$

2-4 以畢氏定理求座標軸分力的合成力 Application of Pythagorean Theorem

若座標軸上的分力$\vec{F}_x$、$\vec{F}_y$、$\vec{F}_z$爲已知時，如前面所述，可以利用向量相加的方法來求得合力，亦即

$$\vec{F}=\vec{F}_x+\vec{F}_y+\vec{F}_z=F_x\vec{i}+F_y\vec{j}+F_z\vec{k}$$

當其中有一個座標軸的方向沒有受力時，合力$\vec{F}$就變成二維的平面力 plane force，它的大小可以用**畢氏定理** Pythagorean theorem★1來求得。相較之下，平面力的合成或分解都較三維立體的情況更容易理解，尤其是合力與各座標軸之間夾角和分力的關係，可以一目而了然。

二維平面力的軸向分力$\vec{F}_x$和$\vec{F}_y$合成合力$\vec{F}$時，以圖解法表示，可以得到一個封閉的三角形如圖 2-14 所示。三角形中，三個夾角 α、β、γ 分別以$\vec{F}_x$、$\vec{F}_y$和$\vec{F}$爲對應邊，其合力大小可以利用畢氏定理來求得。

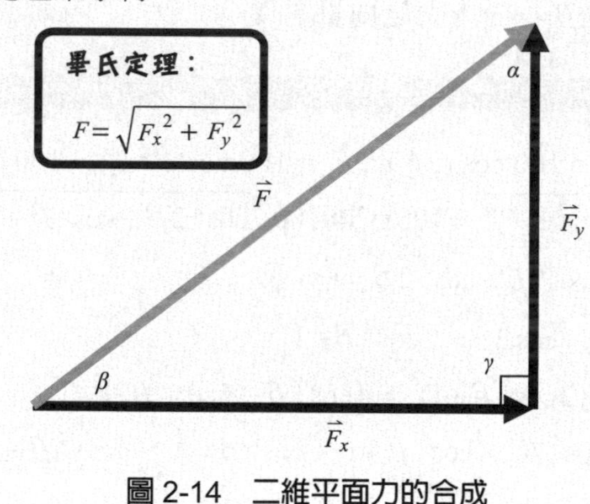

圖 2-14　二維平面力的合成

Note

★1. Pythagorean theorem：The Pythagorean theorem states that, the sum of the squares of the lengths of the two sides of a right triangle on the plane is equal to the square of the length of the hypotenuse, that is in figure 2-14, the relationship of $F_x^2+F_y^2=F^2$ is exist and real.

應用畢氏定理來求三維空間中的合力，基本方法和二維力的處理方式相同，只是多一道程序而已，也就是利用畢氏定理先求出在某個平面上的合力，然後以所得到的這個合力和另一個剩下的軸向分力再以畢氏定理計算一次，就可以得到三維空間合力的大小，如圖 2-15 所示★1。

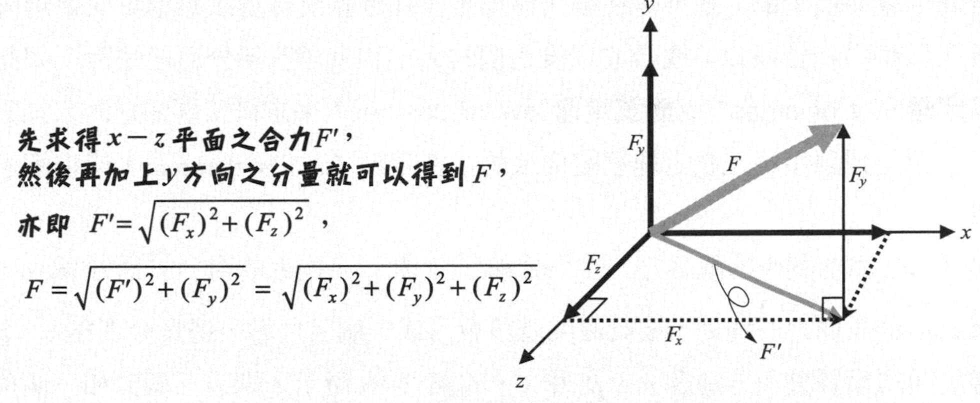

圖 2-15 三維空間力合成的畢氏定理應用

合力 $\vec{F}$ 的大小已經求得，可以利用前述方法再求 $\vec{F}$ 和三個座標軸之間的夾角 α、β 和 γ，就可以標示出力的方向了。

例 2-13

一個物體受到 x 軸、y 軸和 z 軸方向的分力分別為 10 N、5 N 和 −10 N，試求該物體所受到合力大小？

解析

運用畢氏定理可以求得

$$F=\sqrt{10^2+5^2+(-10)^2}=\sqrt{225}$$

則 $F=15(\text{N})$

Note

★1. The method of applying Pythagorean theorem to find the resultant force in 3-D space is same as it is in 2-D space, but there is one more procedure, that is, use Pythagorean theorem to find the resultant force F' on a certain plane so as x-z, and then use the obtained resultant force F' and the remaining axial component force F_y to get the final solution by Pythagorean theorem again, and the resultant force F in 3-D space can be obtained, as shown in Figure 2-15.

2-5 正弦定理與餘弦定理 Law of Sines and Cosines

當空間中或平面上的力並不是在直角座標上，那麼就沒有辦法應用畢氏定理來求合力了。假設，這些力在合成以前或合成以後它們的大小和夾角有部分爲已知數，如此就可以利用**正弦定理** law of sines★1或**餘弦定理** law of cosines★2來求得所要知道的未知數，在某些條件下，還可以應用從正弦定理演變而來的拉密定理 Lami's theorem，使求解過程變得更爲簡單。

設$\vec{F}_1$和$\vec{F}_2$爲空間中的兩個力，大小分別爲 a 和 b，兩者的合力$\vec{F}$大小爲 c，若利用圖示法來表示這三個力的關係，彼此之間應該會形成一個三角形，邊長分別爲 a、b 和 c，且邊和邊之間的相關夾角分別爲 α、β 和 γ，如圖 2-16 所示，則這三個力和三個角之間存在下列關係，稱爲正弦定理。

$$\frac{a}{\sin\alpha}=\frac{b}{\sin\beta}=\frac{c}{\sin\gamma} \quad \textbf{(正弦定理)}$$

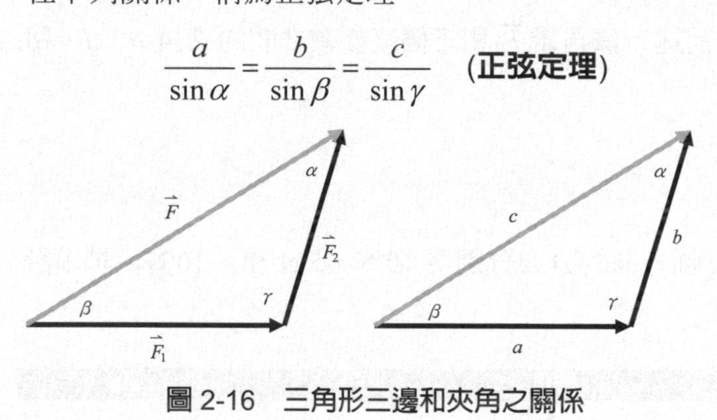

圖 2-16　三角形三邊和夾角之關係

TIPS

如果三角形中，某一邊的邊長和其對應角為已知時，就可以用正弦定理來求解。

If the length of a certain side and its corresponding angle are known in a triangle, the law of sines can be used to solve the problem.

Note

★1. law of sines：The lengths of the sides of a triangle are a, b and c respectively, and the relative angles between the sides are α, β and γ respectively, as shown in Figure 2-16, then the following relations exist between the three sides and the three angles, $\frac{a}{\sin\alpha}=\frac{b}{\sin\beta}=\frac{c}{\sin\gamma}$

★2. law of cosines：The lengths of the sides of a triangle are a, b and c respectively, and the relative angles between the sides are α, β and γ respectively, as shown in Figure 2-16, then the following relations exist between the three sides and the three angles,
$c^2 = a^2 + b^2 - 2ab\cos\gamma$，$a^2 = b^2 + c^2 - 2bc\cos\alpha$，$b^2 = a^2 + c^2 - 2ac\cos\beta$

在正弦定理的應用上，如果三角形中「某一邊的邊長和其對應角為已知」，那麼就可以依其他已知的邊長或夾角來求得未知的邊長或夾角。

例 2-14

空間中大小相等的兩個力，夾角爲 60°，如果合成後合力爲 100N，試求該力大小及其他相關夾角。

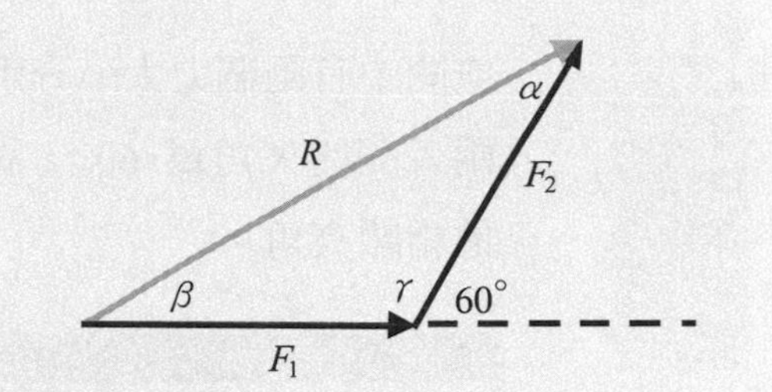

解析

兩個力之間的夾角爲 60°，所以 $\gamma = 180° - 60° = 120°$

又因爲 F_1 和 F_2 相等，所以 $\alpha = \beta = 30°$

因爲合力 F 和其對應角 γ 爲已知，

因此可以應用正弦定理來得到其它未知的力或夾角

$$\frac{100}{\sin 120°} = \frac{F_1}{\sin 30°} = \frac{F_2}{\sin 30°}$$

得到 $F_1 = F_2 = 100 \times \dfrac{\sin 30°}{\sin 120°} = 57.7(\text{N})$

當力和合力之間所構成的三角形不符合上述正弦定理所需的條件時，就沒有辦法應用正弦定理而必需另設它法了。**如果三角形符合「二個邊的邊長和它們間的夾角為已知」的條件，此時可以改應用餘弦定理**，一樣可以求得其他未知的邊長或夾角。

如圖 2-16 所示，設 $\vec{F}_1$ 和 $\vec{F}_2$ 爲空間中的兩個力，大小分別爲 a 和 b，兩者的合力 $\vec{F}$ 大小爲 c，利用圖示法可以得到彼此間所形成的三角形，邊長分別爲 a、b 和 c，夾角分別爲 α、β 和 γ。圖中，如果任兩個邊的邊長和兩者間的夾角爲已知，那麼第三邊邊長的大小就可以由下列三組關係式求出，稱爲餘弦定理。

$$c^2 = a^2 + b^2 - 2ab\cos\gamma$$

$$a^2 = b^2 + c^2 - 2bc\cos\alpha \quad \textbf{(餘弦定理)}$$

$$b^2 = a^2 + c^2 - 2ac\cos\beta$$

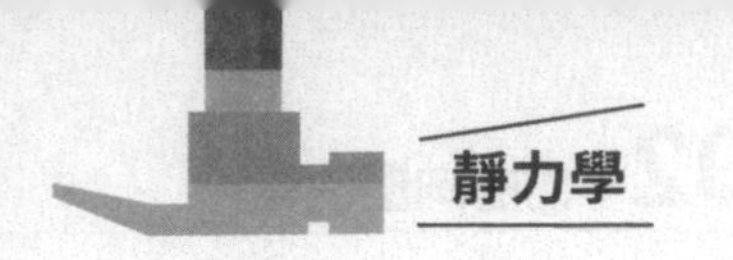

在某些情況或某些已知條件的限制下，可能無法以單一的正弦定理或餘弦定理來求得所有的未知量，而是需要以正弦定理和餘弦定理交相使用來求得。

例 2-15

空間中有兩個力大小分別爲 3N 和 4N，若兩者間的夾角爲 60°，試求合力大小及其他相關夾角。

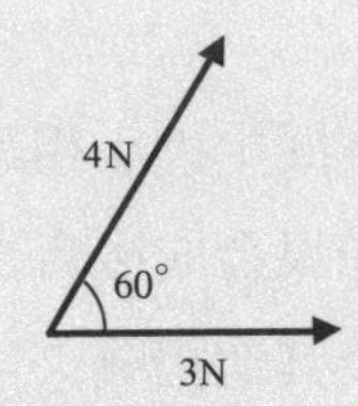

解析

已知兩對應邊大小及夾角大小，可利用餘弦定理來求第三個邊長和其他夾角。

亦即　$c^2 = a^2 + b^2 - 2ab\cos\gamma$

必需注意的是，這裏兩個力的夾角和上述所說三角形兩邊的夾角並不相同，必需要將力的向量先相加變成一個三角形，再依據各個邊和夾角之間的對應關係來決定使用何種方法求其它未知量。因此，已知兩個力相加構成的三角形夾角應該是

$\gamma = 180° - 60° = 120°$，

因此得到

$$F^2 = 3^2 + 4^2 - 2\times3\times4\cos120°$$

$$= 25 - 24\left(-\frac{1}{2}\right) = 25 + 12 = 37$$

$$F = \sqrt{37}$$

此時已知對應邊 F 和對應角 γ，

可以用正弦定理求得其他對應角 α 和 β，亦即

$$\frac{3}{\sin\alpha} = \frac{4}{\sin\beta} = \frac{\sqrt{37}}{\sin120°}，\frac{3}{\sin\alpha} = \frac{\sqrt{37}}{\sqrt{3}/2} = \frac{2\sqrt{37}}{\sqrt{3}} = \frac{\sqrt{148}}{\sqrt{3}}$$

則　$\sin\alpha = 3\times\frac{\sqrt{3}}{\sqrt{148}} = \sqrt{\frac{27}{148}}$，$\alpha = \sin^{-1}\sqrt{\frac{27}{148}} = 25.3°$

另一個夾角 β 也可以求得，

即　$\frac{4}{\sin\beta} = \frac{\sqrt{148}}{\sqrt{3}}$

則　$\sin\beta = 4\times\sqrt{\frac{3}{148}} = \sqrt{\frac{12}{37}}$，$\beta = \sin^{-1}\sqrt{\frac{12}{37}} = 34.7°$

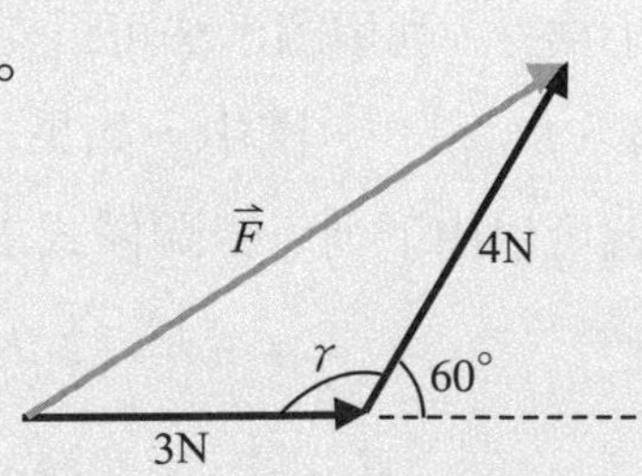

TIPS

正弦定理和餘弦定理可以互相搭配使用，問題更簡化喔！

The law of sines and the law of cosines can match each other to simplify the problem!

例 2-16

三個力分別作用在同一個點上達成力的平衡，試以正弦定理求 F_1 和 F_2？

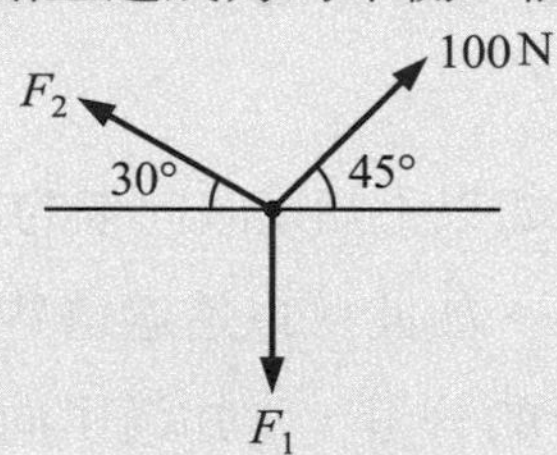

解析

由圖中可知 $\beta = 45°$，$\gamma = 45° + 30° = 75°$

$$\alpha = 180° - 45° - 75° = 60°$$

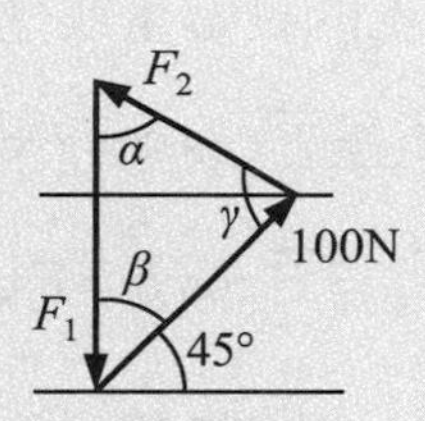

利用正弦定理

$$\frac{100}{\sin 60°} = \frac{F_2}{\sin 45°} = \frac{F_1}{\sin 75°}$$，得

$$F_1 = 100\frac{\sin 75°}{\sin 60°} = 111.54\ (\text{N})$$

$$F_2 = 100\frac{\sin 45°}{\sin 60°} = 81.65\ (\text{N})$$

如果直接列式，得：

$$\frac{F_1}{\sin 105°} = \frac{F_2}{\sin 135°} = \frac{100}{\sin 120°}$$

所得結果完全相同，

稱為拉密定理(Lami's Theorem)。

2-6 力的大小與單位向量 Magnitude and Unit Vector of a Force

當一個向量存在於空間中，如果不知道該向量的方向，但知道該向量與 x 軸、y 軸和 z 軸之間的夾角分別爲 α、β 和 γ，如此可以透過這些夾角計算出向量在各座標軸上的投影量，也就是該向量在各座標軸上的分量，當知道了向量在各座標軸上的分量以後，就可以確定它的方向，因此，夾角 α、β 和 γ 被稱爲這個向量的**方向角** direction angle ★1。

如果空間中的一個作用力 $\overrightarrow{F}$ 與三個座標軸間之夾角分別爲 α、β 和 γ，則作用力 $\overrightarrow{F}$ 在各個座標軸上的投影量或分量爲：

$$\overrightarrow{F}_x = \overrightarrow{F}\cos\alpha = F\cos\alpha\,\overrightarrow{i}$$

$$\overrightarrow{F}_y = \overrightarrow{F}\cos\beta = F\cos\beta\,\overrightarrow{j}$$

$$\overrightarrow{F}_z = \overrightarrow{F}\cos\gamma = F\cos\gamma\,\overrightarrow{k}$$

上面關係式中 $\cos\ \alpha$、$\cos\ \beta$、$\cos\ \gamma$ 稱爲**方向餘弦** direction of consines ★2。如果把各個座標軸方向的分量加起來，就是原來的作用力 $\overrightarrow{F}$，不過此時作用力 $\overrightarrow{F}$ 會將各方向餘弦包含在內而成爲另外一種表現方式，亦即

$$\overrightarrow{F} = \overrightarrow{F}_x + \overrightarrow{F}_y + \overrightarrow{F}_z = F(\cos\alpha\,\overrightarrow{i} + \cos\beta\,\overrightarrow{j} + \cos\gamma\,\overrightarrow{k}) = F\overrightarrow{e_F}$$

Note

★1. direction angle：The included angles between the vector and the *x*-axis, *y*-axis, and *z*-axis are α, β, and γ respectively, so that the projection amount of the vector on each coordinate axis can be calculated through these angles by $F_x = F\cos\alpha$, $F_y = F\cos\beta$, $F_z = F\cos\gamma$, that is, the components of the vector on each coordinate axis and its direction can be determined. Therefore, the included angles α, β, and γ are called the direction angle of the vector, and $\cos\alpha$、$\cos\beta$、$\cos\gamma$ are called direction of consines.

★2. direction of consines：If the included angles α, β, and γ are the direction angle of the vector, then $\cos\alpha$、$\cos\beta$、$\cos\gamma$ are called direction of consines, and the following relation must be satisfied, that is $\cos^2\alpha + \cos^2\beta + \cos^2\gamma = 1$.

從基本定義來說，作用力$\vec{F}$是向量，必需包含力的大小和方向，由上式中，很清楚的得知，作用力$\vec{F}$的大小爲F，代表作用力$\vec{F}$方向的單位向量爲$\vec{e_F}$，其中

$$\vec{e_F} = \cos\alpha\,\vec{i} + \cos\beta\,\vec{j} + \cos\gamma\,\vec{k}$$

依照定義，單位向量的長度應該等於 1，亦即

$$\left|\vec{e_F}\right| = e_F = \sqrt{\cos^2\alpha + \cos^2\beta + \cos^2\gamma} = 1$$

必需注意的是，方向角 α、β 和 γ 並非完全獨立，而是彼此相關，需滿足上面的關係式才有意義，任意給予一組方向角有可能無法滿足上面的關係式而產生矛盾的現象。由此得知，三個方向角之間的關係必需滿足$\cos^2\alpha + \cos^2\beta + \cos^2\gamma = 1$的條件。

例 2-17

一大小為 300N 的力，與 x 軸、y 軸和 z 軸間的夾角分別為 45°、60°、γ，試求該力在各座標軸上的分力以及該力的單位向量。

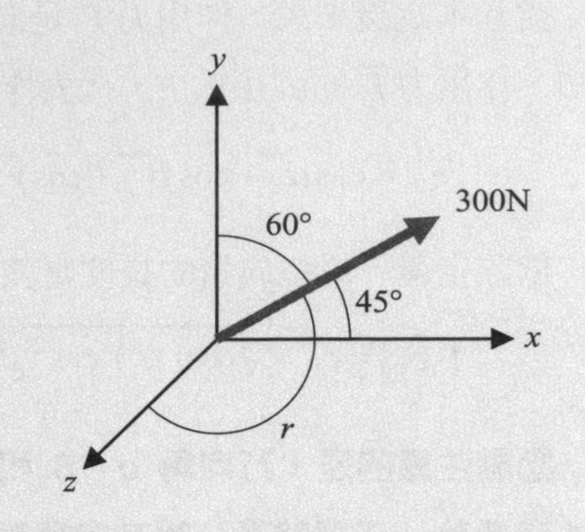

解析

依方向角相互間之關係式 $\cos^2\alpha+\cos^2\beta+\cos^2\gamma=1$

可以得到 $\cos^2 45°+\cos^2 60°+\cos^2\gamma=1$

則 $\left(\dfrac{\sqrt{2}}{2}\right)^2+\left(\dfrac{1}{2}\right)^2+\cos^2\gamma=1 \quad \dfrac{2}{4}+\dfrac{1}{4}+\cos^2\gamma=1$

則 $\cos^2\gamma=\dfrac{1}{4}$，$\cos\gamma=\dfrac{1}{2}$

則 $\gamma=60°$

所以力 $\vec{F}$ 的方向 $\vec{e_F}$

可以表示為 $\vec{e_F}=\cos 45°\,\vec{i}+\cos 60°\,\vec{j}+\cos 60°\,\vec{k}$

則力的向量 $\vec{F}$ 可從 $\vec{F}=F\,\vec{e_F}$ 求得，亦即

$$\vec{F}=300(\cos 45°\,\vec{i}+\cos 60°\,\vec{j}+\cos 60°\,\vec{k})$$

$$=300\left(\frac{\sqrt{2}}{2}\vec{i}+\frac{1}{2}\vec{j}+\frac{1}{2}\vec{k}\right)=212\,\vec{i}+150\,\vec{j}+150\,\vec{k}$$

各軸上的分力則可以表示為

$$\vec{F}_x=300\times\frac{\sqrt{2}}{2}\vec{i}=212\,\vec{i}$$

$$\vec{F}_y=300\times\frac{1}{2}\vec{j}=150\,\vec{j}$$

$$\vec{F}_z=300\times\frac{1}{2}\vec{k}=150\,\vec{k}$$

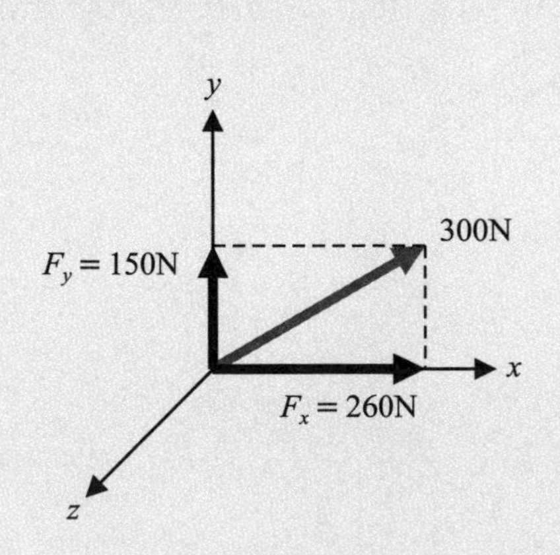

至於合力的單位向量則為

$$\vec{e_F}=\frac{\sqrt{2}}{2}\vec{i}+\frac{1}{2}\vec{j}+\frac{1}{2}\vec{k}$$

當一個力以$\overrightarrow{F}=F_x\overrightarrow{i}+F_y\overrightarrow{j}+F_z\overrightarrow{k}$來表示的時候，它的大小是多少？方向又爲何呢？此時即可依向量的基本定義來處理，也就是把力以$\overrightarrow{F}=F\overrightarrow{e_F}$來表示，又依前面所述的幾何學原理，力的大小應該可以表示爲

$$F=\sqrt{F_x^2+F_y^2+F_z^2}$$

則力的方向爲

$$\overrightarrow{e_F}=\frac{\overrightarrow{F}}{F}=\frac{F_x}{\sqrt{F_x^2+F_y^2+F_z^2}}\overrightarrow{i}+\frac{F_y}{\sqrt{F_x^2+F_y^2+F_z^2}}\overrightarrow{j}+\frac{F_z}{\sqrt{F_x^2+F_y^2+F_z^2}}\overrightarrow{k}$$

因爲方向是單位向量，所以大小應該爲 1，就如同$\overrightarrow{i}$、$\overrightarrow{j}$、$\overrightarrow{k}$分別是直角座標軸 x、y 和 z 軸上的單位向量一樣，$\overrightarrow{e_F}$則是力$\overrightarrow{F}$在它所處軸向的單位向量。

例 2-18

試求力$\overrightarrow{F}=2\overrightarrow{i}+\overrightarrow{j}+3\overrightarrow{k}$之大小及方向(單位向量)，以及該力與三個座標軸間的夾角 α、β 和 γ。

解析

依前述定義可知

$$\overrightarrow{F}=F\overrightarrow{e_F}$$

$$\left|\overrightarrow{F}\right|=F=\sqrt{2^2+1^2+3^2}=\sqrt{14}\ (\text{大小})$$

$$\overrightarrow{e_F}=\frac{\overrightarrow{F}}{F}=\frac{2}{\sqrt{14}}\overrightarrow{i}+\frac{1}{\sqrt{14}}\overrightarrow{j}+\frac{3}{\sqrt{14}}\overrightarrow{k}\ (\text{方向})$$

且單位向量$\overrightarrow{e_F}$的大小爲

$$\left|\overrightarrow{e_F}\right|=e_F=\sqrt{\left(\frac{2}{\sqrt{14}}\right)^2+\left(\frac{1}{\sqrt{14}}\right)^2+\left(\frac{3}{\sqrt{14}}\right)^2}=1$$

該力與三個座標軸間的夾角，依定義可得

$$\cos\alpha=\frac{2}{\sqrt{14}}，\cos\beta=\frac{1}{\sqrt{14}}，\cos\gamma=\frac{3}{\sqrt{14}}$$

則 $\alpha=\cos^{-1}\frac{2}{\sqrt{14}}=57.7°$，

$$\beta=\cos^{-1}\frac{1}{\sqrt{14}}=74.5°，\gamma=\cos^{-1}\frac{3}{\sqrt{14}}=36.7°$$

TIPS

一個力包含大小和方向，力的大小用畢氏定理求得，力的方向就是它的方向餘弦。

A force includes magnitude and direction, the magnitude of the force can be obtained by Pythagorean theorem, and the direction of the force is its direction of cosines.

例 2-19

某人站在 $x = 3$ m，$z = 1.5$ m 處，以繩索去拉位於 9 m 高處的扣環 A，若拉力為 300 N，試求 A 點處各軸向所受到之力？(設此人拉繩之手離地面為 1 m)

解析

α、β 和 γ

由圖中可知，

A 點受力方向與 $3\vec{i}+8\vec{j}+1.5\vec{k}$ 相同，

亦即

$\vec{F}$ 方向的單位向量為

$$\vec{e}_F = \frac{(3\vec{i}+8\vec{j}+1.5\vec{k})}{\sqrt{32} = 1.62+82}$$

$$= 0.345\vec{i}+0.915\vec{j}+0.173\vec{k}$$

$$\vec{F} = F\vec{e}_F$$

$$= 300(0.345\vec{i}+0.915\vec{j}+0.173\vec{k})$$

$$= 103.5\vec{i}+274.5\vec{j}+51.8\vec{k}(\text{N})$$

亦即 $F_x = 103.5(\text{N})$；$\alpha = \cos^{-1}(0.345) = 69.82°$

$F_y = 274.5(\text{N})$；$\beta = \cos^{-1}(0.915) = 23.79°$

$F_z = 51.8(\text{N})$；$\gamma = \cos^{-1}(0.173) = 80.04°$

例 2-20

有一大小為 300N 的力，指向 $2\vec{i}-\vec{j}+2\vec{k}$ 的方向，試求 x 軸、y 軸和 z 軸方向的分力，以及該力與三個座標軸間的夾角 α、β 和 γ。

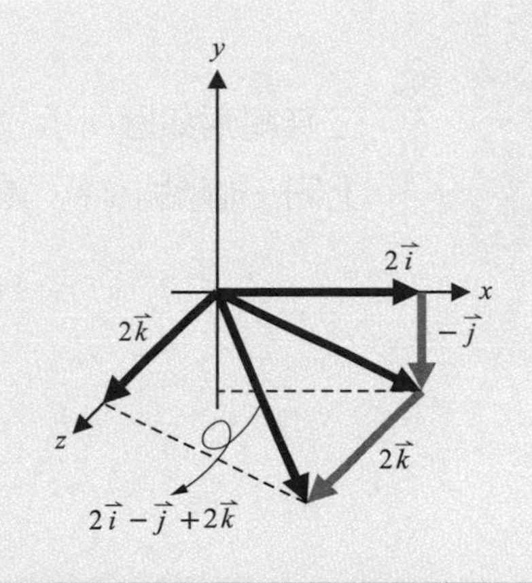

解析

力指向 $2\vec{i}-\vec{j}+2\vec{k}$ 的方向，因此力的方向和向量 $2\vec{i}-\vec{j}+2\vec{k}$ 的方向是相同的，或者說兩者具有相同的單位向量，所以只要求得此向量的單位向量，也就可以得到力的單位向量。設

$$\vec{A}=2\vec{i}-\vec{j}+2\vec{k}=A\,\vec{e}_A \quad \vec{e}_A=\frac{\vec{A}}{A}$$

$$|\vec{A}|=A=\sqrt{2^2+(-1)^2+2^2}=\sqrt{9}=3$$

$$\therefore \vec{e}_A=\frac{\vec{A}}{A}=\frac{2}{3}\vec{i}-\frac{1}{3}\vec{j}+\frac{2}{3}\vec{k}=\vec{e}_F\text{(單位向量)}$$

從定義可得到

$$\vec{F}=F\,\vec{e}_F=300\times\left(\frac{2}{3}\vec{i}-\frac{1}{3}\vec{j}+\frac{2}{3}\vec{k}\right)=200\vec{i}-100\vec{j}+200\vec{k}\,(\text{N})$$

因此得到 x 軸分力為 $\vec{F}_x=200\,\text{N}$，y 軸分力為 $\vec{F}_y=-100\,\text{N}$，z 軸分力為 $\vec{F}_z=200\,\text{N}$。

該力與三個座標軸間的夾角，依定義可得

$$\cos\alpha=\frac{2}{3}，\cos\beta=-\frac{1}{3}，$$

$$\cos\gamma=\frac{2}{3}$$

則 $\alpha=\cos^{-1}\frac{2}{3}=48.2°$

$$\beta=\cos^{-1}\left(-\frac{1}{3}\right)=109.5°$$

$$\gamma=\cos^{-1}\left(\frac{2}{3}\right)=48.2°$$

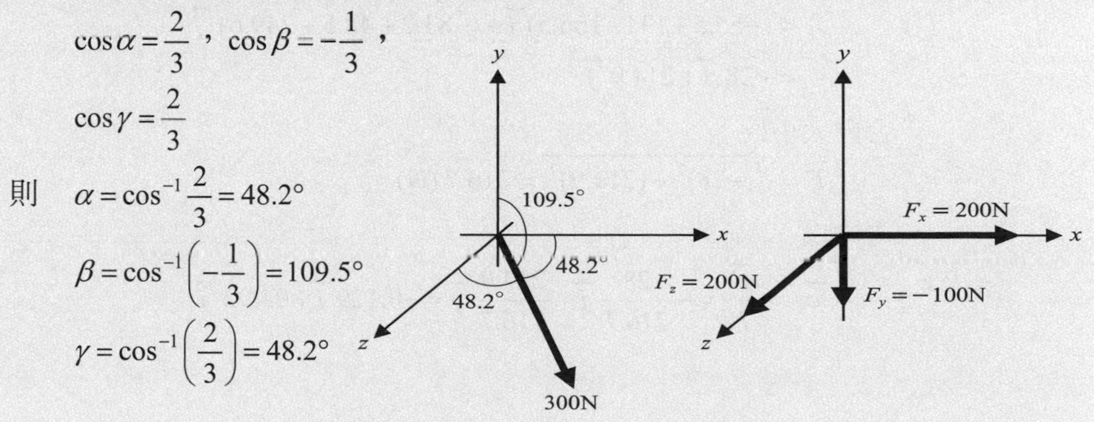

例 2-21

三條繩索如圖所示，受到的力分別為 100N、200N 和 300N，求三力作用在平面上同一個點上時，其合力大小及方向？

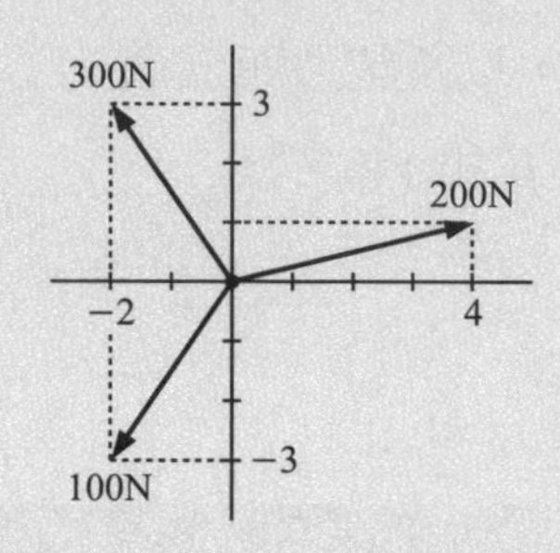

解析

由圖可知

$$\vec{e}_1=\frac{-2\vec{i}-3\vec{j}}{\sqrt{(-2)^2+(-3)^2}}=-0.555\vec{i}-0.832\vec{j}$$

則 $\vec{F}_1=100\vec{e}_1=-55.5\vec{i}-83.2\vec{j}$

$$\vec{e}_2=\frac{4\vec{i}+\vec{j}}{\sqrt{4^2+1^2}}=0.970\vec{i}+0.243\vec{j}$$

則 $\vec{F}_2=200\vec{e}_2=194\vec{i}+48.5\vec{j}$

$$\vec{e}_3=\frac{-2\vec{i}+3\vec{j}}{\sqrt{(-2)^2+3^2}}=-0.555\vec{i}+0.832\vec{j}$$

則 $\vec{F}_3=300\vec{e}_3=-166.5\vec{i}+249.6\vec{j}$

$F=216.7\text{N}$　$F_y=214.9\text{N}$　$F_x=-28\text{N}$　x　y　z

三力之合力為

$$\begin{aligned}\vec{F}&=\vec{F}_1+\vec{F}_2+\vec{F}_3\\&=(-55.5+194-166.5)\vec{i}+(-83.2+48.5+249.6)\vec{j}\\&=-28\vec{i}+214.9\vec{j}\end{aligned}$$

合力大小為

$$F=\sqrt{(-28)^2+(214.9)^2}=216.7\ (\text{N})$$

方向為

$$\vec{e}_F=\frac{\vec{F}}{F}=-\frac{28}{216.7}\vec{i}+\frac{214.9}{216.7}\vec{j}=-0.129\vec{i}+0.992\vec{j}$$

03
質點的平衡

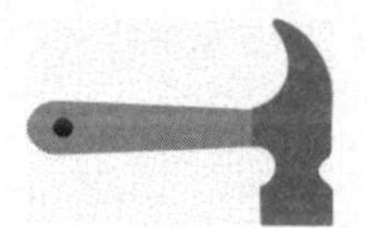

本章大綱

3-1　質點的平衡條件

3-2　質點受力自由體圖

3-3　二維力系的平衡

3-4　三維力系的平衡

學習重點

本章探討當質點、元件和構件受力後達成平衡狀態時所需要滿足的各種條件。而為了避免不必要的漏失，在分析時都會將元件或物體受到的所有力繪製於其上，稱為自由體圖，然後再據以列出平衡方程式來求未知解。自由體圖中，物體在與環境接觸點上所具有的作用力是環境加諸於物體的，稱為反作用力，求得受力物體的反作用力也是本章學習重點之一。

Learing Objectives

- *To discuss the various conditions that need to be satisfied when particles, elements, and members are stressed to reach a state of equilibrium.*
- *To learn how to draw the free body diagram of a stressed body, and set up its equilibrium equations to find the unknown solutions.*
- *To obtain the reaction forces of a stressed body or the force-bearing object through the equilibrium equations, which are getting from the free body diagram.*

生活實例

牛頓第一運動定律的前提條件是物體不受外力，所謂的不受外力，也包含所受合力為零的情況。如果一個以上的力作用在物體同一個點上，或雖作用在物體的不同點上但它們的延伸線交會在一個點，那麼這個系統的平衡即可當成是一個質點力的平衡，並符合牛頓第一運動定律的內涵。不過，如果各個作用力的延伸線並沒有交會在同一個點上，受力雖然達成平衡，但系統不一定會保持靜止，可能會有力矩產生並造成物體旋轉或產生旋轉的傾向，此種情況沒有辦法滿足牛頓第一運動定律，不在靜力學研討範圍之中。

飛機能夠在天上平飛或建物能夠處於穩定狀態，是因為作用力在某個方向維持平衡之故。本章中，我們將探討質點作用力達成平衡狀態所需之條件，同時學習如何以自由體圖來得到可以求得正確解的平衡方程式。

生活實例

The premise of Newton's first law of motion is that the object is free from external force, and the so-called free from external force also includes the situation that the resultant force is zero. If more than one force acts on the same point of the object, or their extension lines intersect at one point although they act on different points of the object, then the balance of the system can be regarded as the balance of a particle, and conforms to Newton's first law of motion. However, if the extension lines of the various forces do not intersect at the same point, although the forces are balanced, the system may not remain static, and there may be a torque that causes the object to rotate or has a tendency to rotate. In this case there is no way to satisfy Newton's first law of motion, which is not in the scope of statics research.

A ship can keep stationary in the lake, or a bridge can be in a stable state, all are because of the acting force maintains balance in a certain direction. In this chapter, we will discuss the conditions required for a particle to keep force balance, and at the same time learn how to get the correct answers by solving the equations of equilibrium obtaining from the free body diagram.

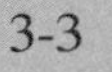

3-1 質點的平衡條件 Conditions for the Equilibrium of a Partical

所謂**質點** particle★1，指的就是空間中的任何一個固定或移動的物體，在忽略它的大小與成分的情況下，把它看成是一個點來做爲力學研究的標的物。比如說一顆體積龐大的星球、天上飛的飛機、人造衛星，以及路上行駛的汽車，在必要時，我們都可以把它當成一個點來研究，也就是把他們都當成是一個質點。

空間中的一個質點受到多個力的作用，如圖 3-1 所示，如果其合力為零，那麼該質點就能保有原來的狀態，維持靜止不動或做等速直線運動。作用在質點上合力為零的條件，可以用數學是表示為

$$\Sigma\vec{F}=0$$ ★2

上式中代表作用力的向量和爲零，然而因質點只是一個點，向量和爲零與純量和爲零其實是相同的，所以我們只要說作用力的和爲零就可以了。但若是剛體就會不同，可能會因施力點的差異而產生力偶，繼而造成剛體做旋轉運動。又若以動力學的角度來看，一個質點的作用力和爲零，依牛頓第二運動定律

$$\Sigma F=ma=0 \quad 或 \quad \Sigma\vec{F}=m\vec{a}=0$$

則意味著加速度必需爲零，不管是純量或向量，條件都是相同，也就是該質點能保有原來的狀態，維持靜止不動或做等速直線運動。

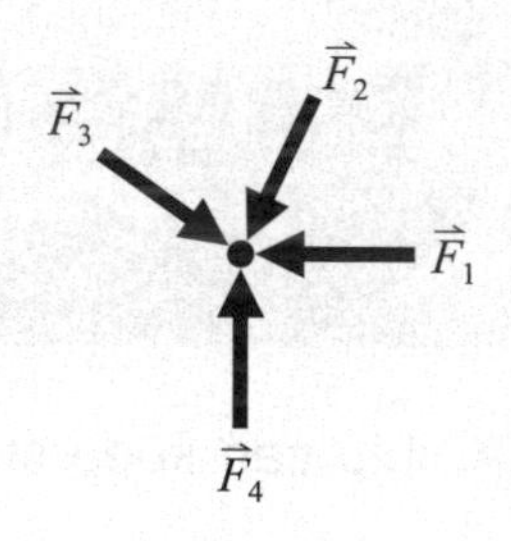

圖 3-1　空間中受到多個力作用的質點

Note

★1. particle：A particle has a mass but without a size, since the geometry of the body will not be involved in the analysis of the problem, so that the principles of mechanics may reduce to a rather simplified form.

★2. A particle in space is subjected to multiple forces, as shown in Figure 3-1, if the resultant force is zero, the particle can maintain its original state and remain stationary or move in a straight line with constant speed. The condition that the resultant force acting on the particle is zero can be expressed mathematically as $\Sigma\vec{F}=0$.

3-2 質點受力自由體圖 The Free-Body Diagram

質點的尺寸可以是無限小，所以實際受力的物體很難是眞正的質點，但爲了方便做力學分析，對於不探討旋轉運動的物體，不管尺寸多大，我們都可以把它當成是一個質點來看待。既然把物體只看成是一個質點，那麼所有作用力也必定都作用在這一個點上，而爲了方便起見，我們把作用在這個質點上的所有已知力和未知力都畫出來，這就是該質點的**自由體圖 Free-Body Diagram；FBD**。★1

比如當一輛汽車直線行駛於馬路上時，全車的受力除了本身的重量 W、路面所產生的反作用力 R、輪胎與地面間的摩擦力 F_μ 以外，還有空氣與車身之間的阻力 F_D 以及引擎的推力 F_T等。假設空氣阻力都是在汽車行進的方向，也就是沒有側風的情況下，我們把汽車看成是一個質點，然後畫出其自由體圖來進行力學分析，如圖 3-5 所示。

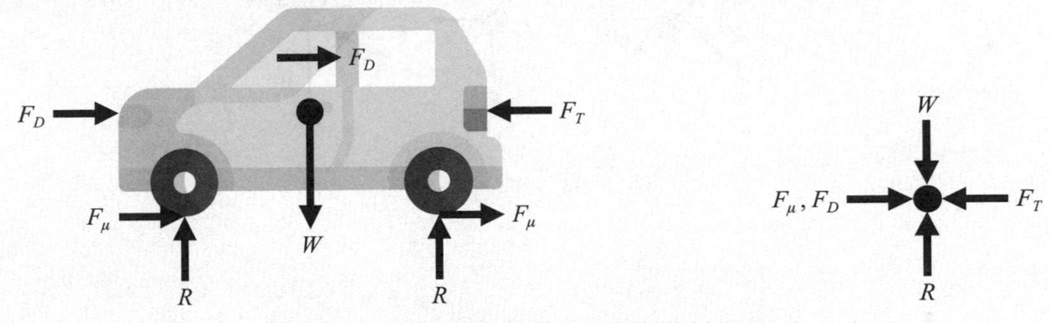

圖 3-2 汽車受力情形及其質點自由體圖

從自由體圖中可以清楚看出，作用力都是在 x-y 平面上，因此當系統達到平衡時，可以得到力的平衡方程式爲 $\Sigma F_x = 0$ 和 $\Sigma F_y = 0$，亦即

$$F_T - F_\mu - F_D = 0 \quad 以及 \quad W - R = 0。$$

圖 3-2 中，汽車本身受到了多種不同型態的力，但不管作用力是何種型態，我們只在乎他的大小和方向，這樣就可以把問題加以簡化。

Note

★1. Free-Body Diagram；FBD：When a particle is to think as isolated and free from its surroundings, a drawing that shows the particle with all the forces that act on it is call a free-body diagram.

例 3-1

質量 m 的圓球被懸吊在一條穿過滑輪 B 且又有一彈簧牽引於 C 的繩索上，而該圓球的下方處洽有一粗糙斜面支撐於 E，試畫出圖中 B、C、E 三處之自由體圖？

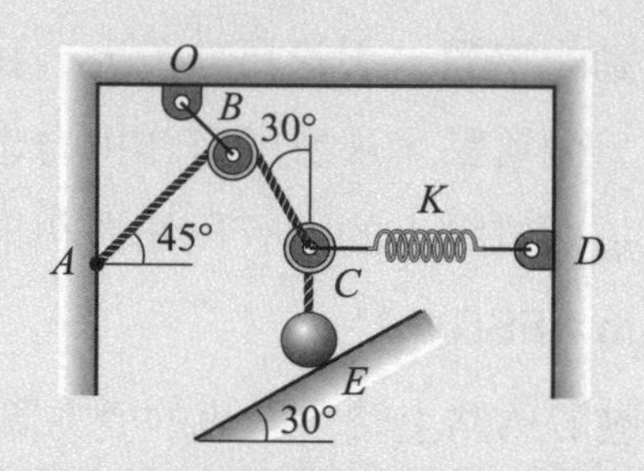

解析

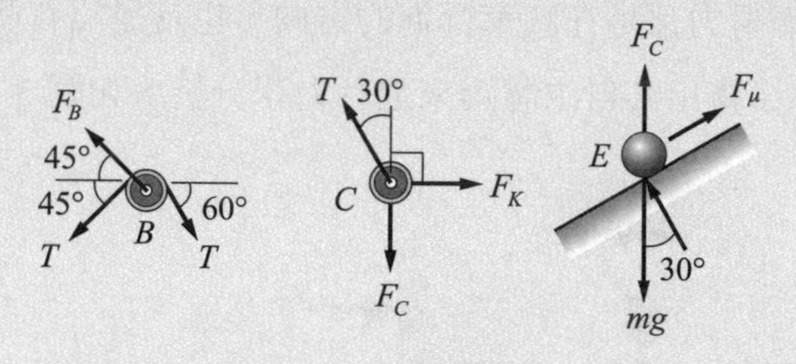

3-3 二維力系的平衡 Equilibrium in Coplanar Force System

當一個質點所受到的作用力是分布在同一個平面上時，被稱之爲二維力系或**共平面力系** coplanar force system★1，如圖 3-3 所示。

Note

★1. coplanar force system：When the force acting on a particle is distributed on the same plane, it is called a two-dimensional force system or a coplanar force system.

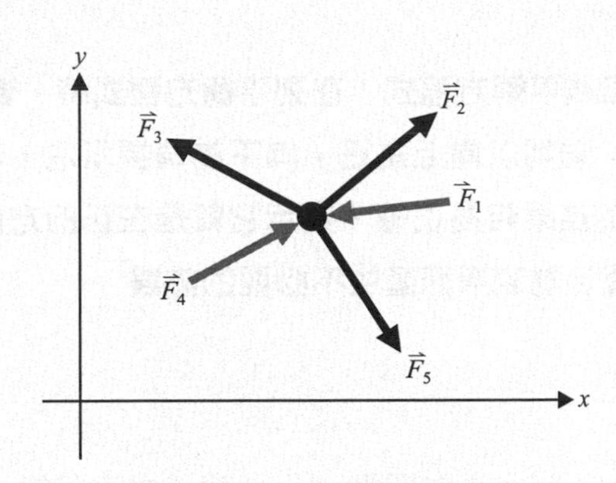

圖 3-3　共面力系示意圖

於 $x-y$ 平面上的某一質點施加多個作用力，當合力達成平衡狀態時，其數學式可以簡單寫成

$$\Sigma\overrightarrow{F}=0 \quad 或 \quad \begin{cases}\Sigma\overrightarrow{F_x}=0\\ \Sigma\overrightarrow{F_y}=0\end{cases}$$

亦即可以把作用力拆解成 x 軸方向與 y 軸方向，然後分別令各方向的合力為零，這樣質點也就真正達成平衡狀態了。

把作用力拆解成 x 軸方向與 y 軸方向來計算其合力，必需要從拆解各個作用力下手，這樣不但清清楚楚，也更容易讓人理解，如圖 3-4 所示。

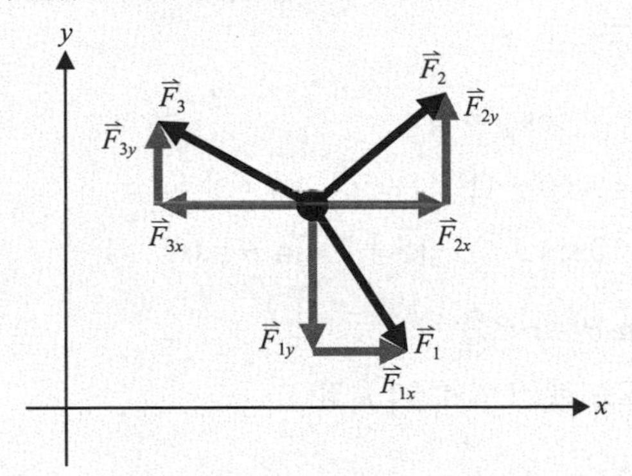

圖 3-4　將作用力分別拆解成 x 軸和 y 軸分量

當質點受到 n 個作用力作用時，其平衡方程式可以表現爲

$$\overrightarrow{F}-\overrightarrow{F_1}+\overrightarrow{F_2}+\cdots\cdots+\overrightarrow{F_n}=0$$

若將其拆解成 x 軸方向與 y 軸方向來考量，可以得到

$$\overrightarrow{F_x}=\overrightarrow{F_{1x}}+\overrightarrow{F_{2x}}+\cdots\cdots+\overrightarrow{F_{nx}}=0$$

$$\overrightarrow{F_y}=\overrightarrow{F_y}+\overrightarrow{F_{2y}}+\cdots\cdots+\overrightarrow{F_{ny}}=0$$

上面的方程式稱之為二維平衡方程式，在列平衡方程式時，若已知力的方向，則 x 軸以向右為正，向左為負，y 軸則以向上為正，向下為負標示之，若力的方向未知，則先假設它是在正的方向，得到的結果若為正值，表示它就是在正的方向，若為負值，則表示它是在負的方向，如此就不會因為混淆而產生不必要的錯誤。

例 3-2

平面上有多個力同時作用在質點 A 上並達成平衡狀態，試求 F 和 θ 的大小？

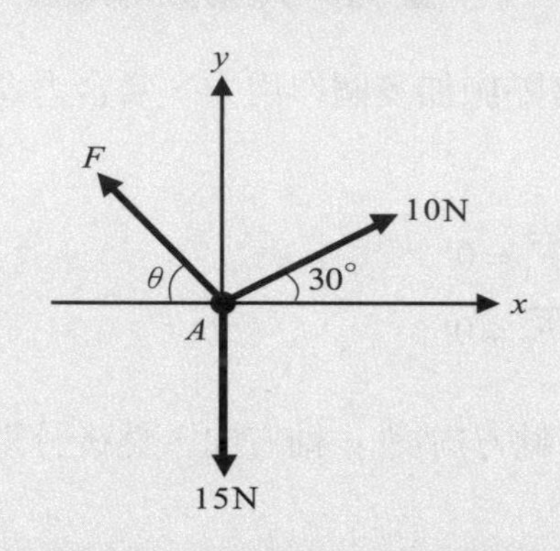

解析

當作用在質點上的力達成平衡狀態時

$$\sum\overrightarrow{F_x}=0\ \sum\overrightarrow{F}=0$$

則 $10\cos 30° - F\cos\theta = 0$

$$5\sqrt{3}-F\cos\theta=0\cdots①$$

$$\sum\overrightarrow{F_y}=0，10\sin 30° - 15 + F\sin\theta = 0$$

$$-10 + F\sin\theta = 0\cdots②$$

解①②聯立方程組就可以得到 F 和 θ

$$\begin{cases}5\sqrt{3}-F\cos\theta=0\\-10+F\sin\theta=0\end{cases}$$

$$\begin{cases}F\cos\theta=5\sqrt{3}\cdots\cdots③\\F\sin\theta=10\cdots\cdots\cdots④\end{cases}$$

由④/③得到 $\tan\theta=\dfrac{10}{5\sqrt{3}}=\dfrac{2}{\sqrt{3}}$，得 $\theta=49°$

代入③得到 $F=\dfrac{5\sqrt{3}}{\cos 49°}=13.2(\text{N})$

例 3-3

有一重量為 20 N 的物體以一軟繩穿過扣環吊掛在牆上，試求軟繩所受到之拉力大小 T。又若軟繩所能承受之最大拉力為 12 N，試求允許吊掛之物體的最大重量。

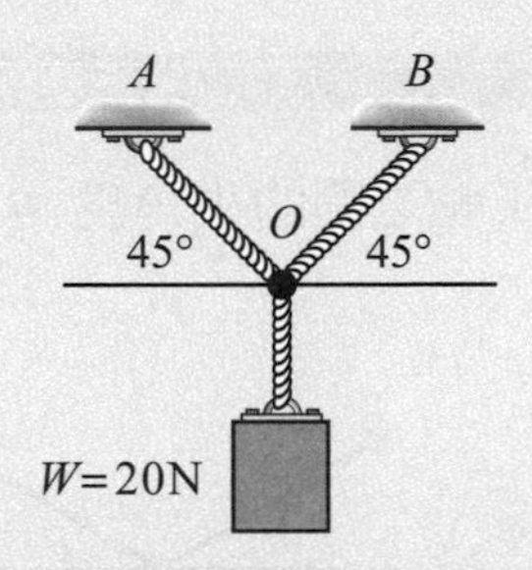

解析

軟繩的特性是只能承受拉力而無法承受壓力，且整條軟繩索受到的拉力都是相同的，不因位置不同而有差異。從自由體圖中可知，繩的兩端在垂直方向的合力須等於物體的重量，如此才可以保持平衡，

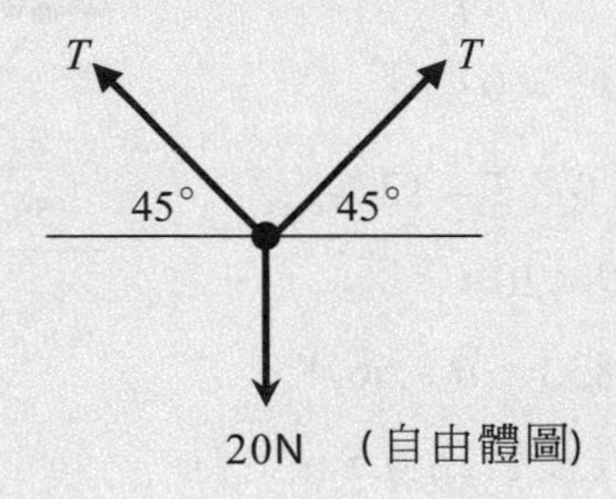

因此得到

$\sum \overrightarrow{F_y} = 0$，$2T\sin 45° - 20 = 0$

則 $2T \times \left(\dfrac{\sqrt{2}}{2}\right) = 20(\text{N})$

解得 $T = 14.14$ (N)

若 T 的最大值為 12 N，代入

$2T\sin 45° - W = 0$

則 $2 \times 12 \times \left(\dfrac{\sqrt{2}}{2}\right) - W = 0$

得 $W = 12\sqrt{2} = 16.97$ (N)

例 3-4

上例題中如果(a)繩的長度為 1 m，最大承受拉力為 12 N，試求兩個固定點 A 和 B 之間的距離。(b)如果以一條長 1 m，最大承受拉力 25 N 的繩索來代替，試求 A、B 點之間的距離。

解析

(a) 假設在軟繩與水平軸之間的夾角為 θ 時，軟繩的拉力為最大承受值 10N，則自由體圖為

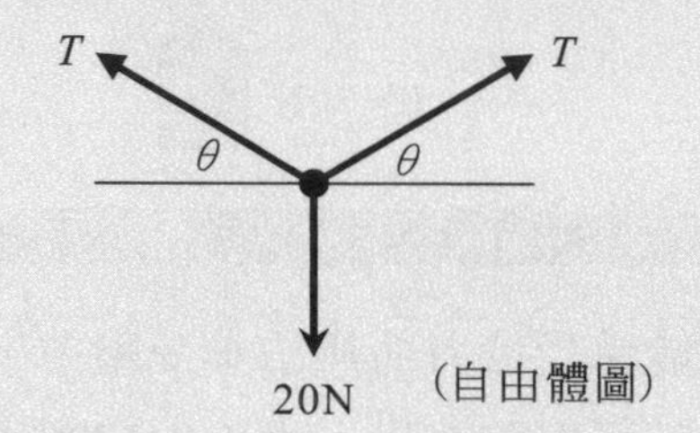

（自由體圖）

依據自由體圖，
可以列出 Y 軸上力的
平衡方程式 $\sum \overrightarrow{F_y} = 0$ 如下

$2T\sin\theta - 20 = 0$，$T = 12\ \text{N}_{max}$

$\therefore\ 2 \times 12 \sin\theta = 20$，

解得 $\sin\theta = 0.833$，$\theta = 56.4°$

繩 OA 和 OB 長度皆為 0.5 m，則

$2 \times (0.5)\cos 56.4° = 0.56\ (\text{m})$

亦即 A、B 兩點之間的最大距離須為 0.56 m，如此軟繩才不會斷裂。

(b) 最大承受拉力增為 $T = 25_{max}$，代入 $2T\sin\theta - 20 = 0$

得 $2 \times 25\sin\theta - 20 = 0$，解得 $\sin\theta = 0.4$，$\theta = 23.6°$，

則兩點間最大距離為

$d = 2 \times (0.5\cos 23.6°) = 0.916(\text{m})$

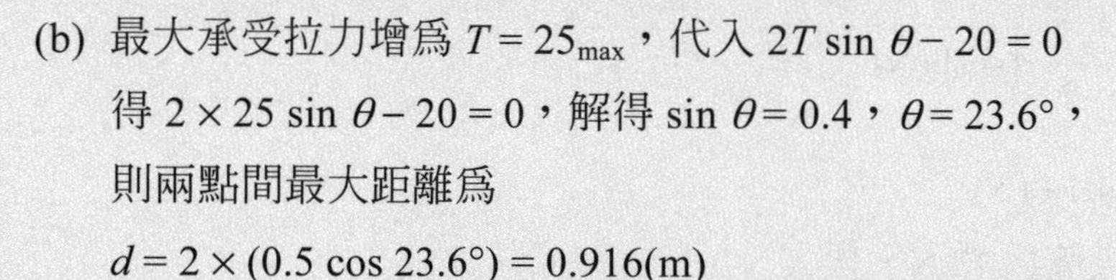

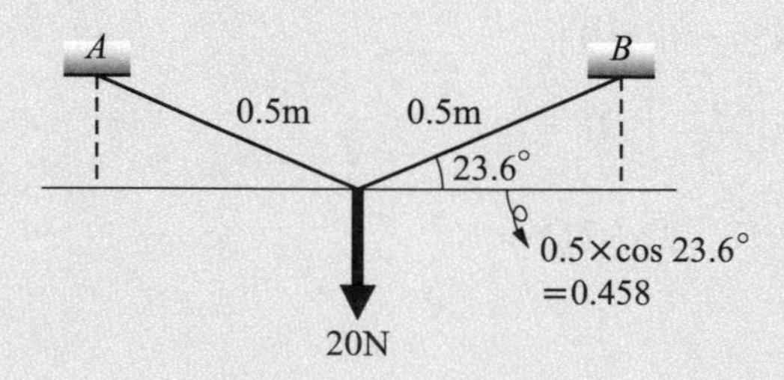

例 3-5

有一個重量 100 N 的箱子置於 30°角的斜面上，若要維持不下滑，試求箱子與斜面之間的摩擦力。

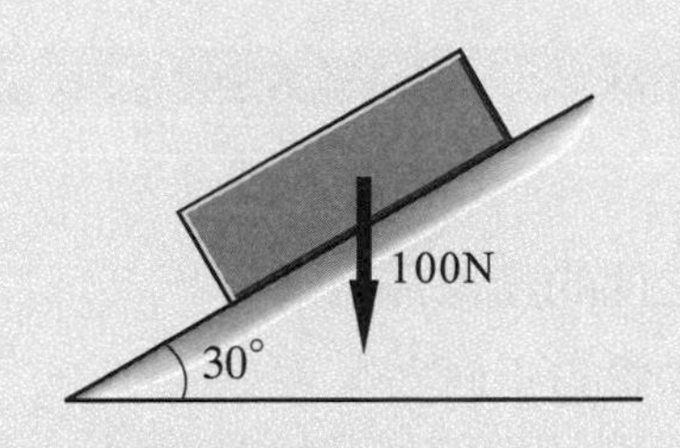

解析

可以將箱子當成是一個質點來考量，將箱子底面正中心處當成質點所在。

箱子受力之自由體圖如右所示，如果重量在斜面方向的分量小於或等於靜摩擦力，箱子就不會下滑，如果大於靜摩擦力，箱子就會下滑。自由體圖中，設 F_N 爲重量在垂直於斜面方向的分力，F_R 則爲平行於斜面的分力，F_N 和 F_R 的合力等於重量，三個向量構成一個三角形，可以利用正弦定律來求解，亦即

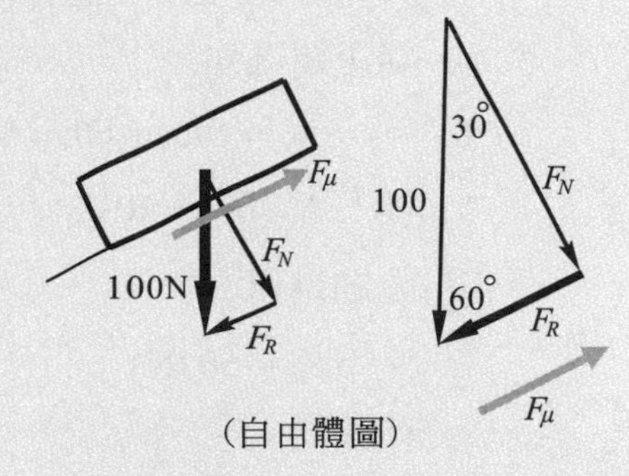

(自由體圖)

$$\frac{100}{\sin 90^\circ}=\frac{F_R}{\sin 30^\circ}=\frac{F_N}{\sin 60^\circ}$$

$$F_R=100\frac{\sin 30^\circ}{\sin 90^\circ}=100\times\frac{0.5}{1}=50\ (\text{N})$$

當箱子與斜面之間的靜摩擦力大於等於 50 N 時，箱子就不會下滑，故最小摩擦力 $F_\mu=F_R=50$ N

TIPS

摩擦力的方向永遠與物體運動方向相反，其大小為 $F_\mu=\mu N$

The direction of friction is always opposite to the direction of object motion, and its magnitude is $F_\mu=\mu N$

例 3-6

上例題中，若要維持箱子不下滑，則箱子和平面之間的最小靜摩擦係數 μ 爲多少？

解析

摩擦力 $F_{\mu}=\mu N$，

其中 μ 爲接觸面之間的摩擦係數，

N 爲斜面作用於物體的正向力，

從自由體圖中可知，

N 是斜面受到物體重量的分力 F_N 作用所產生的反作用力，

大小和 F_N 相等，但方向相反，

從上題得知

$$F_N=100\sin 60°=50\sqrt{3}$$

則 $N=F_N=50\sqrt{3}$

上題得到

$$F_{\mu}=50\ (\text{N})$$

代入

$$F_{\mu}=\mu N=\mu F_N$$

得到

$$50=\mu\cdot 50\sqrt{3}$$

則 $\mu=\dfrac{1}{\sqrt{3}}$

例 3-7

重量爲 200 N 的物體以二條軟繩吊掛於牆上並且達成平衡狀態，試以力平衡法求二繩之張力？

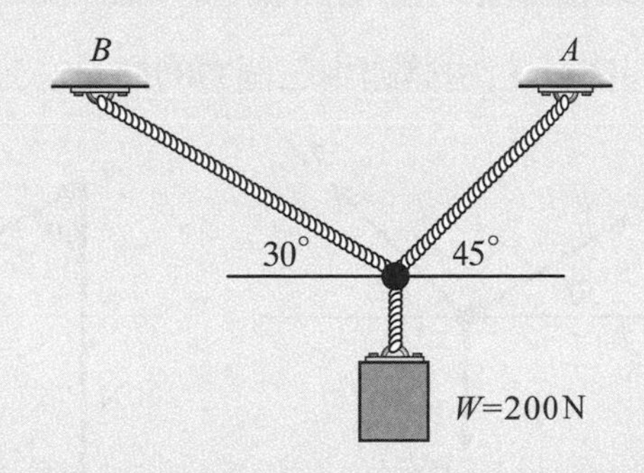

解析

從自由體圖中，應用力的平衡法可以得到

$\Sigma \vec{F}_x = 0$，$T_1 \cos 45° - T_2 \cos 30° = 0$…①

$\Sigma \vec{F}_y = 0$，$T_1 \sin 45° - T_2 \sin 30° - 200 = 0$…②

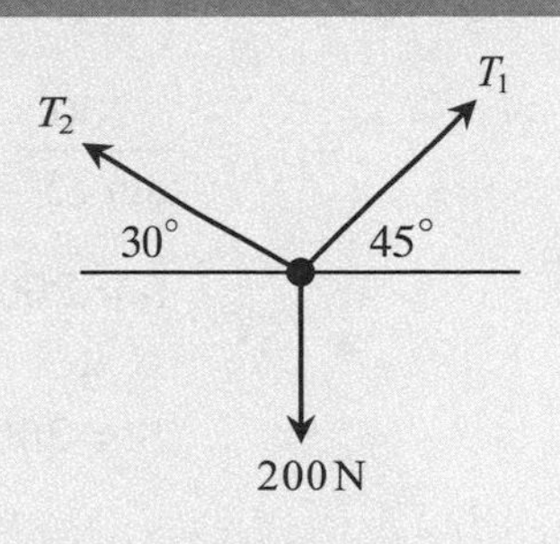

（自由體圖）

由①得

$T_1 \cos 45° = T_2 \cos 30°$，則

$$\frac{\sqrt{2}}{2} T_1 = \frac{\sqrt{3}}{2} T_2$$

$$T_1 = \sqrt{\frac{3}{2}} T_2 = 1.225 T_2$$

$$T_1 = 1.225\ T_2$$

代入②中得到

$$1.225\ T_2 \sin 45° + T_2 \sin 30° = 200$$

簡化以後得到

$$(1.225 \times 0.707)\ T_2 + 0.5\ T_2 = 200$$

$$1.366\ T_2 = 200$$

則 $T_2 = 146.41\ (\text{N})$

$T_1 = 1.225\ T_2 = 179.36\ (\text{N})$

TIPS

軟繩只能承受拉力，不能承受壓力，所以自由體圖中各作用力的方向很容易確定。

The rope is soft, and it can only bear tension, not compression or pressure, so the direction of each force in the free body diagram is easy to determine.

例 3-8

上例題中，試利用正弦定理求二繩之張力。

解析

依據力的平衡定義，自由體圖中三個力的向量必定可以構成一個封閉的三角形。

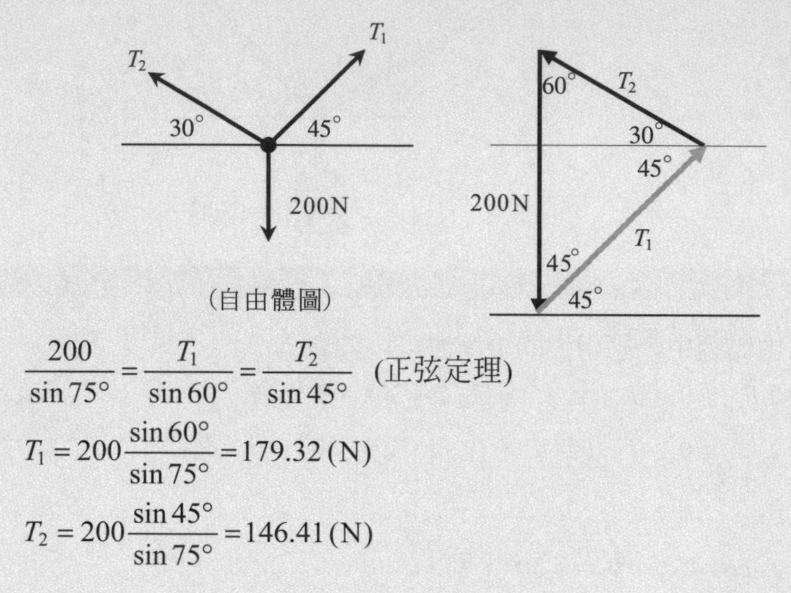

$$\frac{200}{\sin 75°}=\frac{T_1}{\sin 60°}=\frac{T_2}{\sin 45°} \quad (\text{正弦定理})$$

$$T_1 = 200\frac{\sin 60°}{\sin 75°}=179.32\ (\text{N})$$

$$T_2 = 200\frac{\sin 45°}{\sin 75°}=146.41\ (\text{N})$$

正弦定理可以很容易的讓我們求得各方向軟繩所受到的拉力，不過，在將各個方向的受力繪製成爲封閉的三角形時，必需注意不可把角度算錯，才能得到正確的結果。如例題 3-7 中，各作用力間的夾角可以正確表示如下。

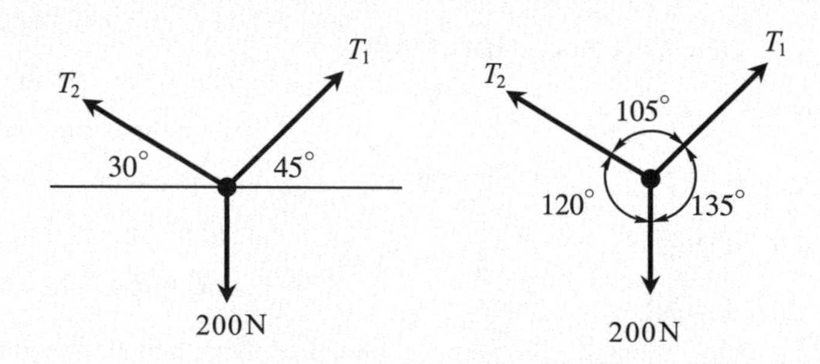

上面自由體圖中，各作用力對向角的正弦值恰與正弦定律中的夾角正弦值相同，亦即 T_1 的對向角爲 $30° + 90° = 120°$，T_2 的對向角爲 $45° + 90° = 135°$，重量 W 的對向角爲 $360°-120°-135° = 105°$，而這三個力的對向角正弦值，正好與正弦定理中力的合成三角形的對向角正弦值相等。亦即

$\sin 120° = \sin 60°$

$\sin 135° = \sin 45°$

$\sin 105° = \sin 75°$

所以正弦定理的關係式

$$\frac{W}{\sin 75°} = \frac{T_1}{\sin 60°} = \frac{T_2}{\sin 45°}$$

可以改寫爲

$$\frac{W}{\sin 105°} = \frac{T_1}{\sin 120°} = \frac{T_2}{\sin 135°}$$

TIPS

拉密定理和正弦定理類似，在求解軟繩懸吊物體的平衡題目中，非常好用。

Lami's theorem is similar to the sine theorem, and it is very useful in solving the balance problem of objects suspended by soft ropes.

不但可以得到完全相同的結果，過程卻更爲簡單也容易理解，此法稱爲**拉密定理** Lami's theorem。

例 3-9

重量 100 N 的物體以桿件及一軟繩吊掛並達到平衡狀態，試利用拉密定理求桿件及繩所受之力？

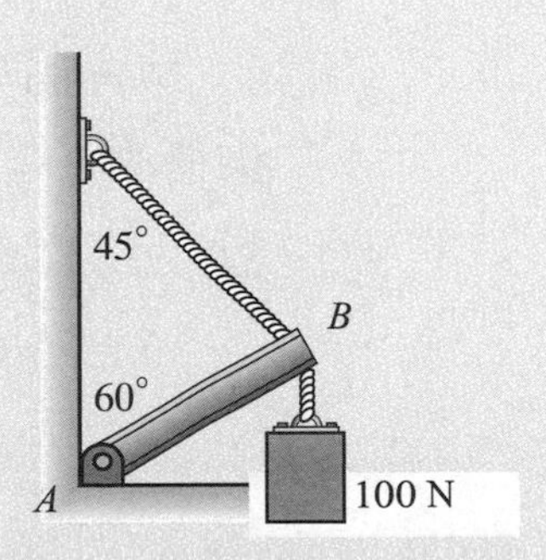

解析

將桿件與軟繩相交處，亦即 B 點處當作質點之所在，首先必需將自由體圖畫出，然後把各個已知的力和各個已知的角度標示出來，再應用拉密定理來求得未知的力和角度。桿件在 B 點處力的大小爲 F，方向與桿件於 A 點所遭受到的反作用力相同，亦即在桿件 AB 的方向上。由拉密定理可以得到

$$\frac{100}{\sin 105°} = \frac{F}{\sin 135°} = \frac{T}{\sin 120°}$$

所以 $F = 100\dfrac{\sin 135°}{\sin 105°} = 73.2(\text{N})$

$T = 100\dfrac{\sin 120°}{\sin 105°} = 89.6(\text{N})$

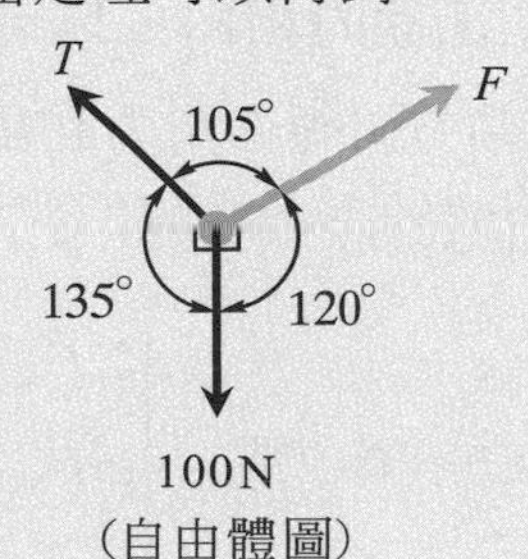

(自由體圖)

例 3-10

下圖中，長 2 m，重 100 kg 之鋼樑被以繩 ABC 懸吊，若繩所能承受之拉力爲 800 N，試求繩 ABC 之最小長度？又此時繩與鋼樑間之夾角 θ 爲多少？

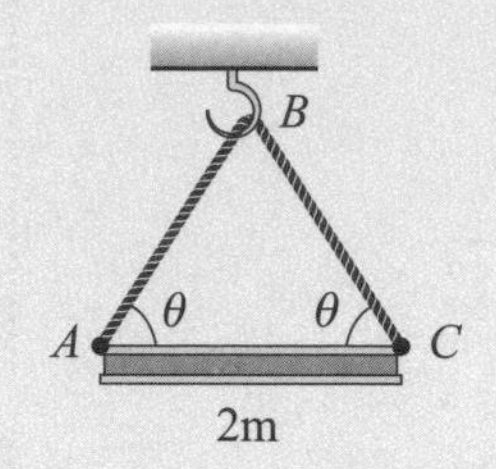

解析

鋼樑重量 $W = mg = 100 \times 9.81 = 981$ (N)

從圖中可得平衡方程式 $\Sigma \vec{F}_y = 0$

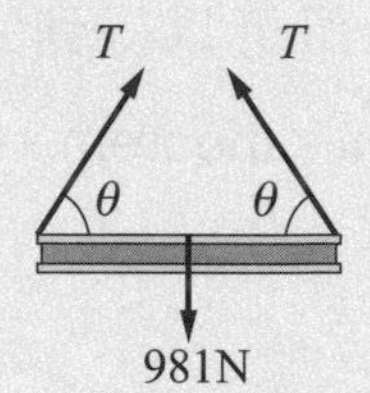

則　$2T\sin\theta - 981 = 0$，得 $\sin\theta = 981/2\,T$，

當　$T_{max} = 800$ N 時，代入得

$\theta = \sin^{-1}(981/1600) = \sin^{-1}(0.613) = 37.82°$

鋼樑長度爲 2 m，繩 AB 與繩 BC 等長，

故　$2L_{AB}\cos\theta = 2$，$L_{AB}\cos(37.82°) = 1$，

$0.79\,L_{AB} = 1$，$L_{AB} = 1.266$ (m)

3-4 三維力系的平衡 Equilibrium in Three-Dimentional Force System

若質點受到三維力系的作用，其平衡條件和前述二維力系所說的相同，只不過增加了第三軸向，也就是 Z 軸方向的作用力和爲零的條件而已，其數學式可以簡單寫成

$$\Sigma \vec{F} = 0 \quad 或 \quad \begin{cases} \Sigma \vec{F}_x = 0 \\ \Sigma \vec{F}_y = 0 \\ \Sigma \vec{F}_z = 0 \end{cases}$$

TIPS

一個質點受力平衡時，表示分別在 x 軸、y 軸和 z 軸的受力都是平衡的。

When the resultant force on a particle is balanced, it means that the forces on the direction of x-axis, y-axis and z-axis are all balanced.

而當質點受到 n 個作用力作用時，其平衡方程式可以表現爲

$$\vec{F} = \vec{F}_1 + \vec{F}_2 + \cdots\cdots + \vec{F}_n = 0$$

若將其拆解成 x 軸方向、y 軸方向與 z 軸方向來考量時，可以得到

$$\vec{F}_x = \vec{F}_{1x} + \vec{F}_{2x} + \cdots\cdots + \vec{F}_{nx} = 0$$

$$\vec{F}_y = \vec{F}_{1y} + \vec{F}_{2y} + \cdots\cdots + \vec{F}_{ny} = 0$$

$$\vec{F}_z = \vec{F}_{1z} + \vec{F}_{2z} + \cdots\cdots + \vec{F}_{nz} = 0$$

上面的方程式稱之爲三維平衡方程式，在列平衡方程式時，各軸向上的正、負值係取決於**右手定則 right-handed rule**★1 而得，如圖 3-5 所示。當力的方向已知時，則 x 軸以向右爲正，向左爲負，y 軸向上爲正，向下爲負，z 軸則以出 x-y 平面爲正，入 x-y 平面爲負來標示之，倘若力的方向未知，則先假設各軸向力都是在正的方向，當得到的結果爲正時，就是在正的方向，若得到負值，則是在負的方向，如此就不會因混淆而產生錯誤。

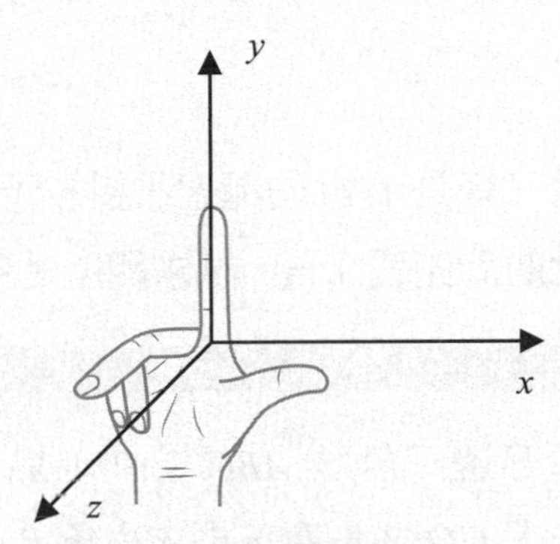

圖 3-5　三維力系的座標方向

Note

★1. right-handed rule：When a force is going to present in Cartensian Vector form, a rectangular coordinate system is said to be right-handed, if the thumb of the right hand points in the direction of positive x axis, While the index finger and middle finger point in the directions of positve y axis and positive z axis, respectively.

例 3-11

空間中有一停止物體，受到三個作用力

$$\overrightarrow{F}_1 = 30\overrightarrow{i} - 5\overrightarrow{j} + 12\overrightarrow{k}\ ,\ \overrightarrow{F}_2 = 10\overrightarrow{i} + 25\overrightarrow{j} + 8\overrightarrow{k}\ ,\ \overrightarrow{F}_3 = -15\overrightarrow{i} - 10\overrightarrow{j} - 10\overrightarrow{k}$$

若要維持該物體停止不動，則該施加的額外作用力為何？

解析

物體受力總和

$$\overrightarrow{F}_T = \Sigma\overrightarrow{F} = \overrightarrow{F}_1 + \overrightarrow{F}_2 + \overrightarrow{F}_3 = (30+10-15)\overrightarrow{i} + (-5+25-10)\overrightarrow{j} + (12+8-10)\overrightarrow{k}$$

$$= 25\overrightarrow{i} + 10\overrightarrow{j} + 10\overrightarrow{k}$$

若要讓物體保持停止不動，則

$\Sigma\overrightarrow{F} = \overrightarrow{F}_T + \overrightarrow{F}_4 = 0$，得

$\overrightarrow{F}_4 = -25\overrightarrow{i} - 10\overrightarrow{j} - 10\overrightarrow{k}$

例 3-12

重 12 kg 的燈具被用三條長 1 m 的繩索吊掛於天花板上，若吊掛點 A、B、C 呈等邊三角形，且彼此的間距為 1 m，試求繩所受到之張力？

解析

吊掛後燈具將會位於等邊三角形 ABC 之中心點 O 下方的 S 點，故須先求 CO 之長度，再求夾角 B。

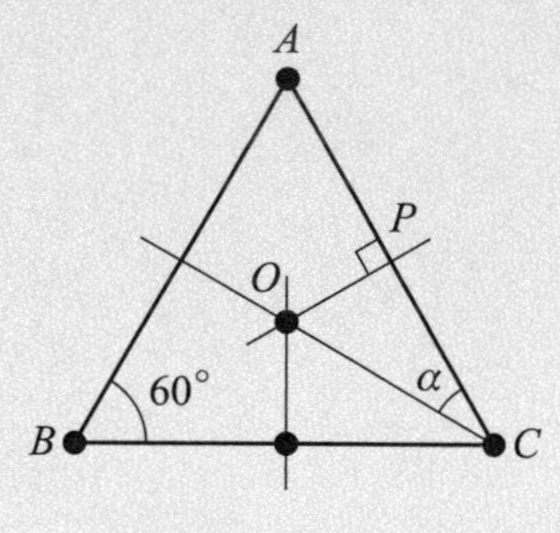

$\angle\alpha = 30°$，$\overline{CP} = 0.5$ m，則

$\overline{CO}\cos 30° = 0.5$

$\overline{CO} = 0.5 \times \dfrac{2}{\sqrt{3}} = \dfrac{1}{\sqrt{3}} = 0.582$ (m)

由圖中可知

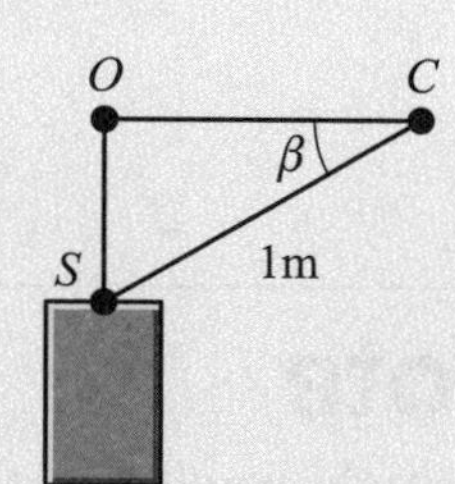

$\cos\beta = \dfrac{0.582}{1} = 0.582$，$\beta = \cos^{-1}(0.528) = 58°$

令繩所受之張力為 T，則依平衡方程式則

得　$3\,T\sin\beta = 12 \times 9.8 = 117.6$(N)，$\sin\beta = 0.85$

解得張力 $T = 46.12$ (N)

例 3-13

上題中，若繩的最大容許張力為 45 N，試求繩的最小長度，以及燈具離天花板之最小距離？

解析

由上題中得

$3T\sin\beta = 117.6$，當 $T = 45$N 時，

得 $\sin\beta = \dfrac{117.6}{3\times 45} = 0.871$

則 $\beta = \sin^{-1}(0.871) = 60.6°$

設繩的長度為 ℓ，

則 $\ell\cos\beta = 0.582$，$\cos\beta = 0.491$

得 $\ell = \dfrac{0.582}{0.491} = 1.19\,(\text{m})$

燈具離天花板距離 $d = \ell\sin\beta = 1.19 \times 0.871 = 1.03(\text{m})$

例 3-14

例 3-12 中，若希望燈具至天花板之距離為 0.2 m，則繩之長度及其最小張力許可量為多少？

解析

已知 $\overline{OS} = 0.2$

$\overline{CO} = 0.582$

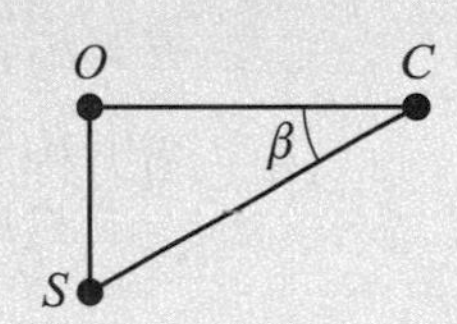

則 $\tan\beta = \dfrac{0.2}{0.582} = 0.344$

得 $\beta = \tan^{-1}(0.344) = 18.97°$，$\ell\sin\beta = 0.2$，

得 $\ell = 0.62(\text{m})$

又 $3T\sin\beta = 117.6$，$\sin\beta = \sin(18.97°) = 0.325$

代入得 $T = \dfrac{117.6}{3\times 0.325} = 120.62\,(\text{N})$

例 3-15

圖中 3 條繩索被固定在地面上，受到垂直方向作用力 $\overrightarrow{F}$ 的牽引，若繩 BD 受到的拉力為 100 N，試求繩 AD、CD 上的拉力及用力 $\overrightarrow{F}$ 的大小？

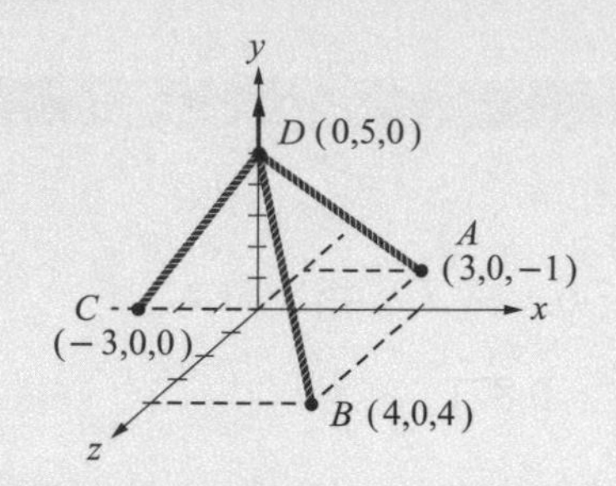

解析

繩 DA、DB、DC 之方向及單位向量各為

$$\overrightarrow{A}=3\overrightarrow{i}-5\overrightarrow{j}-\overrightarrow{k}\text{，}\overrightarrow{e_A}=\frac{3\overrightarrow{i}-5\overrightarrow{j}-\overrightarrow{k}}{\sqrt{3^2+(-5)^2+(-1)^2}}=0.51\overrightarrow{i}-0.8\overrightarrow{j}-0.17\overrightarrow{k}$$

$$\overrightarrow{B}=4\overrightarrow{i}-5\overrightarrow{j}+4\overrightarrow{k}\text{，}\overrightarrow{e_B}=\frac{4\overrightarrow{i}-5\overrightarrow{j}+4\overrightarrow{k}}{\sqrt{4^2+(-5)^2+4^2}}=0.53\overrightarrow{i}-0.66\overrightarrow{j}+0.53\overrightarrow{k}$$

$$\overrightarrow{C}=-3\overrightarrow{i}-5\overrightarrow{j}+0\overrightarrow{k}\text{，}\overrightarrow{e_C}=\frac{-3\overrightarrow{i}-5\overrightarrow{j}}{\sqrt{(-3)^2+(-5)^2}}=-0.51\overrightarrow{i}-0.86\overrightarrow{j}$$

已知 $T_{DB}=100$ N 則

$$\overrightarrow{T}_B=100\overrightarrow{e_B}=53\overrightarrow{i}-66\overrightarrow{j}+53\overrightarrow{k}\text{ (N)}$$

$$\overrightarrow{T}_A=T_A(0.51\overrightarrow{i}-0.85\overrightarrow{j}-0.17\overrightarrow{k})\cdots①$$

$$\overrightarrow{T}_C=T_C(-0.51\overrightarrow{i}-0.86\overrightarrow{j})\cdots②$$

$$\overrightarrow{F}=F\overrightarrow{j}$$

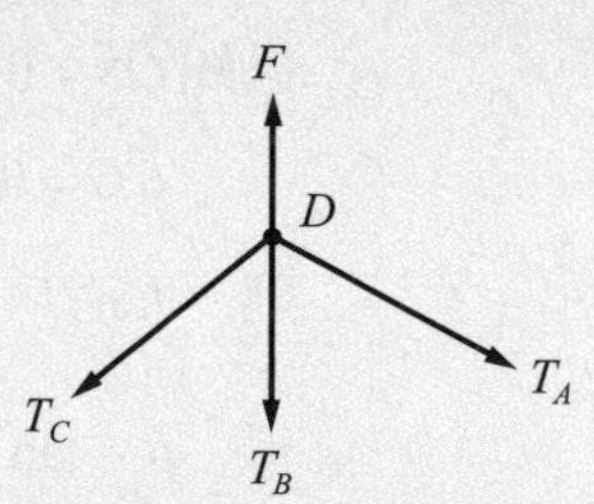

由平衡方程式

$$\Sigma F_z=0\text{，}53-0.17T_A=0\text{，}T_A=311.76\text{ (N)}$$

代入①得 $\overrightarrow{T}_A=159\overrightarrow{i}-265\overrightarrow{j}-53\overrightarrow{k}$ (N)

平衡方程式

$$\Sigma F_x=0\text{，}53+0.51(311.76)-0.51T_C=0\text{，}T_C=415.69\text{ (N)}$$

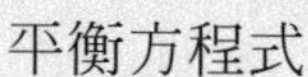
代入②得 $\overrightarrow{T}_C=-212\overrightarrow{i}-126\overrightarrow{j}$ (N)

平衡方程式

$$\Sigma F_y=0\text{，}-66-265-126+F=0\text{，}F=457\text{ (N)}$$

$$\overrightarrow{F}=457\overrightarrow{j}\text{ (N)}$$

例 3-16

物體以繩 AC、BC 和桿 OC 支撐如下圖，若繩最大之承受力為 200 N，桿之最大承受力為 400 N，試求不斷裂情況下物體之最大可能重量？

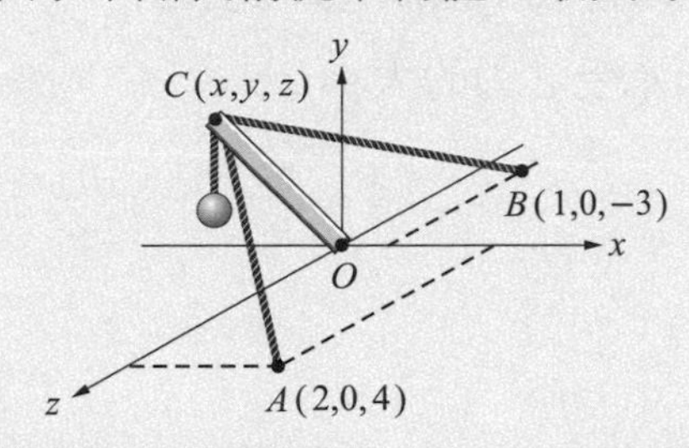

解析

$$\overrightarrow{A}=\overrightarrow{CA}=4\overrightarrow{i}-4\overrightarrow{j}+5\overrightarrow{k}\text{ ， }\overrightarrow{e_A}=\frac{4\overrightarrow{i}-4\overrightarrow{j}-1\overrightarrow{k}}{\sqrt{4^2+(-4)^2+5^2}}=0.53\overrightarrow{i}-0.53\overrightarrow{j}+0.66\overrightarrow{k}$$

$$\overrightarrow{B}=\overrightarrow{CB}=3\overrightarrow{i}-4\overrightarrow{j}-2\overrightarrow{k}\text{ ， }\overrightarrow{e_B}=\frac{3\overrightarrow{i}-4\overrightarrow{j}-2\overrightarrow{k}}{\sqrt{3^2+(-4)^2+(-2)^2}}=0.58\overrightarrow{i}-0.74\overrightarrow{j}-0.37\overrightarrow{k}$$

因桿之受力係為接觸點 O 上之反作用力，其方向與桿同，

故由上可得

$$\overrightarrow{T}_A=200\overrightarrow{e}_A=106\overrightarrow{i}-106\overrightarrow{j}+132\overrightarrow{k}$$

$$\overrightarrow{T}_B=200\overrightarrow{e}_B=116\overrightarrow{i}-148\overrightarrow{j}-74\overrightarrow{k}$$

$$\overrightarrow{R}_C=400\overrightarrow{e}_C=400e_{cx}\overrightarrow{i}+400e_{cy}\overrightarrow{j}+400e_{cz}\overrightarrow{k}\text{ ，}$$

$$\overrightarrow{w}=-w\overrightarrow{k}$$

達成平衡時

$\Sigma F_x=0$，則 $106+116+400e_{cx}=0$，得 $e_{cx}=-0.555$

$\Sigma F_z=0$，則 $132-74+400e_{cz}=0$，得 $e_{cz}=0.145$

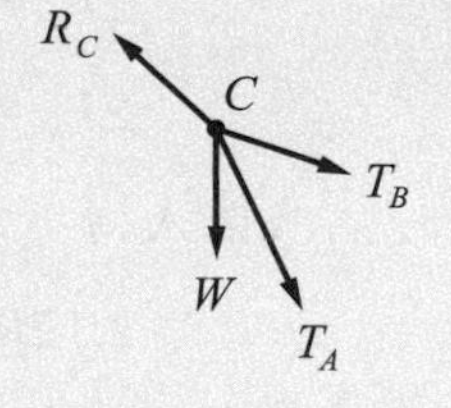

又　$e_{cx}^2+e_{cy}^2+e_{cz}^2=1$，

則　$1-[(-0.555)^2+(0.145)^2]=e_{cy}^2$ ，$e_{cy}=\pm 0.574$

$R_{cy}=\pm 400e_{cy}=\pm 299.6\text{ (N)}$

由於 T_A、T_B、w 於 y 軸分量皆向下，為負值，

故 R_{cy} 取正值才能達成平衡。

平衡方程式 $\Sigma F_y=0$ 得

$$-106\overrightarrow{i}-148\overrightarrow{j}-w\overrightarrow{j}+299.6\overrightarrow{j}=0$$

得　$w=45.6\text{ (N)}=4.65\text{ (kg)}$

例 3-17

質量 30 kg 的物體以繩 AB 和桿 CB、DB 支撐如下圖，試求達成平衡狀態時繩 AB 和桿 CB、DB 所承受之力的大小？

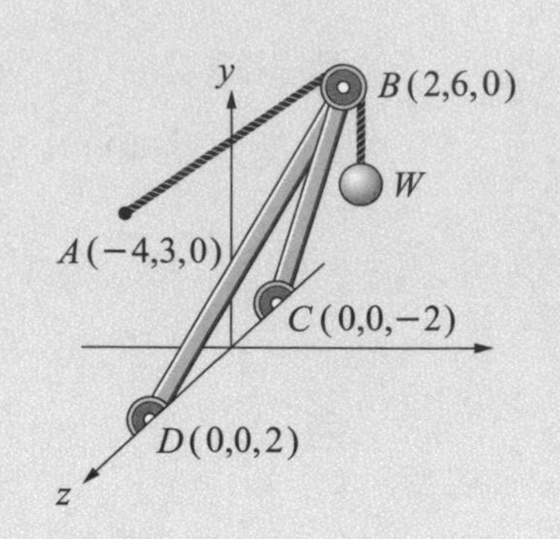

解析

$$\overrightarrow{A}=\overrightarrow{BA}=-6\overrightarrow{i}-3\overrightarrow{j}\text{ ，}\overrightarrow{e_A}=\frac{-6\overrightarrow{i}-3\overrightarrow{j}}{\sqrt{(-6)^2+(-3)^2}}=-0.89\overrightarrow{i}-0.45\overrightarrow{j}$$

$$\overrightarrow{C}=\overrightarrow{CB}=2\overrightarrow{i}+6\overrightarrow{j}+2\overrightarrow{k}\text{ ，}\overrightarrow{e_C}=\frac{2\overrightarrow{i}+6\overrightarrow{j}+2\overrightarrow{k}}{\sqrt{2^2+6^2+2^2}}=0.30\overrightarrow{i}+0.9\overrightarrow{j}+0.30\overrightarrow{k}$$

$$\overrightarrow{D}=\overrightarrow{DB}=2\overrightarrow{i}+6\overrightarrow{j}-2\overrightarrow{k}\text{ ，}\overrightarrow{e_D}=\frac{2\overrightarrow{i}+6\overrightarrow{j}-2\overrightarrow{k}}{\sqrt{2^2+6^2+(-2)^2}}=0.30\overrightarrow{i}+0.91\overrightarrow{j}-0.30\overrightarrow{k}$$

則 $\overrightarrow{T}_A=T_A\overrightarrow{e_A}=T_A(-0.89\overrightarrow{i}-0.45\overrightarrow{j})$

$\overrightarrow{R}_C=R_C\overrightarrow{e_C}=R_C(0.30\overrightarrow{i}+0.91\overrightarrow{j}+0.30\overrightarrow{k})$

$\overrightarrow{R}_D=R_D\overrightarrow{e_D}=R_D(0.30\overrightarrow{i}+0.91\overrightarrow{j}-0.30\overrightarrow{k})$

$\overrightarrow{w}=w\overrightarrow{j}=(-30\overrightarrow{j})\times 9.81=-294.3\overrightarrow{j}$ (N)

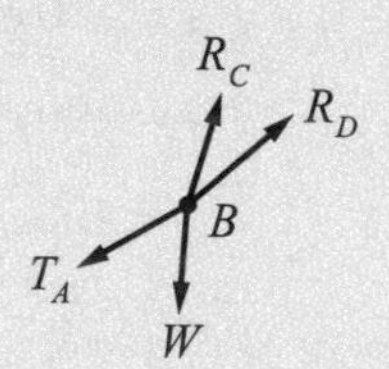

由平衡方程式 $\Sigma F_z=0$，則 $R_C=R_D=R$

$\Sigma F_x=0$，$-0.89T_A+0.3R+0.3R=0$，$0.6R=0.89T_A$，$T_A=0.674R$

$\Sigma F_y=0$，$-0.45T_A+0.91R+0.91R-294.3=0$，$T_A=0.674R$

代入得

$2.12R=294.3$ (N)，$R=138.8$ (N)，$T_A=93.6$ (N)

亦即繩之拉力大小 $T_A=93.6$ (N)，

桿之受力大小 $R_C=R_D=138.8$ (N)

04

力系的合成與簡化

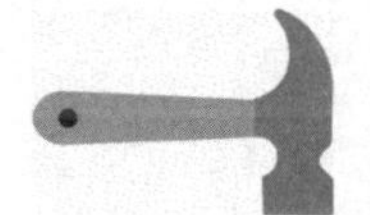

本章大綱

4-1　力矩的表示及其特性

4-2　向量乘積與力矩

4-3　力偶與力偶矩

4-4　力偶矩的合成與分解

4-5　力偶之轉換與平衡條件

4-6　平面上單力與力偶矩之變換

4-7　等效力系

4-8　平面力系的合成

4-9　空間力系的合成

4-10　扳鉗力系

學習重點

本章將定義力矩以及力偶作用在物體上所產生的力偶矩，並學習利用向量方法來進行合成與分解運算。此外，本章也將學會如何把同時作用在物體上的力與力偶，轉化成唯一的等效單力，以便簡化該物體的受力狀態及力學分析的複雜度。而當物體受到多個作用力時，也可以將其簡化成一組相互垂直的力和力偶，然後再將其化為等效單力。如果物體同時受到諸多作用力和力偶的作用，不管是平面或空間狀態，都能加以合成，使其簡化成為一組並不一定相互垂直的力和力偶，在力和力偶不互相垂直的情況中，亦可利用向量方法與單位向量的定義，將兩者化為同時存在且同方向的扳鉗力系。

Learing Objectives

- *To define the couple moment which is generated by a force couple.*
- *To use the vector method to perform synthesis and decomposition of several moments.*
- *To learn how to transform the force and force couple acting on an object simultaneously into the only equivalent single force.*
- *To indicate how to simplify multiple forces to a set of mutually perpendicular force and force couple,and then convert it into an equivalent single force.*
- *To provide a method for converting forces and couples which are not perpendicular to each other into a wrench force system.*

生活實例

當一個物體受到力的作用而達到平衡狀態時，在各個座標軸方向上所有分力的合力應該等於零，除此之外，這些作用力必須是作用在同一個點上，或這些力作用線的延伸線必須交會於同一個點，此時物體的狀態不會被改變，才算達到真正的平衡狀態。如果各座標軸方向上分力的合力等於零，但作用力並不是作用在同一個點上，或作用力作用線的延伸線沒有交會在同一個點，那麼這個物體就不會達到真正的平衡狀態，而有可能會產生旋轉或產生旋轉的傾向，這個會造成物體產生旋轉或產生旋轉傾向的因子，就稱為**力矩** moment。

路標的重量會使基座產生水平軸向的力矩，當它受到風吹時會使基座產生垂直方向的力矩，方向盤則是應用力矩或力偶矩來使機構或元件轉動的設計，可以用相對較小的出力得到較大的效益。本章中，我們將學習如何求得施力所產生的力矩或力偶所產生的力偶矩，並學習利用位置向量與作用力乘積的方式來簡化運算。

生活實例

moment：When a force is applied to a body, it will produce a tendency for the body to rotate about a point that is not on the line of action of the force. This tendency to rotate is call the moment of a force or simply the moment.

The moment produced by the load and weight of a tower crane jib will generate a horizontal axial moment, so that, the counter weight in the other side is required to keep the resultant moment in balance. As for the T-bar billboard, the loading in both sides are equal and no horizontal axial moment generated，while it is blown by the wind, it will cause the base to generate a horizontal axial moment which is perpendicular to the previous one.

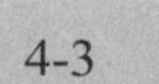

4-1 力矩的表示及其特性 Characteristics of a Force Moment

平面上，置放於牆角的圓型物體受到一個力$\vec{F}$的作用如圖 4-1 所示，假設力的作用線通過物體的圓心，且牆和物體之間沒有摩擦力存在，此時作用力$\vec{F}$的 x 軸分量$\vec{F}_x$和 x 軸方向牆對物體所產生的反作用力$\vec{R}_x$大小相等、方向相反，合力為零。相同的，作用力$\vec{F}$的 y 軸分量$\vec{F}_y$和 y 軸方向牆對物體所產生的反作用力$\vec{R}_y$也是大小相等、方向相反、合力為零，在兩個軸上都達到力的平衡條件。

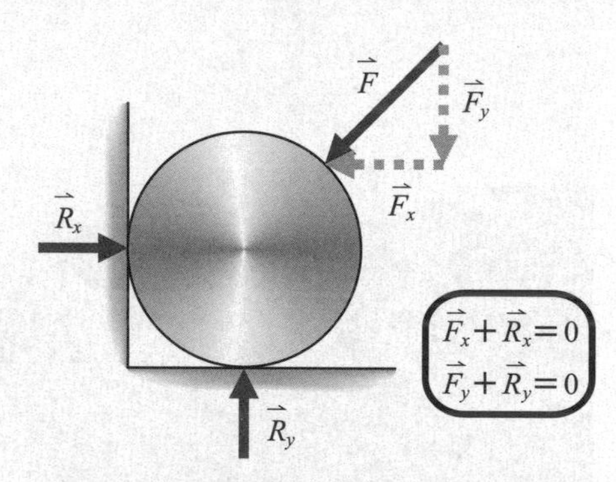

圖 4-1　物體的作用力與反作用力

當兩個大小相等、方向相反，但不作用在同一點上或不作用在同一直線上的力作用於物體上時，這個物體上就會產生力矩。基本上，力矩具有方向性，是一種向量，可以利用前面章節中所提到的向量運算方法來求得。在某些簡單的力學運用中，對物體上某一點 O 的力矩大小(純量)可以用力$\vec{F}$的大小 F 和 O 點與施力點之間的距離 d 的乘積來表示，亦即 $\boldsymbol{M_O = F_d}$，其中 d 我們把它稱作力臂 moment arm，如圖 4-2 所示。

TIPS

Q：如何進一步確認三個力的延伸線是否會交會於同一個點？

A：當三個力的延伸線確實交會於同一個點且合力等於零，物體就完全不會動，達到了真正的平衡狀態；反之，如果三個力的延伸線沒有交會於同一個點，縱使合力為零，還是會有力矩存在，物體就會產生轉動而無法達到平衡狀態。

How to further confirm whether the extension lines of the three forces meet at the same point?

When the extension lines of the three forces do intersect at the same point and resultant force is zero, then the object will not move at all and reach a true equilibrium state; on the contrary, if the extension lines of the three forces do not intersect at the same point even the resultant force is zero, a moment will be generated, and it will cause the object rotating and cannot reach a state of equilibrium.

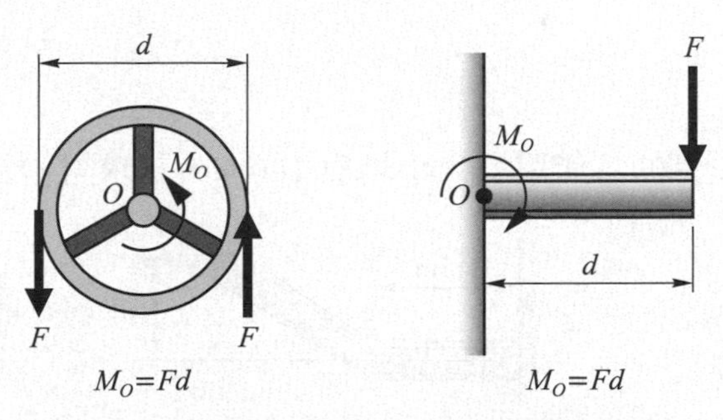

圖 4-2　簡單的力矩可以利用純量法來計算

如果要用向量來表示力矩，必需加上力矩方向。在平面力系中，力矩的方向可以用順時針或逆時針的符號來表示，如

$$\overrightarrow{M}_O = Fd \circlearrowleft$$

如果是計算三維空間中力對物體所產生的力矩，最簡便的方法就是以位置向量 $\vec{r}$ 和作用力 $\vec{F}$ 的向量乘積來求得，亦即 $\vec{M} = \vec{r} \times \vec{F}$ 。★1

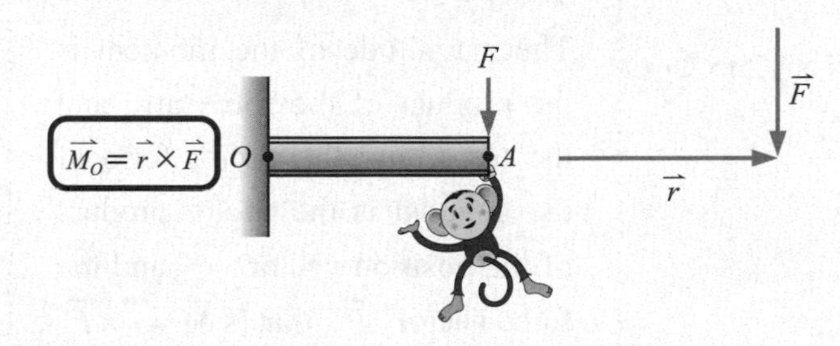

利用向量乘積所得到的力矩，基本上會包含三個軸向的分量，可以利用前述的向量合成方法合成而得到完整的力矩向量。

TIPS

位置向量 $\vec{r}$ 是以旋轉點為起點，以施力點為終點所定義出來的一個向量，方向不可弄錯，否則會得到相反的結果。

The position vector $\vec{r}$ is a vector defined by the rotation point as the starting point and the force application point as the end point. The direction cannot be wrong, otherwise the opposite result will be obtained.

Note

★1. The easiest way to calculate the moment generated by the force on the object in three-dimensional space is to obtain the vector product of the position vector $\vec{r}$ and the force vector $\vec{F}$, that is $\vec{M} = \vec{r} \times \vec{F}$ 。

例 4-1

下圖中物體受到的各作用力大小均爲 100 N，試求對 O 點所產生之力矩。

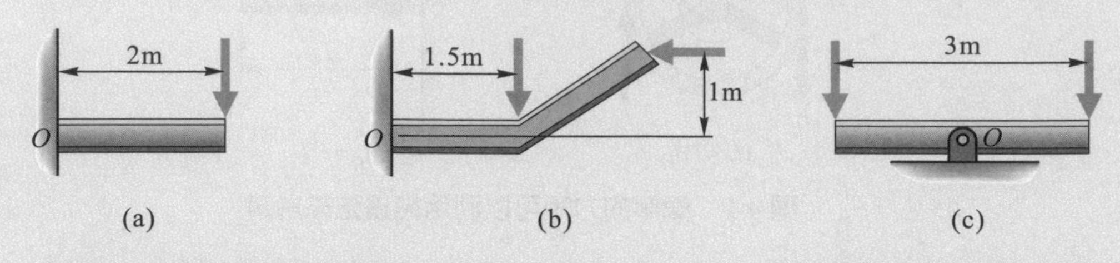

(a) (b) (c)

解析

(a) $M_O = 100\text{N} \times 2\text{m} = 200\text{N-m}$ ↻ (順時針)

(b) $M_O = 100\text{N} \times 1.5\text{m}$ ↻ $+ 100\text{N} \times 1\text{m}$ ↺

$= 150\text{N-m}$ ↻ $+ 100\text{N-m}$ ↺

$= 150\text{N-m}$ ↻ $- 100\text{N-m}$ ↻

$= 50\text{N-m}$ ↻ (順時針)

(c) $M_O = 100\text{N} \times 1.5\text{m}$ ↺ $+ 100\text{N} \times 1.5\text{m}$ ↻

$= 150\text{N-m}$ ↺ $+ 150\text{N-m}$ ↻

$= 0\text{N-m}$

TIPS

力矩大小為力臂與力的相乘積，而力矩的向量型式則為位置向量與力的向量乘積，亦即 $\vec{M} = \vec{r} \times \vec{F}$ 。

The magnitude of the moment is the product of the force arm and the force, and the vector form of the moment is the vector product of the position vector $\vec{r}$ and the force vector $\vec{F}$, that is $\vec{M} = \vec{r} \times \vec{F}$

一個物體如果承受力矩，那麼這個物體必然會產生旋轉或旋轉的傾向。在力學的實際應用上，作用在物體上的作用力和力臂之間的相對關係常會隨機構的設計或作動方式而產生變動，此種情況下，力矩的大小和方向一般來說也會跟著產生改變，至於它將如何變動是我們接下來要探討的議題。

一個力對一個點的力矩

一個作用力對一個點所產生的力矩大小，等於力的大小乘以旋轉點到力作用線之間的垂直距離 d，亦即 $M_O = Fd$。★1 必須注意的是，除了作用力和力臂垂直的情況外，不可以直接以旋轉點到施力點之間的距離爲力臂，而是必須以兩者之間的垂直距離 d 爲力臂。如圖 4-3 所示。因爲在施力的作用線上任何一個點 A 或 B，與旋轉點 O 的垂直距離 d 都相同，因此，力的施力點在力的作用線上移動都不會改變力矩的大小和方向。

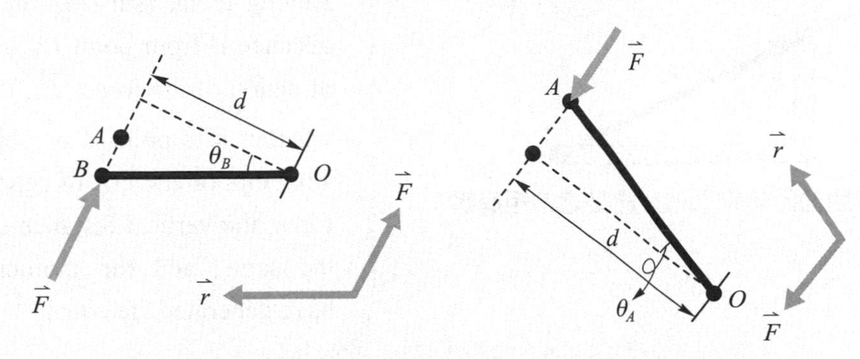

圖 4-3 力作用在作用線上任何點上都會得到相等力矩

上圖中，若 A 點和 B 點分別爲力作用線上的任意兩個點，則作用力 $\vec{F}$ 對點 O 的力矩不會因施力點從 A 點移動到 B 點而改變。如果以力的向量 $\vec{F}$ 和位置向量 $\vec{r}$ 的乘積來求力矩，由定義可知，

$$\overrightarrow{M}_O = \vec{r} \times \vec{F} = rF\sin\theta\,\vec{e} = F(r\sin\theta)\,\vec{e}$$

又因 $r_A \sin\theta_A = r_B \sin\theta_B = d$，故得

$$\overrightarrow{M}_O = Fd\,\vec{e}$$

Note

★1. The magnitude of the moment generated by a force on a point is equal to the magnitude of the force multiplied by the vertical distance d between the rotation point and the line of action of the force, that is, $M_O = Fd$.

不過，當作用力或作用力的延伸線與力矩的旋轉點有相交時，則力矩爲零，因爲力臂大小 r 爲零的緣故，如圖 4-4 中，若 O 爲旋轉點，當 $\vec{F}$ 的延伸線通過 O 點時，則 $\vec{F}$ 對 O 點的力矩爲零。

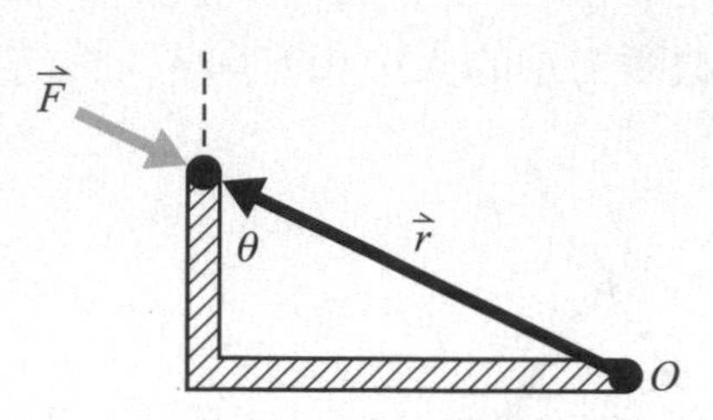

圖 4-4　作用力延伸線通過旋轉點之力矩為零

TIPS

其中 $r\sin\theta$ 就是點 O 到力作用線的垂直距離 d，因此，不管是 A 點還是 B 點，或是在力作用線上的任何點，它們到 O 點的垂直距離 d 都相同，必然會產生大小與方向都相等的力矩。

Among them, $r\sin\theta$ is the vertical distance d from point O to the line of action of the force $\vec{F}$, therefore, whether it is point A or point B, or any point on the line of action of the force, the vertical distance d will be the same, and the moments they have generated are equal.

例 4-2

試求下圖中 A 點所受到的力矩大小？

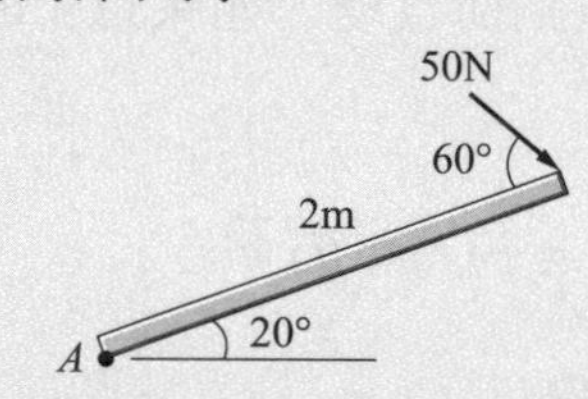

解析

$d = 2\sin 60° = 1.732$ (m)

$M_A = Fd = 50 \times 1.732 = 86.5$ (N.m)↻

如果把力和力臂都分解爲 x 軸和 y 軸分量，再相乘求解，過程會變複雜。

$r_x = 2\cos 20° = 1.88$ (m)

$r_y = 2\sin 20° = 0.68$ (m)

$\theta = 60° - 20° = 40°$

則 $F_x = 50\cos 40° = 38.3$ (N)

$F_y = 50\sin 40° = 32.1$ (N)

$M_A = F_x \times r_y + F_y \times r_x = 38.3 \times 0.68$ ↻ $+ 32.1 \times 1.88$ ↻

$= 26.1$ ↻ $+ 60.4$ ↻ $= 86.5$ (N.m)↻

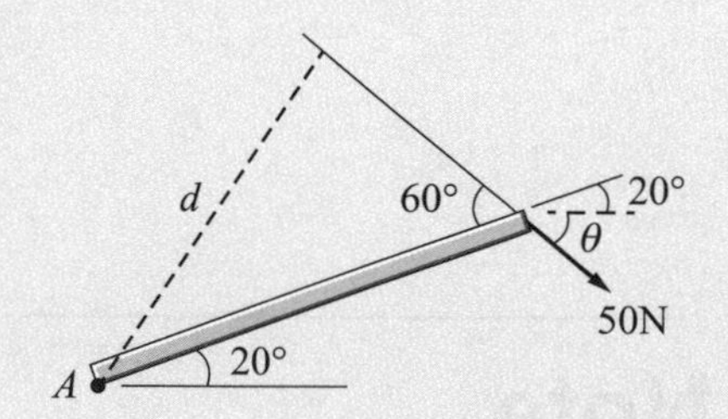

一個力對一個軸的力矩

當一個力作用在一個物體上，若這個物體將繞一個特定軸而不是一個點產生轉動時，它的算法和對一個點產生力矩的情況相近，不過，僅有在特定軸上的分量才會造成物體轉動，其他軸上的力矩會作用在物體與外界的接觸點或接觸面上，並產生大小相等、方向相反的反力矩。

圖 4-5 中，將力臂和作用力分別以向量的型式表示出來，然後再依據力矩的定義以兩者的乘積求出力矩，亦即

$$\vec{r} = r_x\,\vec{i} + r_y\,\vec{j} + r_z\,\vec{k}$$

$$\vec{F} = F_x\,\vec{i} + F_y\,\vec{j} + F_z\,\vec{k}$$

力臂 $\vec{r}$ 和作用力 $\vec{F}$ 的乘積 $\vec{M} = \vec{r} \times \vec{F}$ 就是物體所產生的力矩，如果將力矩 $\vec{M}$ 以各軸向上的分量來表示，可以得到

$$\vec{M} = \vec{M}_x + \vec{M}_y + \vec{M}_z = M_x\,\vec{i} + M_y\,\vec{j} + M_z\,\vec{k}$$

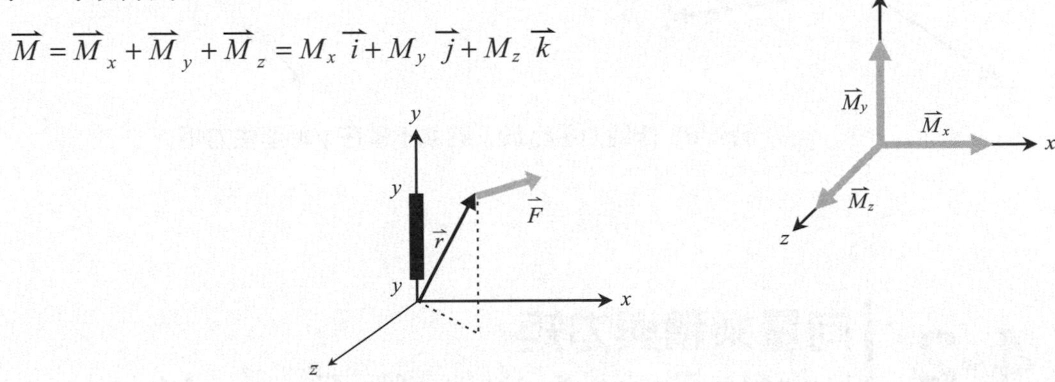

圖 4-5　空間中作用力對一個軸之力矩

其中只有 M_y 會讓特定軸 $y - y$ 產生轉動作用，M_x 和 M_z 則會施加於物體與環境的接觸點或接觸面，雖有造成旋轉的趨勢，但因 x 軸和 z 軸受到限制無法自由轉動，因此，和物體接觸的地方會產生大小相等但方向相反的反力矩，使該接觸點或接觸面能維持平衡狀態。相同的，如果是兩個軸向可以旋轉，這兩個軸向上就不會有反力矩，只有受到限制無法自由轉動的那個軸向，才會有反力矩產生。

當作用力或作用力的延長線與旋轉軸相交時，因為力臂為零的緣故，所以力矩為零，如圖 4-6 所示。圖中，作用力$\vec{F}_1$與 y-y 軸相交，力臂爲零，因此不會在 y-y 軸上產生力矩。另外，**如果作用力與旋轉軸平行，也沒有辦法產生旋轉力矩，因為以向量乘積的定義來說，兩個平行向量之間的夾角 θ 為零，它們的乘積也是零**，亦即，當位置向量$\vec{r}$和作用力向量$\vec{F}$互相平行時，並不會有旋轉力矩產生。圖 4-6 中$\vec{F}_2$和 y-y 軸互相平行，則只會產生 x 軸和 z 軸方向的力矩$\vec{M}_x$與$\vec{M}_z$，y-y 軸上則不會產生旋轉力矩。

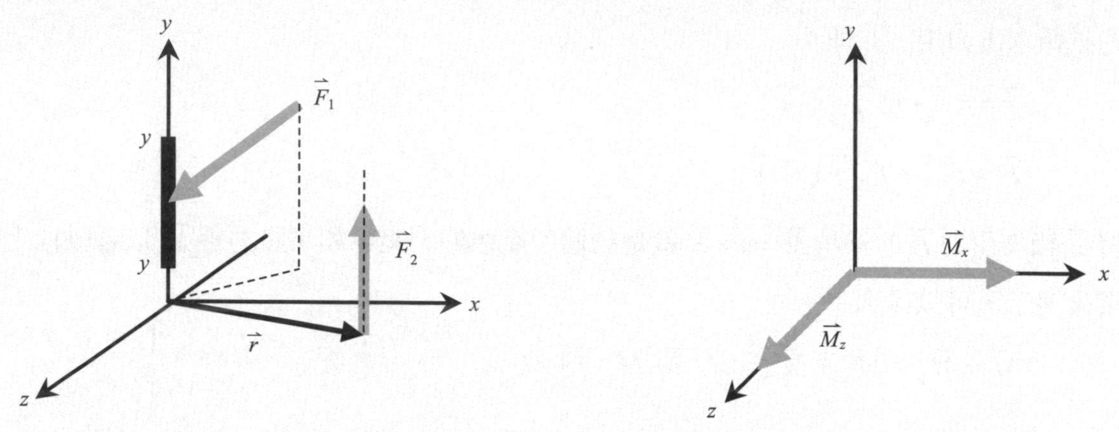

圖 4-6　作用力平行於 y 軸就不會在 y 軸產生力矩

4-2 向量乘積與力矩 Vector Formulation of a Foece Moment

力矩是旋轉點和施力點之間的位置向量$\vec{r}$和作用力$\vec{F}$的相乘積，圖 4-7 中，作用力$\vec{F}$作用在桿件的 A 點上，則旋轉點 O 點到 A 點的位置向量就是$\vec{r}$，力矩$\vec{M}$可以用$\vec{r}$和$\vec{F}$的乘積來表示，亦即$\vec{M}=\vec{r}\times\vec{F}$。★1

Note

★1. The moment is the vector product of the position vector $\vec{r}$ and the force vector $\vec{F}$. As shown in Figure 4-7, the force acts on point A of the rod, and the position vector from point O to point A of the rotation point is $\vec{r}$, the moment can be expressed as the product of $\vec{r}$ and $\vec{F}$, ie. $\vec{M}=\vec{r}\times\vec{F}$

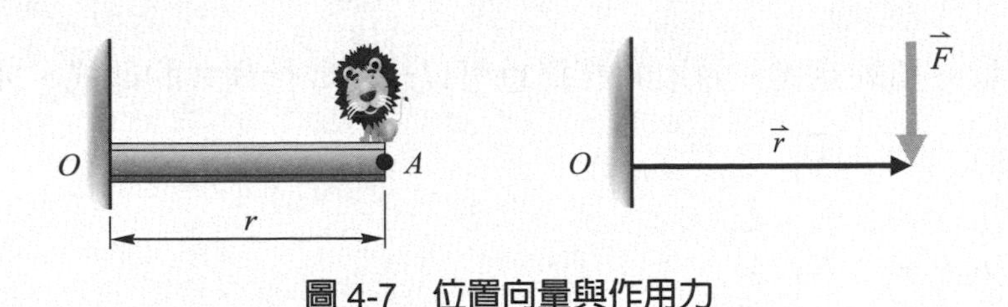

圖 4-7 位置向量與作用力

在三度空間中，位置向量 $\vec{r}$ 和作用力 $\vec{F}$ 的表示法分別為

$$\vec{r}=r_x\vec{i}+r_y\vec{j}+r_z\vec{k}$$

$$\vec{F}=F_x\vec{i}+F_y\vec{j}+F_z\vec{k}$$

則兩者對 O 點所產生的力矩為

$$\vec{M}_O=\vec{r}\times\vec{F}=(r_x\vec{i}+r_y\vec{j}+r_z\vec{k})\times(F_x\vec{i}+F_y\vec{j}+F_z\vec{k})$$

將上式加以展開後可以得到

$$\begin{aligned}\vec{M}_O=&[r_xF_x(\vec{i}\times\vec{i})+r_xF_y(\vec{i}\times\vec{j})+r_xF_z(\vec{i}\times\vec{k})]\\&+[r_yF_x(\vec{j}\times\vec{i})+r_yF_y(\vec{j}\times\vec{j})+r_yF_z(\vec{j}\times\vec{k})]\\&+[r_zF_x(\vec{k}\times\vec{i})+r_zF_y(\vec{k}\times\vec{j})+r_zF_z(\vec{k}\times\vec{k})]\end{aligned}$$

TIPS

二個向量的乘積產生另一個新向量，方向以右手螺旋定則來決定。

The product of two vectors produces another new vector whose direction is determined by the right-hand screw rule.

根據前面章節中向量乘積的定義，利用圖 2-7(b)所示右手螺旋定則(right hand screw rule)得知

$$\vec{i}\times\vec{j}=\vec{k}\qquad\vec{j}\times\vec{k}=\vec{i}\qquad\vec{k}\times\vec{i}=\vec{j}$$

$$\vec{j}\times\vec{i}=-\vec{k}\qquad\vec{k}\times\vec{j}=-\vec{i}\qquad\vec{i}\times\vec{k}=-\vec{j}$$

而同方向的向量乘積等於零，即

$$\vec{i}\times\vec{i}=\vec{j}\times\vec{j}=\vec{k}\times\vec{k}=0$$

以物理意義來說，如果力臂向量和力的向量方向相同，兩者是無法產生力矩，譬如 $\vec{r}=r\vec{i}$，$\vec{F}=F\vec{i}$，則力矩 $\vec{M}=\vec{r}\times\vec{F}=rF(\vec{i}\times\vec{i})=0$，因為 r 和 F 都不等於零，所以 $\vec{i}\times\vec{i}=0$，實際的物理現象與向量乘積的結果相吻合。基於此，上面的展開式可以簡化為

$$\begin{aligned}\vec{M}_O=&[r_xF_x(0)+r_xF_y(\vec{k})+r_xF_z(-\vec{j})]+[r_yF_x(-\vec{k})+r_yF_y(0)+r_yF_z(\vec{i})]\\&+[r_zF_x(\vec{j})+r_zF_y(-\vec{i})+r_zF_z(0)]\\=&(r_yF_z-r_zF_y)\vec{i}+(r_zF_x-r_xF_z)\vec{j}+(r_xF_y-r_yF_x)\vec{k}\end{aligned}$$

另外，再依據向量外積的定義，力矩的計算也可以改寫成行列式的型式，亦即

$$\overrightarrow{M}_O = \begin{vmatrix} \overrightarrow{i} & \overrightarrow{j} & \overrightarrow{k} \\ r_x & r_y & r_z \\ F_x & F_y & F_z \end{vmatrix}$$

將行列式展開後一定會得到與上面完全相同的結果，利用行列式方法處理甚爲清楚明確，比較不會有搞錯向量乘積方向的情況發生。

例 4-3

懸臂樑長 2 m，寬 0.2 m，高 0.1 m，受到 20 N 的力作用，如圖所示，試求 O 點所受到的力矩大小與方向。

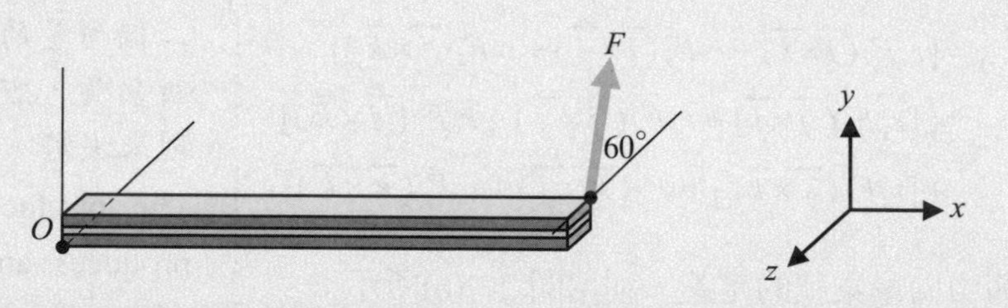

解析

把圖中的位置向量 $\overrightarrow{r}$ 和作用力的向量 $\overrightarrow{F}$ 分別用向量表示，
再依定義以向量的乘積求得力矩 $\overrightarrow{M}$ 。

從圖中得知，位置向量與作用力的向量表示法分別爲

$$\overrightarrow{r} = 2\overrightarrow{i} + 0.1\overrightarrow{j} - 0.2\overrightarrow{k}$$

$$\overrightarrow{F} = F\sin 60°\overrightarrow{j} - F\cos 60°\overrightarrow{k} = 20\times\left(\frac{\sqrt{3}}{2}\right)\overrightarrow{j} - 20\left(\frac{1}{2}\right)\overrightarrow{k} = 10\sqrt{3}\overrightarrow{j} - 10\overrightarrow{k}$$

則依力矩的定義可以得到

$$\begin{aligned}
\overrightarrow{M} = \overrightarrow{r}\times\overrightarrow{F} &= (2\overrightarrow{i} + 0.1\overrightarrow{j} - 0.2\overrightarrow{k})\times(10\sqrt{3}\overrightarrow{j} - 10\overrightarrow{k}) \\
&= 20\sqrt{3}(\overrightarrow{i}\times\overrightarrow{j}) - 20(\overrightarrow{i}\times\overrightarrow{k}) + \sqrt{3}(\overrightarrow{j}\times\overrightarrow{j}) - 1(\overrightarrow{j}\times\overrightarrow{k}) - 2\sqrt{3}(\overrightarrow{k}\times\overrightarrow{j}) + 2(\overrightarrow{k}\times\overrightarrow{k}) \\
&= 20\sqrt{3}\overrightarrow{k} - 20(-\overrightarrow{j}) + \sqrt{3}\times\overrightarrow{0} - 1\overrightarrow{i} - 2\sqrt{3}(-\overrightarrow{i}) + 2\overrightarrow{0} \\
&= (2\sqrt{3} - 1)\overrightarrow{i} + 20\overrightarrow{j} + 20\sqrt{3}\overrightarrow{k} \\
&= 2.46\overrightarrow{i} + 20\overrightarrow{j} + 34.6\overrightarrow{k}
\end{aligned}$$

也可以利用行列式方式來求力矩，得到的結果應該和上面的答案相同，方法如下：

$$\overrightarrow{M}_O = \begin{vmatrix} \overrightarrow{i} & \overrightarrow{j} & \overrightarrow{k} \\ 2 & 0.1 & -0.2 \\ 0 & 10\sqrt{3} & -10 \end{vmatrix}$$ 將其展開得到

$$\overrightarrow{M}_O = 0.1\times(-10)\overrightarrow{i} + 2\times 10\sqrt{3}\,\overrightarrow{k} + 0\times(-0.2)\overrightarrow{j}$$
$$- 0\times 0.1\,\overrightarrow{k} - (-0.2)\times 10\sqrt{3}\,\overrightarrow{i} - 2\times(-10)\overrightarrow{j}$$
$$= (2\sqrt{3}-1)\overrightarrow{i} + 20\overrightarrow{j} + 20\sqrt{3}\,\overrightarrow{k}$$
$$= 2.46\overrightarrow{i} + 20\overrightarrow{j} + 34.6\overrightarrow{k}\ (\text{N.m})$$

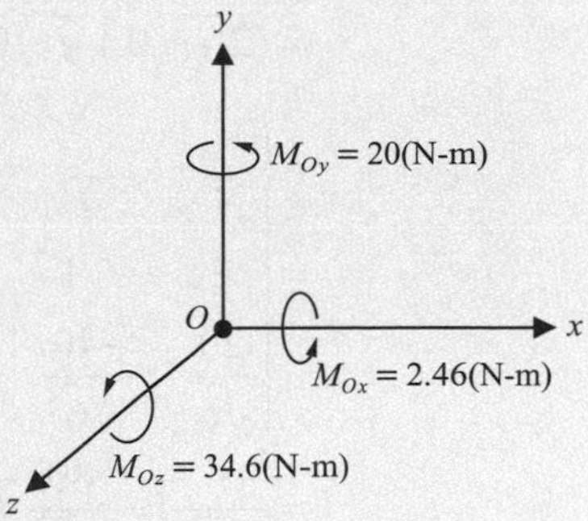

以上兩種方法所得到的結果相同，可以選擇使用任何一種方法來求得作用力對一個力臂所產生的力矩，此等方法同時也將各座標軸上的力偶分量清楚表示出來，運算上可說非常容易。

例 4-4

上例題中若作用力作用在 $\overrightarrow{i} - 2\overrightarrow{j} + \overrightarrow{k}$ 的方向，求 O 點所受到的力矩。

解析

$F = 20\text{N}$，$\overrightarrow{r} = 2\overrightarrow{i} + 0.1\overrightarrow{j} - 0.2\overrightarrow{k}$

作用方向的單位向量爲

$$\overrightarrow{e}_f = \frac{\overrightarrow{i} - 2\overrightarrow{j} + \overrightarrow{k}}{\sqrt{1^2 + (-2)^2 + 1^2}}$$
$$= \frac{1}{\sqrt{6}}\overrightarrow{i} - \frac{2}{\sqrt{6}}\overrightarrow{j} + \frac{1}{\sqrt{6}}\overrightarrow{k}$$

則 $\overrightarrow{F} = \frac{20}{\sqrt{6}}\overrightarrow{i} - \frac{40}{\sqrt{6}}\overrightarrow{j} + \frac{20}{\sqrt{6}}\overrightarrow{k}$

受到的力矩爲

$$\overrightarrow{M} = \overrightarrow{r} \times \overrightarrow{F}$$
$$= (2\overrightarrow{i} + 0.1\overrightarrow{j} - 0.2\overrightarrow{k}) \times \left(\frac{20}{\sqrt{6}}\overrightarrow{i} - \frac{40}{\sqrt{6}}\overrightarrow{j} + \frac{20}{\sqrt{6}}\overrightarrow{k}\right)$$

TIPS

知道力的大小，找到力的單位向量，兩者結合就是力的向量型式，然後再依乘積法求得力矩。

If the magnitude of the force is already known, one can find its unit vector, and then combine two of them, the vector form of the force $\overrightarrow{F}$ will be obtained, and then the moment generated can be calculated by previous method.

$$\vec{M}=\vec{r}\times\vec{F}$$

$$=(2\vec{i}+0.1\vec{j}-0.2\vec{k})\times\left(\frac{20}{\sqrt{6}}\vec{i}-\frac{40}{\sqrt{6}}\vec{j}+\frac{20}{\sqrt{6}}\vec{k}\right)$$

$$=\begin{vmatrix}\vec{i} & \vec{j} & \vec{k}\\ 2 & 0.1 & -0.2\\ \frac{20}{\sqrt{6}} & \frac{-40}{\sqrt{6}} & \frac{20}{\sqrt{6}}\end{vmatrix}$$

$$=\frac{2}{\sqrt{6}}\vec{i}-\frac{80}{\sqrt{6}}\vec{k}-\frac{4}{\sqrt{6}}\vec{j}-\frac{2}{\sqrt{6}}\vec{k}-\frac{8}{\sqrt{6}}\vec{i}-\frac{40}{\sqrt{6}}\vec{j}$$

$$=\left(\frac{2}{\sqrt{6}}-\frac{8}{\sqrt{6}}\right)\vec{i}-\left(\frac{4}{\sqrt{6}}+\frac{40}{\sqrt{6}}\right)\vec{j}-\left(\frac{80}{\sqrt{6}}+\frac{2}{\sqrt{6}}\right)\vec{k}$$

$$=-\frac{6}{\sqrt{6}}\vec{i}-\frac{44}{\sqrt{6}}\vec{j}-\frac{82}{\sqrt{6}}\vec{k}$$

$$=-2.45\vec{i}-17.96\vec{j}-33.48\vec{k}\ (\text{N.m})$$

$M_{Oy}=-17.96$(N-m)

$M_{Ox}=-2.45$(N-m)

$M_{Oz}=-33.48$(N-m)

例 4-5

圖中扳手在 x-y 平面上，被用來鎖緊 A 點和 B 點處之螺帽，求實際作用在螺帽的力矩爲多少？

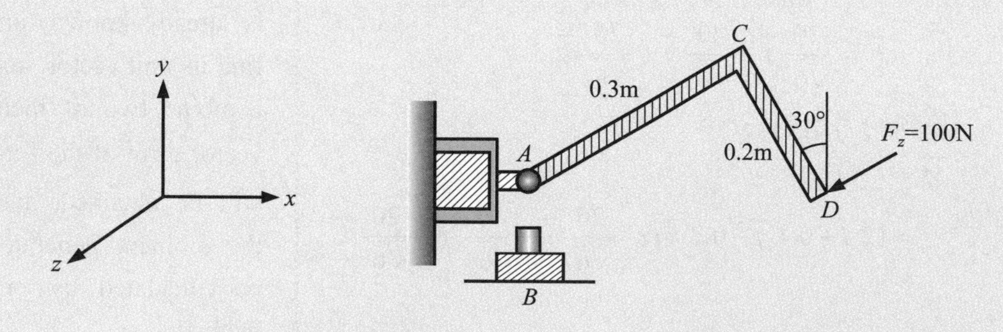

解析

(1) F_z對 C 點所產生之力矩大小為

$M_C = 0.2 \times 100 = 20$ (N-m)

M_C在 x 軸向和 y 軸向上之分量大小

(即作用在 A 和 B 螺帽上的力矩)分別為

$$M_{Cx} = M_C \cos 30° = 20 \times \frac{\sqrt{3}}{2} = 17.3\ \text{(N-m)}$$

$$M_{Cy} = M_C \sin 30° = 20 \times \frac{1}{2} = 10\ \text{(N-m)}$$

TIPS

用純量法和向量法分別求解，兩者得到的結果一定會相同。

Using the scalar method and the vector method to solve the problem respectively, the results will definitely be the same.

(2) 另法：向量乘積法

$$\vec{F} = 100\vec{k}$$

$$\vec{r}_{CD} = 0.2\sin 30°\vec{i} - 0.2\cos 30°\vec{j} = 0.1\vec{i} - 0.173\vec{j}$$

$$\vec{M}_C = \vec{r}_{CD} \times \vec{F} = (0.1\vec{i} - 0.173\vec{j}) \times 100\vec{k} = -17.32\vec{i} - 10\vec{j}$$

$$\vec{r}_{DC} = -0.2\sin 30°\vec{i} + 0.2\cos 30°\vec{j}$$

$$= -0.1\vec{i} + 0.173\vec{j}$$

$$\vec{M}_C = \vec{r}_{DC} \times \vec{F}$$

$$= (-0.1\vec{i} + 0.173\vec{j}) \times 100\vec{k}$$

$$= 17.32\vec{i} + 10\vec{j}$$

$$= -17.32i - 10j$$

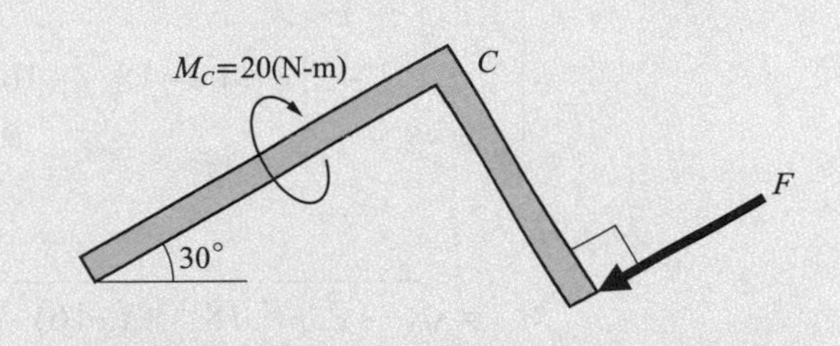

故得鎖緊螺帽 A 之力矩為 $-17.32\vec{i}$

鎖緊螺帽 B 之力矩為 $-10\vec{j}$

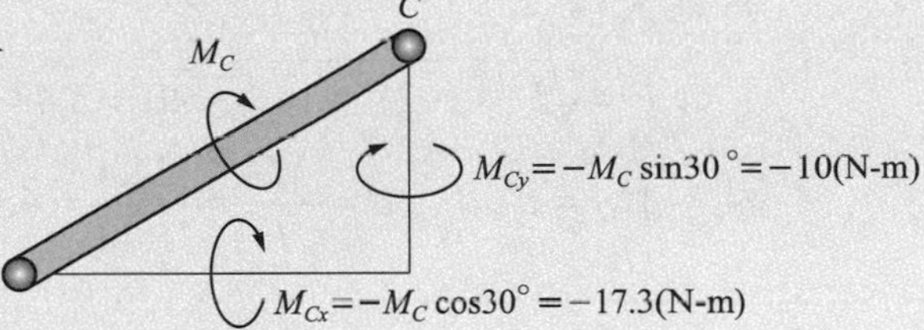

例 4-6

圖中$\vec{F}=5\vec{i}-2\vec{j}+\vec{k}$作用在$L$型桿件上，求對$O$點所產生的力矩，並求$\vec{F}$與$O$點間之距離。

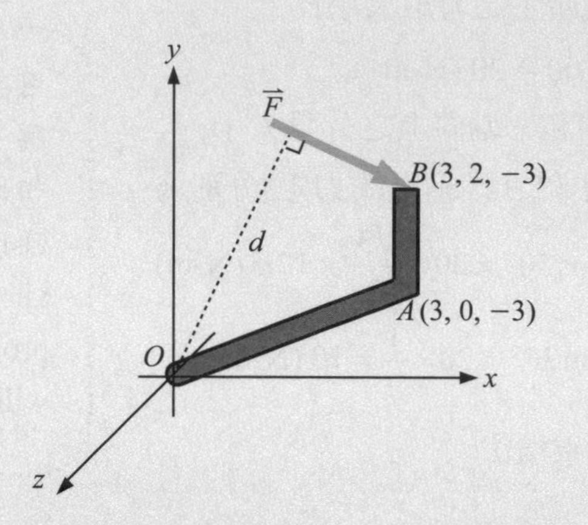

解析

$$\vec{M}_O=\vec{r}_{OB}\times\vec{F}=(3\vec{i}+2\vec{j}-3\vec{k})\times(5\vec{i}-2\vec{j}+\vec{k})$$

$$=\begin{vmatrix}\vec{i} & \vec{j} & \vec{k}\\ 3 & 2 & -3\\ 5 & -2 & 1\end{vmatrix}=-4\vec{i}-18\vec{j}-16\vec{k}$$

$\vec{M}_O$之大小

$$M_O=\sqrt{(-4)^2+(-18)^2+(-16)^2}=24.4$$

$\vec{F}$之大小

$$F=\sqrt{5^2+(-2)^2+1^2}=\sqrt{30}=5.48$$

因 $M_O=F\cdot d$，$d=\dfrac{M_O}{F}=\dfrac{24.4}{5.48}=4.45$

例題中，$\vec{F}$與O點間的距離d並不一定等於點O和點B間的距離，因為隨著施力$\vec{F}$的方向改變，d會跟著改變，但點O和點B間的距離卻是固定的。

例 4-7

上例題中，若受一力 $\overrightarrow{F}=2\overrightarrow{i}+F_y\overrightarrow{j}+F_z\overrightarrow{k}$ 作用在 A 點上，欲得到 y 軸上不受到力矩作用，且對 O 點總力矩大小不變之結果，求 $\overrightarrow{F}$。

解析

$\overrightarrow{r}=3\overrightarrow{i}+0\overrightarrow{j}-3\overrightarrow{k}$，$\overrightarrow{F}=2\overrightarrow{i}+F_y\overrightarrow{j}+F_z\overrightarrow{k}$

$$\overrightarrow{M}_O=\overrightarrow{r}\times\overrightarrow{F}=\begin{vmatrix}\overrightarrow{i} & \overrightarrow{j} & \overrightarrow{k}\\ 3 & 0 & -3\\ 2 & F_y & F_z\end{vmatrix}=3F_y\overrightarrow{k}-6\overrightarrow{j}+3F_y\overrightarrow{i}-3F_z\overrightarrow{j}$$

$$=3F_y\overrightarrow{i}-(3F_z+6)\overrightarrow{j}+3F_y\overrightarrow{k}$$

因 y 軸上無力矩，故 $3F_z+6=0$，$F_z=-2$

$$M_O=\sqrt{(3F_y)^2+(3F_y)^2}=24.4，\sqrt{18F_y^{\,2}}=24.4，F_y=\frac{24.4}{\sqrt{18}}=5.75$$

故 $\overrightarrow{F}=2\overrightarrow{i}+5.75\overrightarrow{j}-2\overrightarrow{k}$

例 4-8

地下室入口蓋板被以繫於 C 點處之繩索順著 AB 軸拉開如右圖，試求各座標軸上之力矩及其所承受之反力矩大小？

解析

$\overrightarrow{r}=2\overrightarrow{i}+3\overrightarrow{k}$，$\overrightarrow{CO}=-2\overrightarrow{i}+3\overrightarrow{j}+2\overrightarrow{k}=\overrightarrow{u}$

$$\overrightarrow{e_u}=\frac{-2\overrightarrow{i}+3\overrightarrow{j}+2\overrightarrow{k}}{\sqrt{(-2)^2+3^2+2^2}}=\frac{1}{\sqrt{17}}(-2\overrightarrow{i}+3\overrightarrow{j}+2\overrightarrow{k})$$

$$=-0.485\overrightarrow{i}+0.728\overrightarrow{j}+0.485\overrightarrow{k}$$

$$\overrightarrow{F}=F\overrightarrow{e_u}=-97\overrightarrow{i}+144.5\overrightarrow{j}+97\overrightarrow{k}$$

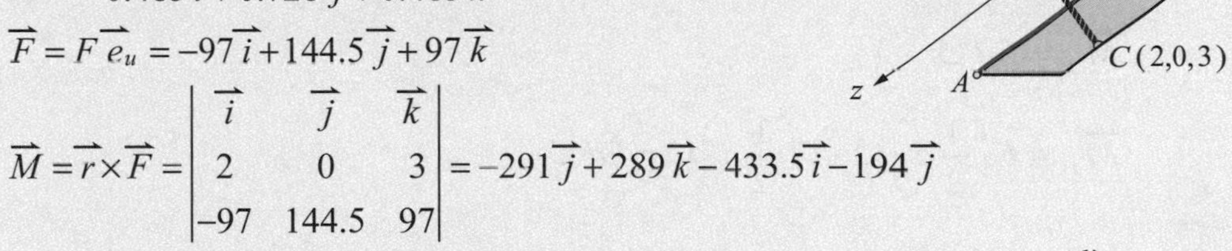

$$\overrightarrow{M}=\overrightarrow{r}\times\overrightarrow{F}=\begin{vmatrix}\overrightarrow{i} & \overrightarrow{j} & \overrightarrow{k}\\ 2 & 0 & 3\\ -97 & 144.5 & 97\end{vmatrix}=-291\overrightarrow{j}+289\overrightarrow{k}-433.5\overrightarrow{i}-194\overrightarrow{j}$$

$$=-433.5\overrightarrow{i}-485\overrightarrow{j}+289\overrightarrow{k}$$

故得 $M_x=-433.5$ (N-m)，$M_y=-485$ (N-m)，$M_z=289$ (N-m)

由於蓋板可以依 AB 軸旋轉，故在 y 軸上沒有反力矩，

則 x 軸與 z 軸方向之所力矩為

$M'_x=433.5$ (N.m)，$M'_y=0$，$M'_z=-289$ (N-m)

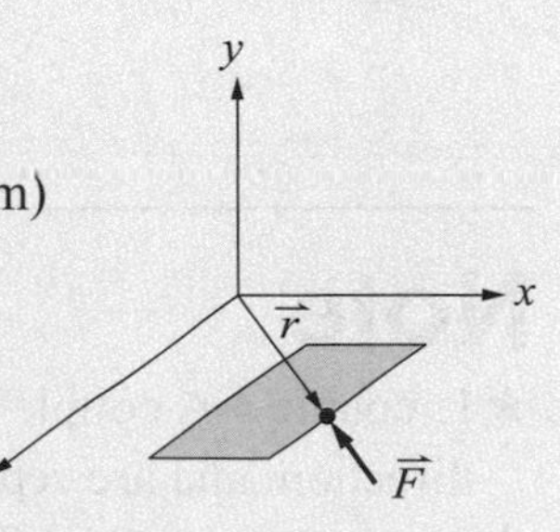

4-3 力偶與力偶矩 Couple and Couple Moment

所謂力偶 couple★1**，是指一對大小相等、方向相反，但作用在不同一線上的兩個平行力**。構成力偶的兩個力雖然合力為零，但合力矩並不為零，所以會讓物體產生轉動而無法保持平衡。力偶所存在的平面稱為力偶平面，力偶對於力偶平面上任一點所產生之力矩稱為**力偶矩** couple moment★2 或力偶向量 couple vector，也有人或有些教材上就簡稱它為力偶，但因為容易和前述的力偶 couple 搞混，所以還是稱它為力偶矩較為適當。

當力偶平面上有一對大小為 F 的平行力(力偶)作用在桿件 AB 上面時，桿件會產生繞中心點 O 進行旋轉的力偶矩，如圖 4-8 所示。

圖 4-8　平面上力偶可以對任何點產生力偶矩

如果作用線之間的距離為 d，這對力偶對桿件上 A、B 和中心點 O 三點所造成的力偶矩分別為

$$\overrightarrow{M}_A = Fd \circlearrowleft$$

$$\overrightarrow{M}_B = Fd \circlearrowleft$$

$$\overrightarrow{M}_O = F\left(\frac{1}{2}d\right)\circlearrowleft + F\left(\frac{1}{2}d\right)\circlearrowleft = Fd \circlearrowleft$$

Note

★1. couple：A couple is defined as two parallel forces that have the same magnitude but opposite direction, and are separated by a perpendicular distance d.

★2. couple moment：The moment produced by a couple is called a couple moment.

由上述結果可以得知，一組力偶對於桿件上任何一點所產生的力偶矩都相同。又如果有任何一點 C 位於距離 B 點 x 處的沿線上，如圖 4-9 所示，則力偶 $\vec{F}$ 對 C 點所產生的力偶矩為

$$\overrightarrow{M}_C = F(d+x)\circlearrowleft + Fx\circlearrowright = Fd\circlearrowleft + Fx\circlearrowleft + Fx\circlearrowright = Fd\circlearrowleft$$

由此結果得知，**不在桿件上的任何一點 C，只要是和力偶位在同一平面上，所產生的力偶矩還是不變，或說「力偶平面上的一組力偶對於平面上任何點所造成的力偶矩皆相同」**。

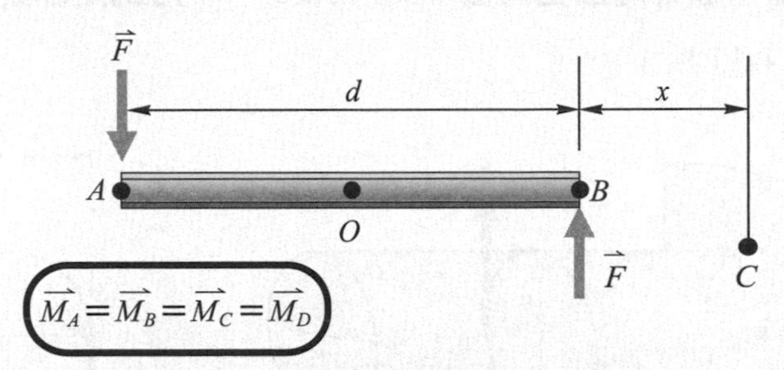

圖 4-9　力偶 $\vec{F}$ 對 C 點產生力偶矩

力偶矩對物體產生的外效應是會讓物體產生扭轉或旋轉，如果扭轉或旋轉的效應受到限制，比如說物體是一端被固定起來的剛體，當受到一個力偶矩作用時，就會在物體的某處產生大小相等、方向相反的反力偶矩來阻止扭轉或旋轉的效應發生。★1

當一個長度為 L，直徑為 d 的懸臂樑受到大小為 F 的力偶作用時，如圖 4-10 所示，則力偶矩 $\overrightarrow{M}_O$ 和反力偶矩 $\overrightarrow{M}_A$ 可依定義求得，亦即

$$\overrightarrow{M}_O = Fd\circlearrowleft$$

$$\overrightarrow{M}_A = -\overrightarrow{M}_O = Fd\circlearrowright$$

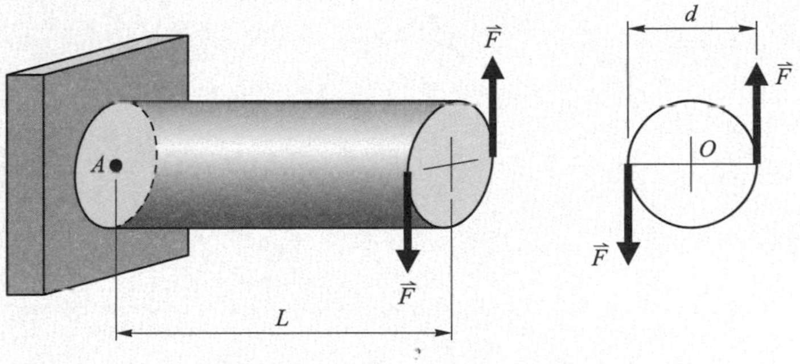

圖 4-10　懸臂樑受力偶作用產生力偶矩與反力偶矩

Note

★1. The external effect of the couple moment on the object is to cause the object to twist or rotate. If the effect of torsion or rotation is limited, for example, the object is a rigid body with one end fixed. An opposing moment of equal magnitude and opposite direction is generated somewhere to prevent the effect of torsion or rotation.

由前圖可知，力偶矩在 O 點和在 A 點都存在，且大小相等、方向相反，一個是力偶矩，另一個就是反力偶矩，兩者都是向量。如果力偶 $\vec{F}$ 是作用在如圖 4-11 的懸臂樑中央，也就是 $0.5L$ 處，它的大小和方向並沒有產生變動，A 點或其它任一點產生的反力偶矩也相同，**也就是說力偶 $\vec{F}$ 可以在同一作用線上都產生相同的力偶矩 $\vec{M}$ 和反力偶矩 $\vec{M}_R$，並非只產生在一個固定點上，這種不必有固定施力點，而可以在同一作用線上任何一點作用都具有相同結果的向量，被稱為自由向量 free vector★1，力偶矩即是自由向量的一種(其實是唯一的一種)**，如圖 4-11 所示。

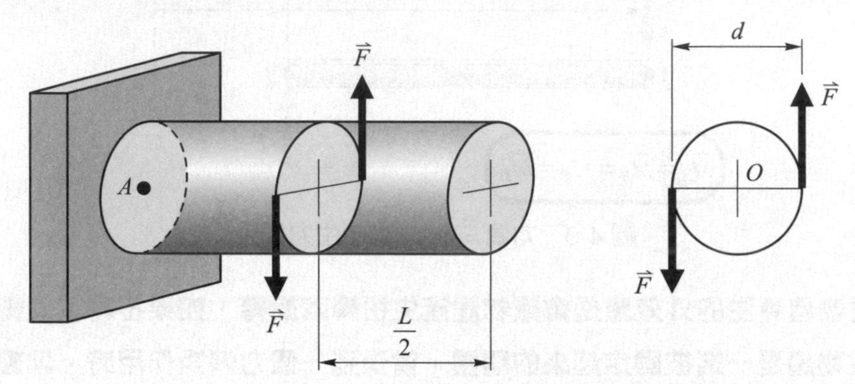

圖 4-11　懸臂樑受力偶作用產生力偶矩與反力偶矩

Note

★1. free vector：The kind of vector which can produce the same couple moment and reaction couple moment on the same line of action, not just at a fixed point, is called free vector. The couple moment is a kind of free vector, and actually it is the only one as we know in this time.

例 4-9

懸臂樑在端點處受到$\overrightarrow{F}=10\overrightarrow{i}-5\overrightarrow{j}+8\overrightarrow{k}$的力和大小為 5N 力偶作用如圖示，試求固定面的中心 A 點及 O 點所受到的反力矩。

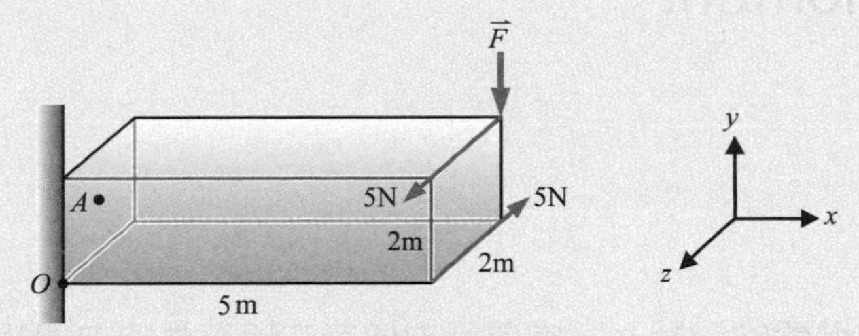

解析

(1) 對 A 點來說，$\overrightarrow{r}=5\overrightarrow{i}+\overrightarrow{j}-\overrightarrow{k}$，作用力產生之力矩

$$\overrightarrow{M}_{A1}=\overrightarrow{r}\times\overrightarrow{F}=\begin{vmatrix}\overrightarrow{i} & \overrightarrow{j} & \overrightarrow{k}\\ 5 & 1 & -1\\ 10 & -5 & 8\end{vmatrix}=8\overrightarrow{i}-10\overrightarrow{j}-25\overrightarrow{k}-10\overrightarrow{k}-40\overrightarrow{j}-5\overrightarrow{i}$$

$$=3\overrightarrow{i}-50\overrightarrow{j}-35\overrightarrow{k}$$

力偶產生的力偶矩為$\overrightarrow{M}_{A2}=2\times5\overrightarrow{i}=10\overrightarrow{i}$

則　$\overrightarrow{M}_{A}=\overrightarrow{M}_{A1}+\overrightarrow{M}_{A2}=13\overrightarrow{i}-50\overrightarrow{j}-35\overrightarrow{k}$

(2) 對 O 點來說，$\overrightarrow{r}=5\overrightarrow{i}+2\overrightarrow{j}-2\overrightarrow{k}$

$$\overrightarrow{M}_{O1}=\begin{vmatrix}\overrightarrow{i} & \overrightarrow{j} & \overrightarrow{k}\\ 5 & 2 & -2\\ 10 & -5 & 8\end{vmatrix}=16\overrightarrow{i}-20\overrightarrow{j}-25\overrightarrow{k}-20\overrightarrow{k}-40\overrightarrow{j}-10\overrightarrow{i}$$

$$=6\overrightarrow{i}-60\overrightarrow{j}-45\overrightarrow{k}$$

力偶產生的力偶矩為$\overrightarrow{M}_{O2}=10\overrightarrow{i}$

則　$\overrightarrow{M}_{O}=\overrightarrow{M}_{O1}+\overrightarrow{M}_{O2}=16\overrightarrow{i}-60\overrightarrow{j}-45\overrightarrow{k}$

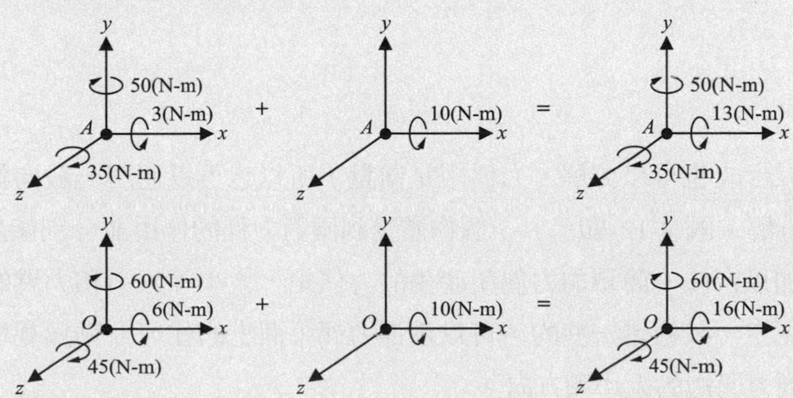

4-4 力偶矩的合成與分解 Composition and Decomposition of a Couple Moment

生活實例

在很多機械裝置的設計上，常運用力偶或它所產生的力偶矩來增加作功的效益，這樣可以用相對較小的作用力來達到預設的功能與目的。在實際應用中，有時必須在不同位置上個別施加力偶，讓它產生合成效益；有時則相反，以一個力偶帶動數個連接機構產生分解效能。

飛機翻滾是兩邊機翼受到力偶產生力偶矩所造成，腳踏車把手兩邊施加一個力偶可讓其轉向，物體受到多個力偶作用產生的力偶矩可以加以合成或分解。本章中，我們要學習將力偶矩合成與分解的方法，同時學習如何將其化簡為等效力系。

向量可以合成也可以分解，力偶矩是向量，所以也可以運用一般向量運算所用的方式進行合成與分解。圖 4-12 顯示，一個物體受到兩對力偶的作用並分別產生力偶矩，可以利用向量方法加以合成。簡單的力偶所產生的力偶矩，大小等於力和力臂的乘積，方向可以從圖中直接認定，較複雜一些的，可以選擇力偶平面上的任何一點爲基準點，再以向量乘積的運算得到力偶矩的大小和方向。

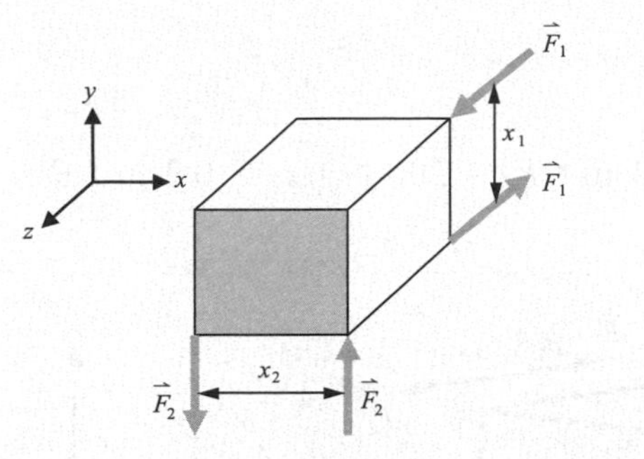

圖 4-12　力偶矩之合成

因為力偶平面上的一對力偶對平面上任何一點所產生的力偶矩都相同，圖 4-12 中$\vec{F}_1$和$\vec{F}_2$兩對力偶對物體上任何一點所產生的力偶矩，可以用直覺觀察法分別得到：

$$\vec{M}_1 = F_1 x_1 \vec{i}$$

$$\vec{M}_2 = F_2 x_2 \vec{k}$$

將兩個力偶矩合成後得到

$$\vec{M} = \vec{M}_1 + \vec{M}_2 = F_1 x_1 \vec{i} + F_2 x_2 \vec{k}$$

TIPS

將力偶矩以向量型式表示，其合成結果就是向量相加結果。

Normally, the moment of the couple is expressed in vector form, and the composite result of two or more couples is the result of their vector addition.

例 4-10

圖 4-12 中，若 $F_1 = 100$ N，$x_1 = 0.1$m，$F_2 = 200$ N，$x_2 = 0.2$ m，求合成力偶矩之大小和方向。

解析

由定義及直接觀測可求得力偶矩的大小和方向為

$$\vec{M}_1 = (100\text{N})(0.1\text{m})\vec{i} = 10\vec{i} \text{ (N-m)}$$

$$\vec{M}_2 = (200\text{N})(0.2\text{m})\vec{k} = 40\vec{k} \text{ (N-m)}$$

$$\vec{M} = \vec{M}_1 + \vec{M}_2 = 10\vec{i} + 40\vec{k} \text{ (N-m)}$$

夾角 $\theta = \tan^{-1}\dfrac{M_1}{M_2} = \tan^{-1}\dfrac{1}{4} = 14°$

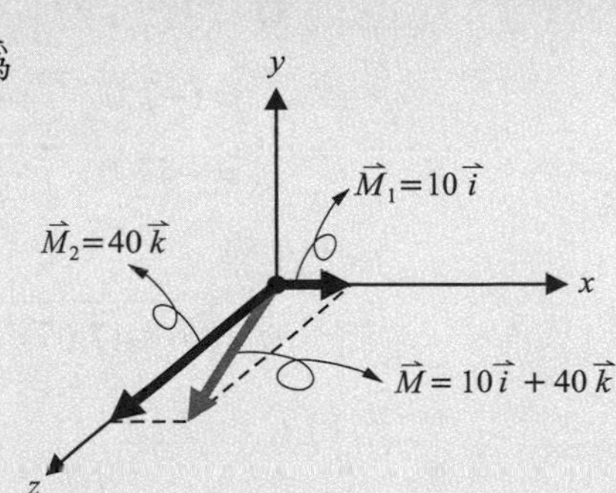

合成的力偶矩也可以寫成 $\overline{M} = M\,\overline{e_m}$

$$M = \sqrt{M_1^2 + M_2^2} = \sqrt{10^2 + 40^2} = 10\sqrt{17} = 41.23\text{(N-m)}$$

$$\vec{e}_m = \frac{\vec{M}}{M} = \frac{10}{10\sqrt{17}}\vec{i} + \frac{40}{10\sqrt{17}}\vec{k} = \frac{1}{\sqrt{17}}(\vec{i} + 4\vec{k}) = 0.243\vec{i} + 0.970\vec{k}$$

例 4-11

下圖中 $F_1 = 100$ N，$x_1 = 0.1$ m，$F_2 = 200$ N，$x_2 = 0.2$ m，$\theta = 45°$，試求合成力偶矩之大小和方向。

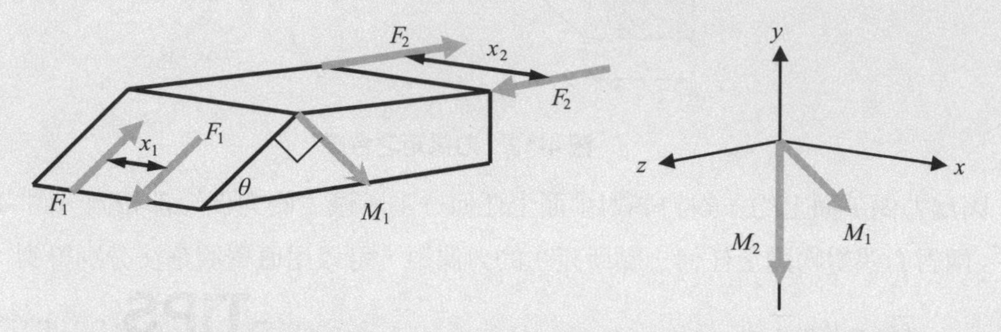

解析

設力偶 $\vec{F}_1$ 和 $\vec{F}_2$ 所產生的力偶矩大小分別為 M_1 和 M_2，則

$$M_1 = 100 \text{ N} \times 0.1 \text{ m} = 10 \text{ N-m}$$

$$M_2 = 200 \text{ N} \times 0.2 \text{ m} = 40 \text{ N-m}$$

如果以以直覺法觀察方向，

則力偶矩的向量 $\vec{M}_1$ 和 $\vec{M}_2$ 分別可以表示為

$$\vec{M}_1 = 10\cos 45°(-\vec{j}) + 10\sin 45°(-\vec{k})$$
$$= -7.07\vec{j} - 7.07\vec{k}$$

$$\vec{M}_2 = 40(-\vec{j})$$

所以合成力偶矩為

$$\vec{M} = \vec{M}_1 + \vec{M}_2$$
$$= (-7.07\vec{j}) + (-7.07\vec{k}) + (-40\vec{j})$$
$$= -47.07\vec{j} - 7.07\vec{k}$$

其大小為

$$M = \sqrt{(-47.07)^2 + (-7.07)^2} = 47.6 \text{ (N-m)}$$

夾角 α 求法為

$$\tan\alpha = \frac{7.07}{47.07} = 0.15$$

$$\alpha = \tan^{-1}(0.15) = 8.5°$$

TIPS

不管是以向量法或以純量法合成力偶矩，其結果都會相同。

Whether the couple moments are synthesized by the vector method or the scalar method, the result will be the same.

另法：

因爲 M_1 和 M_2 的大小爲已知，且兩者的夾角也是已知，

因此可以用餘弦定律來求得合成力偶矩，即

$$M^2 = M_1^2 + M_2^2 - 2M_1M_2\cos\phi \text{(餘弦定律)}$$

$M_1 = 10$；$M_2 = 40$；$\phi = 135°$

分別代入餘弦定律公式得

$$M^2 = (10)^2 + (40)^2 - 2\,(10)\,(40)\cos 135°$$
$$= 1700 + 800(0.707)$$
$$= 2265.6$$

則力偶矩大小爲

$$M = \sqrt{2265.6} = 47.6 \text{ (N-m)}$$

力偶矩的方向如圖示，

也可以利用正弦定律求得它和 y 軸之間的夾角。

$$\frac{M}{\sin 135°} = \frac{M_1}{\sin\alpha}$$

則 $\sin\alpha = \dfrac{M_1}{M} \times \sin 135° = \dfrac{10}{47.6}(0.707) = 0.149$，

得 $\alpha = 8.5°$

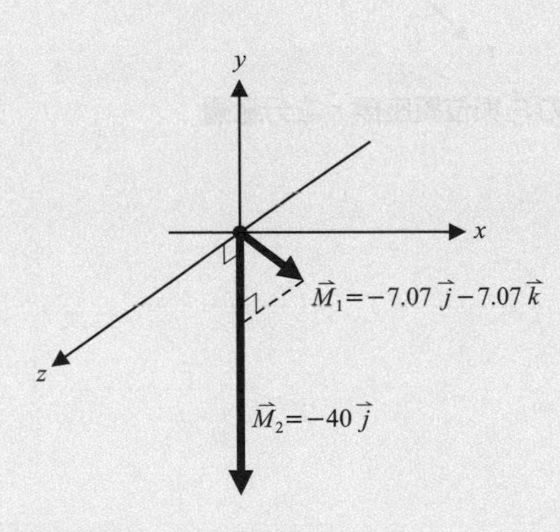

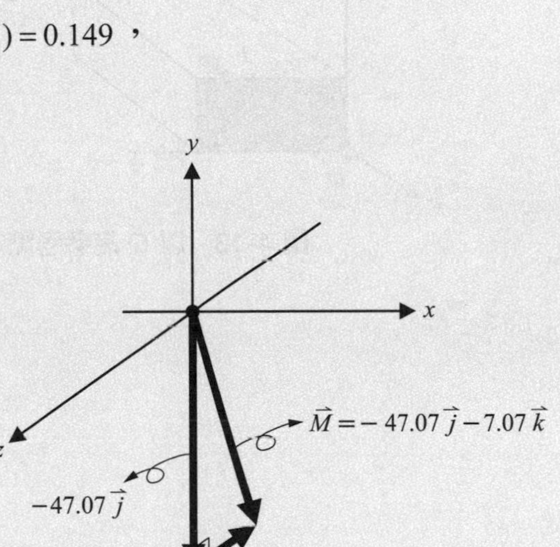

多個力偶矩可以合成一個力偶矩，在必要時，一個力偶矩也可以分解成多個力偶矩，分解的方法是將位置向量 $\vec{r}$ 以及作用力偶 $\vec{F}$ 分解爲直角坐標分量，再依前述的向量乘積定義分別求得力偶矩，亦即在選定一座標原點以後，列出

$$\vec{r}=r_x\vec{i}+r_y\vec{j}+r_z\vec{k}$$

$$\vec{F}=F_x\vec{i}+F_y\vec{j}+F_z\vec{k}$$

依定義，力偶平面上任一點 O 的力偶矩 $\vec{M}_O$ 爲

$$\vec{M}_O=\vec{r}\times\vec{F}=M_{Ox}\vec{i}+M_{Oy}\vec{j}+M_{Oz}\vec{k}$$

此時已將力偶矩分解成直角坐標各軸上的分量了。圖 4-13 爲一個物體受到力偶 $\vec{F}$ 作用時產生的力偶矩，如果以 O 點爲參考點，可以將施力 $\vec{F}$ 和位置向量 $\vec{r}$ 分解到各座標軸上，再依定義求出各軸向的力偶矩。

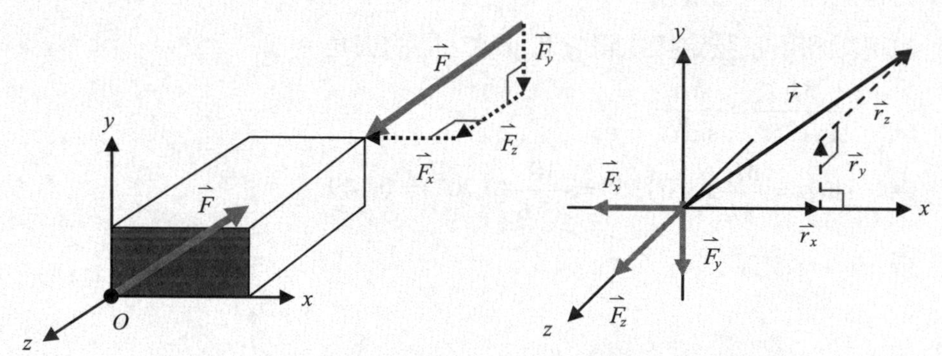

圖 4-13　以 O 為參考點之施力 $\vec{F}$ 與位置座標 $\vec{r}$ 之分量圖

例 4-12

當 θ 等於 60°時，試將圖中大小爲 100 N 力偶所產生之力偶矩分解於直角坐標系上。

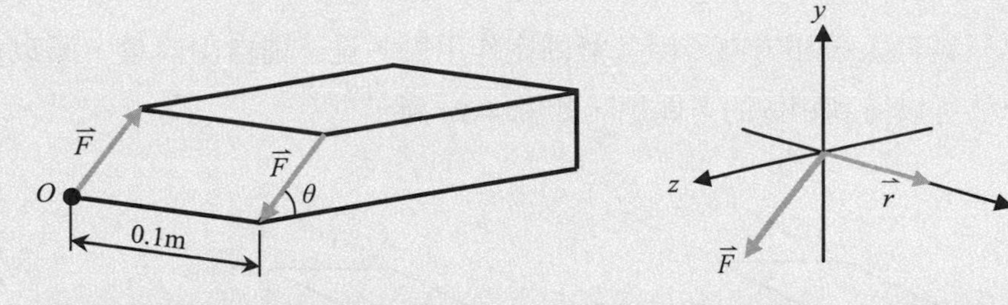

解析

以 O 點爲基準，$\vec{r}=0.1\vec{i}$

$$\vec{F}=-100\sin 60^\circ\,\vec{j}+100\cos 60^\circ\,\vec{k}=-50\sqrt{3}\,\vec{j}+50\,\vec{k}$$

$$\begin{aligned}\vec{M}_O&=\vec{r}\times\vec{F}=0.1\vec{i}\times(-50\sqrt{3}\,\vec{j}+50\,\vec{k})\\&=-5\sqrt{3}(\vec{i}\times\vec{j})+5(\vec{i}\times\vec{k})\\&=-5\sqrt{3}\,\vec{k}+5(-\vec{j})\\&=-5\,\vec{j}-5\sqrt{3}\,\vec{k}\end{aligned}$$

$$\vec{M}_O=\vec{M}_{Ox}+\vec{M}_{Oy}+\vec{M}_{Oz}=-5\,\vec{j}-5\sqrt{3}\,\vec{k}$$

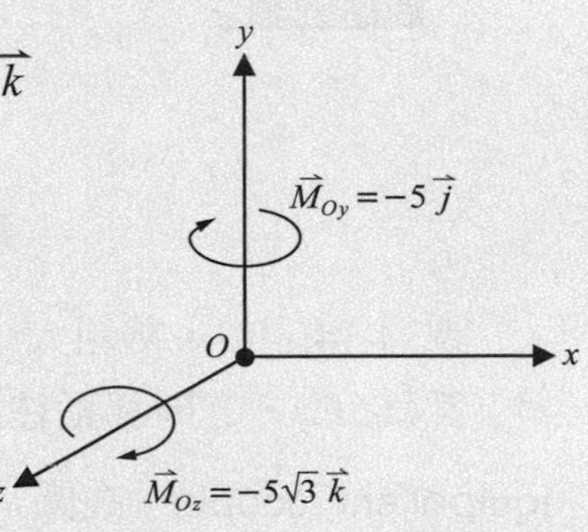

則分解得 $\vec{M}_{Ox}=0$；$\vec{M}_{Oy}=-5\,\vec{j}$；$\vec{M}_{Oz}=-5\sqrt{3}\,\vec{k}$

4-5 力偶之轉換與平衡條件 Equipollent Couple

力偶矩只具有大小和方向，但並無固定作用點，是一種自由向量，所以可以有無限多種力偶組合都可以得到相同的力偶矩，如圖 4-14 所示。

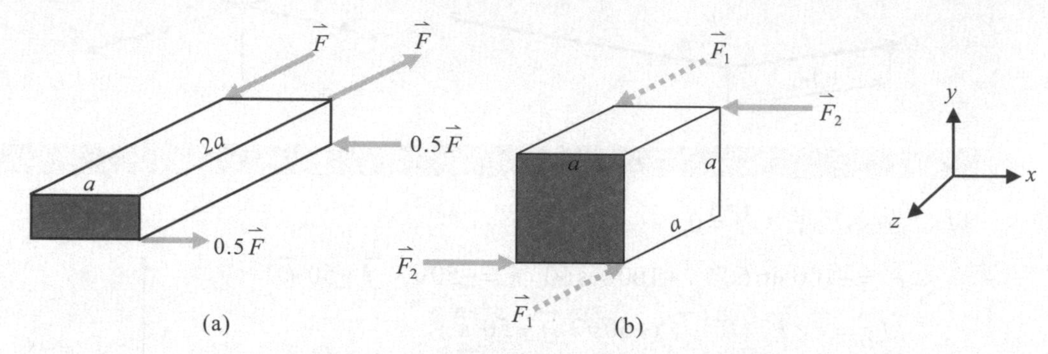

圖 4-14　可以產生相同力偶矩之不同力偶

圖 4-14(a)中，兩組大小和方向都不同的力偶作用在同一個物體所產生的力偶矩相同，大小都爲 Fa，方向都指往正 $\vec{j}$ 的方向，這表示該兩組力偶可以互相轉換，稱爲**等效力偶** equipollent couple。在圖 4-14(b)中，另外兩組大小和方向都不同的力偶作用在同一個物體上，所產生的力偶矩大小相同，都等於 $\sqrt{2}Fa$，但方向卻不同，其中對力偶 $\vec{F}_1$ 指往正 $\vec{i}$ 和正 $\vec{j}$ 方向，另一對力偶 $\vec{F}_2$ 則指往正 $\vec{j}$ 和正 $\vec{k}$ 的方向，因此該兩組力偶不可以互相轉換，並非等效力偶。

TIPS

當一個物體達成平衡狀態時，必需滿足 $\Sigma\vec{F}=0$ 和 $\Sigma\vec{M}=0$ 兩個條件。

When an object reaches a state of equilibrium, two conditions, $\Sigma\vec{F}=0$ and $\Sigma\vec{M}=0$ must be met.

當一個物體受到力偶作用時，作用力的合力雖然爲零，但會產生轉動加速度讓物體產生旋轉或旋轉的傾向，所以說，**當一個物體要達到平衡狀態，除了作用在物體上的合力為零以外，還必需加上力偶矩總和為零的條件，也就是說必需同時滿足 $\Sigma\vec{F}=0$ 以及 $\Sigma\vec{M}=0$ 兩個條件才行**。當平衡狀態的物體受到一對力偶作用，要讓這個物體維持原來的狀態，需要施加一個大小相等但轉動方向相反的反力偶矩 $\vec{M}_R$ 來抵銷力偶所產生的力偶矩 $\vec{M}$，如果僅是對物體施加另一個力，必然是無法達到目的，因爲力偶本身的合力爲零，外加了另一個力以後反而讓合力變成不爲零，使物體除了原有的轉動傾向以外，更增加了移動傾向，確實無法達到平衡狀態。

例 4-13

圖中兩組力偶 $\overrightarrow{F}_1$ 和 $\overrightarrow{F}_2$ 大小均爲 100 N，試求各組力偶所產生之力偶矩的大小和方向，並確認該兩組力偶是否爲等效力偶？

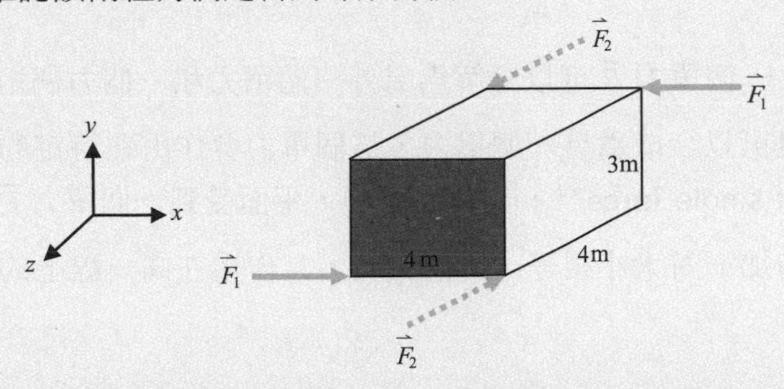

解析

第一組力偶作用在 x 軸方向，但它的位置向量在 y 軸和 z 軸方向，如果以 O 點爲參考點，則力偶矩可以表示爲

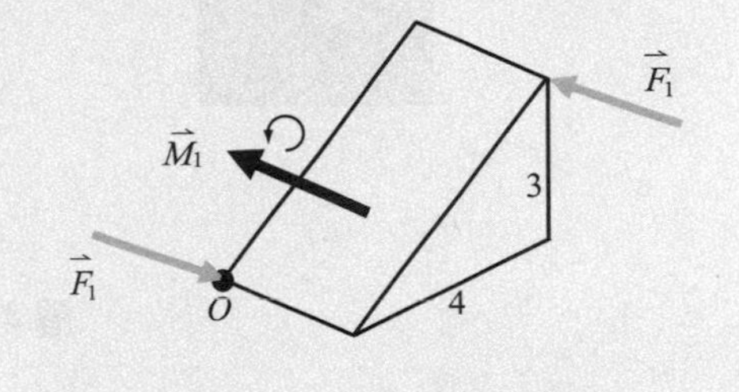

$$\overrightarrow{M}_1=\overrightarrow{r}_1\times\overrightarrow{F}_1=(3\overrightarrow{j}-4\overrightarrow{k})\times(-100\overrightarrow{i})$$
$$=-300(\overrightarrow{j}\times\overrightarrow{i})+400(\overrightarrow{k}\times\overrightarrow{i})$$
$$=-300(-\overrightarrow{k})+400\overrightarrow{j}=400\overrightarrow{j}+300\overrightarrow{k}$$

力偶矩大小 $M_1=\sqrt{400^2+300^2}=500\,(\text{N-m})$

方向向量 $\overrightarrow{e}_1=\dfrac{\overrightarrow{M}_1}{M_1}=\dfrac{4}{5}\overrightarrow{j}+\dfrac{3}{5}\overrightarrow{k}$

第二組力偶作用在 z 軸方向，但它的位置向量在 x 軸和 y 軸方向，若以 O 點爲參考點，力偶矩可以表示爲

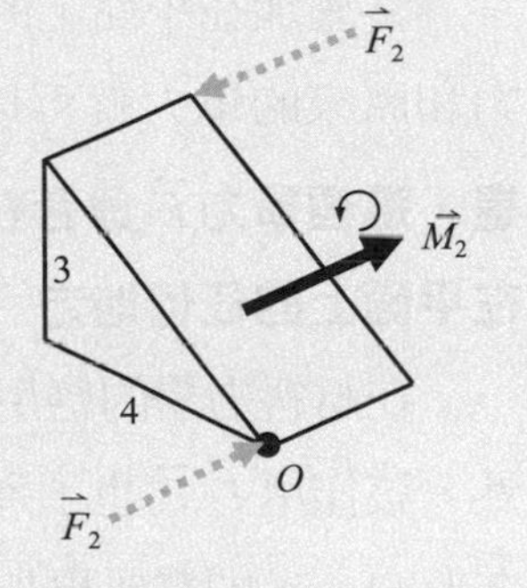

$$\overrightarrow{M}_2=\overrightarrow{r}_2\times\overrightarrow{F}_2=(-4\overrightarrow{i}+3\overrightarrow{j})\times100\overrightarrow{k}$$
$$=-400(\overrightarrow{i}\times\overrightarrow{k})+300(\overrightarrow{j}\times\overrightarrow{k})$$
$$=-400(-\overrightarrow{j})+300\overrightarrow{i}=300\overrightarrow{i}+400\overrightarrow{j}$$

直接比較 $\overrightarrow{M}_1$ 和 $\overrightarrow{M}_2$，可知二者並不相等，因此不是等效力偶。也可以求出力偶矩 $\overrightarrow{M}_2$ 大小和方向，再和前面求到的 $\overrightarrow{M}_1$ 大小和方向相比較來判別是否等效。

$$M_2=\sqrt{300^2+400^2}=500\,(\text{N-m})$$

方向向量 $\overrightarrow{e}_2=\dfrac{\overrightarrow{M}_2}{M_2}=\dfrac{3}{5}\overrightarrow{i}+\dfrac{4}{5}\overrightarrow{j}$

比較力偶矩 $\overrightarrow{M}_1$ 和 $\overrightarrow{M}_2$ 兩者的大小和方向可知，兩者大小相等但方向不同，因此兩組力偶 $\overrightarrow{F}_1$ 和 $\overrightarrow{F}_2$ 並不是等效力偶。

4-6 平面上單力與力偶矩之變換 Simplification of a Force and Couple System

在平面上，一個單力$\vec{F}$可以分解爲另外一個單力和一個力偶矩，相反的，一個單力和一個力偶矩也可以合成爲另一個單力，這個單力會作用在特定的作用線上，稱爲**等效單力** equipollent single force★1。圖 4-15(a)中，平面受到一個單力$\vec{F}$作用，如果在平面上任何一個位置施加一對大小相等、方向相反，且作用在同一線上的力，都不會改變物體的原來狀態。

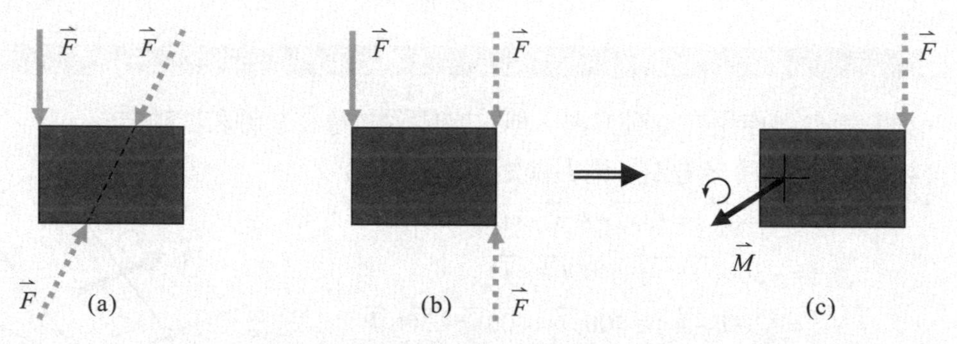

圖 4-15 平面上單力與力偶矩之變換

當施加在平面上的這一對力平行且相等於原有的單力$\vec{F}$時，如圖 4-15(b)所示，這一對力和原來的單力就可以轉化成另一個單力$\vec{F}$和力偶矩$\vec{M}$的組合，如圖 4-15(c)。**須注意的是，這個單力$\vec{F}$會存在當時所施加於平面的那個點上，而力偶矩$\vec{M}$則是自由向量，可以存在平面上的任何地方**。

在材料力學的應用中，當力$\vec{F}$作用在一桿件上做拉伸試驗時，除了此桿件材質要均一以外，該作用力$\vec{F}$也須通過橫切面的形心，則應力公式$\sigma = F / A$才能成立，如果$\vec{F}$沒有作用在形心上，則需要再加上一個力偶矩$\vec{M}$才算正確，如圖 4-16 所示。

Note

★1. equipollent single force：A force $\vec{F}$ and a couple moment $\vec{M}$ can be synthesized into another single force $\vec{F}$, which will act on a specific line of action, called an equivalent single force

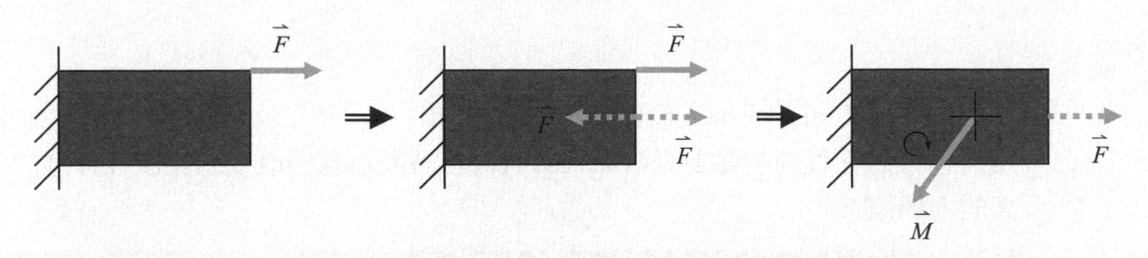

圖 4-16　材料拉伸試驗力未通過形心時會產生力偶矩

當平面物體同時受到一個單力 $\vec{F}$ 和一個力矩或力偶矩 $\vec{M}$ 作用時，兩者可以合成一個單力 $\vec{F}$，稱為等效單力 equipollent single force。如圖 4-17(a)中，平面同時受到一個單力 $\vec{F}$ 和一個力偶矩 $\vec{M}$ 作用，若把力偶矩 $\vec{M}$ 轉化成一個大小為 F 且平行於 $\vec{F}$ 的力偶，且其中一個轉化單力與原來的單力 $\vec{F}$ 具有相反的方向如圖 4-17(b)所示，力偶另外一個轉化單力的位置在距離第一個轉化單力 r 處，故 $\vec{M}$ 與 $\vec{F}$ 的大小關係為 $M = Fr$，轉化單力的大小為 $F = \dfrac{M}{r}$。原有單力與作用在同一作用線上的轉化單力因大小相等且方向相反，可以相互抵消，結果僅剩下作用線距 B 點 r 處的另一個轉化單力，方向與原作用力 $\vec{F}$ 相同，如圖 4-17(c)所示，此剩餘的轉化單力 $\vec{F}$ 對平面的效應，與原來受到單力 $\vec{F}$ 和力矩 $\vec{M}$ 同時作用所得到的結果相同，故被稱為等效單力。

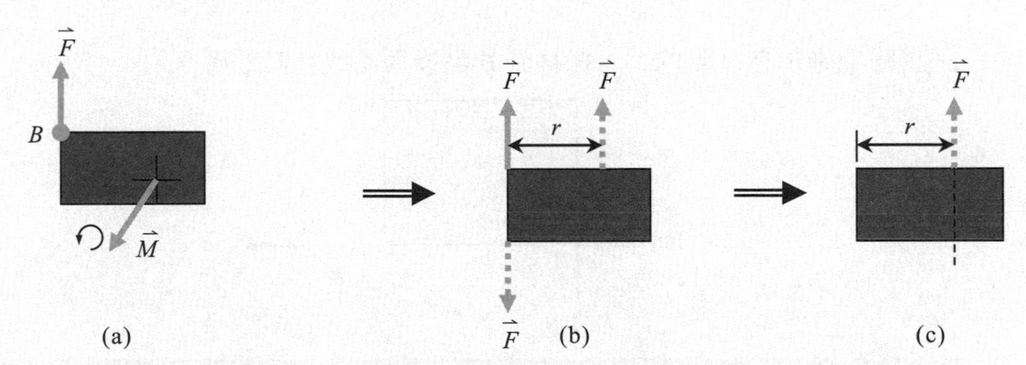

圖 4-17　同時受到一個單力和一個力偶矩作用可以合成一個等效單力

例 4-14

一個長度爲 1 m 的平面元件受到 100 N 力的作用，爲了安全起見，希望能將作用力移轉到元件的中點並維持原來的狀況，請問這樣的改變須在該元件施加多大的力偶矩？

解析

以圖解法表示如下

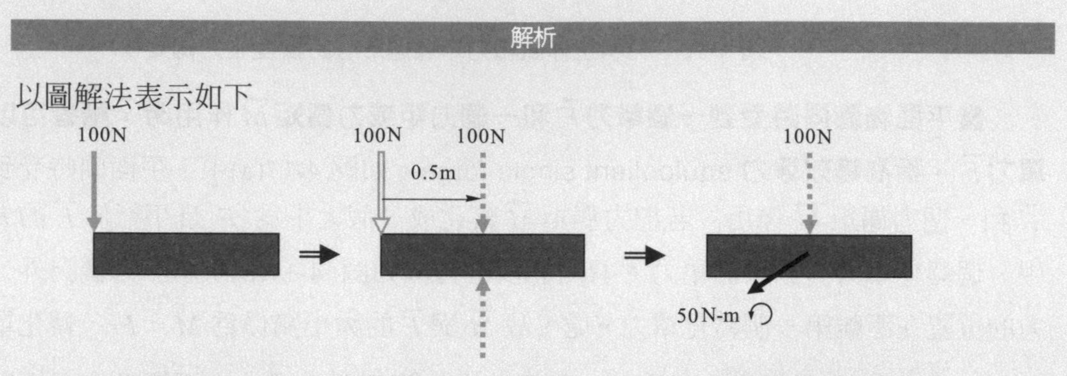

從圖中可以得知該平面元件於中點位置承受與原單力大小相同的作用力，但須在該元件施加 50 N-m 大小的逆時針力偶矩，如此才不會改變元件之原有狀態。

例 4-15

試將圖中施加在 A 點的力，搬移到 B 點後而不改變其效應。

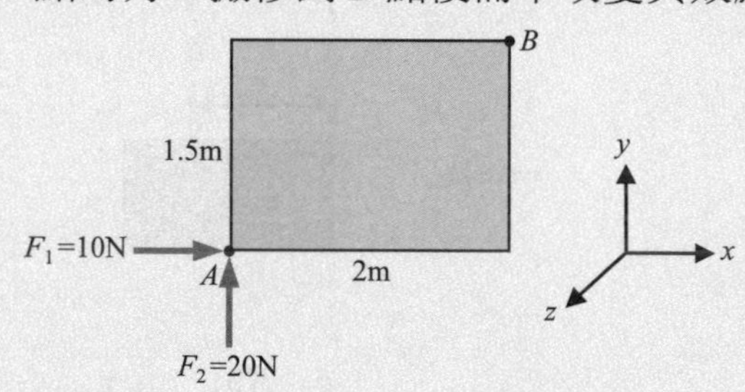

解析

將 $\vec{F}_1$ 由 A 點移到 B 點，會產生一個力矩 $\vec{M}_1$，

將 $\vec{F}_2$ 由 A 點移到 B 點，會產生一個力矩 $\vec{M}_2$，亦即

$\vec{F}_1 = 10\vec{i}$ 由 A 點移到 B 點，會產生 $\vec{M}_1 = 1.5\vec{j} \times 10\vec{i} = -15\vec{k}$

$\vec{F}_2 = 20\vec{j}$ 由 A 點移到 B 點，會產生 $\vec{M}_2 = 2\vec{i} \times 20\vec{j} = 40\vec{k}$

總增加力矩爲 $\vec{M} = \vec{M}_1 + \vec{M}_2 = -15\vec{k} + 40\vec{k} = 25\vec{k}$，

因此將 $\vec{F}_1$、$\vec{F}_2$ 搬至 B 點時，需外加一反向力矩 $\vec{M}_R = -25\vec{k}$ 作爲抵銷，

才不致改變其原有效應。

4-7 等效力系 Equipollent Force System

生活實例

任何一個物體或結構物，在空間中所受到的作用力是多元而非唯一，包含地心引力、大氣壓力、風力、地面或水面給予的反作用力等。在分析這些物體的受力反應或平衡時，必需將所有作用力合成考量，才不會造成誤差，而在力學計算時，也常常會把諸多作用力加以合成來使問題單純化。

帆船會同時受到浮力、阻力和推力等多個力的作用，建築結構也會同時受到重力、壓力和拉力等多個力的作用，這些力可以合成為合力和合力矩，然後再將其化為單純的等效單力。

生活實例

Any object like an airplane receives multiple but not unique forces in space, including gravitational force, atmospheric pressure, wind force, drag force etc. When analyzing the force response or balance of these objects, it is necessary to combine all the forces into consideration so as not to cause errors. And also sometimes, many forces are combined to simplify the problem.

Sailing boats will be affected by multiple forces such as buoyancy, resistance and thrust at the same time, and structure like a bridge will also be affected by multiple forces such as gravity, pressure and tension at the same time. These forces can be synthesized into a resultant force and moment, and then converted into a simple equivalent single force.

當幾個力同時作用在物體的同一個點上，或這幾個力的延伸線交會在同一個點上時，這幾個力被稱爲是**共點力系** concurrent force system★1，如果這幾個力並非作用在同一個點上，或力的延伸線沒有交會在同一個點上，則稱爲**非共點力系** nonconcurrent force system。共點力系的合成與簡化方式極爲簡單，只要利用前面各章節中我們所提到的向量加法和減法，就可以來進行。假如諸多作用力並不是作用在物體的同一個點上，也就是非共點力系時，合成與簡化方式就會變得較爲複雜。力系經過合成以後，它對物體的作用效果和沒有合成前是一樣的，也就是說兩者等效，因此，合成以後的力系被稱爲是原有作用力系的**等效力系** equipollent force system★2。圖 4-18 中，共點力系的諸多作用力被簡化成一個單力，兩者等效，可互稱爲等效力系。

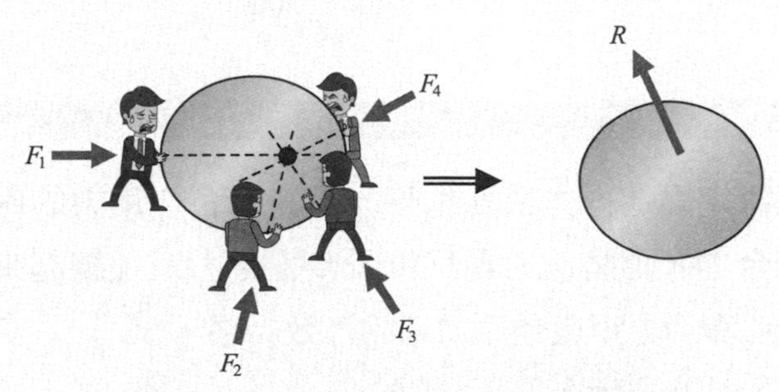

圖 4-18 共點力系簡化成等效單力

力系合成的目的，是要將眾多作用力合成為一個最簡單的等效力系。兩個或兩個以上不同的等效力系作用在同一個物體上時，會產生完全相同的外效應。等效力系可以有很多種型態，例如圖 4-19 中，**一個非共點力系可以簡化為一個單力和一個單力矩**。等效力系成立的條件是這些力系的合力必需相等，而且對物體上任何一點所產生的合力矩也必需都相等。

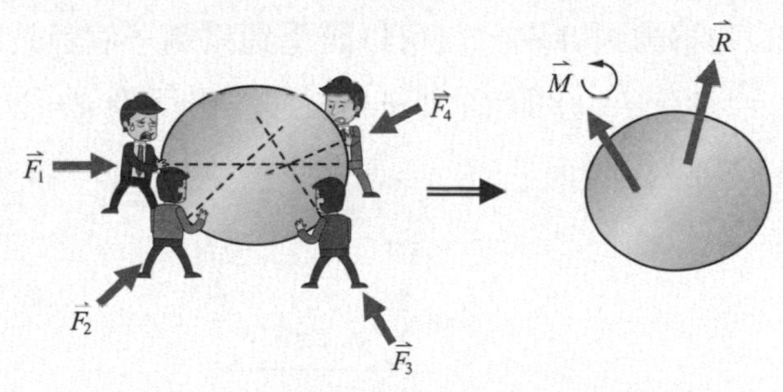

圖 4-19 力系可以簡化為一單力和單力矩

Note

★1. concurrent force system：When several forces act on the same point of an object at the same time, or the extension lines of these forces intersect at the same point, these forces are called a concurrent force system

★2. equipollent force system：After the force system is synthesized, its effect on the object is the same as before the synthesis, that is to say, the two are equivalent. Therefore, the force system after synthesis is called the equivalent force system of the original one.

例 4-16

若下圖所示之力系為等效力系，試求 $\overrightarrow{F}_1$、$\overrightarrow{M}_1$、$\overrightarrow{F}_2$ 及 d 之大小？

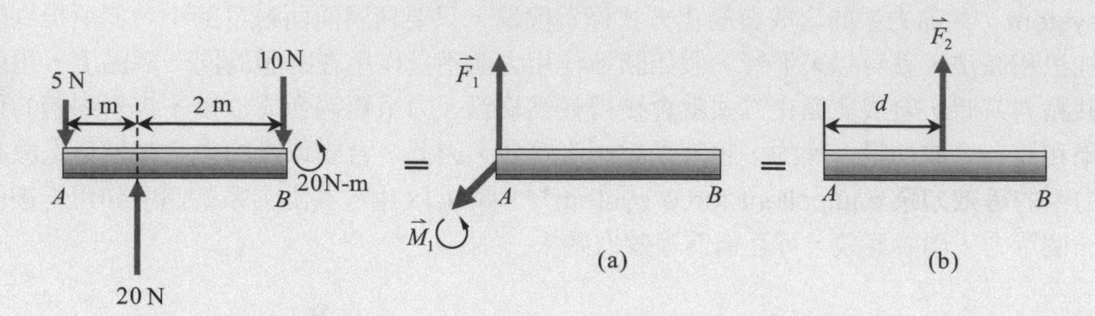

解析

(a) 對某個特定點進行力系簡化時，可先將各作用力的施力點移到該特定點然後計算合力，再將施力點移位所產生之力矩加總起來求合力矩，則該特定點的合力與合力矩就是原力系的等效力系。

$\Sigma\overrightarrow{F} = -5 - 10 + 20 = 5$

$\therefore F_1 = 5$ (N)(向上)

$\Sigma\overrightarrow{M}_1 = 10\times(1+2)$ ↻ + 20↺ + 20 × 1↺ = 10 (N-m)↺

(b) 將一個單力和一個力矩轉化成一個等效單力，力的大小與方向不會變，轉化的方法是把力矩 $\overrightarrow{M}_1$ 變換成大小與 $\overrightarrow{F}_1$ 相同的一對力偶，再把力偶中與方向相反的力移動到 A 點，就可以簡化到只剩一個等效單力了。

因為 $M_1 = F_1 \times d$，亦即 10 N-m = 5N × d，得到 $d = 2$ m，故 d 為 2 m，等效單力為 5 N 向上。

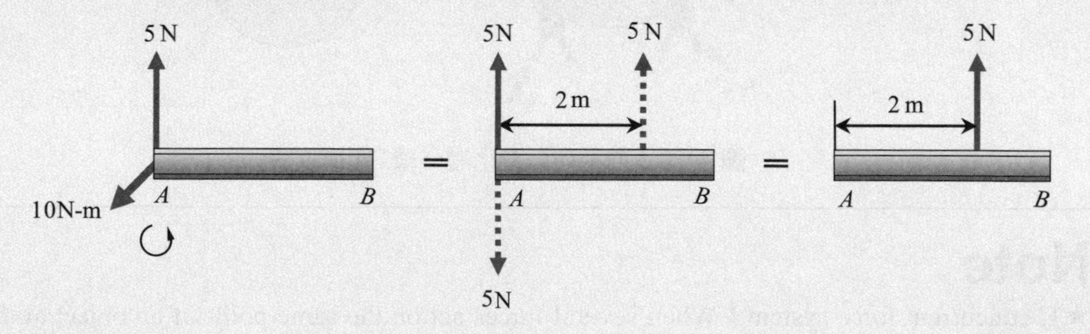

4-8 平面力系的合成 Composition of Coplaner Forces

平面力系 plane forces★1是指所有作用力或力矩都施作在同一個平面上的力系，如圖4-20 所示。因爲力是存在於同一平面，所以處理時可以把各個力分解成 x 軸和 y 軸的分量再進行合成。

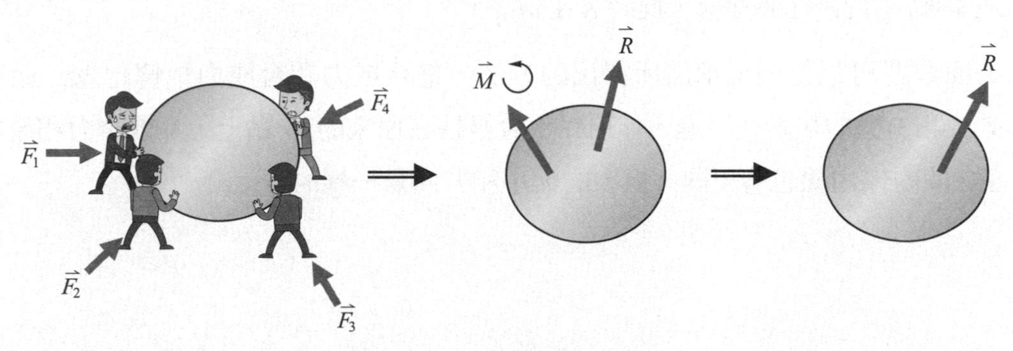

圖 4-20　平面力系的合成

其中 F_x 爲各個作用力在 $\vec{i}$ 方向的分量，F_y 則爲各個作用力在 $\vec{j}$ 方向的分量。至於平面上各個作用力對某一個基準點所產生的力矩的合成則比較簡單，因爲它們的方向都垂直於這些力所存在的平面，亦即是 $\vec{k}$ 的方向，合成時只要把這些力所產生的力矩和平面上原本就存在的力矩相加總起來就可以了，亦即

$$\vec{M}_O = (\Sigma d_i F_i + \Sigma C_i)\,\vec{k}$$

其中 d_i 爲 F_i 與基準點 O 之間的垂直距離，C_i 則是平面上原有的力矩。計算時必需注意的是，平面上的力矩有順時針與逆時針的差別，亦即有些力矩存在於 $\vec{k}$ 方向上，有些則是在 $-\vec{k}$ 的方向上。

TIPS

平面力系可以簡化成為一個單力和一個單力矩，更可以進一步簡化成為一個等效單力！

$\vec{F}_1 = \vec{F}_{1x} + \vec{F}_{1y} = F_{1x}\vec{i} + F_{1y}\vec{j}$

$\vec{F}_2 = \vec{F}_{2x} + \vec{F}_{2y} = F_{2x}\vec{i} + F_{2y}\vec{j}$

$\vec{F}_3 = \vec{F}_{3x} + \vec{F}_{3y} = F_{3x}\vec{i} + F_{3y}\vec{j}$

則可以得到合力 Resultant force

$\vec{R} = \vec{F}_1 + \vec{F}_2 + \vec{F}_3 + \cdots$，

$\vec{R} = (\Sigma F_x)\vec{i} + (\Sigma F_y)\vec{j}$

Note

★1. plane forces：Plane forces refer to the force system in which all forces or moments act on the same plane, as shown in Figure 4-20. Because the forces exist on the same plane, each force can be decomposed into x-axis and y-axis components during processing and then synthesized.

平面上力系之合成力 $\overrightarrow{R}$ 與合成力矩 $\overrightarrow{M}$ 可能有下列幾種不同情形，物體也會因爲所處情況不同而顯現出不同的狀態，分別討論如下：

(1) $\overrightarrow{R}=0$，且 $\overrightarrow{M}_O=0$ 爲平面之平衡力系，物體靜止。

(2) $\overrightarrow{R}=0$，但 $\overrightarrow{M}_O\neq 0$ 物體具有繞 O 點做加速轉動傾向。

(3) $\overrightarrow{R}\neq 0$，但 $\overrightarrow{M}_O=0$ 物體具有沿合成力方向作直線加速運動傾向

(4) $\overrightarrow{R}\neq 0$，且 $\overrightarrow{M}_O\neq 0$ 物體具有沿合成力方向作直線加速運動的傾向，同時也具有繞 O 點作加速轉動之合併運動傾向，此時 $\overrightarrow{R}\perp\overrightarrow{M}_O$。

第(4)種類型可以依前面章節所提出的方法，把合成力和合成力矩轉化爲一個等效單力，變成了第(3)種的類型，不過，作用點不會維持在原來的 O 點上，等效單力和原本的合成力兩者之間的作用線也會不同，但力的大小和方向是一樣的。

例 4-17

求下圖中物體所受到之合力與合力矩？

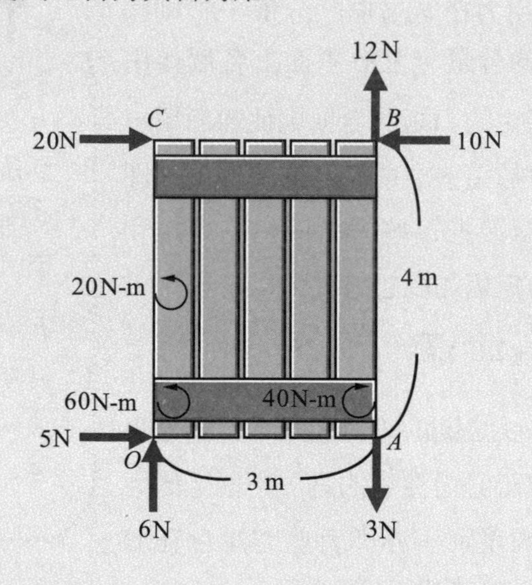

解析

選擇 O 點爲基準點，通過 O 點之力不會產生力矩

$$\vec{R}=\Sigma F_x\,\vec{i}+\Sigma F_y\,\vec{j}+\Sigma F_z\,\vec{k}$$

所以 $\vec{R}=(20-10+5)\,\vec{i}+(6-3+12)\,\vec{j}=15\,\vec{i}+15\,\vec{j}$ (N)

$$\vec{M}_O=(3\times3)\circlearrowright+(3\times12)\circlearrowleft+(4\times10)\circlearrowleft+(4\times20)\circlearrowright+(40\circlearrowright+20\circlearrowleft+60\circlearrowleft)$$

$$=9\circlearrowright+36\circlearrowleft+40\circlearrowleft+80\circlearrowright+40\circlearrowright+20\circlearrowleft+60\circlearrowleft=27\circlearrowleft=27\,\vec{k}\ \text{(N-m)}$$

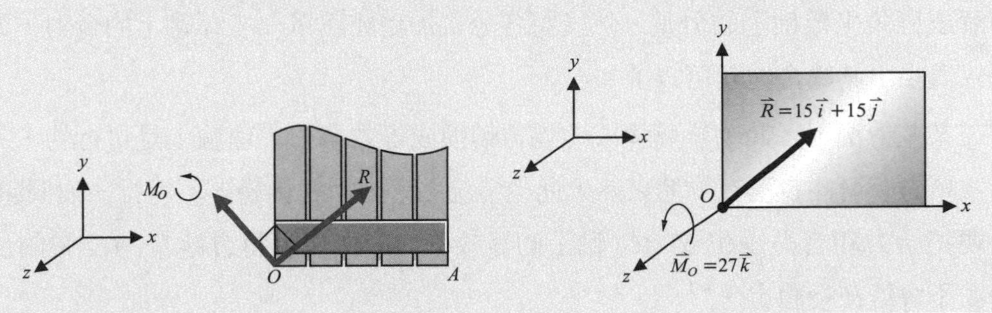

例 4-18

試將上例題中所得到之合力與合力矩簡化爲位於 OA 線上的等效單力。

解析

$$R=\sqrt{15^2+15^2}=15\sqrt{2}\text{ ，}\tan\theta=\frac{15}{15}=1\text{ ，}\theta=45^\circ$$

要將合力矩簡化爲位於 OA 線上的等效單力，必需先將它變換成一對力偶，因爲 OA 線位在 x 軸上，所以力偶的 x 軸分量 $R_x=R\cos\theta$ 不會產生力偶矩，y 軸上的分量 $R_y=R\sin\theta$ 才會，因此，力臂爲

$$d=\frac{M_O}{R\sin\theta}=\frac{27}{15\sqrt{2}\sin45^\circ}=\frac{27}{15}=1.8\text{m}$$

由於力偶的 x 軸與 OA 同線，故而分量 $R_x=R\cos\theta$ 不會產生力偶矩，因而可以簡化流程，直接將合力 R 平移到力臂 d 所在之處就可以，結果不會產生差錯。

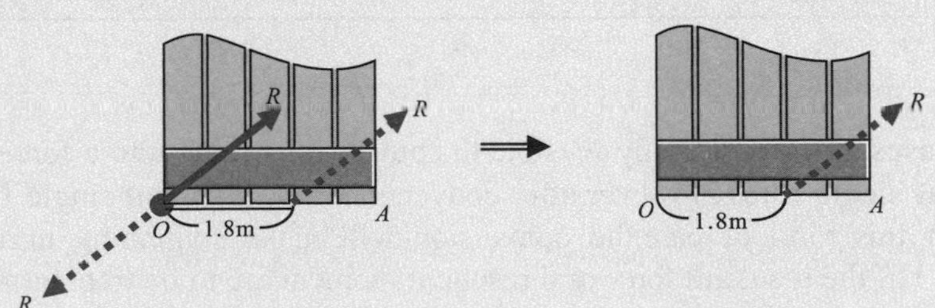

例題 4-17 中，除了可以把作用力的合力 R 移到 OA 軸之外，也可以把它移到其他軸線上，唯獨不可以和 R 同軸線，因同一軸線上的力偶無法產生力偶矩，力偶矩自然也無法轉化爲同一軸線上的力偶。

當平面力系上的各個作用力彼此間都互相平行，就稱其爲平行力系，其合成方法會變得更爲簡單。因爲平行力系上的各作用力所指的方向是一樣的，合成以後還是與原作用力方向相同，因此，只需把各作用力的大小相加即可得到合力。另一種作法是把各作用力分別分解成直角坐標軸上的分量，然後將各分量加總成爲單一座標軸上的合力，最後再以向量方式表現出其總合力就可以了。

在某些情況下，將力矩轉換成力偶再轉換成等效單力，理論上是可行的，不過轉換以後等效單力有可能會落在物體之外，此種情況之下轉換就會變得不可行。如例題 4-17 中，若是要把合力和合力矩化成 AC 軸上的等效單力，作用點將會落在 AC 軸的反方向那一頭，並不會落在物體上。★[1]

4-9 空間力系的合成 Composition of Forces in Three-Dimentional System

空間中力系的合成和平面中力系的合成方法是一樣的，可以用合力大小和方向來表示，也可以分別用 x 軸、y 軸和 z 軸方向的分力來表達。當空間中的作用力是平行力系時，合力的求法和平面力系相同，只要把各作用力大小直接加起來即可，方向維持不變，亦即合力和各座標軸之間的夾角保持和原作用力相同。當然，也可以把每個作用力先分解爲直角座標軸上的分力，然後再加總求每個軸向的合力。假如空間中 $\vec{F}_1$、$\vec{F}_2$、$\vec{F}_3$ 爲平行力系上的三個作用力，且各作用力與 x 軸、y 軸和 z 軸的夾角分別爲 α、β 和 γ，則依前面章節中所得到的結果，三個作用力可以分別表示爲

Note

★1. In some cases,it is theoretically feasible to convert the torque into a force couple and then into an equivalent single force.However,after conversion,the equivalent single force may fall outside the object,in this kind of case,the conversion will make something unreasonable.Such as in Example 4-21,if the resultant force and resultant moment are to be transformed into an equivalent single force on the AC axis,the point of action will fall on the opposite end of the AC axis,and will not fall on the object.

$$\overrightarrow{F}_1 = F_1\cos\alpha\,\overrightarrow{i} + F_1\cos\beta\,\overrightarrow{j} + F_1\cos\gamma\,\overrightarrow{k}$$

$$\overrightarrow{F}_2 = F_2\cos\alpha\,\overrightarrow{i} + F_2\cos\beta\,\overrightarrow{j} + F_2\cos\gamma\,\overrightarrow{k}$$

$$\overrightarrow{F}_3 = F_3\cos\alpha\,\overrightarrow{i} + F_3\cos\beta\,\overrightarrow{j} + F_3\cos\gamma\,\overrightarrow{k}$$

TIPS

平行力系上的各個力都在同方向上，其合力也是如此。

All the forces on the parallel force system are in the same direction, and so is the resultant force.

平行力系上的這三個作用力的合力可以表示為：

$$\begin{aligned}\overrightarrow{R} &= \overrightarrow{F}_1 + \overrightarrow{F}_2 + \overrightarrow{F}_3 \\ &= (F_1+F_2+F_3)\cos\alpha\,\overrightarrow{i} + (F_1+F_2+F_3)\cos\beta\,\overrightarrow{j} + (F_1+F_2+F_3)\cos\gamma\,\overrightarrow{k} \\ &= (F_1+F_2+F_3)(\cos\alpha\,\overrightarrow{i} + \cos\beta\,\overrightarrow{j} + \cos\gamma\,\overrightarrow{k})\end{aligned}$$

其中$\overrightarrow{F}_1$、$\overrightarrow{F}_2$、$\overrightarrow{F}_3$的方向同為$\cos\alpha\,\overrightarrow{i} + \cos\beta\,\overrightarrow{j} + \cos\gamma\,\overrightarrow{k}$，但正負號需加以判斷才不會得到錯誤的結果。至於所產生的合力矩$\overrightarrow{M}_O$會等於各作用力與基準點之相對位置$\overrightarrow{r_i}$和各作用力$\overrightarrow{F}_i$的向量乘積，加上物體原本所受到的力矩，亦即總合力矩為

$$\overrightarrow{M}_O = \Sigma\,\overrightarrow{r_i}\times\overrightarrow{F}_i + \Sigma\,\overrightarrow{C}_i = \overrightarrow{r_1}\times\overrightarrow{F}_1 + \overrightarrow{r_2}\times\overrightarrow{F}_2 + \overrightarrow{r_3}\times\overrightarrow{F}_3 + \overrightarrow{C}_1 + \overrightarrow{C}_2 + \cdots$$

當空間中的各作用力並非平行力系時，則必須先將各作用力分解成直角坐標系上 x 軸、y 軸以及 z 軸方向的分力，然後再分別把它們加總起來得到合力$\overrightarrow{R}$，而合力矩$\overrightarrow{M}_O$則可以依據前述定義來求得，亦即

$$\overrightarrow{R} = (\Sigma F_x)\,\overrightarrow{i} + (\Sigma F_y)\,\overrightarrow{j} + (\Sigma F_z)\,\overrightarrow{k}$$

$$\overrightarrow{M}_O = \Sigma(\overrightarrow{r}_i\times\overrightarrow{F}_i) + \Sigma\,\overrightarrow{C}_i$$

TIPS

若合力$\overrightarrow{R}$和合力矩$\overrightarrow{M}$相互垂直，可以進一步化簡為等效單力，但若二者不互相垂直，就無法如此了。

If the resultant force and the resultant moment are perpendicular to each other, it can be further simplified to an equivalent single force, but if the two are not perpendicular to each other, this cannot be done.

空間力系合成的情況與平面力系的情況相同，具有四種可能

(1) $\overrightarrow{R}=0$，且$\overrightarrow{M}_O=0$空間之平衡力系，物體靜止。

(2) $\overrightarrow{R}=0$，但$\overrightarrow{M}_O\neq 0$物體具有繞 O 點作加速轉動傾向。

(3) $\overrightarrow{R}\neq 0$，但$\overrightarrow{M}_O=0$物體具有沿合成力方向作直線加速運動傾向。

(4) $\overrightarrow{R} \neq 0$，且$\overrightarrow{M}_O \neq 0$物體具有沿合成力方向作直線加速運動的傾向，同時也具有繞 O 點作加速轉動之合併運動傾向，此時**若$\overrightarrow{R} \perp \overrightarrow{M}_o$，情況與平面力系相同，可以化為如(3)所示之等效單力$\overrightarrow{R}$。當然，作用點不會維持在原來的 O 點上，等效單力和原本的合成力兩者之間的作用線也會不同，但力的大小和方向是一樣的。如果$\overrightarrow{R}$與$\overrightarrow{M}_o$不互相垂直，則就無法化為等效單力了。**

例 4-19

空間中三個力$\overrightarrow{F}_1 = 10\overrightarrow{i} - 5\overrightarrow{k}$，$\overrightarrow{F}_2 = 5\overrightarrow{i} - 10\overrightarrow{j} + 15\overrightarrow{k}$，$\overrightarrow{F}_3 = 20\overrightarrow{j} - 10\overrightarrow{k}$ 作用於同一個物體上，以 O 點爲基準點的力臂分別爲 $\overrightarrow{r_1} = \overrightarrow{i} - 2\overrightarrow{j}$，$\overrightarrow{r_2} = 2\overrightarrow{i} + 5\overrightarrow{k}$，$\overrightarrow{r_3} = -\overrightarrow{i} + 2\overrightarrow{j} + \overrightarrow{k}$，求其合力以及對 O 點之合力矩？二者是否可以化爲等效單力？

解析

可利用向量的加法求得合力，亦即

$$
\begin{aligned}
\overrightarrow{F} &= \overrightarrow{F}_1 + \overrightarrow{F}_2 + \overrightarrow{F}_3 \\
&= (10+5)\overrightarrow{i} + (-10+20)\overrightarrow{j} + (-5+15-10)\overrightarrow{k} \\
&= 15\overrightarrow{i} + 10\overrightarrow{j} + 0\overrightarrow{k}
\end{aligned}
$$

再利用力矩的定義求得力矩，然後以向量的加法求得合力矩。

依據力矩的定義，$\overrightarrow{M} = \overrightarrow{r} \times \overrightarrow{F}$ 則

$$\overrightarrow{M}_1 = \overrightarrow{r}_1 \times \overrightarrow{F}_1 = (\overrightarrow{i} - 2\overrightarrow{j}) \times (10\overrightarrow{i} - 5\overrightarrow{k}) = 10\overrightarrow{i} + 5\overrightarrow{j} + 20\overrightarrow{k}$$

$$\overrightarrow{M}_2 = \overrightarrow{r}_2 \times \overrightarrow{F}_2 = (2\overrightarrow{i} + 5\overrightarrow{k}) \times (5\overrightarrow{i} - 10\overrightarrow{j} + 15\overrightarrow{k}) = 50\overrightarrow{i} - 5\overrightarrow{j} - 20\overrightarrow{k}$$

$$
\begin{aligned}
\overrightarrow{M}_3 = \overrightarrow{r}_3 \times \overrightarrow{F}_3 &= (-\overrightarrow{i} + 2\overrightarrow{j} + \overrightarrow{k}) \times (20\overrightarrow{j} - 10\overrightarrow{k}) \\
&= -40\overrightarrow{i} - 10\overrightarrow{j} - 20\overrightarrow{k}
\end{aligned}
$$

則合力矩

$$\overrightarrow{M} = \overrightarrow{M}_1 + \overrightarrow{M}_2 + \overrightarrow{M}_3 = 20\overrightarrow{i} - 10\overrightarrow{j} - 20\overrightarrow{k}$$

合力和合力矩若要化爲等效單力，必需二者互相垂直，亦即二者的向量內積必需等於零。

$$
\begin{aligned}
\overrightarrow{F} \cdot \overrightarrow{M} &= (15\overrightarrow{i} + 10\overrightarrow{j} + 0\overrightarrow{k}) \cdot (20\overrightarrow{i} - 10\overrightarrow{j} - 20\overrightarrow{k}) \\
&= 15 \times 20 + 10 \times (-10) + (0) \times (-20) \\
&= 300 - 100 - 0 = 200
\end{aligned}
$$

合力和合力矩二者的向量內積不等於零，故無法化爲等效單力。

4-10 扳鉗力系 Reduction to a Wrench

當合力和合力矩不互相垂直時，無法將合力矩化成等效的一對力偶，自然就沒有辦法進一步將其簡化爲唯一的等效單力了。**如果合力$\vec{R}$與合力矩$\vec{M}_O$不互相垂直，我們可以把合力矩$\vec{M}_O$分解成與合力$\vec{R}$垂直的分量以及平行的分量，和合力$\vec{R}$垂直的分量可以依前面所提的步驟將其簡化為一個等效單力，此時系統僅剩下一個等效單力以及一個和這個等效單力具有相同方向的力矩，二者同時存在稱為扳鉗力系** wrench★1**，它的特性和我們使用螺絲起子** screwdriver **時候的情況是一樣的，會同時將作用力和力矩施加在物體的同一方向上。**

判定合力和合力矩$\vec{R}$與$\vec{M}_O$是否互相垂直，可以利用兩者的向量內積來判別。亦即

$\vec{R}\cdot\vec{M}_O=0$　**互相垂直(化為等效單力)**

$\vec{R}\cdot\vec{M}_O\neq 0$　**不互相垂直(化為扳鉗力系)**

扳鉗力系就像在使用螺絲起子鎖螺絲般，一個單一的力和一個單一的力矩同時存在，這兩個向量不但方向相同，而且還共線。

如圖 4-21 所示，當$\vec{R}$與$\vec{M}_O$不互相垂直時，$\vec{M}_O$可分解成兩個向量分量，一個和$\vec{R}$相互垂直，註記爲$\vec{M}_N$，另一個和$\vec{R}$相互平行，註記爲$\vec{M}_P$。依前面所提到的方法，$\vec{R}$和$\vec{M}_N$可以轉換成一個等效單力$\vec{R}$，因此，最後剩下等效單力$\vec{R}$以及和$\vec{R}$同方向的力偶矩$\vec{M}_P$，此即爲扳鉗力系。

Note

★1. wrench：If the resultant force $\vec{R}$ and the resultant moment $\vec{M}_O$ are not perpendicular to each other, we can decompose the resultant moment $\vec{M}_O$ into a component perpendicular to the resultant force $\vec{M}_P$ and a component parallel to the resultant force $\vec{M}_N$, then the component $\vec{M}_P$ and resultant force $\vec{R}$ can be simplified into an equivalent single force $\vec{R}$ according to the steps mentioned above. Now the system only has an equivalent single force $\vec{R}$ and a moment $\vec{M}_N$ with the same direction, and the simultaneous existence of the two is called as a wrench or screw, since the characteristics of it is the same as a screwdriver when used, that is both force and moment are applied in the same direction on the object.

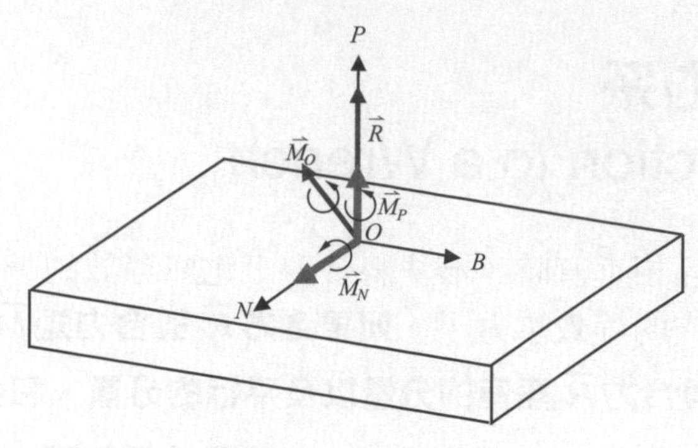

圖 4-21 扳鉗力系

例 4-20

作用力合成後得到合力 $\vec{R}=3\vec{i}+2\vec{j}+\vec{k}$ (N)，合成力偶矩爲 $\vec{M}=2\vec{i}+4\vec{j}+6\vec{k}$ (N-m)，試將其簡化成扳鉗力系，並求出 $\vec{M}_P$。

解析

$\vec{M}_P$爲 $\vec{M}$ 在 $\vec{R}$ 方向之分量，依據向量運算原理，
一個向量在某個方向的分量大小，
爲該向量和該方向之單位向量的內積，
因此 $\vec{M}$ 在 $\vec{R}$ 方向分量 $\vec{M}_P$的大小

可以表示爲

$$M_P=\vec{M}\cdot\vec{e}_R$$

而 $\vec{M}_P$的向量可以用它的大小乘以

單位向量 $\vec{e}_R$來表示

亦即 $\vec{M}_P=M_P\,\vec{e}_R$

依據前面章節所提的方法，當合力

$\therefore \vec{R}=3\vec{i}+2\vec{j}+\vec{k}$

它的單位向量

$$\vec{e}_R=\frac{\vec{R}}{\sqrt{3^2+2^2+1^2}}=\frac{3}{\sqrt{14}}\vec{i}+\frac{2}{\sqrt{14}}\vec{j}+\frac{1}{\sqrt{14}}\vec{k}$$

TIPS

若合力 $\vec{R}$ 和合力矩 $\vec{M}$ 不互相垂直，可以進一步化簡為板鉗力系。

If the resultant force $\vec{R}$ and the resultant moment $\vec{M}$ are not perpendicular to each other, it can be further simplified as case of a wrench.

則力偶矩在單位向量 $\vec{e}_R$ 方向的分量為

$$M_P=\vec{M}\cdot\vec{e}_R=(2\vec{i}+4\vec{j}+6\vec{k})\cdot\left(\frac{3}{\sqrt{14}}\vec{i}+\frac{2}{\sqrt{14}}\vec{j}+\frac{1}{\sqrt{14}}\vec{k}\right)$$

$$=\frac{6}{\sqrt{14}}+\frac{8}{\sqrt{14}}+\frac{6}{\sqrt{14}}=\frac{20}{\sqrt{14}}$$

如果用向量方式來表示，則

$$\vec{M}_P=M_P\,\vec{e}_R=\frac{20}{\sqrt{14}}\left(\frac{3}{\sqrt{14}}\vec{i}+\frac{2}{\sqrt{14}}\vec{j}+\frac{1}{\sqrt{14}}\vec{k}\right)$$

$$=\frac{30}{7}\vec{i}+\frac{20}{7}\vec{j}+\frac{10}{7}\vec{k}$$

例 4-21

試將下圖中板之受力化為扳鉗力系？

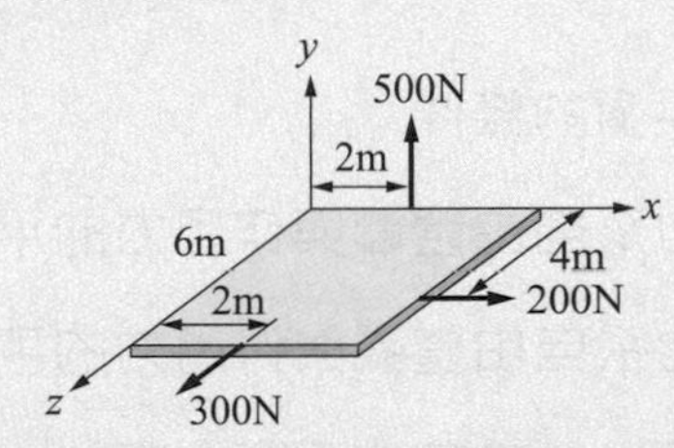

解析

$\vec{F}_R=200\vec{i}+500\vec{j}+300\vec{k}$ ， $F_R=\sqrt{200^2+500^2+300^2}=616.44(\text{N})$

$$\vec{e}_R=\frac{\vec{F}_R}{F_R}=0.324\vec{i}+0.811\vec{j}+0.487\vec{k}$$

$$\vec{M}_R=2\vec{i}\times500\vec{j}+4\vec{k}\times200\vec{i}+2\vec{i}\times300\vec{k}$$

$$=100\vec{k}+800\vec{j}-600\vec{j}=200\vec{j}+1000\vec{k}$$

$$M_P=\vec{M}_R\cdot\vec{e}_r=(600\vec{j}+1000\vec{k})\cdot(0.324\vec{i}+0.811\vec{j}+0.487\vec{k})$$

$$=600\times0.811+1000\times0.487=973.3\,(\text{N.m})$$

$$\vec{M}_P=M_P\vec{e}_r=973.6(0.324\vec{i}+0.811\vec{j}+0.487\vec{k})$$

$$=315.45\vec{i}+789.59\vec{j}+474.14\vec{k}\,(\text{N.m})$$

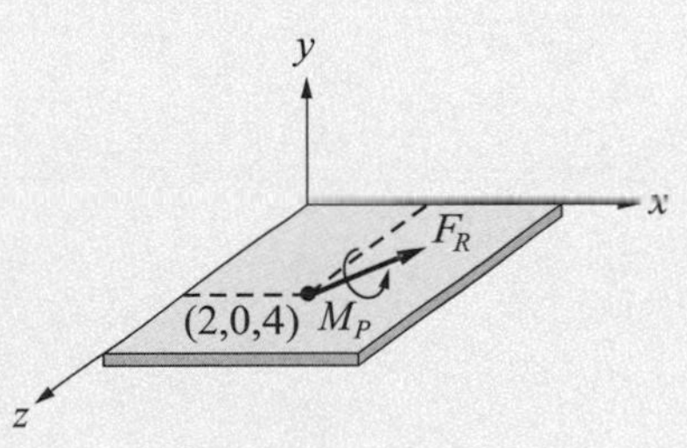

$M_{Rz}=500x=1000$，得 $x=2$

$M_{Ry}=200z-300x=200$

$200z-300\times2=200$，$200z=800$，$z=4$

05

剛體的平衡

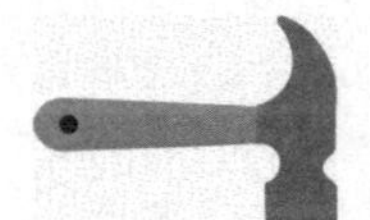

本章大綱

5-1　剛體平衡的條件

5-2　二維力系自由體圖與作用力的平衡

5-3　三維力系自由體圖與作用力的平衡

5-4　二力元件的定義與平衡方程式

5-5　三力元件的定義與平衡方程式

學習重點

本章定義何為剛體，敘明其與質點在受力時之差異，並探討剛體受力並達到平衡狀態時，如何藉由自由體圖來列出平衡方程式，並從解平衡方程式中得到物體各支撐點之反作用力。物體與環境接觸的支撐點有很多種型態，各種不同型態的支撐點都有不同形式的反作用力或反力矩，解題時直接將它們畫在自由體圖上，並列出各相關的平衡方程式，就可輕易解得物體各支撐點所受到之反作用力和反力矩。

Learing Objectives

- *To define rigid body and describe the difference between it and a particle.*
- *To use the free body diagram to list the equilibrium equations of a stressed rigid body under a state of equilibrium.*
- *To understand various type of supports and their different forms of reaction forces or moments which an object is in contact with the environment.*
- *To find magnitude of the reaction force and reaction moment on each supporting point of an object,by solving the equilibrium equations obtaining from its free body diagrams.*

生活實例

研究物體受力後是否符合平衡條件亦或將產生運動時，對物體本身我們可以有幾種不同的基本假設，一種是不論物體尺寸大小，我們都把它看成是一個點，或稱**質點**，另一種是把物體看成具有兩個點以上的物體，如果這兩個點之間的位置向量永遠維持不變，這個物體就稱為**剛體**，但如果這兩個點之間的位置向量會隨受力而發生改變，這個物體就稱為**彈性體**。由於靜力學並不研究物體受力發生變形的問題，因此彈性體不在本課程討論範圍之內。

汽車直行時各個點的速度都相同，可以看成是一個質點，但轉彎時左側和右側、車頭和車尾之間的速度不同，應該以剛體來看待。摩天輪也是一樣，當它沒有搭載乘客時受力平均，可當作是一個質點，搭載乘客後左右兩邊會因為受力差而產生轉動趨向，也就是力偶，因此要以剛體來看待。本章中，我們將學習如何求得施力所產生的力矩或力偶所產生的力偶矩，並學習利用位置向量與作用力乘積的方式來簡化運算。

生活實例

When studying whether an object meets the condition of equilibrium or will produce motion after being stressed, we can have several different basic assumptions about the object itself, one is that regardless of the size of the object, we treat it as a particle, the other is to regard the object as an object with more than two points, if the position vector between the two points remains constant forever, which is called a rigid body, but if the position of the two points will change when stressed, this object is called an elastic body. Since statics does not study the deformation of objects under force applying, so that it will not be involved in the scope of this course.

The racing curve has slope and friction to balance the centrifugal force to avoid side slip, also the motorcycle racer should tilt their body to maintain balance. In this chapter, we will learn how to formulate the equilibrium equations of a rigid body, and then obtain the conditions for the resultant force and moment to reach a balanced state.

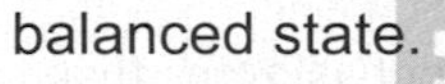

5-1 剛體平衡的條件 Conditions for the Equilibrium of a Rigid Body

探討剛體平衡的問題時，必需選擇一個基準點，列出這個基準點的平衡方程式，然後再解方程式以得到所要的解答。一般來說，基準點的選取以最多力通過的那一點爲最佳，如此可減少運算的量。不過，如果某個作用力有力臂不易求得之情況，就設法選擇這個力通過的某個點作爲基準點，這樣就可以減少運算上的困難。

當作用在剛體上的所有力都存在於同一個平面上時，稱爲二維力系或**共面力系** coplanar force system，它的平衡條件可以表示爲

$$\Sigma\vec{F}_x = 0$$

$$\Sigma\vec{F}_y = 0$$

$$\Sigma\vec{M}_z = 0$$

上述的三個平衡方程式都是互相獨立的，聯立方程組最多只能解出三個未知數。如果作用在剛體上的力並不是共面力系，而是三個座標軸都有，那麼就稱爲三維力系或**空間力系** 3-D force system。空間力系的平衡條件可以表示爲

$$\Sigma\vec{F}_x = 0$$

$$\Sigma\vec{F}_y = 0$$

$$\Sigma\vec{F}_z = 0$$

且

$$\Sigma\vec{M}_x = 0$$

$$\Sigma\vec{M}_y = 0$$

$$\Sigma\vec{M}_z = 0$$

TIPS

當一個剛體達到平衡狀態時，必需符合兩個基本條件，亦即

(1) 合力為零，即$\Sigma\vec{F}=0$，確定物體不會移動。

(2) 合力矩為零，即$\Sigma\vec{M}_0=0$，確定物體不會轉動。

When a rigid body reaches a state of equilibrium, it must meet two basic conditions, namely

(1) The resultant force is zero, that is $\Sigma\vec{F}=0$ to make sure that the object will not move.

(2) The resultant moment is zero, that is $\Sigma\vec{M}_0=0$ to make sure that the object will not rotate.

上述的六個平衡方程式也都是互相獨立的，聯立方程組可以解出六個未知數來。

5-2 二維力系自由體圖與作用力的平衡 Equilibrium and the Free-Body Diagram of Coplaner Forces

所謂**自由體圖** free body diagram 是把要分析的物體從整體中分離出來成爲一個單獨的個體，然後在這個單獨的個體上清楚標示所有作用力、反作用力、力矩以及反力矩等。自由體圖有助於得到正確的平衡方程式，對求取解答很有幫助，因此，求解時繪出自由體圖是絕對必要的。

二維空間的自由體圖例，如圖 5-1 所示，在畫自由體圖的時候，必需注意不可以漏掉任何作用力和反作用力，也不可以把力的方向弄錯，如此才能得到正確的平衡方程式。

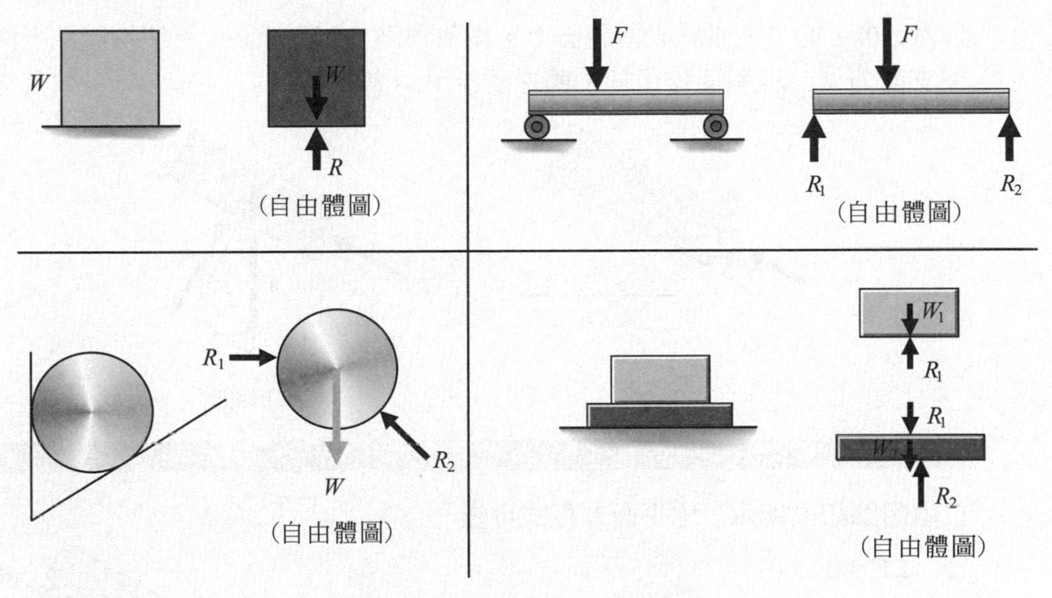

圖 5-1 二維力系之自由體圖例

如圖 5-2 中所示，一個重量爲 W 的方塊物體被置放在一光滑斜面上，該物體受到一個支撐力 $\vec{F}$ 使該物體能維持不下滑，其自由體圖爲方塊物體本身以及所有作用在該物體上的力。這是標準的二維力系，如果要把所有作用在該方塊的力分解到 x 軸和 y 軸上，會變得比較繁複，因此我們可以改用切線法線座標來表達。

從自由體圖中可以清楚明瞭作用在物體上的所有作用力，包含原有的施力 $\vec{F}$ ，物體所受到的重力 W，重力 W 在平行於斜面和垂直於斜面方向的分力 F_T 和 F_N，以及斜面作用於物體的正向力 N 等，根據圖中各個力的相互關係，就可以輕易列出力的平衡方程式。

切線 t 方向：$\Sigma F_t = 0$，得 $F - F_T = 0$，則 $F = F_T = W \sin\theta$

法線 n 方向：$\Sigma F_n = 0$，得 $N - F_N = 0$，則 $N = F_N = W\cos\theta$

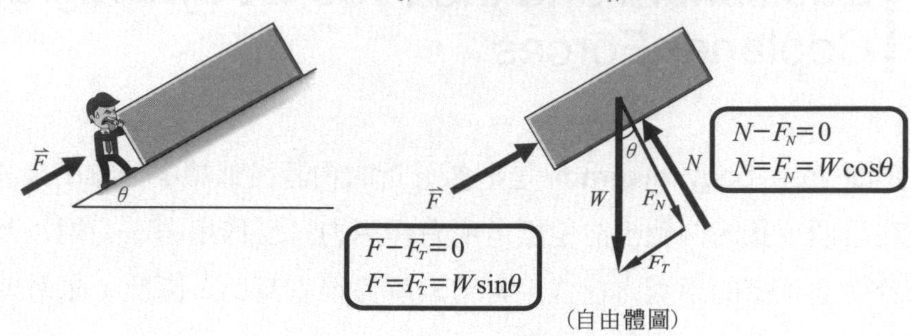

圖 5-2　受力剛體的自由體圖

例 5-1

質量 10kg 的方塊置於光滑斜面上，當斜角為 30°時，試求不使物體上下滑動所需支撐力 $\vec{F}$ 以及斜面作用於物體之反作用力大小？

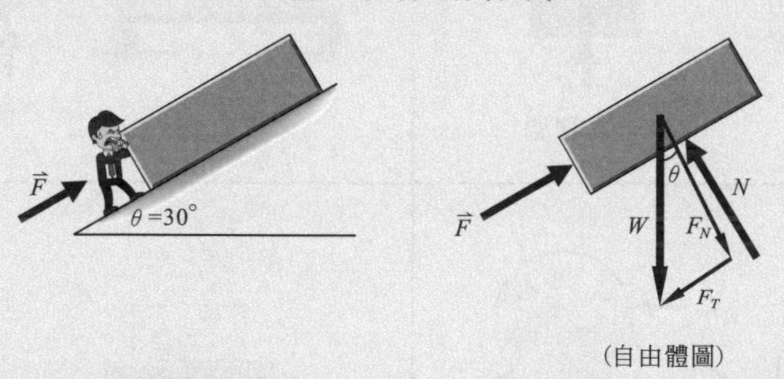

解析

自由體圖如上所示，由平衡方程式可知

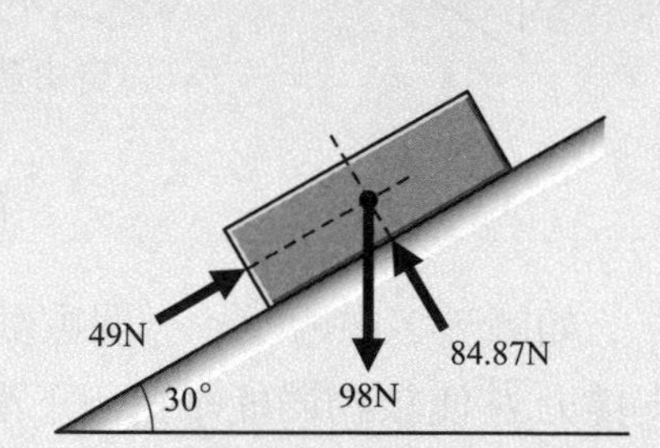

$$\Sigma F = 0$$

切線 t 方向：$\Sigma F_t = 0$，得 $F - F_T = 0$，

則　$F = F_T = W\sin\theta$

切線 n 方向：$\Sigma F_t = 0$，得 $N - F_N = 0$，

則　$N = F_N = W\cos\theta$

其中 $\theta = 300$，$W = mg = 10 \times 9.8 = 98$ (N)

代入得 $F = F_T = W\sin 30° = 98 \times (0.5) = 49$ (N)

$$N = F_N = W\cos 30° = 98\left(\frac{\sqrt{3}}{2}\right) = 49\sqrt{3}\ \text{(N)} = 84.87\ \text{(N)}$$

例 5-2

質量 10 kg 的方塊置於光滑斜面上，當支撐力 F 的大小爲 60 N 時，試求不使物體上下滑動之斜角 θ 之大小？

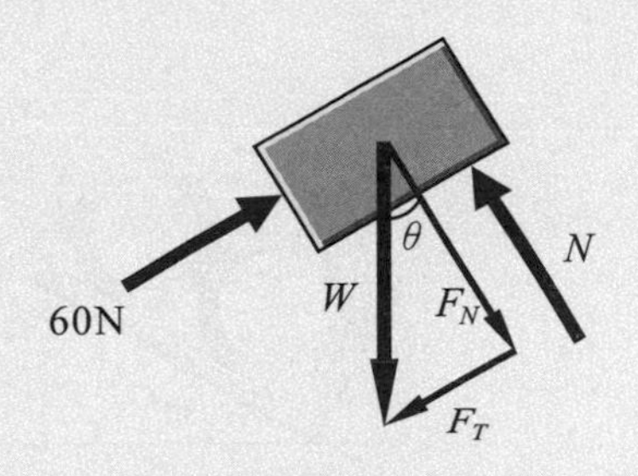

(自由體圖)

解析

自由體圖如上所示。

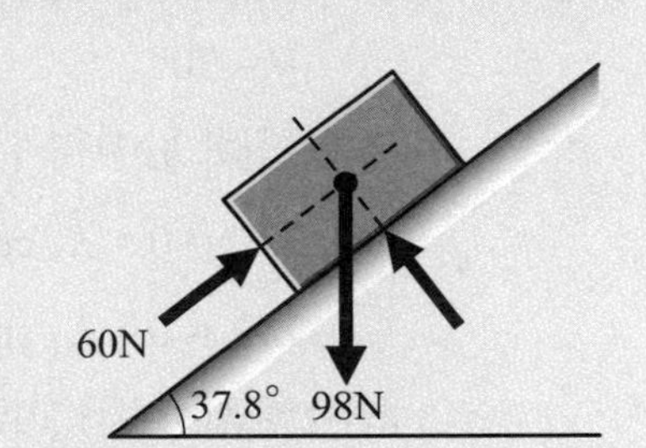

平衡方程式爲 $\Sigma F = 0$，則

切線 t 方向：$\Sigma F_t = 0$，

得　$F - F_T = 0$，

則　$F = F_T = W \sin\theta$

切線 n 方向：$\Sigma F_t = 0$，

得　$N - F_N = 0$，

則　$N = F_N = W \cos\theta$

其中 $F = 60(\text{N})$，$W = mg = 10 \times 9.8 = 98\ (\text{N})$，

代入得

$$60 - F_T = 0，F_T = 60\ (\text{N})$$

又　$F_T = W \sin\theta$，

則　$\sin\theta = \dfrac{F_T}{W} = \dfrac{60}{98}$

解得 $\theta = \sin^{-1}\left(\dfrac{60}{98}\right) = 37.8°$

例 5-3

兩個半徑爲 0.2 m，質量爲 10 kg 的鋼環被置放於架上如圖示，設該等鋼環具有光滑表面，試求各接觸點所受之力？

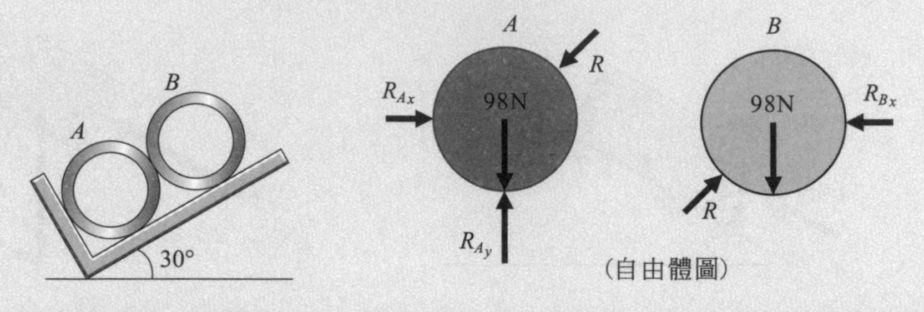

（自由體圖）

解析

$$W = mg = 10 \times 9.81 = 98.1\ (\text{N})$$

$$\theta = 30°$$

自由體圖 A 中得平衡方程式

$$\Sigma F_x = 0，R_1 \cos 30° - R_2 \sin 30° - R_3 \cos 30° = 0 \cdots ①$$

$$\Sigma F_y = 0，R_1 \sin 30° - R_2 \cos 30° - R_3 \sin 30° - 98.1 = 0 \cdots ②$$

自由體圖 B 中得平衡方程式

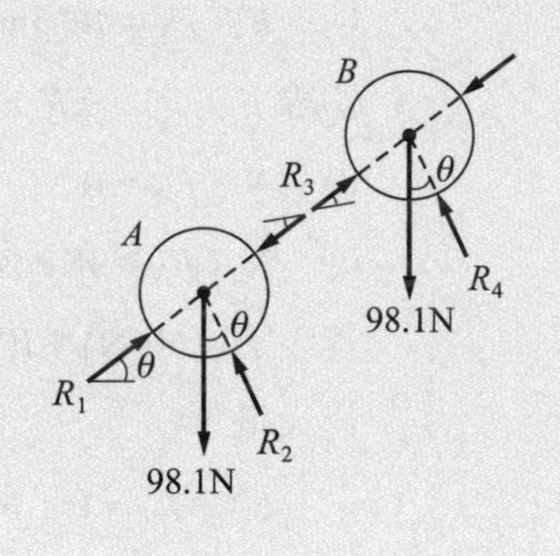

$$\Sigma F_x = 0，R_3 \cos 30° - R_4 \sin 30° = 0，$$

$$\frac{\sqrt{3}}{3} R_3 = \frac{1}{2} R_4，\ R_4 = \sqrt{3} R_3$$

$$\Sigma F_y = 0，R_3 \sin 30° + R_4 \cos 30° - 98.1 = 0，$$

$R_4 = \sqrt{3} R_3$ 代入得

$$\frac{1}{2} R_3 + \sqrt{3} R_3 \left(\frac{\sqrt{3}}{2} \right) = 98.1，2R_3 = 98.1，$$

$$\underline{R_3 = 49.05\ (\text{N})}，\ \underline{R_4 = 84.96\ (\text{N})}$$

代入①, ②得

$$\frac{\sqrt{3}}{2} R，-\frac{1}{2} R_2 - (49.05)\left(\frac{\sqrt{3}}{2} \right) = 0，\sqrt{3} R_1 - R_2 = 84.96 \cdots ③$$

$$\frac{1}{2} R_1 + \frac{\sqrt{3}}{2} R_2 - (49.05)\left(\frac{1}{2} \right) - 98.1 = 0，\ R_1 + \sqrt{3} R_2 = 245.25$$

或 $\sqrt{3} R_1 + 3R_2 = 424.79 \cdots ④$

解③④得 $4R_1 = 339.83\ (\text{N})$，$\underline{R_2 = 84.96\ (\text{N})}$，$\underline{R_1 = 98.10\ (\text{N})}$

所有剛體不管它們的組成構件數量和方式如何，都有和外界環境接觸的地方，有可能是一個點、一條線，或一個面。因爲作用力具有可傳遞性，所以剛體與環境接觸的地方就會有各種不同型式的反作用力或反力矩產生。

表 5-1 是平面力系中剛體與環境比較常出現的接觸方式，各種不同的接觸方式會有不同類型的支撐點，各種不同類型的支撐點又會顯現出不同型式的反作用力和反力矩。在分析剛體的受力平衡問題時，如果用錯了支撐點的類型，或誤用了反作用力或反力矩的型式，那麼得到錯誤結果的可能性就會大大的提高。

表 5-1 平面力系常見的支撐類型與反作用力及反力矩型式

支撐類型	反作用型式	說明
滾輪、棒	R_y	設僅有一點接觸且接觸面無摩擦力，則只有一個與接觸面垂直的反作用力。 If there is only one contact point and without any friction between the contact surface, then there is only one reaction force perpendicular to the contact surface.
鉸鏈、棒	R_x R_y	基座固定的鉸鏈，或棒與接觸面之間有摩擦力，則有二個軸向的反作用力。 A hinge or a rod stand on a coarse surface, has two axial reaction forces.
平面固定端	R_x R_y M_z	平面固定端有二個軸向的反作用力，以及一個垂直於平面方向的反力矩。 The fixed end of the plane has two axial reaction forces and a reaction moment perpendicular to the direction of the plane.

表 5-1　平面力系常見的支撐類型與反作用力及反力矩型式(續)

支撐類型	反作用型式	說明
軟繩	T_2　T_1　W	張力沿繩索切線方向，同一條繩索上任何點的張力都相同。 The tension is along the tangent of the rope, and the tension is the same at any point on the same rope.
無摩擦滑動機構		無摩擦滑動機構之反作用力與接觸面垂直。 For sliding mechanism without friction, the reaction force will be perpendicular to the contact surface.

瞭解了各種不同型式的接觸面以及各個接觸面上所產生的反作用力和反力矩以後，在處理受力物體的平衡問題時，就可以清楚的把它們都標示在自由體圖上，並且列出力的平衡方程式和力矩的平衡方程式，然後再根據已知的條件去解平衡方程式，就可以求得所要的各個未知數了。

例 5-4

求下圖中，平面力系達到平衡狀態時，接觸面所受到的反作用力或反力矩的大小？(a)長度 2 m，力作用於距右側 0.5 m 及 1 m 處。(b)長度 2 m，力作用於右側端點。(c)繩索與水平夾角爲 45°。

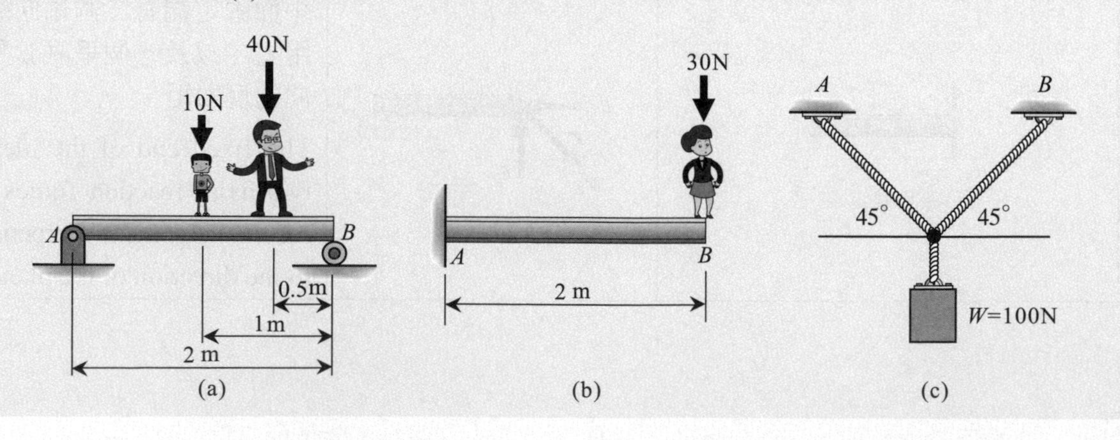

解析

依表 5-1 中所示，先決定各接觸面所受的反作用力和反力矩型式，把它們標示在自由體圖上，然後再以力和力矩的平衡方程式求得解答。

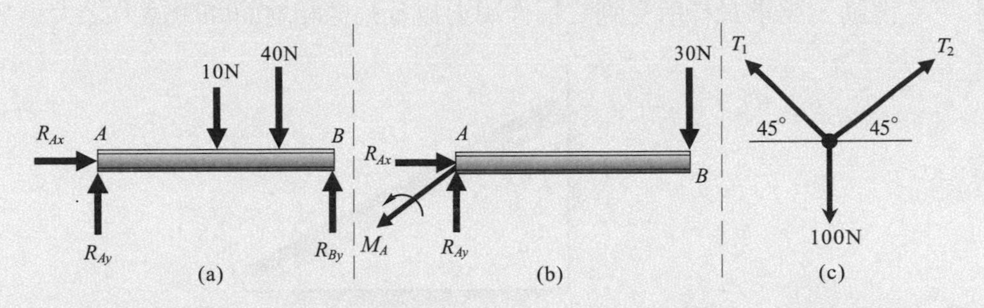

(a) 由平面力系力的平衡方程式來求解，依據自由體圖，物體上作用力達成平衡狀態時，可以得到的平衡方程式爲

$\Sigma\overrightarrow{F}_x = 0$，則 $R_{Ax} = 0$

$\Sigma\overrightarrow{F}_y = 0$，則可以得到 $R_{Ay} + R_{By} - 10 - 40 = 0$

$R_{Ay} + R_{By} = 50 \cdots ①$

另外，當力矩達成平衡狀態時，

可以得到的平衡方程式爲 $\Sigma\overrightarrow{M}_z = 0$

以 A 點爲參考點所產生的合力矩

$10 \times 1\circlearrowright + 40 \times 1.5 \circlearrowright + R_{By} \times 2 \circlearrowleft = 0$

則　$2R_{By} \circlearrowleft + 70 \circlearrowright = 0$，得到 $R_{By} = 35$ (N)

將其代入①式，得到 $R_{Ay} = 15$ (N)

(b) 從自由體圖中列出平衡方程式爲

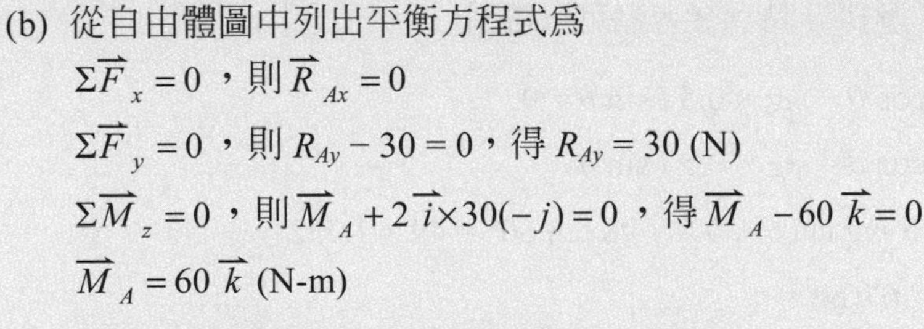

$\Sigma\overrightarrow{F}_x = 0$，則 $\overrightarrow{R}_{Ax} = 0$

$\Sigma\overrightarrow{F}_y = 0$，則 $R_{Ay} - 30 = 0$，得 $R_{Ay} = 30$ (N)

$\Sigma\overrightarrow{M}_z = 0$，則 $\overrightarrow{M}_A + 2\overrightarrow{i} \times 30(-j) = 0$，得 $\overrightarrow{M}_A - 60\overrightarrow{k} = 0$

$\overrightarrow{M}_A = 60\overrightarrow{k}$ (N-m)

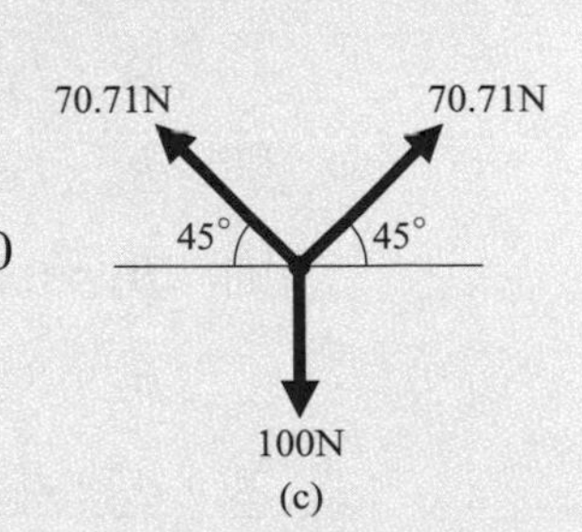

(c)

(c) 軟繩的受力情形可以利用拉密定理來求得

亦即 $\dfrac{T_1}{\sin 135^\circ} = \dfrac{T_2}{\sin 135^\circ} = \dfrac{100}{\sin 90^\circ}$

因爲 $\sin 90^\circ = 1$

因此 $T_1 = T_2 = 100\sin 135^\circ = 50\sqrt{2}$ (N) $= 70.71$ (N)

例 5-5

有一長度 2 m，質量 10 kg 之長棒置放於牆角如圖示，若牆爲光滑面而地板爲粗糙面，當長棒與牆面之間的置放角度 θ 爲 60°時，摩擦力恰可支撐長棒使其不滑動，試求長棒所受到之反作用力以及長棒和地面間摩擦力之大小？

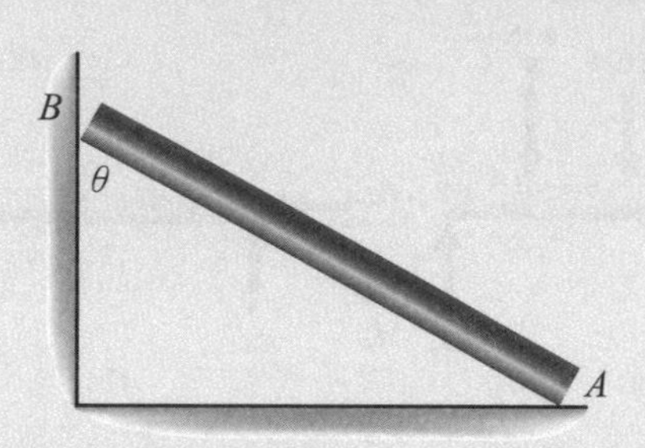

解析

設長棒之重量可視爲作用在其中點處之一個作用力，

從自由體圖上所得到之平衡方程式爲

$$\Sigma \overrightarrow{F}_x = 0$$

亦即 $B_x - A_x = 0$，則 $A_x = B_x$

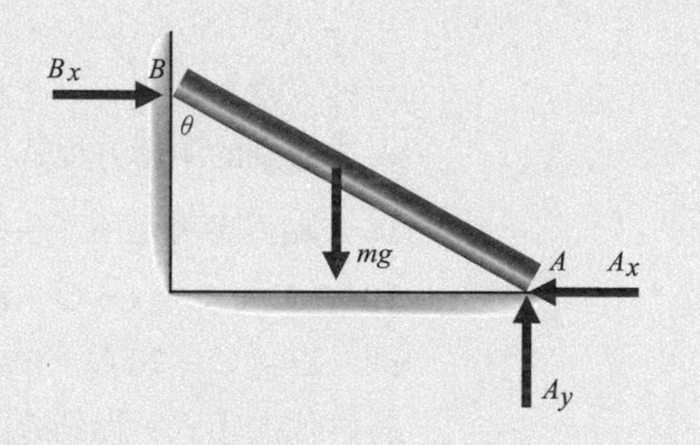

$$\Sigma \overrightarrow{F}_y = 0$$

亦即 $A_y - mg = 0$，則 $A_y = mg$

因 $mg = 10 \times 9.8 = 98\ (\text{N})$，

則 $A_y = 98(\text{N})$

$A_y = 98(\text{N})$

$\Sigma \overrightarrow{M}_z = 0$，選擇 A 點爲參考點可以得到

$$B_x \times l \cos\theta - mg \times 0.5\, l \sin\theta = 0$$

則 $B_x \times l \cos\theta = mg \times 0.5\, l \sin\theta$

則 $B_x = 0.5\, mg \tan\theta = 0.5 \times 98 \tan 60° = 49 \times 1.732$

$B_x = 84.67(\text{N})$，

又 $A_x = B_x$

故 $A_x = 84.67(\text{N})$

例 5-6

質量為 100 N 的物體以兩條軟繩懸吊，圖示為系統達成平衡狀態時之情況，此時軟繩 OA 所受到之作用力恰為軟繩 OB 的 0.7 倍，試求軟繩 OB 所受到的作用力和夾角 θ？

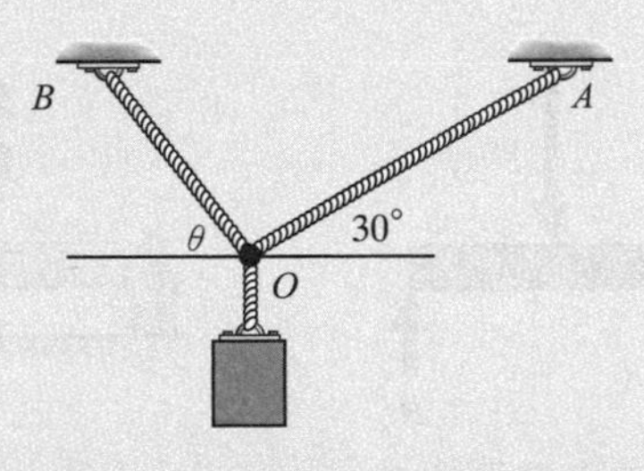

解析

依自由體圖所示並利用拉密定理，即可求得各軟繩所受到之作用力。

由拉密定理可以得到

$$\frac{T_1}{\sin(\theta+90°)}=\frac{T_2}{\sin 120°}$$

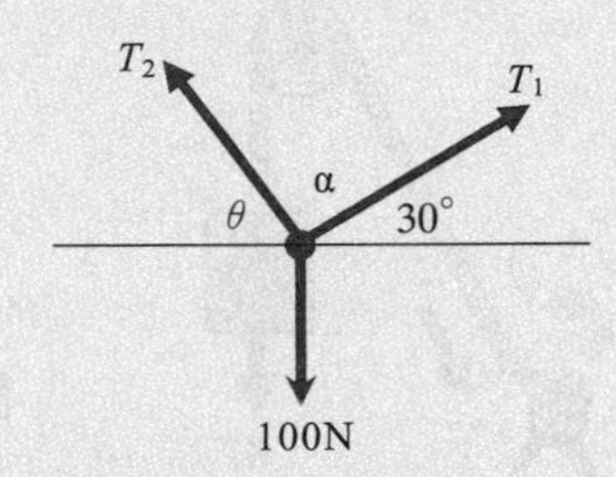

其中 $T_1 = 0.7\ T_2$，代入上式可以得到

$$\frac{0.7T_2}{\sin(\theta+90°)}=\frac{T_2}{\sin 120°}$$

消去 T_2 並簡化為

$\sin(\theta + 90°) = 0.7 \sin 120° = 0.606$，得

$\theta + 90° = 37.3°$ (不合理)　或　$\theta + 90° = 142.7°$，則 $\theta = 52.7°$

另一個對應角 $\alpha = 180° - 30° - 52.7° = 97.3°$，

再由拉密定理可以得到 $\dfrac{100}{\sin 97.3°}=\dfrac{T_2}{\sin 120°}$，

則　$T_2 = 100\dfrac{\sin 120°}{\sin 97.3°}$，

得　$T_2 = 87.3\,(\text{N})$，$T_1 = 61.1\,(\text{N})$

本題也可以先用水平方向合力平衡求出 θ 角大小，

再利用拉密定理求軟繩之拉力，亦即

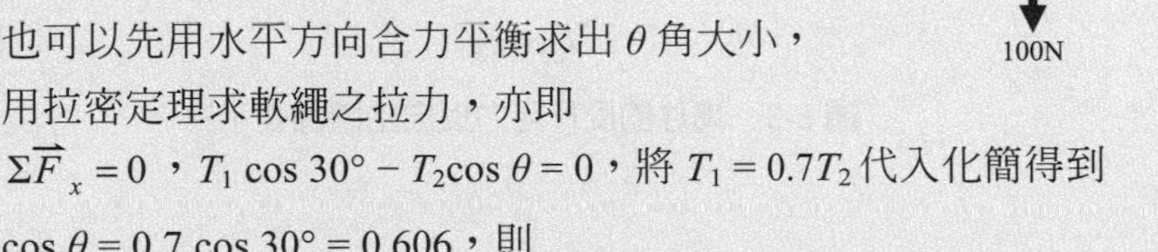

$\Sigma \overrightarrow{F}_x = 0$，$T_1 \cos 30° - T_2 \cos \theta = 0$，將 $T_1 = 0.7T_2$ 代入化簡得到

$\cos \theta = 0.7 \cos 30° = 0.606$，則

$\theta = 52.7°$，$\alpha = 180° - 30° - 52.7° = 97.3°$

即可利用拉密定理進一步求軟繩之拉力

在畫二維力系的自由體圖時，不同構件如滾輪、鉸鏈、軟繩、固定端以及摩擦面的反作用力所呈現出的方式都不相同，必需加以清楚分辨才不會得到錯誤的結果。常用的工程構件受力後所產生的反作用力以及自由體圖可以表示如圖 5-3 所示。

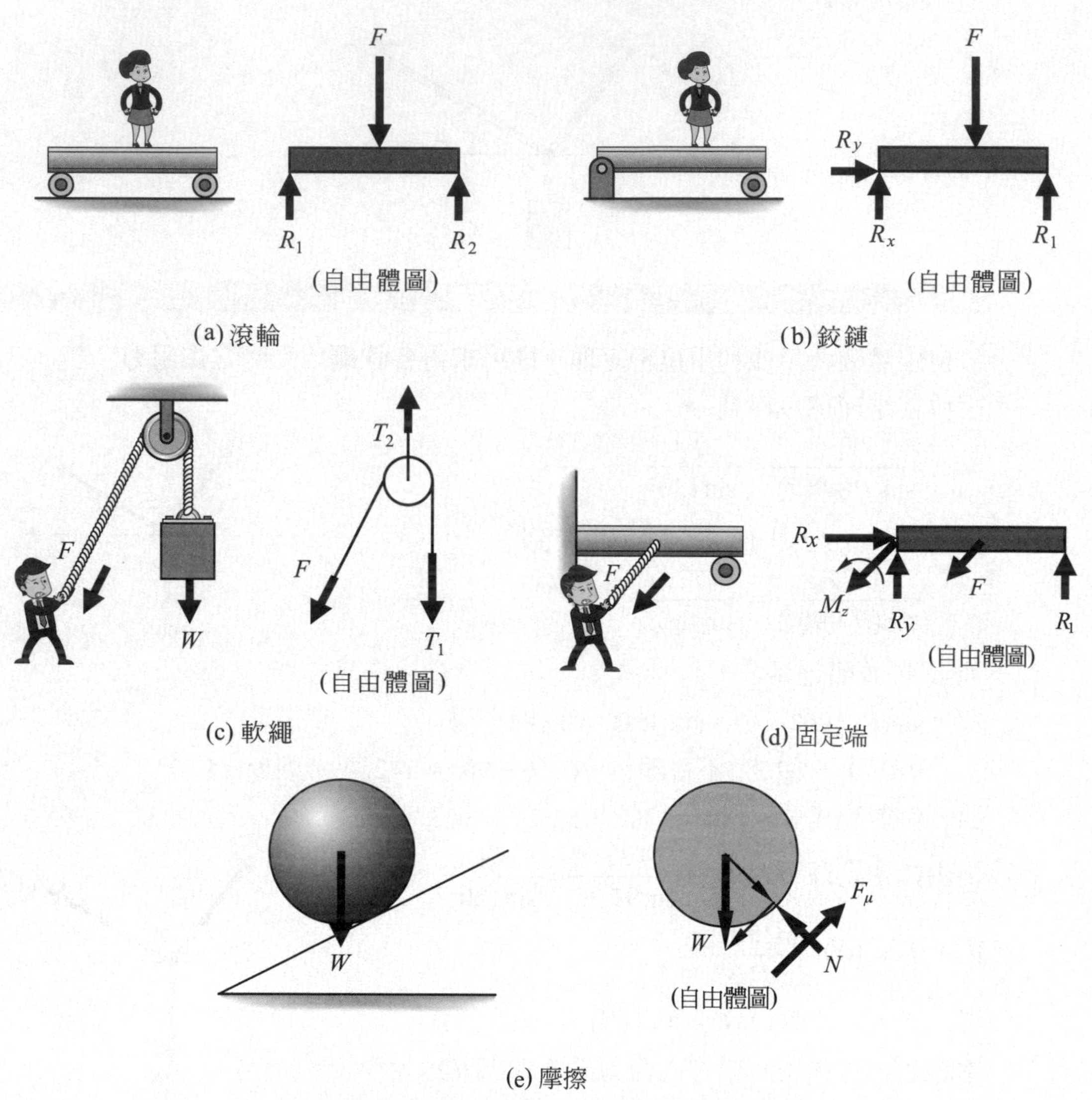

圖 5-3　構件的反作用力與自由體圖表示法

例 5-7

試求下圖中拉桿在 A 點與 B 點處之反作用力？

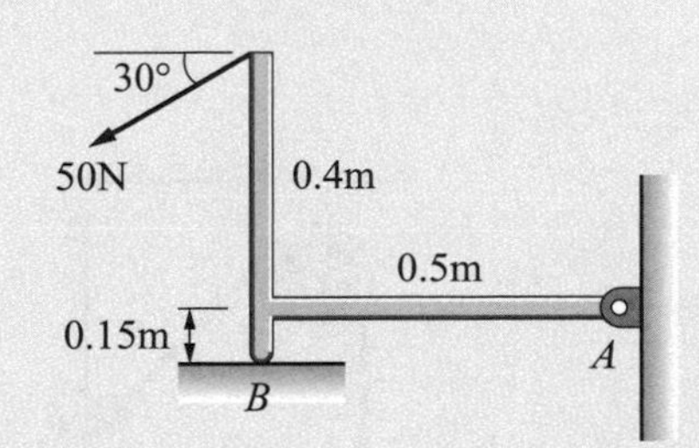

解析

依自由體圖所示，

可得平衡方程式如下：

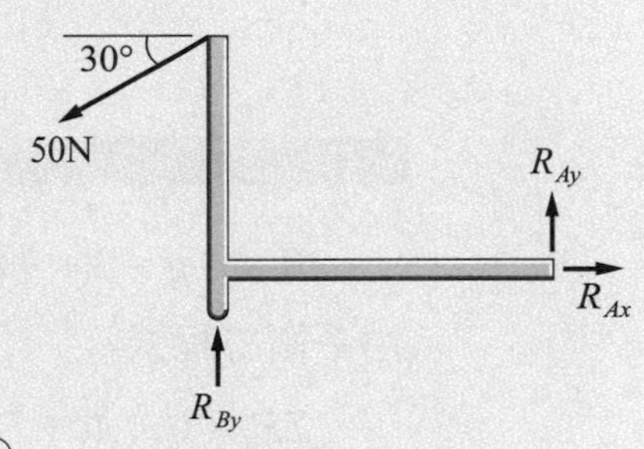

$\Sigma F_x = 0$，

$R_{Ax} - 50\cos 30° = 0$，$\underline{R_{Ax} = 43.3}$ (N)

$\Sigma F_y = 0$，

$R_{Ay} + R_{By} - 50\sin 30° = 0$，$R_{Ay} + R_{By} = 25$…①

$\Sigma M_4 = 0$，

$R_{By} \times (0.5) - 50\cos 30°\,(0.4 + 0.15) - 50\sin 30° \times (0.5) = 0$

$$0.5R_{By} - 50\left(\frac{\sqrt{3}}{2}\right)(0.55) - 12.5 = 0$$

則 $\underline{R_{By} = 35.1\,(\text{N})}$，

代入①得 $R_{Ay} = 25 - R_{By}$

$\underline{R_{Ay} = -10.1\,(\text{N})}$

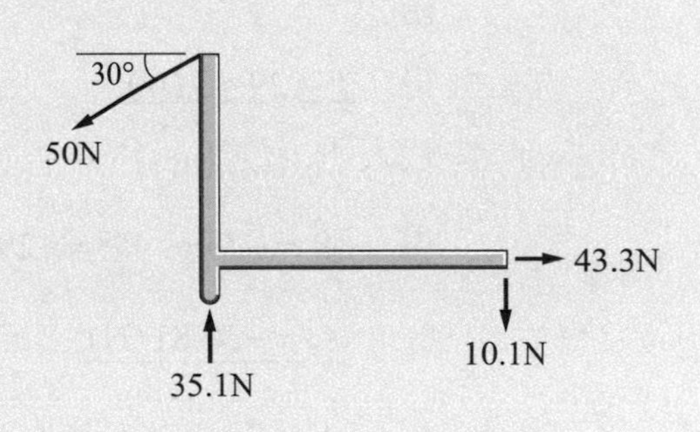

例 5-8

試求下圖中繩的張力以及滑輪 A 點處之反作用力？設滑輪平面為光滑面，半徑為 0.1 m。

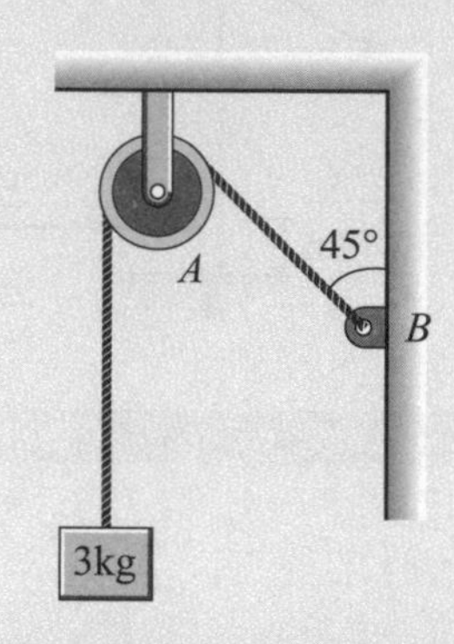

解析

$$W = mg = 3 \times 9.81 = 29.43\ (\text{N})$$

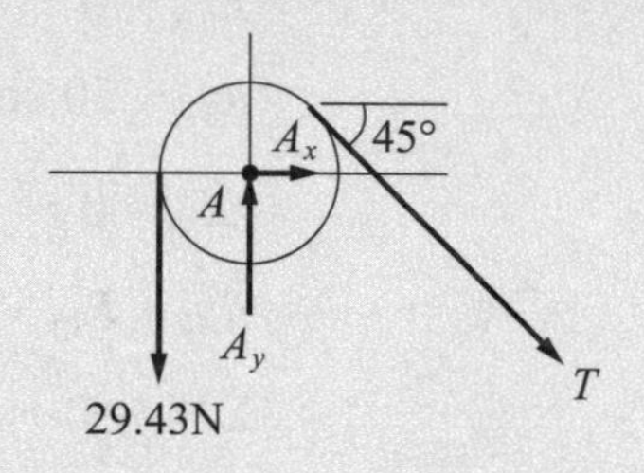

由平衡方程式

$\Sigma F_x = 0$，$A_x + T\cos 45° = 0 \cdots$ ①

$\Sigma F_y = 0$，$A_y - 29.43 - T\sin 45° = 0 \cdots$ ②

$\Sigma F_A = 0$，$-2.943 \times (0.1) + T \times (0.1) = 0 \cdots$ ③

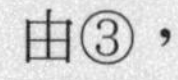

由③，

得 $\underline{T = 29.43\ (\text{N})}$，

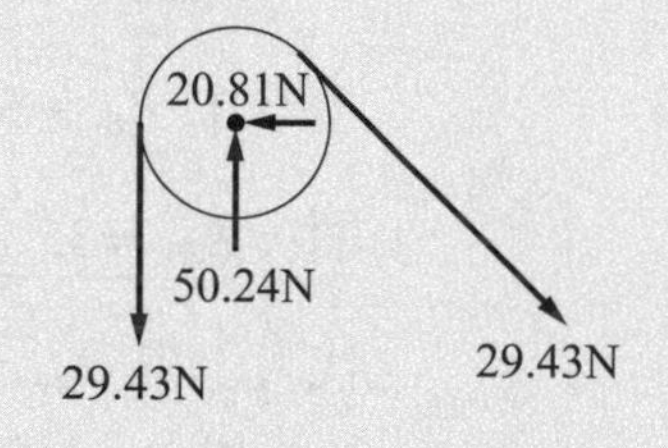

代入①, ②符

得 $A_x = -T\cos 45° = -29.43\left(\dfrac{\sqrt{2}}{2}\right)$，

$\underline{A_x = -20.81\ (\text{N})}$

$A_y = 29.43 + T\sin 45° = 29.43 + (29.43)\left(\dfrac{\sqrt{2}}{2}\right)$

$\underline{A_y = 50.24\ (\text{N})}$

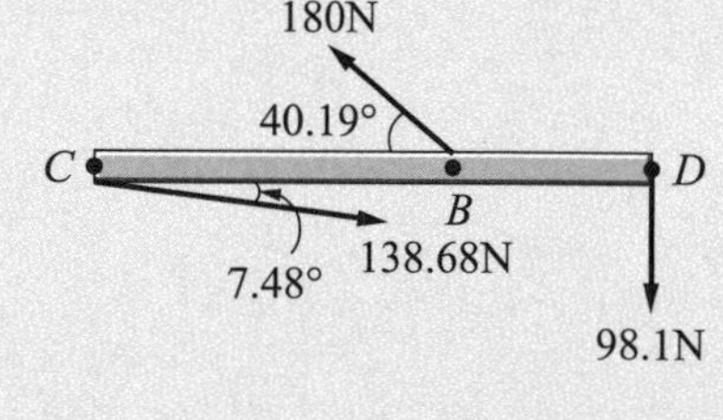

再利用正弦定理求 α

$$\frac{98.1}{\sin\alpha} = \frac{138.68}{\sin 49.81°}，$$

解得 $\alpha = 32.71°$

$\theta' = \theta - \alpha = 7.48°$

5-3 三維力系自由體圖與作用力的平衡 Equilibrium and the Free-Body Diagram of 3-D Force Systems

空間中自由體圖和支撐點的反作用力以及反力矩和平面上的情況類似，只是把 2D 的問題變成 3D 的問題而已。平面力系最多在兩個座標軸向產生反作用力，在一個座標軸向產生反力矩，空間力系則是在三個座標軸向都會產生反作用力，也會在三個座標軸向都產生反力矩。表 5-2 是空間力系常見的幾個支撐方式以及可能產生的反作用力和反力矩，可作爲物體受力分析時快速參考之用。

表 5-2　空間力系常見的支撐類型與反作用力及反力矩型式

支撐類型	反作用型式	說明
圓球、棒	R_y	光滑圓球與光滑平面間無摩擦力且僅有一點接觸，則只會產生一個與接觸面垂直的反作用力。 If there is no friction between smooth ball and plane, then there is only one contact point, so that only a reaction force perpendicular to the contact surface will be produced.
球窩、棒	R_x, R_y, R_z	基座固定的球窩，或棒與接觸面之間有摩擦力，則有三個軸向的反作用力。 If there is friction between the rod and the ball socket, or the rod and the contact surface, then there are three axial reaction forces will be generated.
固定端	R_x, M_x, M_z, R_z, M_y, R_y	空間固定端各有三個軸向的反作用力和反力矩。 Each space fixed end has three axial reaction forces and reaction moments.

表 5-2　空間力系常見的支撐類型與反作用力及反力矩型式(續)

支撐類型	反作用型式	說明
滾珠軸承	R_x, R_z	滾珠軸承在一個軸向可滑動，在兩個軸向有反作用力。 Ball bearings are slidable in one axis and have reaction forces in two axes.
滑動機構	M_x, R_x, R_z	在一個軸可滑動，兩個軸可轉動的滑動機構，具有兩個軸向的反作用力和一個軸向的反力矩。 A sliding mechanism with one slidable axis and two rotatable axes will generate two reaction forces and a reaction moment.

例 5-9

下圖中，物體受到作用力 $\vec{F}=-20\vec{j}+10\vec{k}$ 作用，試將所受的反作用力和反力矩標示在自由體圖上，然後再以平衡方程式求得反作用力和反力矩之大小。

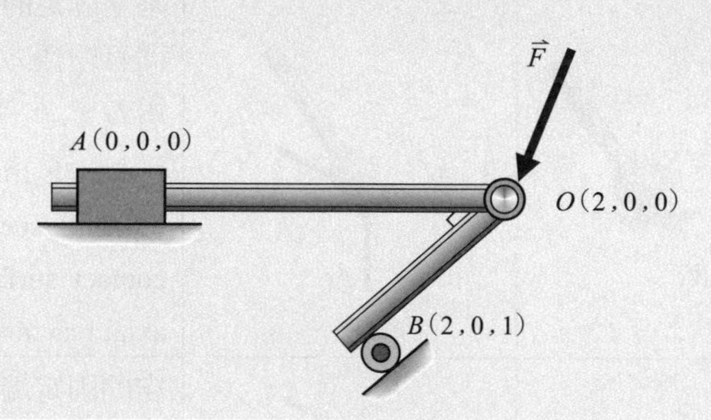

解析

自由體圖如下圖所示

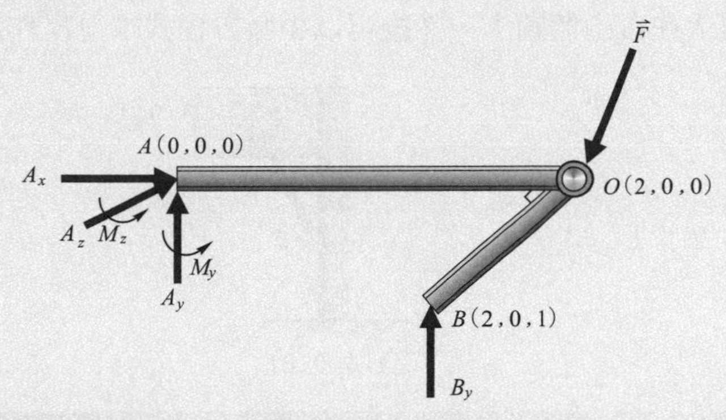

力的平衡方程式爲 $\Sigma\vec{F}=0$，亦即 $A_x+A_y+A_z+B_y+(-20\vec{j}+10\vec{k})=0$，則

$A_x=0$ (N)，$A_z=-10$ (N)，$A_y+B_y=20$ (N)…①

如果以 A 點爲參考點，則 $\vec{r}_{AO}=2\vec{i}$，$\vec{r}_{AB}=2\vec{i}+\vec{k}$，

力矩的平衡方程式爲 $\Sigma\vec{M}=0$

$$\vec{M}_y+\vec{M}_z+\vec{r}_{AO}\times\vec{F}+\vec{r}_{AB}\times\vec{B}_y=0$$

$$\vec{M}_y+\vec{M}_z+2\vec{i}\times(-20\vec{j}+10\vec{k})+(2\vec{i}+\vec{k})\times B_y\vec{j}=0$$

$$\vec{M}_y+\vec{M}_z-40\vec{k}-20\vec{j}+2B_y\vec{k}-B_y\vec{i}=0$$

得到 $B_y\vec{i}=0$，$\vec{M}_y=20\vec{j}$，$\vec{M}_z=(40-2B_y)\vec{k}$ …②

$B_y=0$，代入①得 $A_y=20$ (N)

代入②得 $\vec{M}_z=40$ (N-m)

則 A 點反力矩及反作用力分別爲

$\vec{M}_y=20\vec{j}$，$\vec{M}_z=40\vec{k}$，$B_y=0$，$A_y=20$ (N)

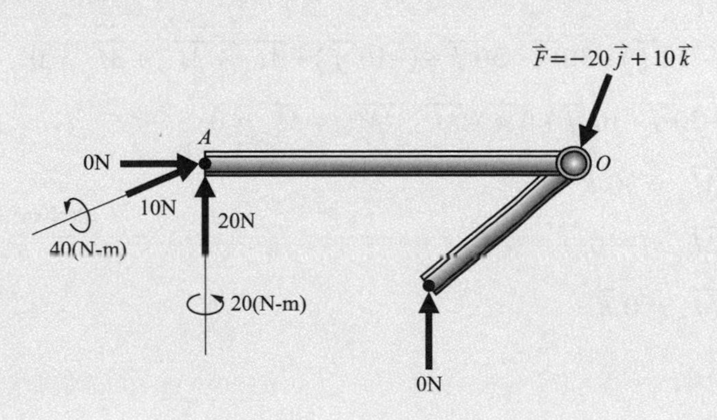

例 5-10

下圖中，物體受到作用力 $\vec{F}=10\vec{i}+30\vec{j}-10\vec{k}$ 作用，試將所受的反作用力和反力矩標示在自由體圖上，然後再以平衡方程式求得反作用力和反力矩之大小。

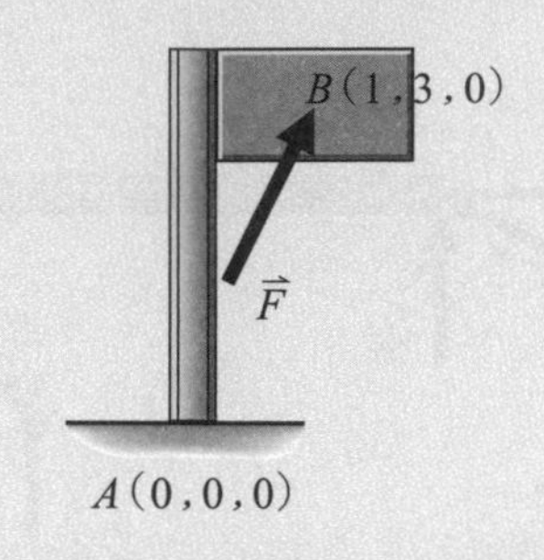

解析

自由體圖如右圖所示

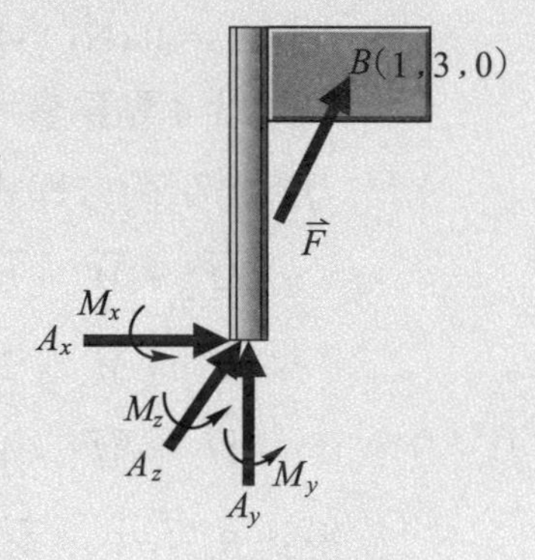

力的平衡方程式為 $\Sigma\vec{F}=0$

亦即 $A_x\vec{i}+A_y\vec{j}+A_z\vec{k}+(10\vec{i}+30\vec{j}-10\vec{k})=0$，則

$A_x=-10$ (N)，$A_y=-30$ (N)，$A_z=10$ (N)

如果以 A 點為參考點，則 $\vec{r}_B=\vec{i}+3\vec{j}$，

力矩的平衡方程式為 $\Sigma\vec{M}=0$

則 $\vec{r}_B\times\vec{F}+\vec{M}_x+\vec{M}_y+\vec{M}_z=0$，亦即

$$(\vec{i}+3\vec{j})\times(10\vec{i}+30\vec{j}-10\vec{k})+\vec{M}_x+\vec{M}_y+\vec{M}_z=0$$

得 $$\begin{vmatrix}\vec{i} & \vec{j} & \vec{k}\\ 1 & 3 & 0\\ 10 & 30 & -10\end{vmatrix}+\vec{M}_x+\vec{M}_y+\vec{M}_z=0$$

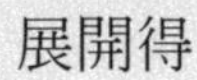
展開得

$$(-30\vec{i})+30\vec{k}-30\vec{k}-(-10\vec{j})+\vec{M}_x+\vec{M}_y+\vec{M}_z=0$$

$$-30\vec{i}+10\vec{j}+0\vec{k}+\vec{M}_x+\vec{M}_y+\vec{M}_z=0$$

則 $\vec{M}_x=30\vec{i}$

$\vec{M}_y=-10\vec{j}$

$\vec{M}_z=0\vec{k}$

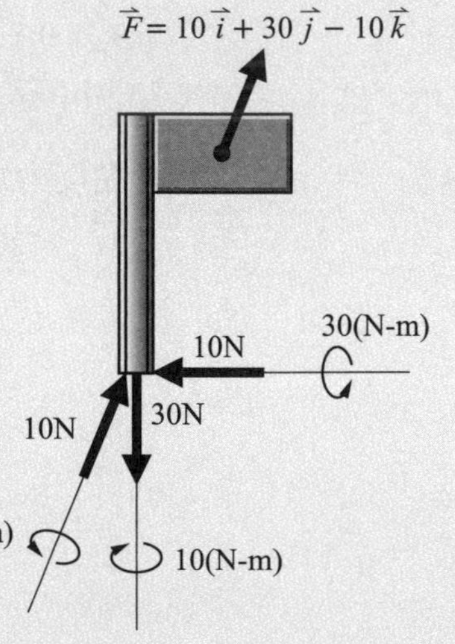

生活實例

鐵橋和屋頂常用各式元件組合而成，有些是二力元件，有些是三力元件。我們要學習以平衡方程式求得二力元件和三力元件受力的方法，做為分析整體結構受力之基礎。

5-4 二力元件的定義與平衡方程式 Equilibrium Equations of a Two-Force Member

當一個剛體構件有兩個點受到力的作用時，這個構件就稱爲**二力元件** two-force member★1，如果是三個點受到作用力，就稱爲**三力元件** three-force member★2。二力元件的兩個施力點通常都是在元件的兩端，元件受到的作用力不是拉力就是壓力。而三力元件在有三個不同施力點，元件除了受到拉力或壓力的作用以外，還有彎曲力矩，情況較爲複雜。

Note

★1. two-force member：If there are only two points of a member has force applied on it，then it is a two-force member.

★2. three-force member：If a member is subjected to only three forces in different points, it is called a three-force member.

一個二力元件如果要達到平衡狀態，這兩個力必需符合下列條件：(1)大小相等，(2)方向相反，(3)作用在同一直線上。如果是三力元件要達成平衡狀態，則必需具備的條件為：(1)各軸向上的合力必需等於零，(2)這三個力的延長線必需相交於一點，或這三個力共面且互相平行，如圖 5-4 所示。★1

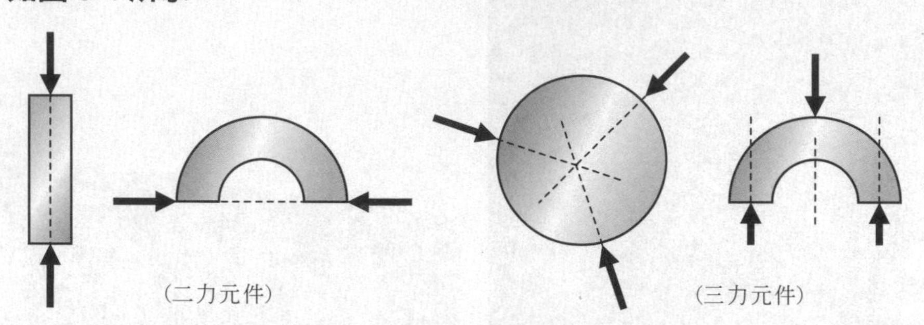

圖 5-4　二力元件與三力元件之平衡

一個物體如果是二力元件或三力元件，在解題時可以增加一些已知條件，有助於問題的簡化。當二力元件或三力元件達成平衡狀態時，就可以依照平衡公式來求得力的大小、方向或施力點的位置。爲了清楚了解構件的受力情形，我們通常會把和受力有關的部位切割分離出來，把所有受力情況標誌上去，如此可以簡化問題的複雜度，此一切割分離出來的單元即爲**自由體圖** free body diagram。

二力元件不管是何種形狀，只要符合大小相等、方向相反且作用在同一直線上等三個條件，都算是達成平衡狀態，如圖 5-5 所示。

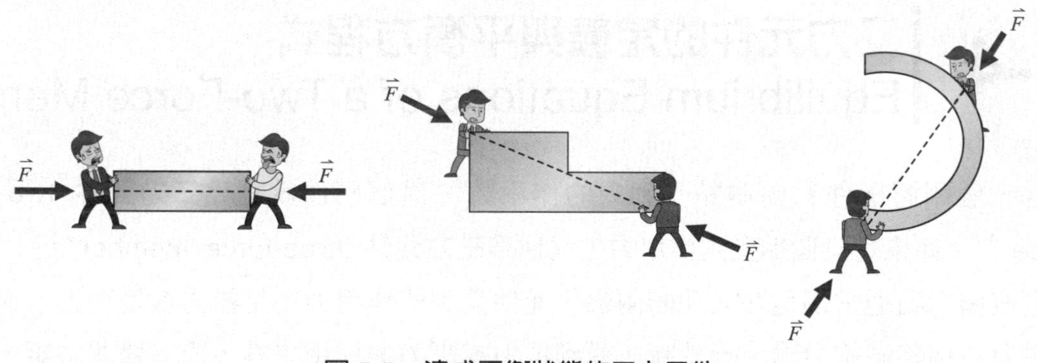

圖 5-5　達成平衡狀態的二力元件

Note

★1. If a two-force member is tended to reach a balanced state, then the following conditions must be met:(1)equal in magnitude, (2)opposite in direction, and(3)acting on the same straight line. If it is a three-force member, then the necessary conditions should be met are:(1)The resultant force on each axis must be equal to zero, (2)The extension lines of these three forces must intersect at one point, or the three forces are coplanar and parallel to each other, as shown in Figure 5-4.

例
5-11

下圖構件中 AD 長 2 m，C 點介於 AD 中點，A 點和 B 點之間長度為 1 m，求接觸面 A 和 B 的反作用力？

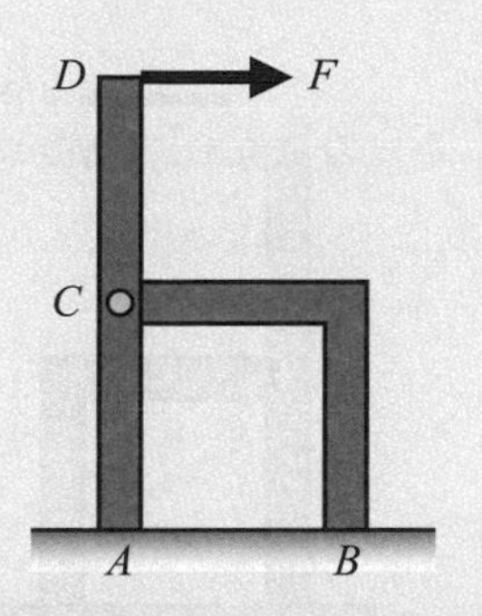

解析

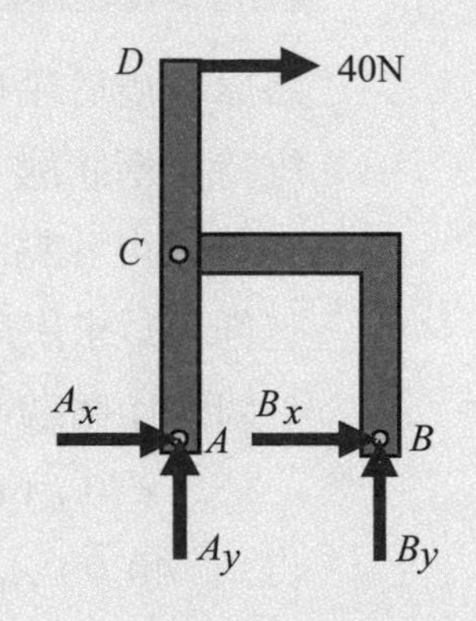

構件被當成一個完整的剛體，具有四個未知數，

但平衡方程式只有三個，

因此以傳統的方法無法求出所有解。亦即

$\Sigma \overrightarrow{F}_x = 0$，得 $A_x + B_x + 40 = 0$，則

$A_x + B_x = -40(\text{N})$

$\Sigma \overrightarrow{F}_y = 0$

$A_y + B_y = 0$

$\Sigma \overrightarrow{M}_z = 0$，

以 A 點為參考點所產生的合力矩，以向量乘積求得

$2\,\overrightarrow{j} \times 40\,\overrightarrow{i} + \overrightarrow{i} \times B_y\,\overrightarrow{j} = 0$

得到 $-80\,\overrightarrow{k} + B_y\,\overrightarrow{k} = 0$ 則

$B_y = 80\ (\text{N})$，又 $A_y + B_y = 0$，

所以

$A_y = -80\ (\text{N})$

至於 A_x 和 B_x，因為沒有其他條件可以應用，

所以無法求得解答。

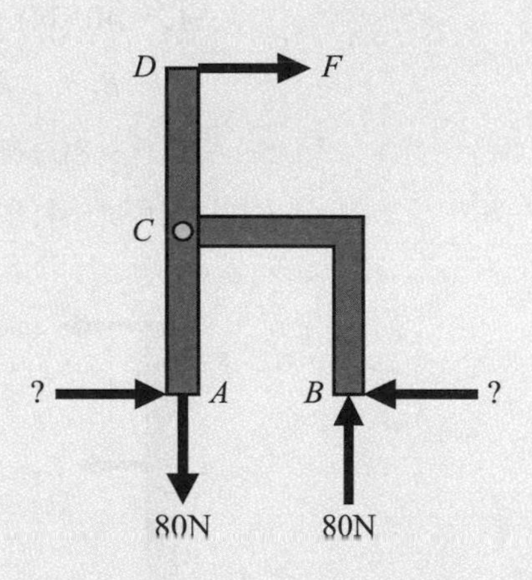

例 5-12

下圖構件中 AD 長 2 m，C 點介於 AD 之中點，A 點和 B 點之間長度為 1 m，求接觸面 A 和 B 之反作用力？

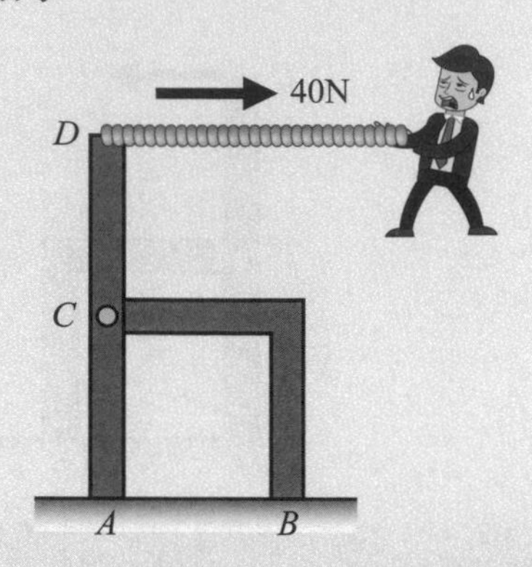

解析

將原本處於平衡狀態的構件拆解為兩個小元件，則這兩個小元件必需仍然各自維持平衡狀態。因此，可以列出個別元件的平衡方程式，再利用這些平衡方程式來求得各點之反作用力，就可以順利解決問題。整個過程雖然較為複雜，不過卻可以求出所有的反作用力。

針對自由體圖中 ACD 元件，以 C 點為參考點所產生的合力矩平衡方程式為

$$\vec{j}\times 40\vec{i}+(-\vec{j})\times A_x\vec{i}=0$$

得到 $-40\vec{k}+A_x\vec{k}=0$ 則

$A_x=40$ (N)，又從上例題中

$A_x+B_x=-40$(N)，所以

$B_x=-80$ (N)

如此即可求得所有的反作用力

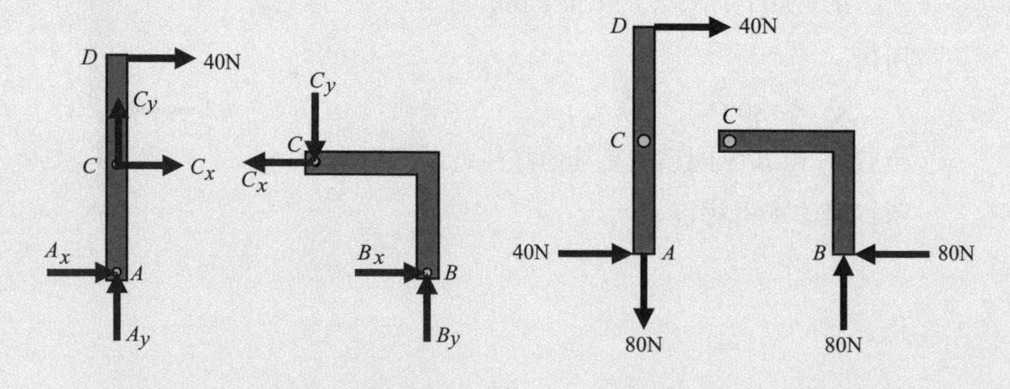

例 5-13

下圖構件中 AD 長 2 m，C 點介於 AD 之中點，A 點和 B 點之間長度為 1 m，試用二力元件法求接觸面 A 和 B 之反作用力？

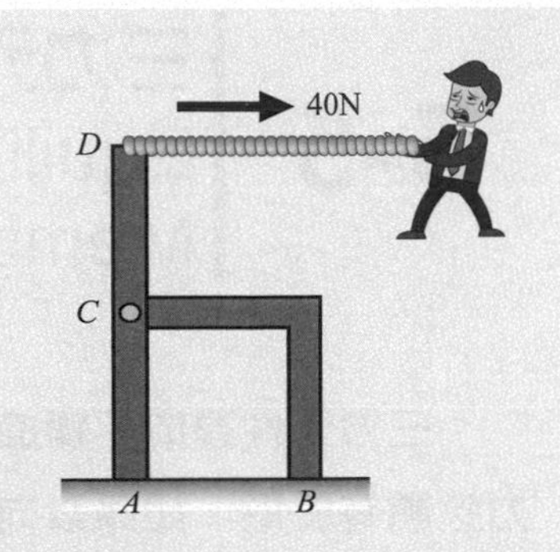

解析

如果把元件 BC 視為二力元件，並且將二力元件的平衡條件直接應用於剛體結構中，就可以簡化問題。亦即，元件 BC 為二力元件，因此在 C 點上，必需有一個和作用在 B 點上的力大小相等、方向相反並作用在同一直線上的力來達成平衡狀態，又因為 C 點不會移動，因此在 ACD 元件的 C 點上還會存在另一個反作用力來抵消元件 BC 上 C 點的力。

因元件 BC 為二力元件，且元件水平和垂直部分的長度都是 1 m，因此 B 點反作用力與水平反作用力之間的夾角為 45°，未知數只剩下 A_x、A_y 和 B 三個，可利用三個平衡方程式來求得。

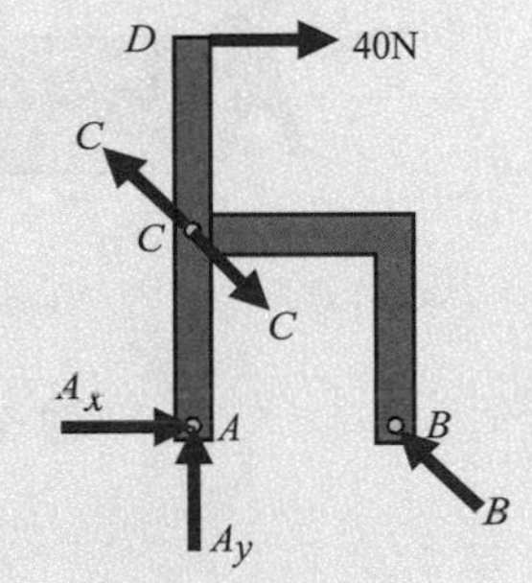

$\Sigma\overrightarrow{F}_x = 0$，$40 + A_x - B\cos45° = 0 \cdots$①

$\Sigma\overrightarrow{F}_y = 0$，$A_y + B\sin45° = 0 \cdots$②

$\Sigma\overrightarrow{M}_z = 0$

以 C 點為參考點所得到的合力矩平衡方程式為

$\overrightarrow{j} \times 40\overrightarrow{i} + (-\overrightarrow{j}) \times A_x\overrightarrow{i} = 0$

得到 $-40\overrightarrow{k} + A_x\overrightarrow{k} = 0$ 則

$A_x = 40$ (N)，代入①得

$B\cos45° = A_x + 40 = 80$，則

$B = 80\sqrt{2}$ (N) $= 113.14$ (N)，代入②得

$A_y = -80$ (N)

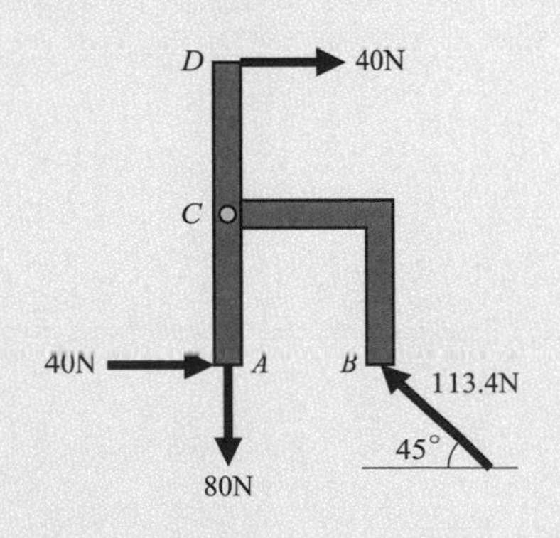

由此可知，如果結構中包含二力元件，可以將它們從結構中分解出來，再利用二力元件的定義來求出部分解，如此可以使得整體構件的受力分析變得更為容易。

5-5 三力元件的定義與平衡方程式 Equilibrium Equations of a Three-Force Member

三力元件達成平衡的條件是，這三個作用力或它們的延長線必需相交於一點，並且合力必需等於零。如果以向量圖示法表示，這三個作用力的合力等於零意味著這三個向量可以構成一個封閉的三角形，如圖 5-6 所示。當三力元件達到平衡狀態時，由上述兩個條件，可以判斷作用力的方向，並利用畢氏定理、正弦定理、餘弦定理或拉密定理求得作用力的大小以及相互間的夾角。利用上述二力元件和三力元件的定義和平衡條件，有時可以讓問題相對單純化，並且可以解出傳統平衡方程式感到困難或甚至沒有辦法解出的問題。

圖 5-6　三力元件達成平衡狀態(a)與未達成平衡狀態(b)

TIPS

若一個剛體受到三個不互相平行的作用力，則此剛體就被稱為三力元件。

If three points of a rigid body are subjected to non-parallel forces simultaneously, then the rigid body is called a three-force member.

例 5-14

當下列三力元件處於平衡狀態如圖時，試求各力之大小以及相互間的夾角？

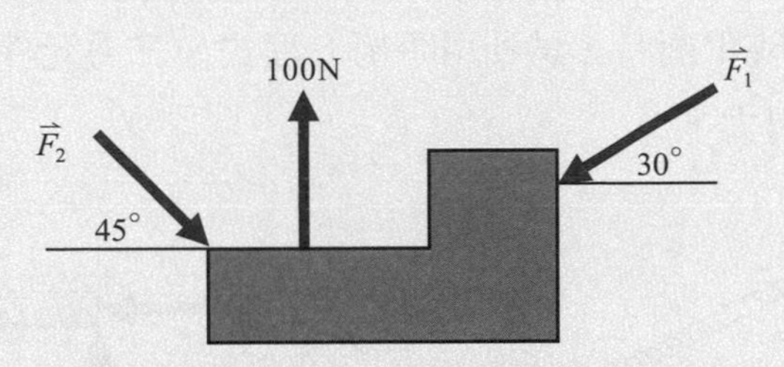

解析

當三個作用力達成平衡狀態時，必需滿足$\Sigma\vec{F} = \vec{F}_1 + \vec{F}_2 + \vec{F}_3 = 0$的條件，因為該受力元件為三力元件，三個作用力的延伸線會相交於一點，又因為力具有可傳遞性，所以將各個作用力沿著作用方向移動不會改變物體的平衡狀態，會得到如右圖(上)所示之結果，即可以利用拉密定理來求解。

要應用拉密定理首先要把各相關對應角求出來右圖(下)中可以得到

$$\alpha = 45° + 60° = 105°$$

$$\theta_1 = \theta_2 = 180° - 105° = 75°$$

由拉密定理可以得到

$$\frac{100}{\sin 105°} = \frac{F_1}{\sin 135°} = \frac{F_2}{\sin 120°}$$

則 $F_1 = 100\dfrac{\sin 135°}{\sin 105°} = 73.2\ (\text{N})$

$F_2 = 100\dfrac{\sin 120°}{\sin 105°} = 89.7\ (\text{N})$

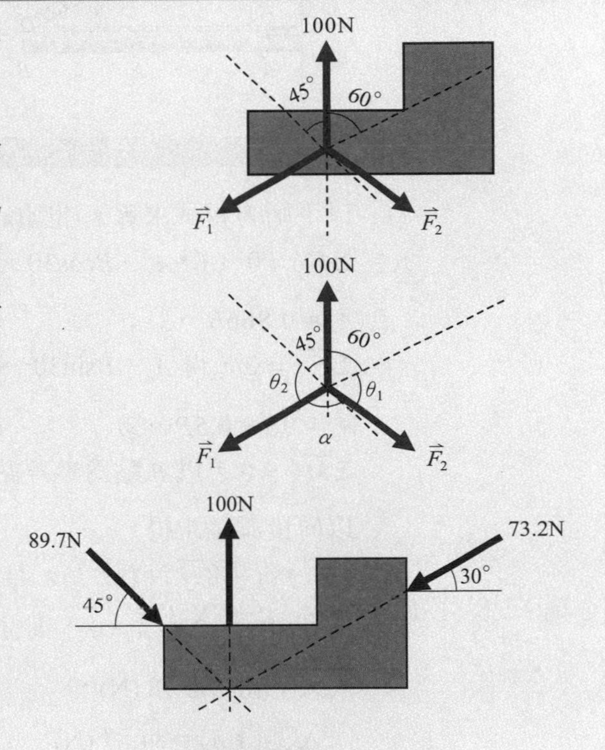

TIPS

三力元件的受力情形，亦可利用拉密定理求解。

The situation of a three-force member after it subjected to applied forces can also be solved by using Lami's theorem.

例 5-15

下圖中，構件 AB 長 3 m，質量爲 10 kg，以一條軟繩繫於牆上，夾角 θ 爲 30°，當達成平衡時，試利用平衡方程式、三力元件法和正弦定理，求 A 處和 B 處之反作用力？

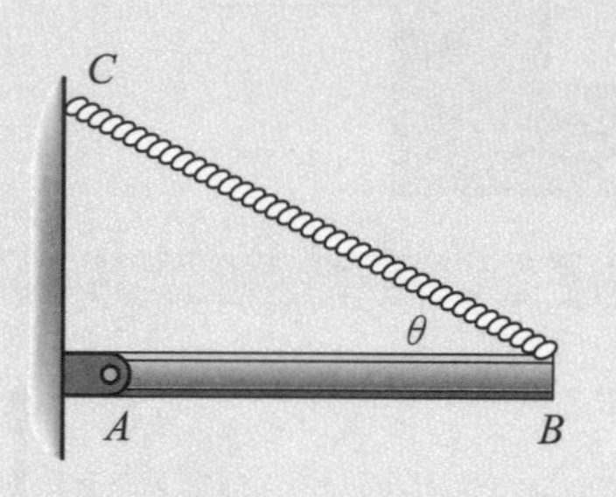

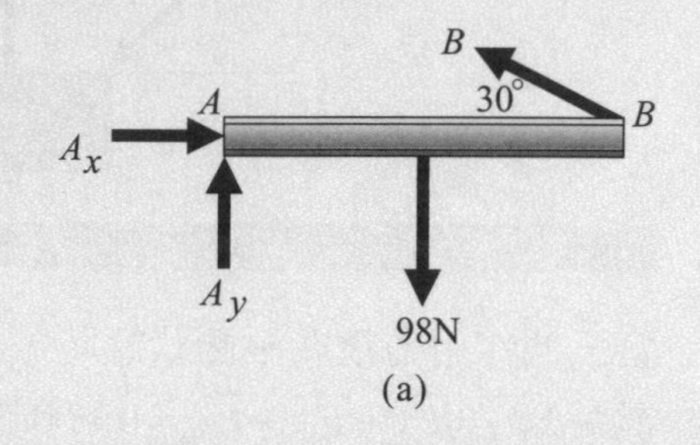

(a)

解析

(1) 以平衡方程式求解，如圖(a)

$\Sigma \overrightarrow{F}_x = 0$，得 $A_x - B\cos 30° = 0$，則

$A_x = 0.866B \cdots$①

$\Sigma \overrightarrow{F}_y = 0$，得 $A_y + B\sin 30° - 98 = 0$，則

$A_y = 98 - 0.5B \cdots$②

$\Sigma \overrightarrow{M}_z = 0$，以 B 點爲參考點所產生的合力矩，

以向量乘積求得

$(-\overrightarrow{i}) \times (-98\overrightarrow{j}) + (-2\overrightarrow{i}) \times A_y\overrightarrow{j} = 0$

得到 $98\overrightarrow{k} - 2A_y\overrightarrow{k} = 0$，則 $A_y = 49$ (N)，

代入②得 $B = 98$ (N)，

代入①得 $A_x = 84.87$ (N)

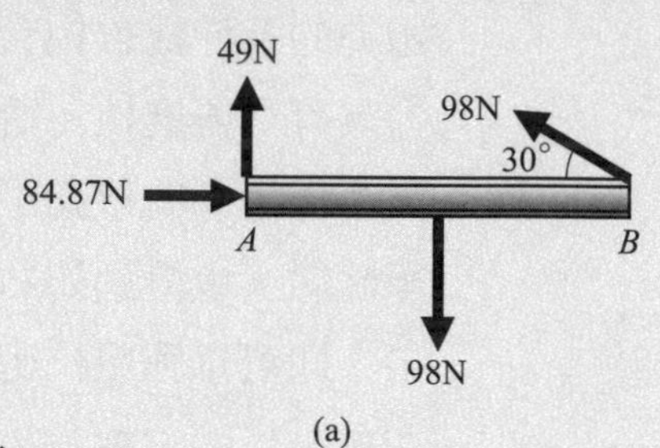

(a)

(2) 以三力元件法求解，

如圖(b)構件受三個點受力作用且達成平衡，

故爲三力元件，

三個作用力會相交於一點，

而且合力爲 0，

可以利用平衡方程式、正弦定理、

餘弦定理或拉密定理來求解。

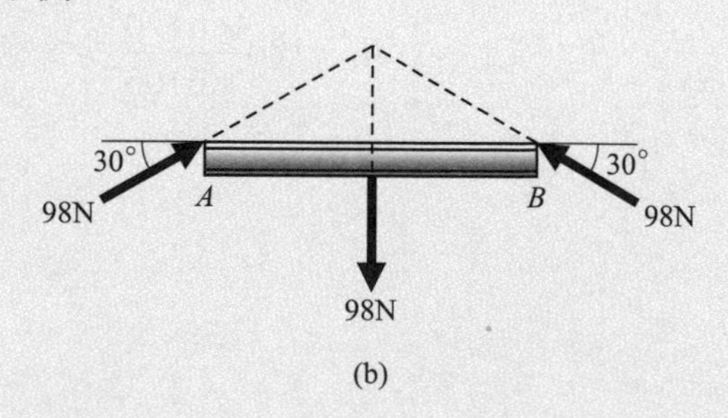

(b)

圖(b)中，構件 AB 的重量是作用在中點，

因此作用力 A 和 B 與水平之間的夾角都等於 30°，

可以進而求得

$\alpha = 180° - 30° - 30° = 120°$

$\beta = \gamma = 30° + 90° = 120°$

如圖(c)，可依拉密定理求解，

因爲三個對應角均爲 120°，

所以 A 點和 B 點所受到的反作用力都等於 98N，

即　$A = 98$ (N)，$B = 98$ (N)或

　　$A_x = 98\cos 30°$，$A_y = 98\sin 30°$，

得　$A_x = 84.87$ (N)，$A_y = 49$ (N)

(c)

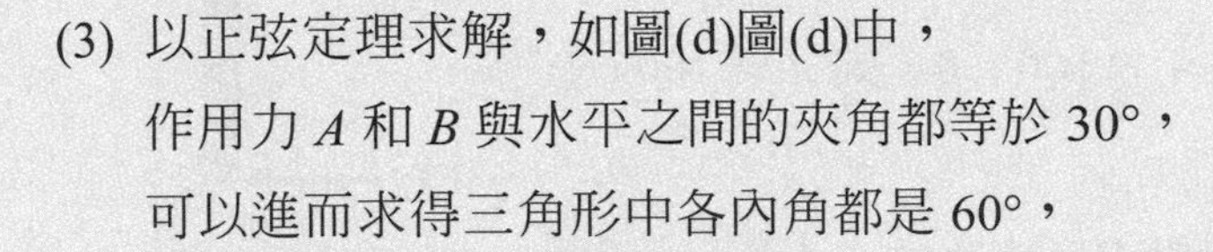

(3) 以正弦定理求解，如圖(d)圖(d)中，

作用力 A 和 B 與水平之間的夾角都等於 30°，

可以進而求得三角形中各內角都是 60°，

因此得到 A 點和 B 點所受到的

反作用力都等於 98N，即

$A = 98$ (N)，$B = 98$ (N)或

$A_x = 98\cos 30°$，$A_y = 98\sin 30°$，

得 $A_x = 84.87$ (N)，$A_y = 49$ (N)

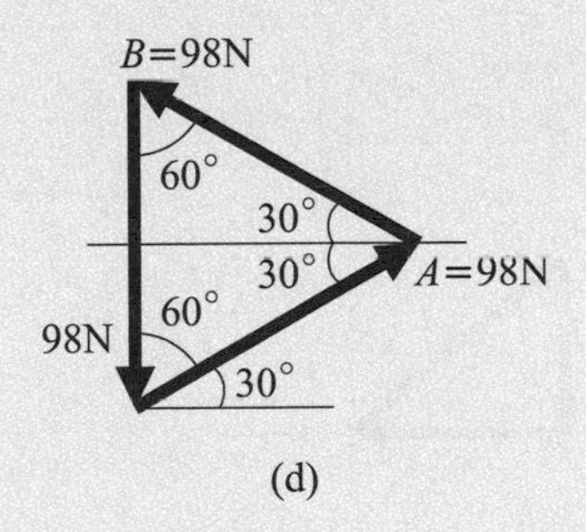

(d)

TIPS

以平衡方程式之餘弦定理、正弦定理或拉密定理求解三力元件的受力情形，所得到的結果皆相同！

No matter the cosine theorem, sine theorem or Lami's theorem is using to get the balance equations of a three-force member, the results will be the same!

例 5-16

當如圖之構件受到 100 N 作用力時，試以平衡方程式及三力元件法，求平衡狀態下各點之反作用力大小？

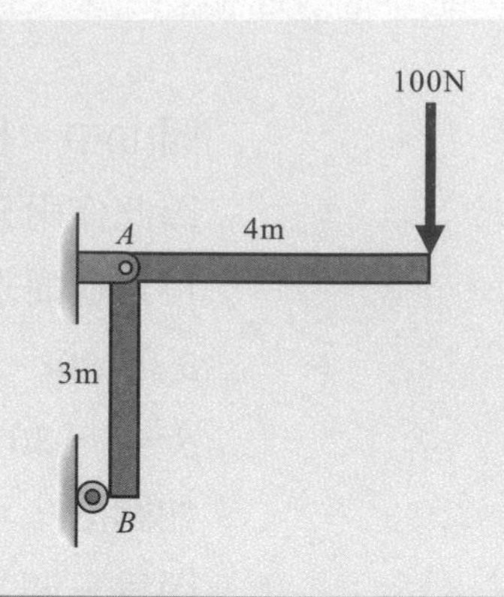

解析

(1) 以平衡方程式求解

如右圖爲自由體圖，

從剛體的平衡方程式可以得到

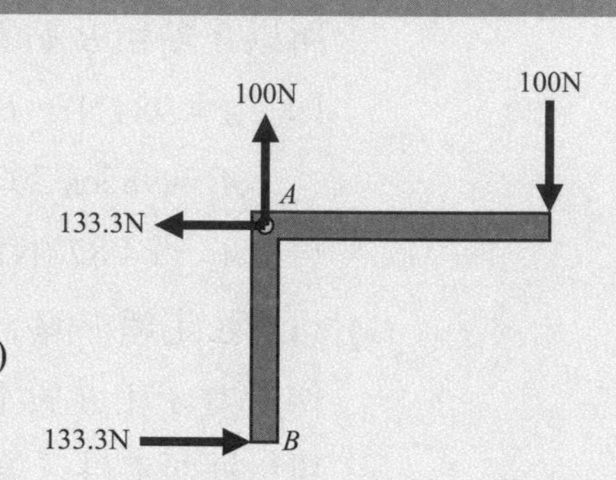

$\Sigma\overrightarrow{F}_x = 0$，得 $A_x + B_x = 0$，則 $A_x = -B_x$

$\Sigma\overrightarrow{F}_y = 0$，得 $A_y - 100 = 0$，則 $A_y = 100$ (N)

$\Sigma\overrightarrow{M}_z = 0$，

以 A 點爲參考點求所產生的合力矩

得到 $3 \times B_x = 4 \times 100$，則 $B_x = 133.3$ (N)，$A_x = -133.3$ (N)

(2) 以三力元件法求解

因爲構件有三個受力點而且達成平衡，因此是三力元件，平衡時這三個力的延伸線必需交會於一點。

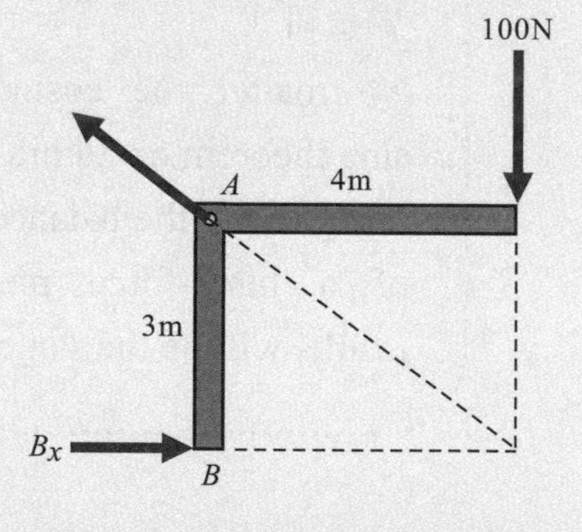

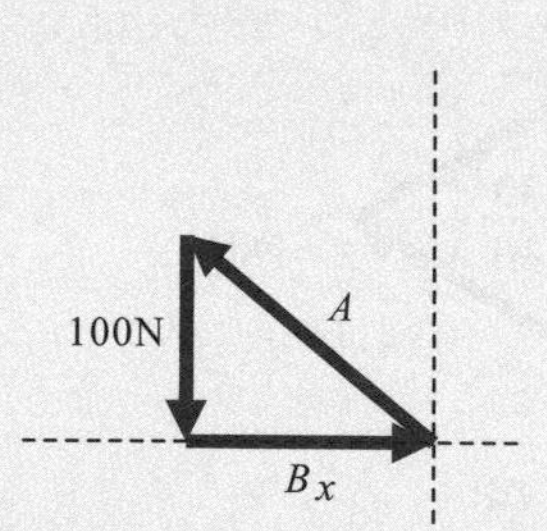

上圖中左圖所顯示的三角形和右圖合力的向量圖示法所得到的三角形全等，因此可以利用簡單的比例法得到

$\dfrac{100}{3} = \dfrac{B_x}{4} = \dfrac{A}{5}$，則 $A = 166.7$ (N)，$B_x = 133.3$ (N)

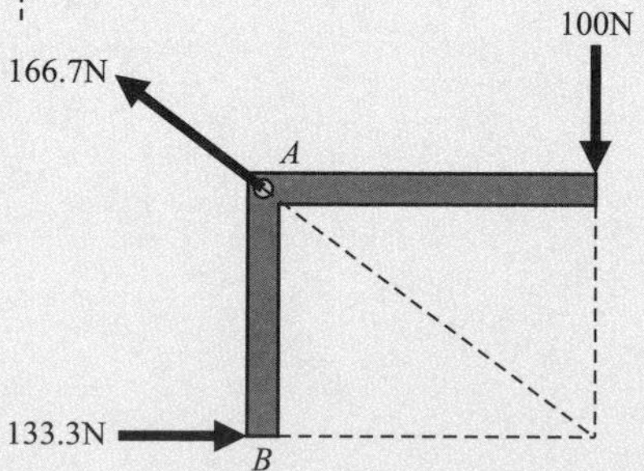

例 5-17

圖中已知 A 點的反作用力爲 100 N，試求 O 點的反作用力。

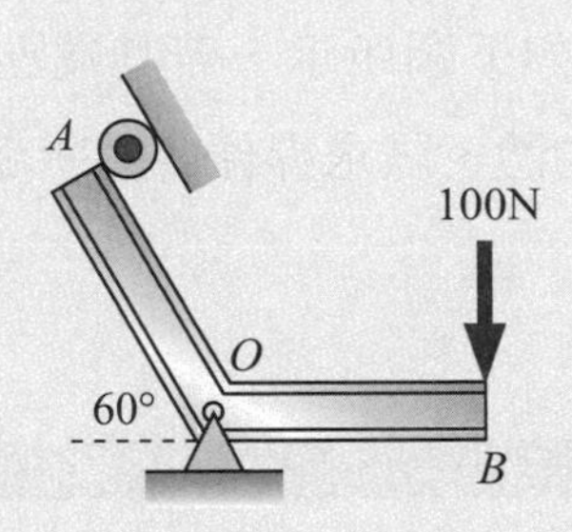

解析

構件 AOB 爲三力元件，

平衡時三力必定交會於一點。

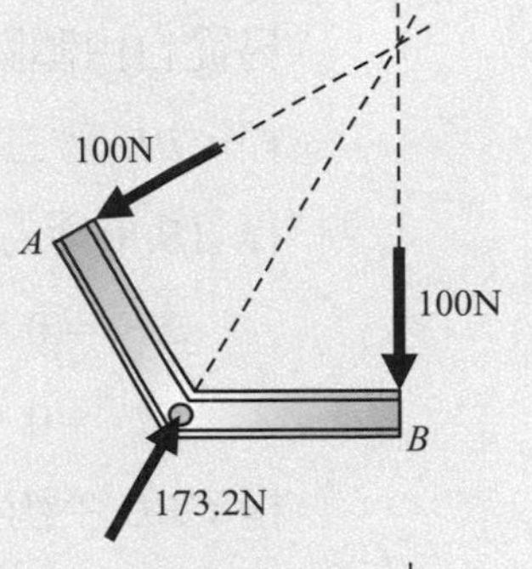

由平衡方程式

$$\Sigma \vec{F}_x = 0$$

$$-100\sin 60° + R\cos\theta = 0$$

$$R\cos\theta = 50\sqrt{3} \cdots ①$$

$$\Sigma \vec{F}_y = 0$$

$$-100\sin 60° + R\sin\theta - 100 = 0$$

$$R\sin\theta = 150 \cdots ②$$

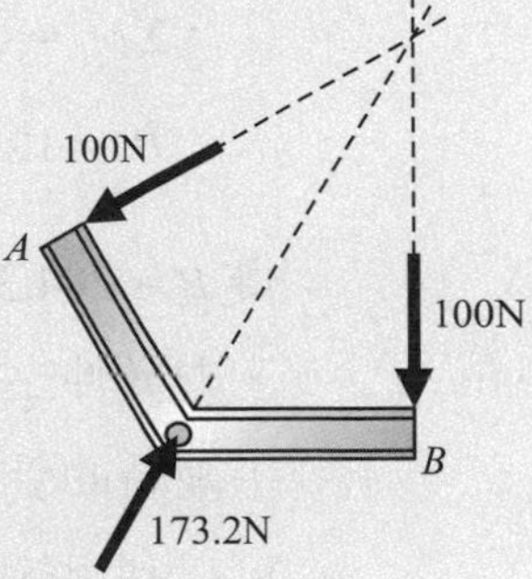

由①②得

$$\tan\theta = \frac{150}{50\sqrt{3}} = \sqrt{3}$$

$$\theta = \tan^{-1}\sqrt{3} = 60°$$

代入①得

$$R\cos 60° = 50\sqrt{3}$$

則 $R = 100\sqrt{3}\ (\text{N}) = 173.2\ (\text{N})$

TIPS

三力元件平衡時，三個力必定會交會在一點，可以利用平衡方程式來求解。

If the three-force member reach a balanced state, the three forces must intersect at one point, and the balance equations can be used to solve the problem very easily.

例 5-18

水平桿件 *CBD* 以絞鍊固定於牆 *C* 點處，並以另一桿件 *AB* 支撐如下圖所示，若其端點 *D* 處懸掛有 10 kg 之物體，試求桿件各點所受到之反作用力？

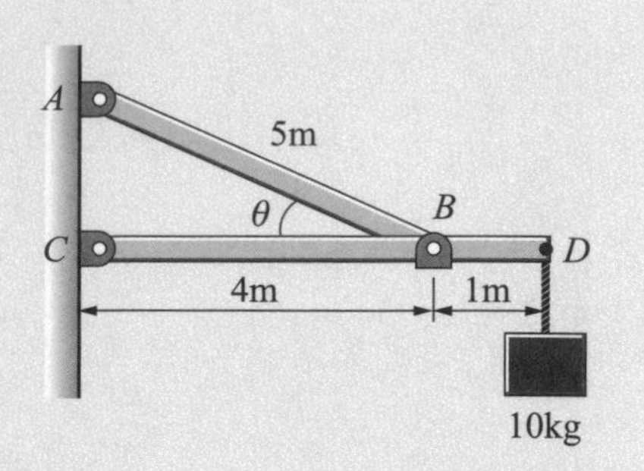

解析

由圖可知，$\cos\theta = \dfrac{4}{5}$，$\sin\theta = \dfrac{3}{5}$，$\theta = 36.87°$

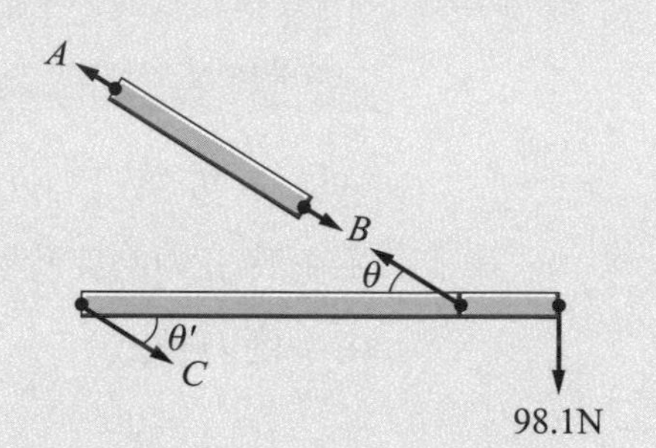

另從自由體圖中可以看出，桿 *AB* 為二力元件，桿 *CBD* 為三力元件

桿 *AB* 平衡方程式為

$\Sigma F_x = 0$，$-A_x + B_x = 0$，$A_x = B_x$

$\Sigma F_y = 0$，$A_y - B_y = 0$，$A_y = B_y$

桿 *CBD* 平衡方程式

$\Sigma M_c = 0$，$-B_y(4) + 98.1(5) = 0$

$B_y = 122.63\ (\text{N})$，$B_y = B\sin\theta = \dfrac{3}{5}B$，

得 $B = 204.38\ (\text{N})$

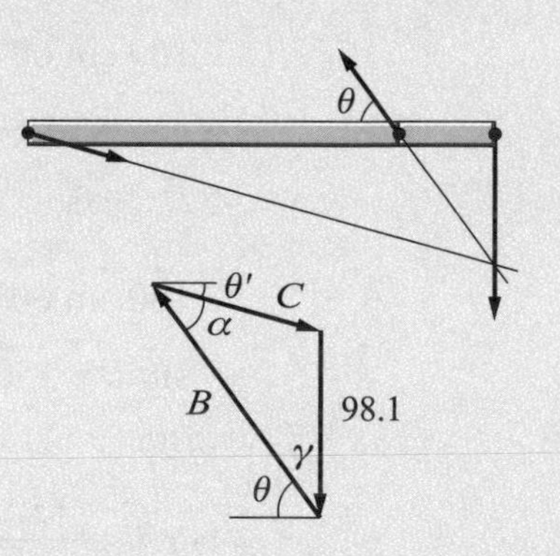

三力元件之三個力必定交會於一點，

平衡時的受力圖如左，

可以利用餘弦定理求其他未知解，

$r = 90° - \theta = 53.13°$

$C^2 = B^2 + (98.1)^2 - 2B(98.1)\cos(53.13°)$

$C^2 = (204.38)^2 + (98.1)^2 - 2(204.38)(98.1)(0.6)$

解得 $C = 165.33\ (\text{N})$

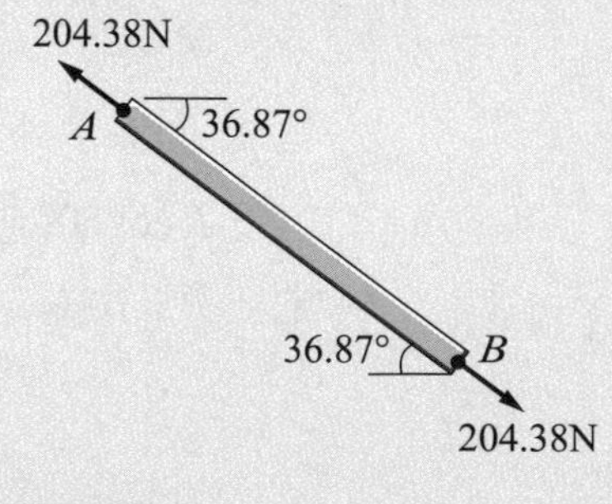

利用正弦定理求α，$\dfrac{98.1}{\sin\alpha} = \dfrac{165.33}{\sin(53.13°)}$

解得$\alpha = 28.34°$

$\theta' = \theta - \alpha = 8.53°$

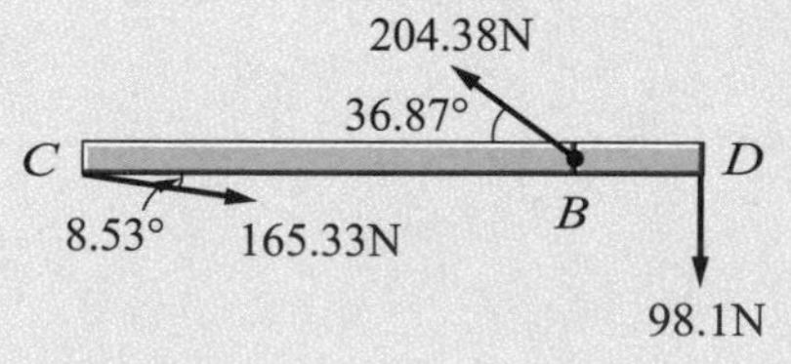

06

重力、彈簧力與張力

本章大綱

6-1　重力與正向力

6-2　彈簧力

6-3　滑輪與繩索之張力

學習重點

本章列舉一些常見的作用力模式和其所應具備的特殊性質，包含重力、正向力、彈簧力、滑輪與繩索張力等，並探討該等作用力作用在物體上所呈現的方式，再將其畫在自由體圖上以列出各相關的平衡方程式，從而得到物體受到該等型式作用力後所產生之反作用力與反力矩。

Learing Objectives

- *To familiarize different force modes like gravity,normal force,spring force,pulley and rope tension,etc,and to clarify the ways in which these forces act on objects.*
- *To list the relevant balance equations,so as to obtain the reaction force and moment generated by the object after being subjected to these different types of forces.*

生活實例

在談到一個物體受作用力作用時，我們只知道受到多大的力，受力方向為何，並不管作用力的來源或性質。不過在實際所碰到的力學問題中，有些只是告訴你出力的機構為何，必需自行將實際作用力計算並標示在自由體圖上，如此才有可能解得平衡時物體所受到的力或反作用力。

滑輪常被用來增加施力效益，彈簧則往往被拿來做為減震和彈性緊固用，是工業上不可或缺的元件。本章將學習計算滑輪組於平衡狀態下纜繩所受到的張力，以及彈簧串聯或並聯時作用力與伸長量之間的關係。

生活實例

When talking about an object acting by a force, all we know is how much force is it, what is the direction of force, but regardless of the source or nature of the force. However, in the actual mechanical problems encountered, some just tell you what the mechanism of the force is, and the actual force must be calculated and marked on the free body diagram by yourself, so that it is possible to solve the force or reaction on the object when it is in equilibrium state.

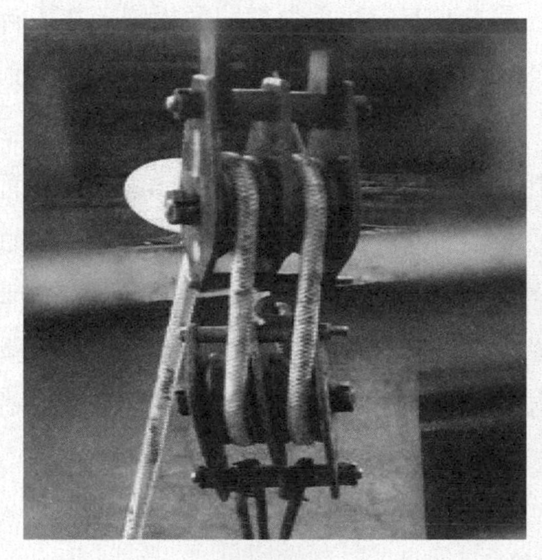

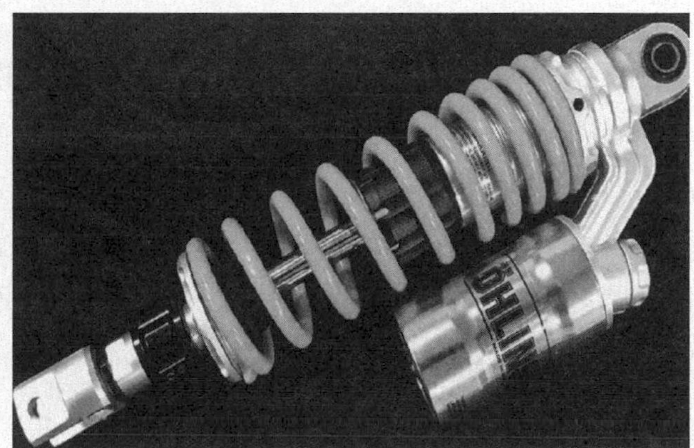

Pulleys are often used to increase the effect of applying force, the combination of spring and damper are often used for car shock absorption, those are indispensable components in industry. In this chapter, we will learn to calculate the tension on the cable under the balance state of the pulley block, and the relationship between the force and the elongation of the spring, including when numerous springs are connected in series or in parallel.

6-1 重力與正向力 Gravitational Force and Normal Force

重力 gravity★1 是我們最常感受到的一種力的形式，包含人的體重、物體的重量、水往下流、自由落體現象等，充斥在我們生活空間中的每一個角落。當一個具有質量的物體存在地球表面上時，會受到一個指向地心的加速度作用而產生力，這個力就被稱之爲重力(gravity)。由科學實驗得知，在海平面的高度時，這個指向地心的加速度大小爲 $g = 9.81\text{m/s}^2$，稱之爲**重力加速度** gravitational acceleration★2。依據牛頓第二運動定律得知，質量爲 m 的物體具有 g 的重力加速度，乃是受到大小爲 $F = mg$ 的重力所致。一個物體所受到的重力也被稱之爲該物體的重量(weight)，重力的方向和重力加速度相同，都指向地心，以處於地球表面上的人類來說，重力則是永遠指向下方，或者說是與水平面成垂直的方向。

當兩個物體互相接觸時，接觸線(2D)或接觸面(3D)被稱爲切線 tangent line 或切面 tangent plane，常以 t 來標示其方向，而與接觸線或接觸面垂直的方向則被稱爲法線 normal line，常以 n 來標示其方向，如圖 6-1 所示。最簡單的例子是將物體置放在水平桌面上的情況，切線是水平線，法線就是正垂直線，若是兩個置放於水平面上的物體，除了各別物體與水平面之間具有切線與法線關係以外，這兩個物體彼此之間的接觸面，也可以定義出屬於它們的切線法線系統。

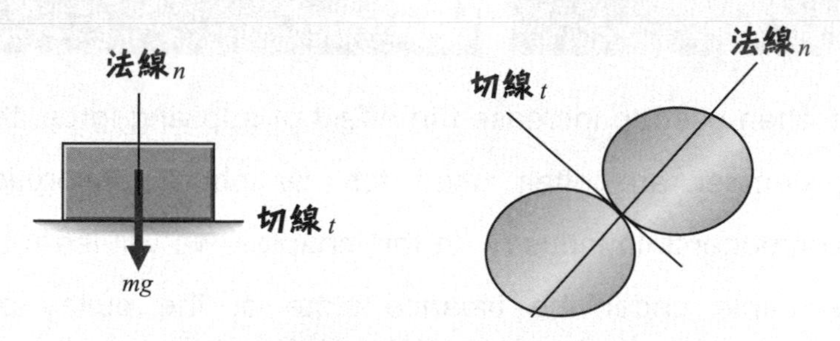

圖 6-1　物體接觸面的切線 t 與法線 n

Note

★1. gravity：When an object with mass exists on the surface of the earth, it will be subjected to an acceleration pointing to the center of the earth to produce a force, which is called gravity.

★2. gravitational acceleration：At the height of sea level, the object will be subjected to an acceleration of 9.81m/s, which is pointing to the center of the earth and can generate a force, it is called the acceleration of gravity.

依據牛頓第三運動定律，當物體受到一個力 F 的作用時，物體必然會產生一個大小相等但方向相反的反作用力。如果將圖 6-1 所示的例子加以剖析，可以得到如圖 6-2 中所示的自由體圖。由圖中可知，在定義好切線與法線方向後，就可以把作用力 F 和反作用力 N 分別標示上去，因爲作用力和反作用力沒有切線 t 方向的分量，都是發生在法線 n 的方向上，且兩者具有大小相等、方向相反的特性，因而在法線方向上的合力爲零，也就是物體會保持平衡狀態。

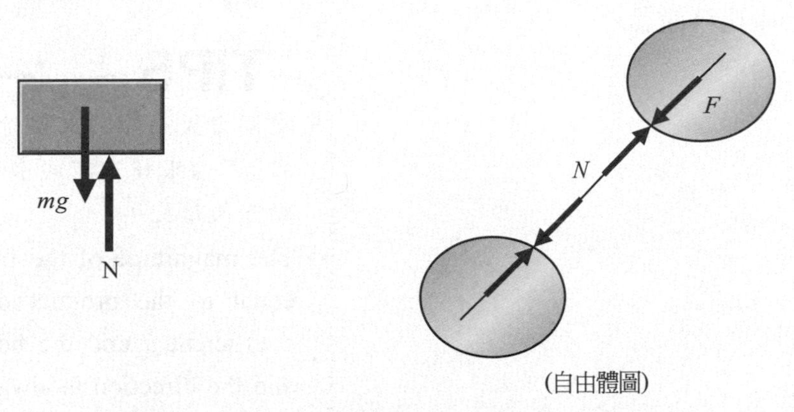

圖 6-2　物體相互接觸產生的作用力與反作用力

假如一個物體是被置放在斜面上，如圖 6-3 所示，此時可以將斜面定義爲切線 t 的方向，與斜面垂直的方向則定義爲法線 n 的方向。由圖中可知，物體所受到向下的重力 mg 可以分爲平行於斜面的分力 F_T 和垂直於斜面的分力 F_N，然後將它們標示於自由體圖上，再運用前面章節所提到的方式，分別列出和斜面平行的切線方向，以及和斜面垂直的法線方向之平衡方程式，並加以求解。

平行於斜面的分力 F_T 會讓物體產生沿著斜面下滑的傾向，而垂直於斜面的分力 F_N 則會向該斜面的垂直方向施力，使該斜面會產生一個大小相等但方向相反的反作用力 N，兩者同時作用在該物體上。

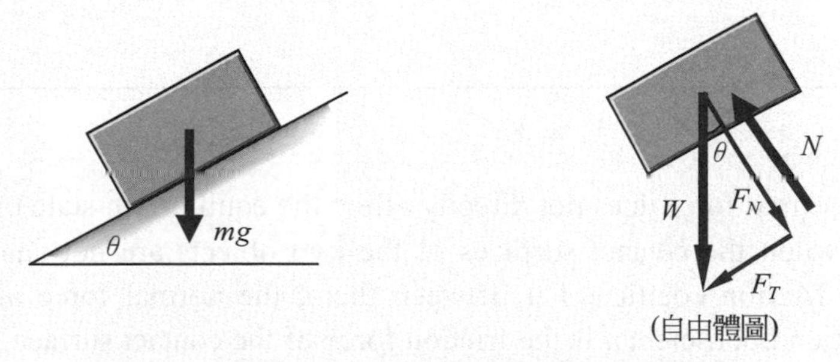

圖 6-3　斜面上物體所產生的作用力與反作用力

物體重力作用在接觸面的垂直方向所產生的反作用力 N 就是一般所謂的正向力 normal force，當兩個物體互相接觸而且彼此之間有相互施力作用時，在兩個力的作用線上彼此間一定會產生反作用力，也就是一定有正向力 N 的存在。**基本上，正向力並不會直接影響物體的平衡狀態或運動狀態，不過，當兩個物體的接觸面都不是光滑平面，亦即之間存在一個表面摩擦係數 μ 時，正向力和表面摩擦係數 μ 的乘積就是接觸面的摩擦力，因為摩擦力永遠和物體的運動方向相反，會抵消作用力對物體所產生的效應。**★1 摩擦與摩擦力的問題將留到後面章節中再行討論。

TIPS

摩擦力大小等於摩擦係數 μ 和正向力 N 的乘積，方向永遠與物體的運動方向相反。

The magnitude of the friction force is equal to the product of the friction coefficient μ and the normal force N, and the direction is always opposite to the direction of motion of the object.

Note

★1：Basically, the normal force does not directly affect the equilibrium state or motion state of the object. However, when the contact surfaces of the two objects are not smooth planes, that is, there is a surface friction coefficient μ between them, the normal force and the surface. The product of the friction coefficient μ is the friction force of the contact surface, because the friction force is always opposite to the motion direction of the object, which will cancel the effect of the force on the object.

例 6-1

質量爲 20 kg 的物體以一條最大容許受力爲 100 N 的軟繩懸吊置於光滑斜面上，當斜面的斜角 θ 不斷增大時，試求何時軟繩會斷裂？

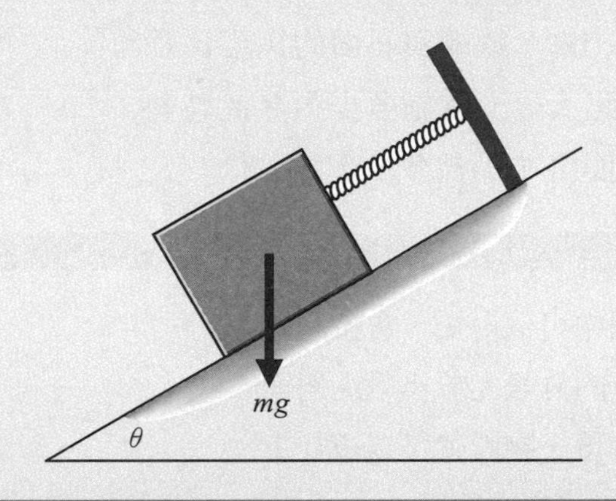

解析

將物體受到的所有力都標示上去得到自由體如圖，此處 T 爲軟繩所受到的張力，N 爲接觸面作用於物體的正向力，可以列出平衡方程式如下：

斜面方向或切線方向平衡方程式

$$\Sigma \overrightarrow{F}_T = 0$$

則 $T - F_T = 0$，此處 $F_T = mg \sin\theta$

得到 $T = mg \sin\theta$ 或 $T_{max} = mg \sin\theta_{max}$…①

又因 $T_{max} = 100\ (N)$

$$mg = 20\ kg \times 9.8\ m/s^2 = 196\ (N)$$

分別代入①得

$$100 = 196 \sin\theta_{max}$$

則 $\sin\theta_{max} = 100/196 = 0.51$

$$\theta_{max} = 30.66°$$

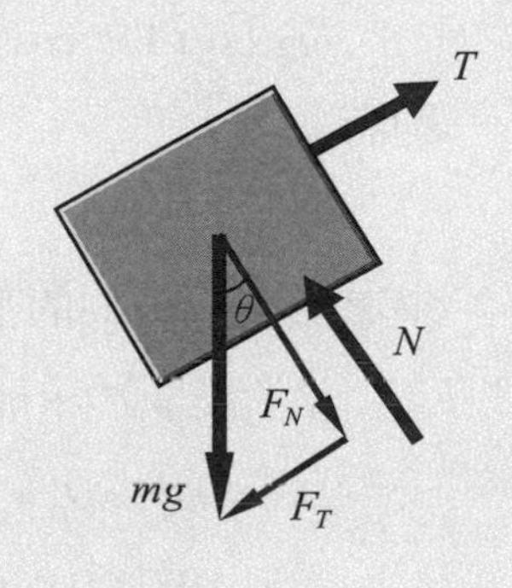

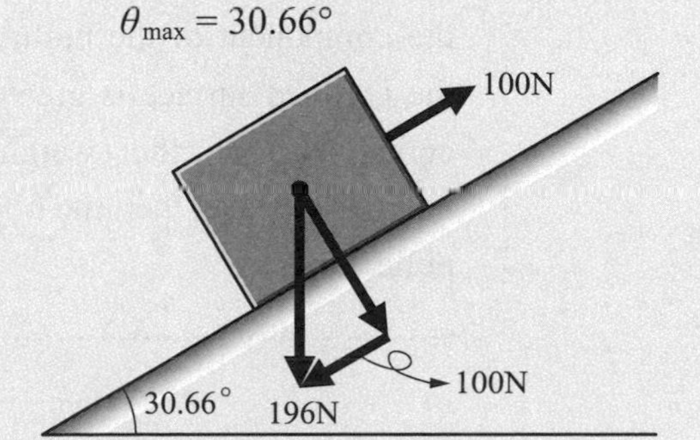

TIPS

重量在斜面上的分量減去摩擦力，如果超過繩的最大容許受力，則繩會斷裂。

If the maximum allowable force on the rope exceeds the component of the weight on the slope minus the friction, the rope will break.

例 6-2

有一個人企圖將質量爲 20 kg 的物體以一條軟繩沿著光滑斜面向上拉，如果斜面的斜角 θ 爲 15°，軟繩與斜面的角度 ϕ 爲 30°，試求此人最少該施多少力？此時斜面上所受到的正向力爲多少？

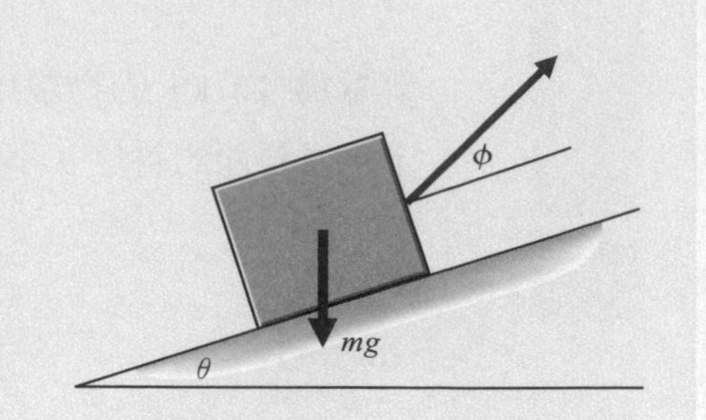

解析

從自由體圖中可以得知，當拉力在斜面方向上的分量大於重量在斜面方向上的分量，物體就可以被往上拉，亦即

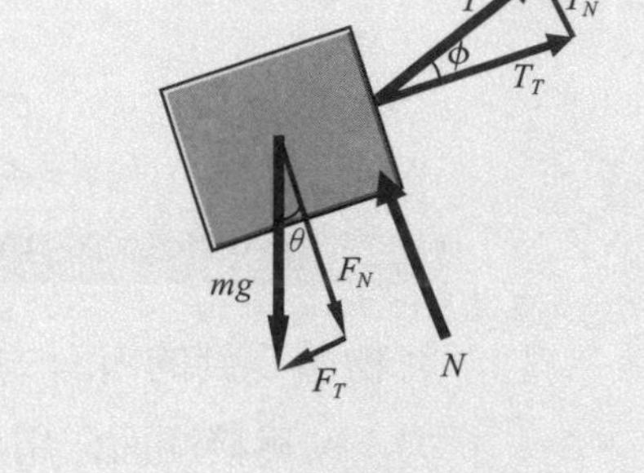

$T_T > F_T$，將 $T_T = T\cos\phi$

$F_T = mg\sin\theta$ 代入得

$T\cos\phi > mg\sin\theta$ 或 $T > mg(\sin\theta/\cos\phi)$

$mg(\sin 15°/\cos 30°) = 198 \times (0.259/0.866) = 59.2\ \text{N}$

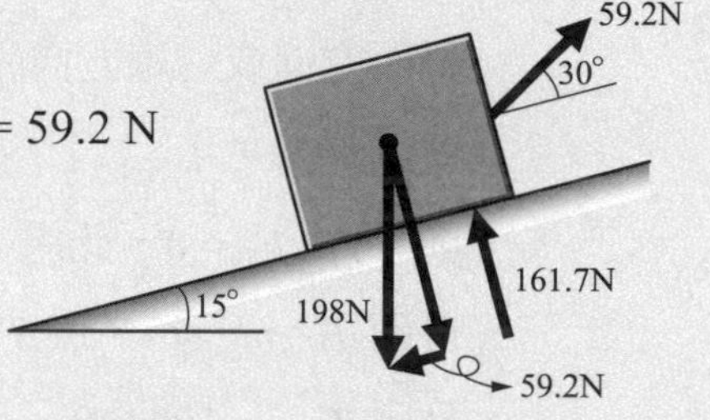

則有效施力

$T > 59.2$ (N)

垂直於斜面方向的平衡方程式爲

$N + T_N = F_N$，則 $N = F_N - T_N$

$F_N = mg\cos\theta = 198\cos 15°$

$= 198 \times 0.966 = 191.3$ (N)

$T_N = T\sin\phi = 59.2\sin 30° = 29.6$ (N)

$F_N - T_N = 191.3 - 29.6 = 161.7$ (N)，

得　$N = 161.7$ (N)

TIPS

若斜面為光滑面，當拉力在斜面上的分量大於重量在斜面上的分量時，物體就可以被往上拉。

If the inclined surface is smooth, when the component of the pulling force on the inclined surface is greater than the component of the weight on the inclined surface, then the object can be pulled up.

例 6-3

質量 3 kg 的圓球 A 被以繩索懸吊並靜止於光滑斜面上如圖所示，當時該圓球受力達到平衡狀態，試求其與接觸面之正向力以及繩之張力？又此時物體 B 之質量應爲多少？

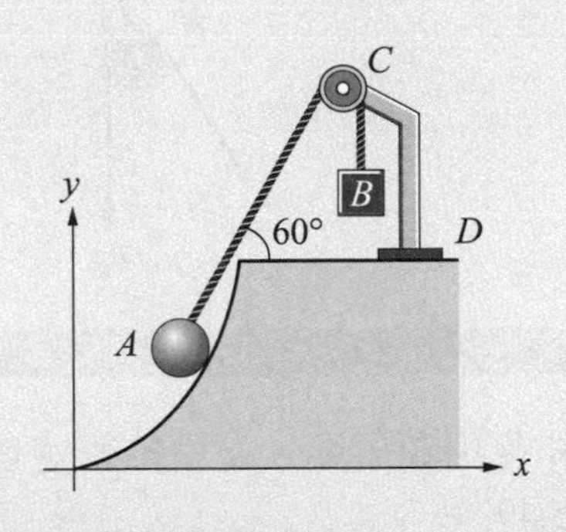

解析

圓球受力之自由體圖如示，

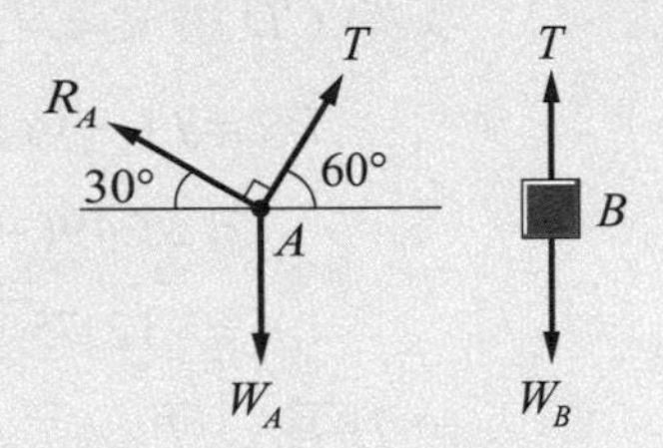

$$W_A = mg = 3 \times 9.81 = 29.43 \text{ (N)}$$

運用拉密定理得

$$\frac{R_A}{\sin 150^\circ} = \frac{T}{\sin 120^\circ} = \frac{29.43}{\sin 90^\circ},$$

解得 $R_A = 14.72$ (N)，$T = 25.49$ (N)

又　$T = W_B = 25.49$ (N)，

則　$m_B = \dfrac{W_B}{g} = \dfrac{25.49}{9.81} = 2.6$ (kg)

例 6-4

上題中，滑輪 C 的受力狀況為何？固定點 D 的受力及力矩為多少？

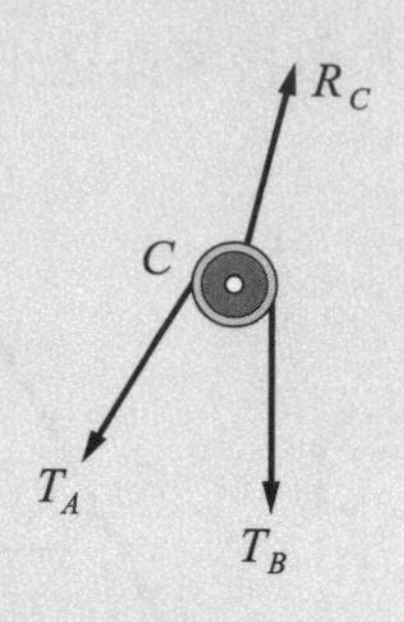

解析

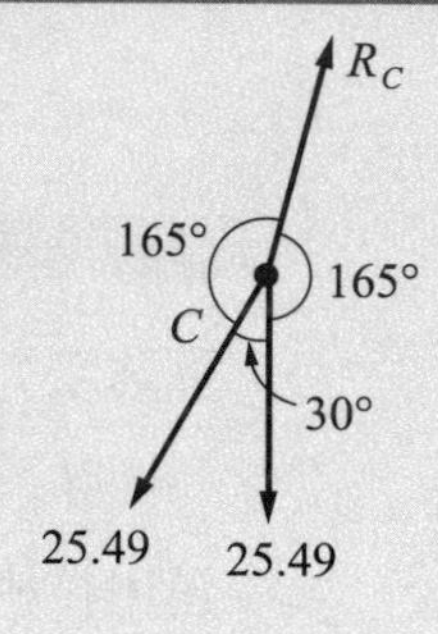

由自由體圖中可知各相關角度，運用拉密定理得

$$\frac{R_c}{\sin 30^\circ}=\frac{25.49}{\sin 165^\circ}\text{，解得 } R_c = 49.24\ (\text{N})$$

支架 CD 所受之力為 $\overrightarrow{T}_B = -25.49\overrightarrow{j}$

$$\overrightarrow{T}_A = T(-\sin 30^\circ \overrightarrow{i} - \cos 30^\circ \overrightarrow{j})$$
$$= 25.49(-0.5\overrightarrow{i} - 0.886\overrightarrow{j})$$
$$= -12.75\overrightarrow{i} - 22.07\overrightarrow{j}$$

T　30°　$T\cos 30^\circ$　$T\sin 30^\circ$

合力 $\overrightarrow{F}_C = \overrightarrow{T}_A + \overrightarrow{T}_B = -12.75\overrightarrow{i} - 47.56\overrightarrow{j}$

力臂 $\overrightarrow{r} = \overrightarrow{DC} = -0.5\overrightarrow{i} + 1.5\overrightarrow{j}$

$$\Sigma\overrightarrow{F} = \overrightarrow{F}_C + \overrightarrow{R}_D = 0\text{，則 } \overrightarrow{R}_D = -\overrightarrow{F}_C = 12.75\overrightarrow{i} + 47.56\overrightarrow{j}$$

$$M_D = \overrightarrow{r} \times \overrightarrow{F}_C = (-0.5\overrightarrow{i} + 1.5\overrightarrow{j}) \times (-12.5\overrightarrow{i} - 47.56\overrightarrow{j})$$
$$= 23.78\overrightarrow{k} + 18.75\overrightarrow{k} = 42.53\overrightarrow{k}$$

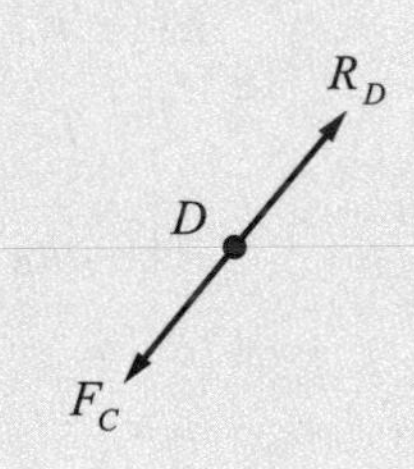

6-2 彈簧力 Elastic Force

彈簧力是因爲具有彈性的繩索或彈簧受到拉長或壓縮而要回復到原狀所產生的反作用力，當假設彈簧受力變形的範圍是在彈性限度之內時，也就是當外力去除後，彈簧仍然可以恢復到原來狀態的受力範圍內時，彈簧力的大小可以依據**虎克定律** Hook's Low★1 來計算。

虎克定律的定義是：當彈簧常數為 k 的彈性體受到 F 的力作用時，會產生 ΔS 的變形量，且作用力與伸長量之間的關係為 $F = k\Delta S$。需注意的是，所得到的彈簧力只有大小，方向要另外加以判斷，原則是「彈簧力的方向永遠和外力方向相反」。

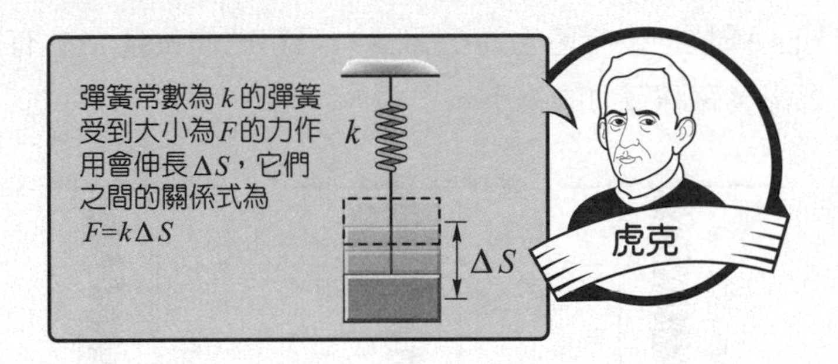

Note

★1. Hook's Low：When an elastic body with a spring constant k is subjected to a force of F, it will produce a deformation of ΔS, and the relationship between the force and the elongation is $F = k \cdot \Delta S$.

例 6-5

彈簧常數爲 k 自然長度爲 X_0 的彈簧，如果將其拉長到 X_1，則產生之彈簧力有多大？如果再將其由 X_1 拉到 X_2，需用多大的力？

解析

彈簧的自然長度 X_0 指的就是彈簧在未受外力時的長度由虎克定律得到，彈簧力

$$F_1 = k\Delta S = k\,(X_1 - X_0)$$

若欲再將其拉至 X_2，需用力

$$F_2 = k\Delta S = k\,(X_2 - X_1)$$

此時總彈簧力爲

$$F_1 + F_2 = k(X_1 - X_0) + k(X_2 - X_1) = k(X_2 - X_0)$$

由此可知，彈拉伸後所產生的總彈簧力只和總伸長量 ΔS 有關，不同的拉伸過程並不會影響總彈簧力的大小。

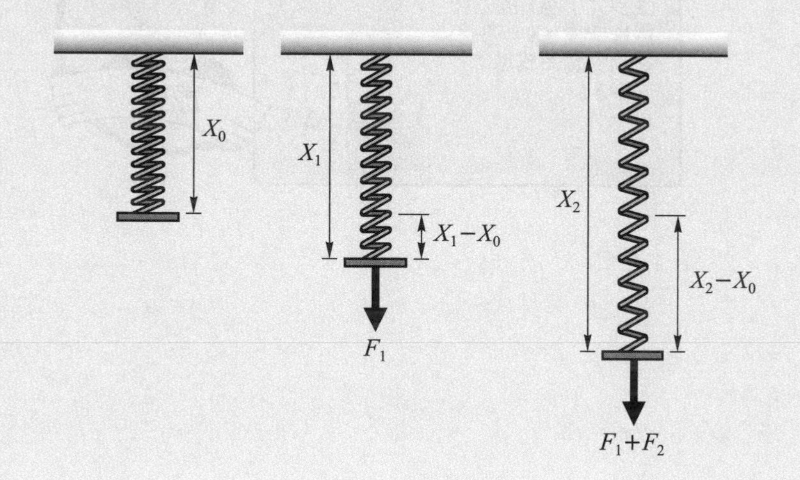

例 6-6

質量爲 10 kg 的物體置於傾斜角 θ 爲 30°的無摩擦斜面上，以彈簧常數爲 k 的繩索懸掛後伸長 2 cm，求繩索的彈簧常數 k？

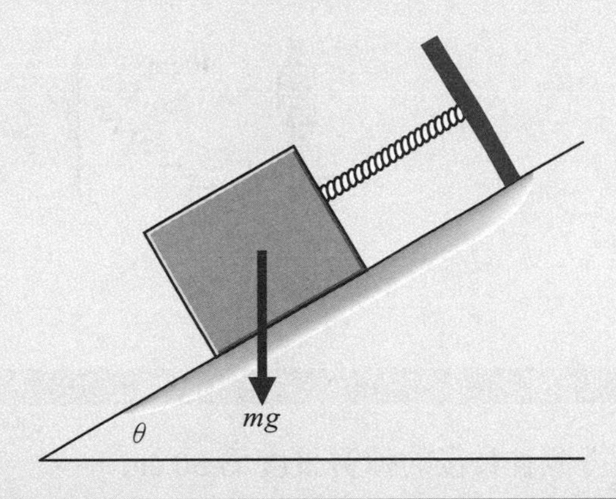

解析

將物體受到的所有力都標示到自由體圖上，

T 爲彈性軟繩所受到的張力，

N 爲接觸面作用於物體的正向力，

可以列出平衡方程式如下：

斜面方向或切線方向平衡方程式

$$\Sigma \vec{F}_T = 0$$

則 $T - F_T = 0$

此處 $F_T = mg \sin \theta$

得到 $T = mg \sin \theta = 10 \times 9.8 \times \sin 30° = 49(\text{N})$

由虎克定律 $T = k\Delta S$

可以得到 $k = \dfrac{T}{\Delta S} = \dfrac{4.9\text{N}}{0.02\text{m}}$

$$k = 2450 \text{ N/m}$$

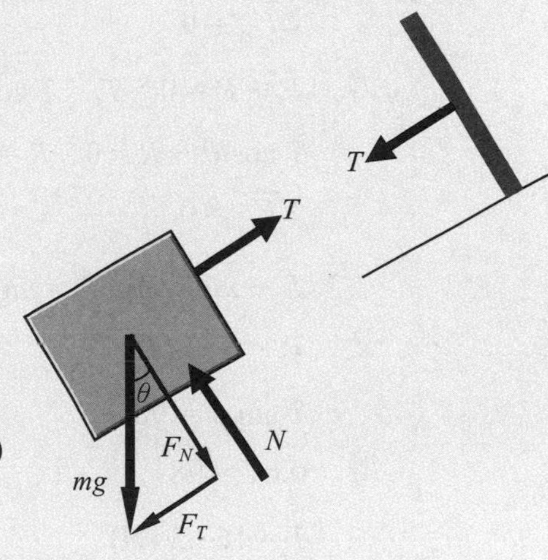

例 6-7

質量為 10 kg 的無摩擦滑套從 A 點下滑到 B 點後達到力的平衡而停止，彈簧 OA 沒有伸長量時長度為 40 cm，試求彈簧常數 k 以及此時滑套所受到的反作用力？

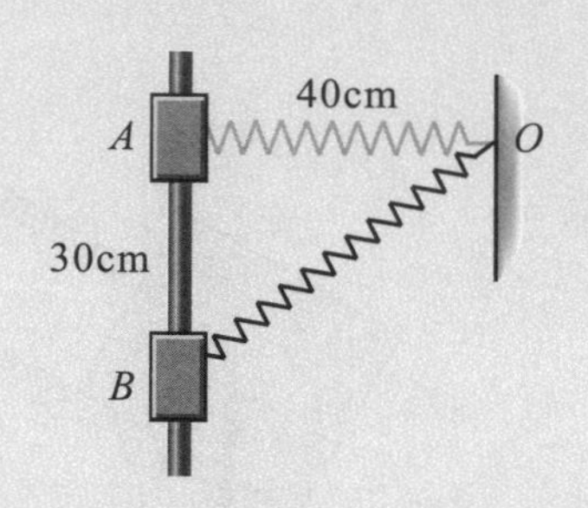

解析

從圖中可以得到伸長後的彈簧長度為 50 cm，

$$\tan\theta = \frac{30}{40} = 0.75 \text{，則 } \theta = 36.87°$$

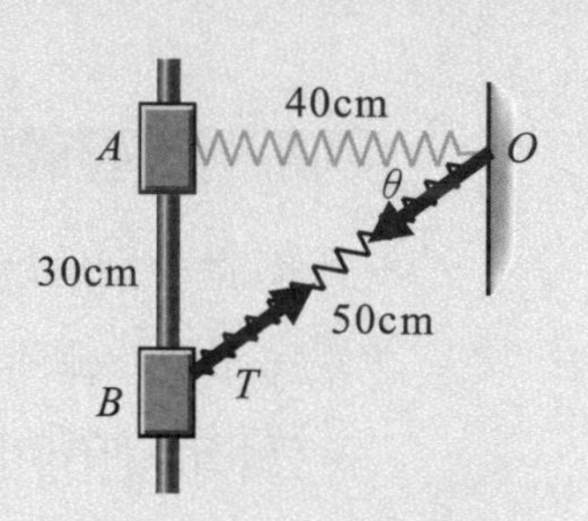

另從自由體圖可以得到平衡方程式

$$\Sigma \vec{F}_x = 0$$

得 $T_x - R = 0$，$T_x = T\cos\theta$，則

$$T\cos\theta - R = 0 \text{，} R = T\cos\theta = 0.8T \cdots ①$$

$$\Sigma \vec{F}_y = 0$$

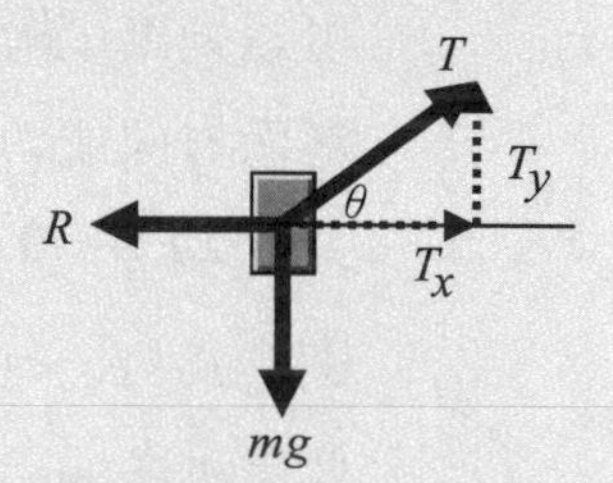

$$T_y - mg = 0 \text{，} T_y = mg$$

又 $T_y = T\sin\theta$，則

$$T\sin\theta = 98$$

得 $0.6T = 98$

$$T = 163.3 \text{ (N)}$$

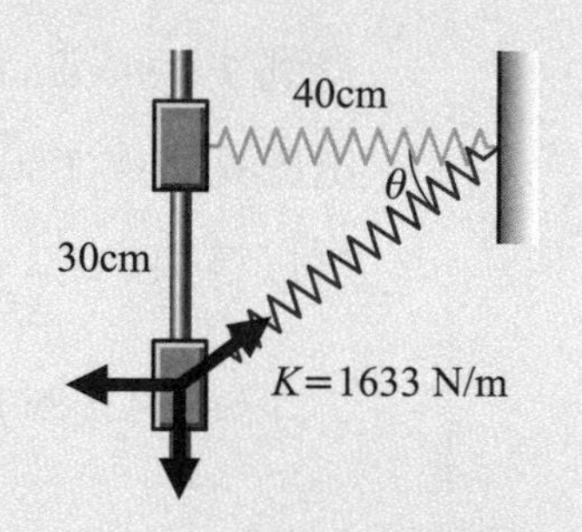

代入①得

$$R = 130.67 \text{(N)}$$

另依據虎克定律 $T = k\Delta S$ 可以得到

$$163.3N = k\,(50\text{cm} - 40\text{cm})$$

則彈簧常數

$$k = 1633 \text{ (N/m)}$$

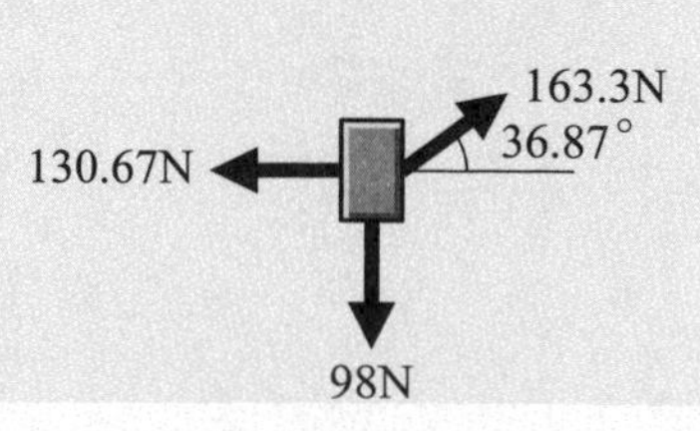

例 6-8

彈簧常數 $k = 80$ N /m 的彈簧下方連結一個質量 2 kg 的物體，該物體被置於光滑斜面上達到平衡狀態如下圖，試求彈簧在未受力時之自然長度？

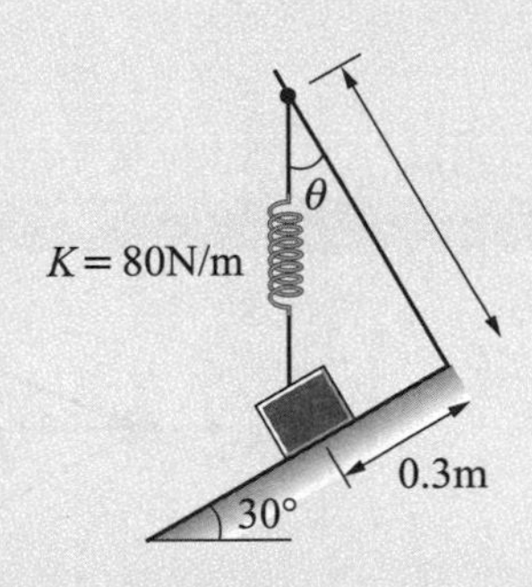

解析

$\theta = \sin^{-1}\left(\dfrac{0.3}{0.5}\right) = 36.87°$

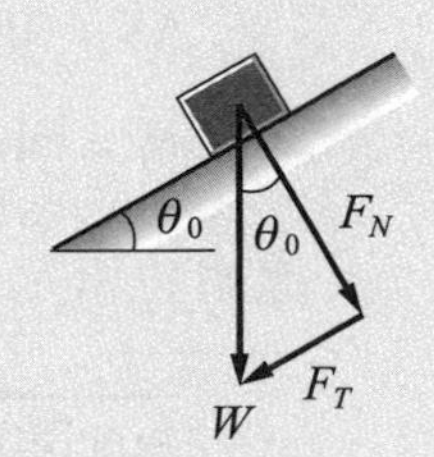

$\sin\theta = 0.6$，$F_{kt} = F_k \sin\theta$

$\theta_0 = 30°$，$W = mg = 2 \times 9.81 = 19.62$ (N)

分力 $F_n = W\cos\theta_0 = 19.62\cos 30° = 16.99$ (N)

$F_T = W\sin\theta = 19.62\sin 30° = 9.81$ (N)

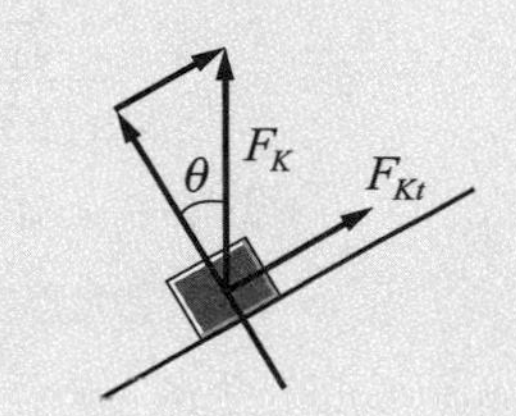

若達成平衡使物體不下滑，

則彈簧在斜面上的分力 F_{kt}

必須等於 F_T，

亦即 $F_k \sin\theta = F_T$，

則　$F_k \sin\theta = 9.81$，$0.6\,F_k = 9.81$，$F_k = 16.35$ (N)

$F_k = k\Delta S$，$16.35 = 80(\Delta S)$，

得　$\Delta S = 0.20$ (m)

則彈簧原長度 $\ell_0 = \ell - \Delta S = 0.5 - 0.2 = 0.3$ (m)

例 6-9

彈簧常數 $k = 200$ N /m 的彈簧長 0.2 m，與 2 條長 0.8 m 的繩連結如圖，試求繩所承受的拉力大小？

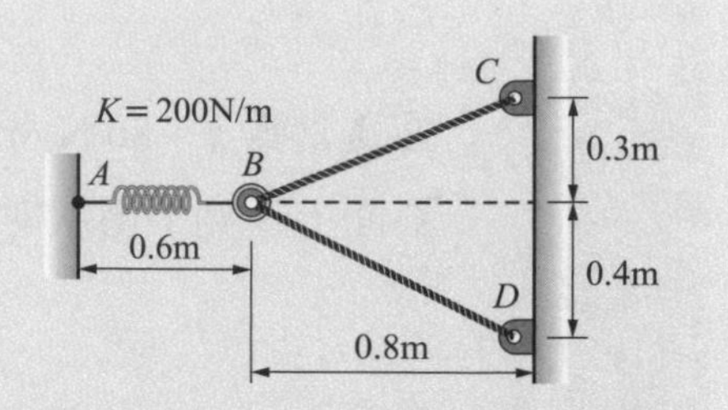

解析

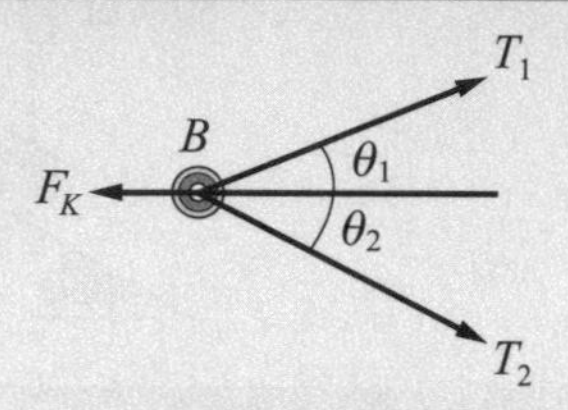

$k = 200$ N/m

$\Delta S = (0.6 - 0.2) = 0.4$ m，$F_k = k\Delta S = 200 \times 0.4 = 80$ (N)

$\theta_1 = \tan^{-1}\dfrac{0.3}{0.8} = 20.56°$，$\theta_2 = \tan^{-1}\dfrac{0.4}{0.8} = 26.57°$

運用拉密定理得

$$\frac{T_1}{\sin(180° - 26.57°)} = \frac{T_2}{\sin(180° - 26.56°)} = \frac{F_k}{\sin(20.56° + 26.57°)}$$

$$\frac{T_1}{\sin 153.43°} = \frac{T_2}{\sin 159.44°} = \frac{80}{\sin 47.13°}，$$

解得 $T_1 = 48.82$ (N)，$T_2 = 38.33$ (N)

例 6-10

長度 1 m 的 3 條彈簧，於 A 點處以一個環扣連結如下圖，若其中一條彈簧之下端懸吊有一質量 3 kg 的物體，試求各彈簧之常數及物體之最終懸吊位置所在？

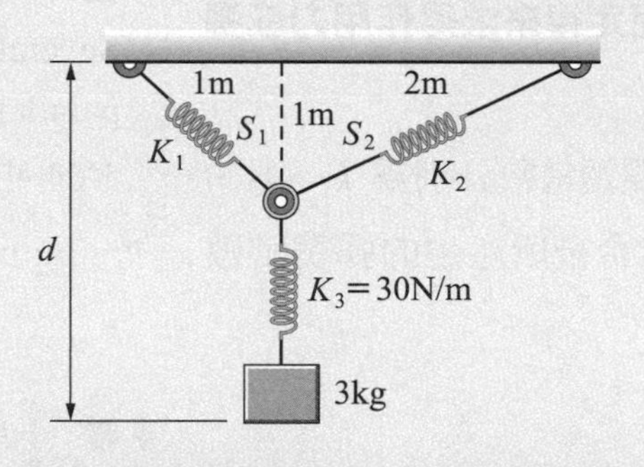

解析

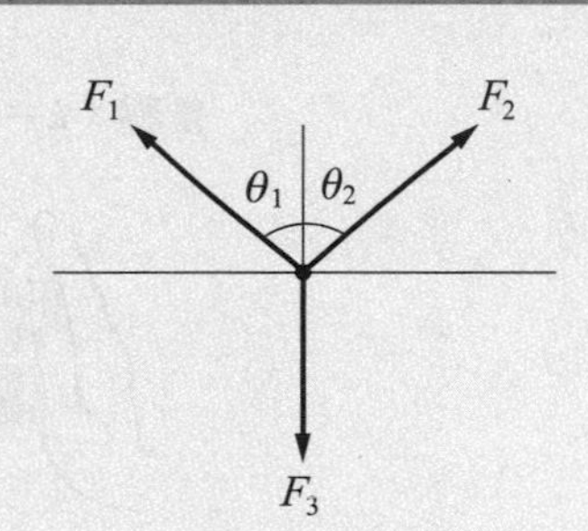

$\theta_1 = \tan^{-1}\left(\frac{1}{1}\right) = 45°$，$\theta_2 = \tan^{-1}\left(\frac{2}{1}\right) = 63.43°$

$S_1 = \sqrt{1^2 + 1^2} = \sqrt{2}$ (m)，$S_2 = \sqrt{1^2 + 2^2} = \sqrt{5}$ (m)

$F_3 = mg = 3 \times 9.81 = 29.43$ (N)

$\Sigma F_x = 0$，$-F_1 \cos\theta_1 + F_2 \cos\theta_2 = 0$

$F_1 = \frac{\cos\theta_2}{\cos\theta_1} F_2 = \frac{0.447}{0.707} F_2$，$F_1 = 0.632\, F_2$

$\Sigma F_y = 0$，$F_1 \sin\theta_1 + F_2 \sin\theta_2 - F_3 = 0$

$(0.632 \sin\theta_1 + \sin\theta_2) F_2 = 29.43$ (N)

$1.447\, F_2 = 29.43$ (N)

$F_2 = 20.34$ (N)，$F_1 = 12.85$ (N)

$F_1 = 12.85$ N，$F_1 = k_1 \Delta S_1$，$\Delta S_1 = (\sqrt{2} - 1) = 0.414$ (m)

$12.85 = k_1(0.414)$，得 $k_1 = 31.04$ (N/m)

$F_2 = 20.34$ N，$F_2 = k_2 \Delta S_2$，$\Delta S_2 = \sqrt{5} - 1 = 1.236$ (m)

$20.34 = k_2(1.236)$，得 $k_2 = 16.46$ (N/m)

$F_3 = k_3 \Delta S_3$，$29.43 = 30(\Delta S_3)$，得$\Delta S_3 = 0.98$ (m)

$\ell_3 = 1 + 0.98 = 1.98$，則 $d = 1 + \ell_3 = 1 + 1.98 = 2.98$ (m)

故得物體位於離項端 2.98 m 下方處

假如與物體連接的彈性繩索或彈簧不只一條，它們各有各的彈簧常數，應用時需判別彼此的連接方式為並聯還是串聯，然後計算出結合以後的彈簧常數，再依虎克定律來求得作用力或彈簧的伸長量。★1

假設有 n 個彈簧，彈簧常數分別為 k_1、k_2、$k_3 \cdots k_n$，以並聯和串聯結合後所產生的彈簧常數計算方式如下：

TIPS

幾條彈簧聯結起來的方式有並聯和串聯兩種，可以分別存在，也可以兩種並存。

Several springs can be connected in parallel or in series, which can exist separately or simultaneously.

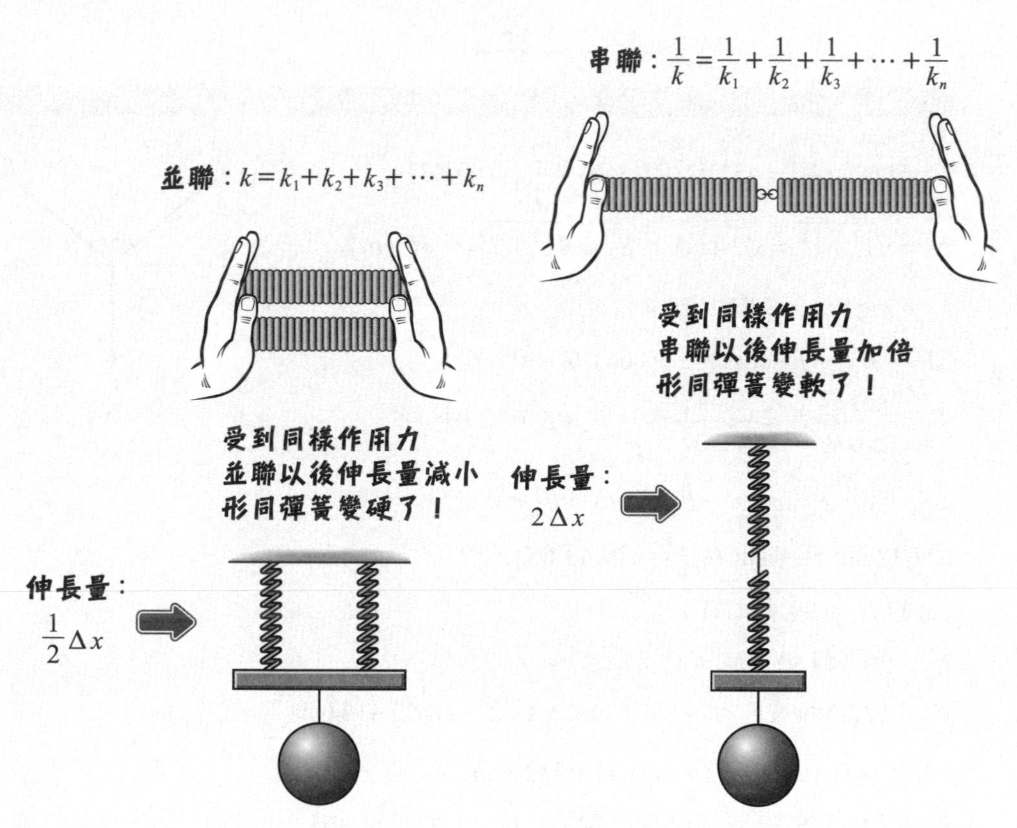

Note

★1. If there are more than one elastic ropes or springs connected to the object, each of them has its own spring constant. When applying, it is necessary to judge whether the connection mode is parallel or series, and then calculate the combined spring constant, which can be used to get the force or elongation of a spring by applying the Hook's law.

例 6-11

質量 20 kg 的物體以彈簧常數分別爲 2 kN/m、3 kN/m 和 4 kN/m 的三條彈簧並聯懸掛在天花板上，試求彈簧的伸長量？

解析

彈簧並聯後的彈簧常數爲

$$k = k_1 + k_2 + k_3 = (2 + 3 + 4)\ \text{kN/m} = 9\ \text{kN/m}$$

依據虎克定律

$$W = k\,\Delta S$$

得到$(20 \times 9.8)\text{N} = (9000\ \text{N/m})\Delta S$

則 $\Delta S = \dfrac{196\ \text{N}}{9000\ \text{N/m}} = 2.18\ \text{cm}$

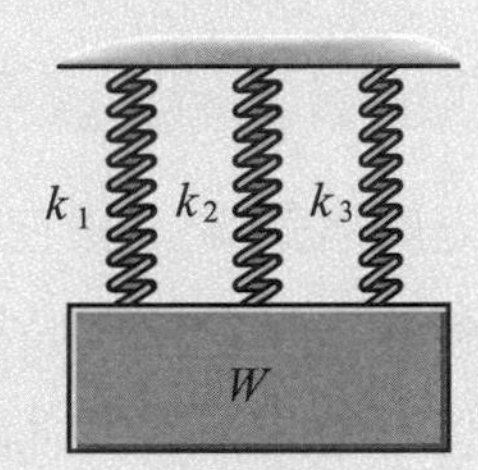

=

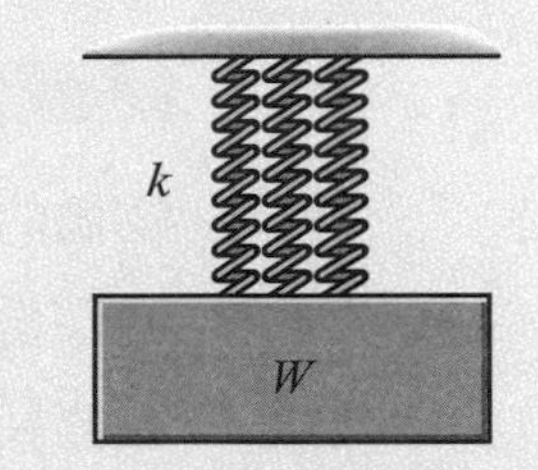

例 6-12

質量 5 kg 的物體以彈簧常數分別爲 3 kN/m 和 2 kN/m 的兩條彈簧串聯懸掛在天花板上，試求彈簧的伸長量？

解析

彈簧串聯後的彈簧常數爲

$$\frac{1}{k} = \frac{1}{k_1} + \frac{1}{k_2} = \frac{1}{3} + \frac{1}{2} = \frac{5}{6}$$

則 $k = 1.2\ \text{kN/m}$

依據虎克定律

$$W = k\Delta S$$

得到$(5 \times 9.8)\text{N} = (1200\text{N/m})\Delta S$

則 $\Delta S = \dfrac{49\text{N}}{1200\text{N/m}} = 4.08\ \text{cm}$

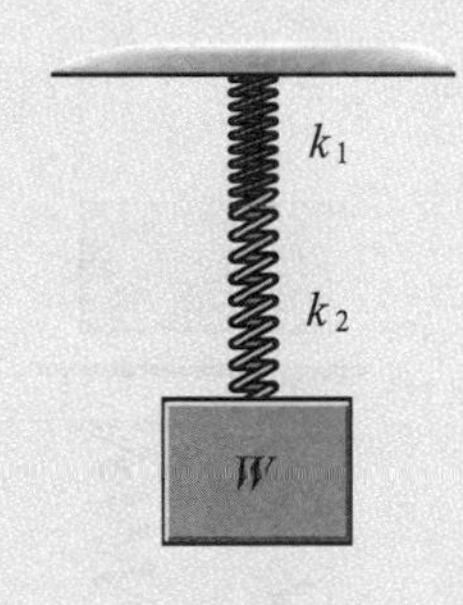

=

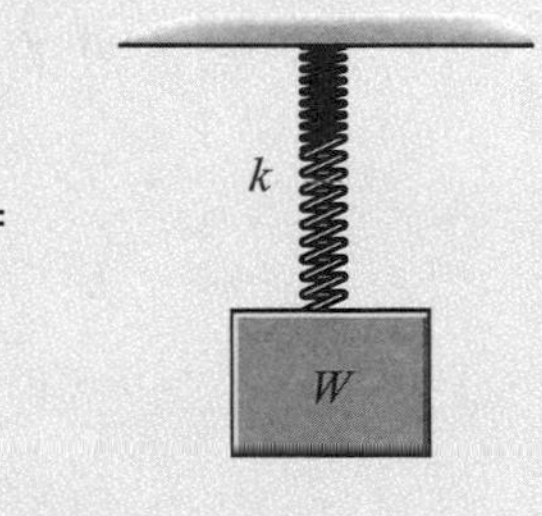

例 6-13

彈簧常數為 2 kN/m 的彈簧 A 和彈簧常數為 3 kN/m 的彈簧 B 套裝在一起，其中彈簧 A 較彈簧 B 長 1 cm，如果有質量 20 kg 的物體放置其上，試求兩條彈簧的壓縮量分別是多少？

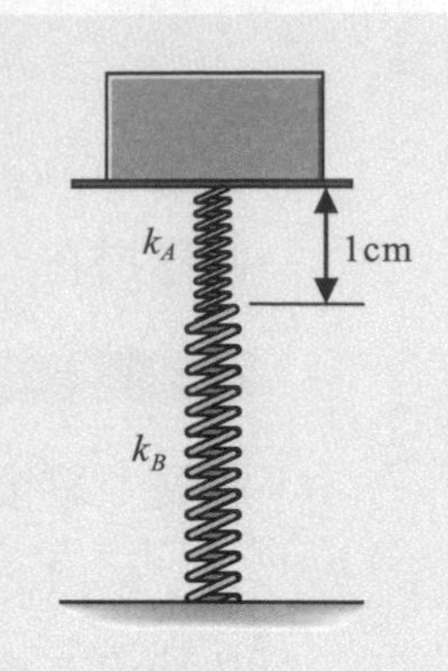

解析

物體的重量會先壓縮彈簧 A 讓它縮短 1 cm，此時彈簧會產生反作用力抵消物體的部份重量，剩餘的重量再同時壓縮套裝在一起的彈簧 A 和彈簧 B，當兩個彈簧套裝在一起時，如同彈簧的並聯，彈簧常數變為

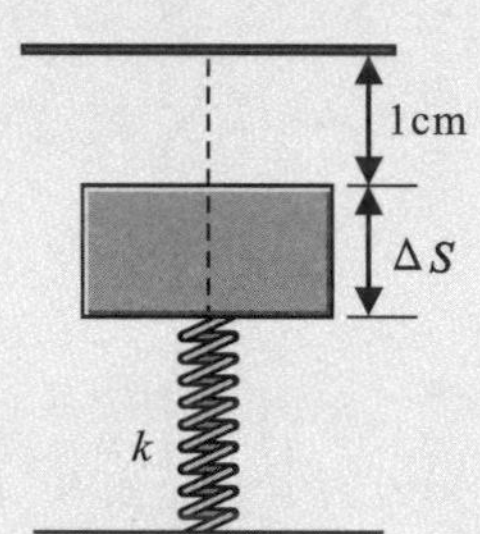

$$k = k_A + k_B = (2+3)\text{kN/m} = 5\ \text{kN/m}$$

依據虎克定律 $W = k\Delta S$，

壓縮彈簧 A 使其縮短 1cm 所產生的反作用力為

$$F_R = k_A \times (0.01\ \text{m}) = (2000\ \text{N/m})(0.01\ \text{m}) = 20\ \text{N}$$

則物體剩餘的重量為

$$W = W_0 - F_R = (20 \times 9.8)\text{N} - 20\ \text{N} = 176\ \text{N}$$

再依據虎克定律求得兩個彈簧套裝在一起時的壓縮量

$$W = k\Delta S \text{ 得到 } \Delta S = \frac{W}{k} = \frac{176\text{N}}{5000\text{N/m}} = 3.52\text{cm}$$

因此，彈簧 A 的壓縮量 $\ell_A = \Delta S + 1\ \text{cm}$，

則　$\ell_A = 4.52\ \text{cm}$

彈簧 B 的壓縮量 $\ell_B = \Delta S$，則 $\ell_B = 3.52\ \text{cm}$

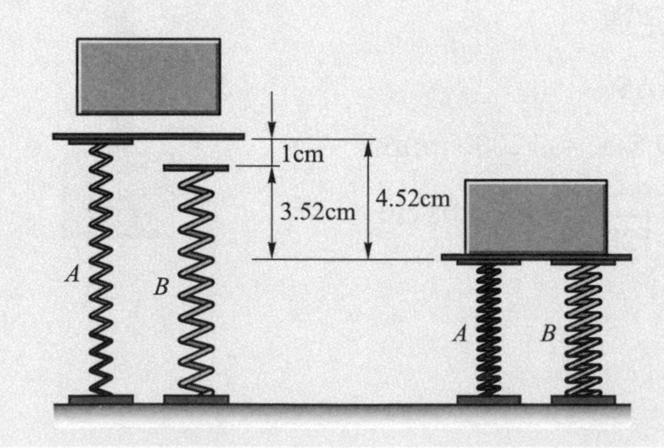

6-3 滑輪與繩索之張力 Tension Force in Pully and Cable System

用滑輪拉升重物比較省力

滑輪 pully 是用來以比較省力的方式移動物體，一般都用繩索連接。應用上常假設滑輪和繩索都沒有重量，而且不考慮兩者之間的摩擦力。另外還假設繩索只能承受張力，不能承受壓力和其他方式的作用力，而且同一條繩索所受到的張力都相同，這樣可以讓問題相對更形簡化。

例 6-14

物體 A 和物體 B 以一條繩索和滑輪系統懸吊，若物體 A 的質量 M_A 爲 10 kg，則物體 B 的質量 M_B 是多少才能使兩者達成平衡。

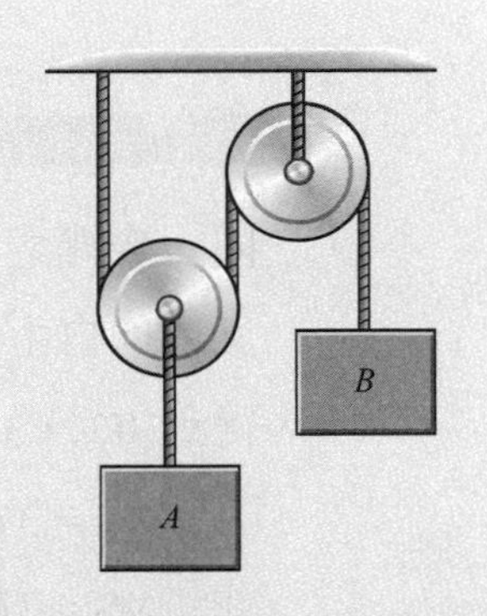

解析

同一條繩索受到的拉力相等，因此 $W_B = T$，

又依據自由體圖所列出平衡方程式，

得到 $W_A = 2T$，因此 $W_B = T = 0.5W_A$，

則　$M_B = 0.5M_A$　或　$W_B = 5$ kg

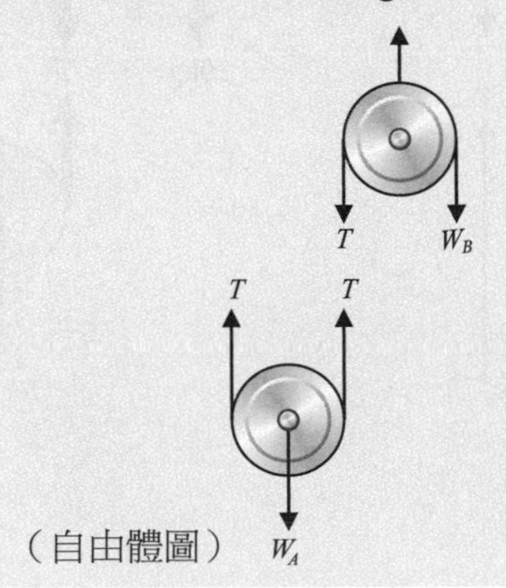

（自由體圖）

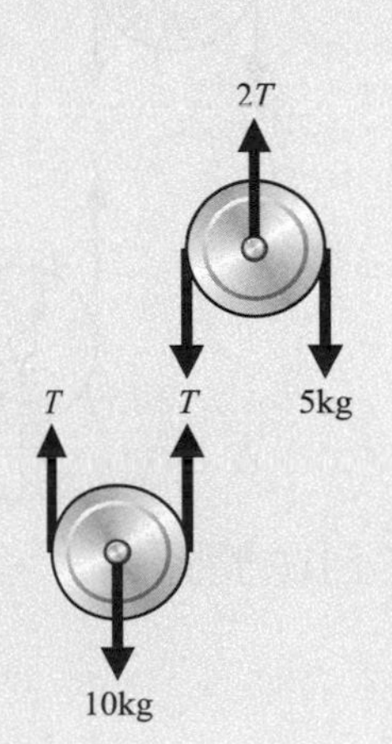

例 6-15

物體 A 和物體 B 以一條繩索和滑輪系統懸吊，若物體 B 的質量 M_B 爲 30 kg，則物體 A 的質量 M_A 是多少才能使兩者達成平衡。

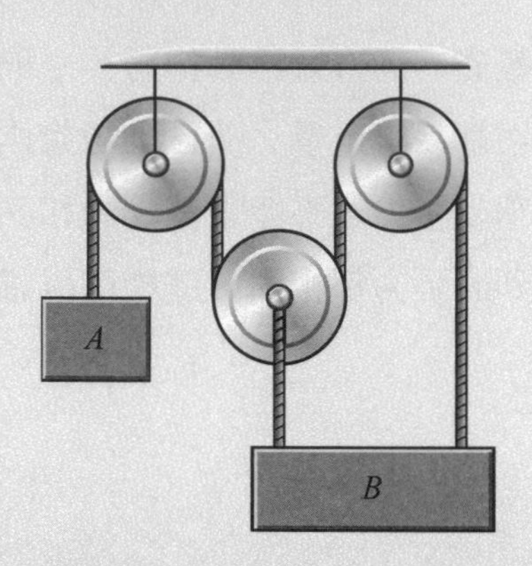

解析

同一條繩索受到的拉力相等因此 $W_A = T$

又依據自由體圖所列出平衡方程式

得到 $W_B = 3T$，因此

$$W_B = 3T = 3W_A$$

或 $M_B = 3M_A$

又 $M_B = 30\text{kg}$，則 $M_A = 10\ \text{kg}$

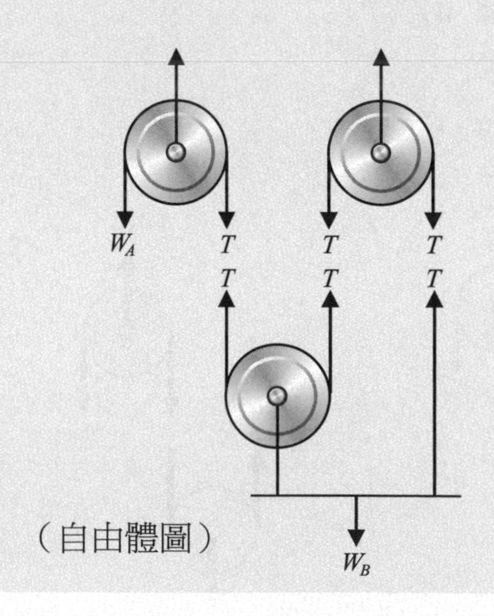

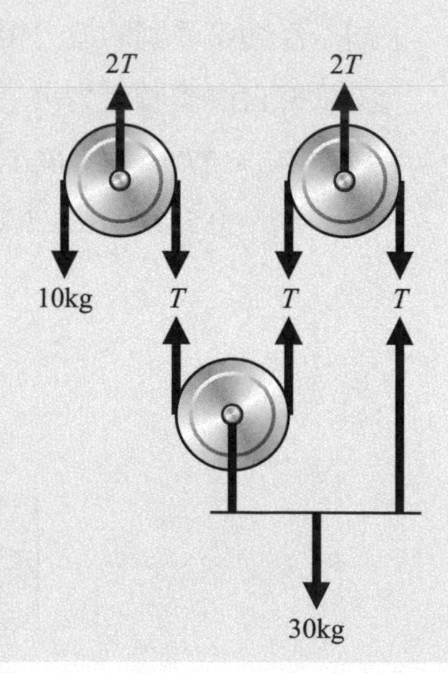

（自由體圖）

例 6-16

長 3.5 m 的繩索固定在牆的兩端，有一質量 10 kg 的物體以滑輪懸掛在繩索之上如圖示，當其達成平衡狀態時，試求出繩的張力與滑輪所在位置？

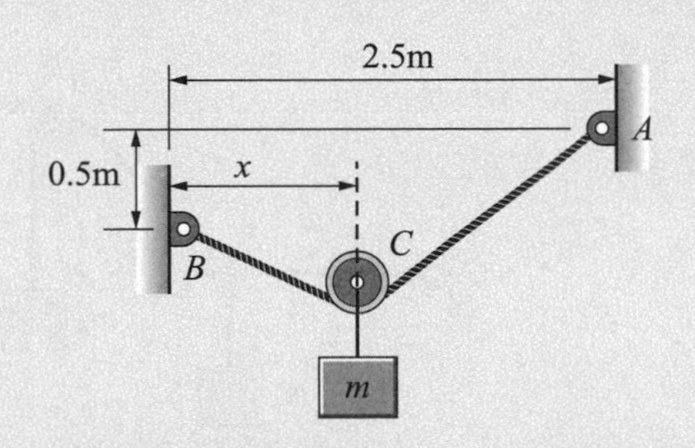

解析

$\Sigma F_x = 0$，$T\cos\theta_1 - T\cos\theta_2 = 0$，

則 $\theta_1 = \theta_2 = \theta$

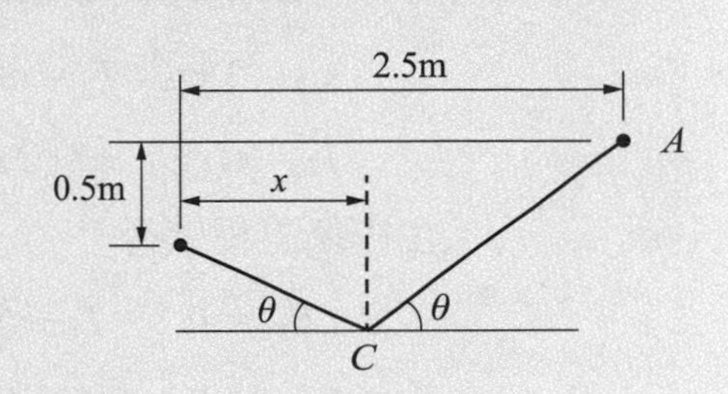

$\ell_{AC}\cos\theta + x = 2.5$，$\ell_{AC} = (2.5-x)/\cos\theta$

$\ell_{BC}\cos\theta = x$，$\ell_{BC} = x/\cos\theta$，

總繩長為 3.5 m

故 $\ell_{AC} + \ell_{BC} = 3.5 \cdots②$，

$\dfrac{2.5-x}{\cos\theta} + \dfrac{x}{\cos\theta} = 3.5 \cdots①$

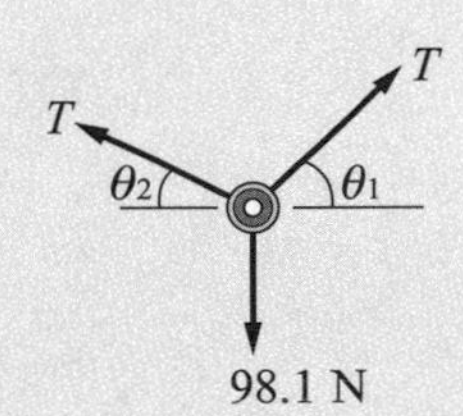

$\dfrac{2.5}{\cos\theta} = 3.5$，則 $\cos\theta = \dfrac{2.5}{3.5}$，$\theta = \cos^{-1}\left(\dfrac{2.5}{3.5}\right) = 44.42°$

$\Sigma F_y = 0$，$T\sin\theta_1 + T\sin\theta_2 - 98.1 = 0$，$2T\sin\theta = 98.1$

$T = \dfrac{98.1}{2\sin\theta} = \dfrac{98.1}{2\sin(44.42)} = 70.08\,(\text{N})$

又 $\ell_{AC}\sin\theta - 0.5 = \ell_{BC}\sin\theta$，$(\ell_{AC} - \ell_{BC})\sin\theta = 0.5$

$(\ell_{AC} - \ell_{BC})\sin(44.42°) = 0.5$，

則 $\ell_{AC} - \ell_{BC} = 0.7$，$\ell_{AC} = \ell_{BC} + 0.7$

代入②得 $2\ell_{BC} = 2.8$，$\ell_{BC} = 1.4$

滑輪位置 $x = \ell_{BC}\cos\theta = 1.4\cos(44.42°) = 1\,(\text{m})$

例 6-17

質量 3 kg 的物體 A 與物體 B 達成平衡狀態如圖所示，試求物體 B 之質量及各繩所受到之張力？

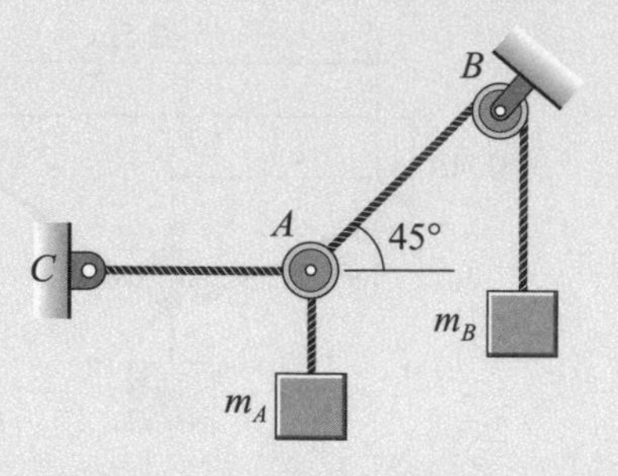

解析

$m_A = 3$ kg，$T_A = m_A g = 3 \times 9.81 = \underline{29.43\ (N)}$

$T_B = m_A g = 9.81\ M_g$，

由平衡方程式得

$\Sigma F_{Ax} = 0$，$-T_C + T_B \cos 45° = 0$，$T_C = T_B \cos 45°$

$\Sigma F_{Ay} = 0$，$T_B \sin 45° - T_A = 0$，

$$T_B(\frac{\sqrt{2}}{\sqrt{2}}) = 29.43\ (N)$$

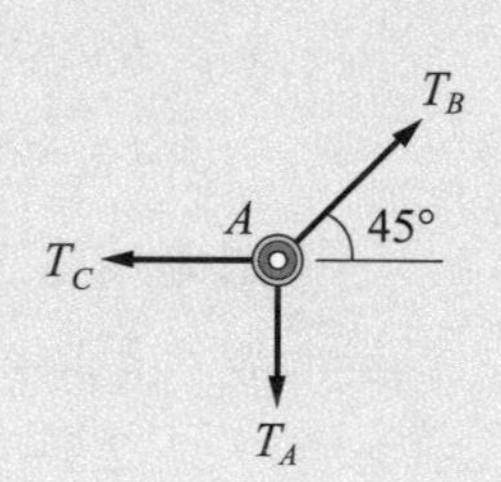

則 $T_B = \underline{41.62\ (N)}$，

$$m_B = \frac{T_B}{g} = \frac{41.62}{9.81} = 4.24\ (kg)$$

另 $T_C = T_B \cos 45° = \underline{29.43\ (N)}$

07
平面結構分析

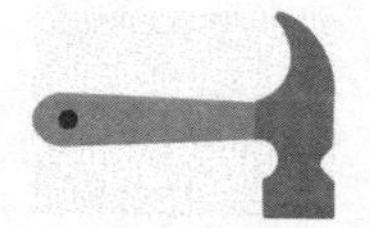

本章大綱

7-1　桁架的特性和構成方式

7-2　平面桁架受力分析－節點法

7-3　平面桁架分析的簡化

7-4　平面桁架分析－截面法

7-5　構架與機具結構分析

學習重點

本章將探討一種由多個元件組成之結構物的受力情形，當該等受力是出現在節點上而非元件上時，被稱為桁架。分析桁架之受力時，以使用節點法最為方便簡易，其主要觀念是當結構受力並達成平衡狀態時，任何節點都必需達成力的平衡，如此就可以列出平衡方程式並求得結構中各元件之受力情況。此外，本章亦將介紹利用一條剖線將桁架剖為兩半來求解的方法，當桁架受力並達成平衡狀態時，剖線兩邊的半個桁架分別都必需達成力的平衡，可任選其一來分析以求解。至於作用力被施加在桿件上的構架，其桿件為三力元件，可利用平衡方程式或三力元件法來分析求得各桿件之受力。

Learing Objectives

- *To use the node method to set up the equilibrium equations of a truss,and then obtain the stress of each component of the truss.*
- *To use the section method to set up the equilibrium equations of a truss,and then obtain the stress of each component of the truss.*
- *To solve the problems of frame and machine by using three-force member method.*

生活實例

在工程的應用上，一般都是以結構的方式出現，在進行結構物的力學分析時，除了結構物與接觸面相交處的反作用力外，組件或結構上的單一元件之受力分析也是常見的議題。瞭解了組件或元件的受力情形後，在進行結構物設計時，對於材料的選擇和尺寸的規劃才會有所依據，也才能確保結構物的安全性。常見的結構物大體可以分為**桁架** **truss**、**構架** **frame** 和**機具** **machine** 三大類，各有其不同的分析方法，本章節中將逐一介紹。

桁架是橋樑和廠房建築常用的結構，它是以多個元件組合而成，分析各個元件的受力情形是確認安全的保障。本章將探討如何利用節點法與截面法，來求得各節點達成平衡狀態時相關元件的受力情況，以作為結構與元件設計的依據。

生活實例

For mechanical analysis of structures, in addition to the reaction force at the intersection of the structure and the contact surface, the force analysis of components or single elements on the structure is also concerned. After understanding the stress situation of components or elements, there will be a basis for material selection and size decision, and also the safety of structures can be ensured. Commonly, the structures can be roughly divided into three categories: **truss**, **frame** and **machine**, each with its own analysis method, which will be introduced one by one in this chapter.

Truss is a commonly used structure in bridges and factory buildings, normally it is composed of multiple components, to analyze the stress of each component is the guarantee of safety. In this chapter, how to use the node method and cross section method to obtain the stress of related components will be discussed, and it will be the basis for structure and component design.

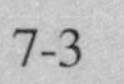

7-1 桁架的特性和構成方式 Charistics of a Simple Truss

桁架 truss★1 常出現在我們生活的週遭，最常見的如高壓電塔、橋樑的結構，以及許多工廠的屋頂結構等都是。**桁架的最大特點是它可以用較少的材料來達到較大的結構強度，除了可以節省材料以外，也因為減輕了重量而達到了更高的安全需求。**★2 桁架結構上的元件稱爲桿件，設計時，除了認定桁架上的所有桿件都必需是剛體以外，對桁架的結構還必需有幾點假設，才能以比較簡單的方法來進行受力分析，所得到的結果雖無法絕對正確，但仍然可以在可接受的合理差異範圍之內，對桁架結構的安全性不至於有影響。參考圖 7-1 所示，假設如下：

1. 桁架上的所有構成元件都有兩個端點，並且不同元件之間僅在端點處做結合，稱爲**節點** node。
2. 對桁架施加作用力時，都必需施加於節點上，其他任何位置都不施加作用力。
3. 桁架上各元件的重量均可略而不計。
4. 桁架上各節點均視爲無摩擦力的插銷接點，可以自由轉動。
5. 桁架上的各元件主要是用來承受軸向力，與軸向垂直的力以及彎曲力矩都被假設不存在，此即說明桁架具有受力時不可變形的特性。

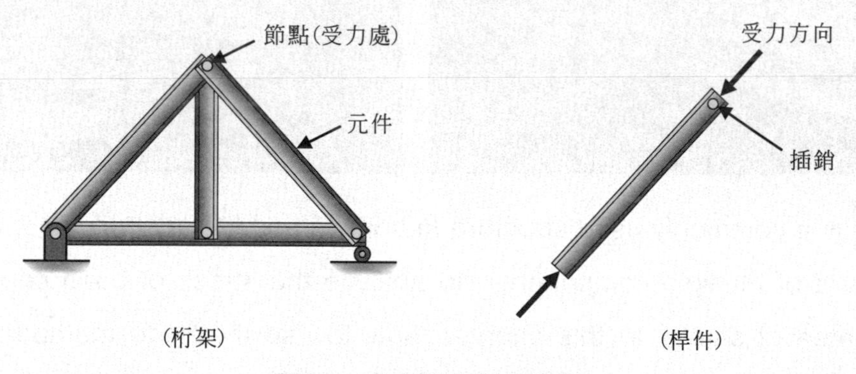

圖 7-1　桁架與桿件示意圖

Note

★1. truss：A truss is a structure composed of slender members jointed together at their end points.

★2. The biggest feature of the truss is that it can use less material to achieve greater structural strength. Except to saving materials, it also achieves higher safety due to weight reduction.

以上幾點假設等同認爲桁架上的各桿件都是二力元件，所受到的力如果會讓桿件產生伸長傾向的稱爲**張力** tension force，如果是會讓桿件產生縮短傾向，就稱爲**壓力** compression force。在某種情況下，有些桿件沒有受到任何張力或壓力的作用，稱爲零力桿件 zero force member，如圖 7-2 所示。零力桿件雖然不受力，但卻可以防止結構因受力而產生變形。

TIPS

桁架上的所有桿件都是二力元件，而且所有外力都是被施加在節點上喔！

All members of the truss are two-force member, and all external forces are applied to their nodes.

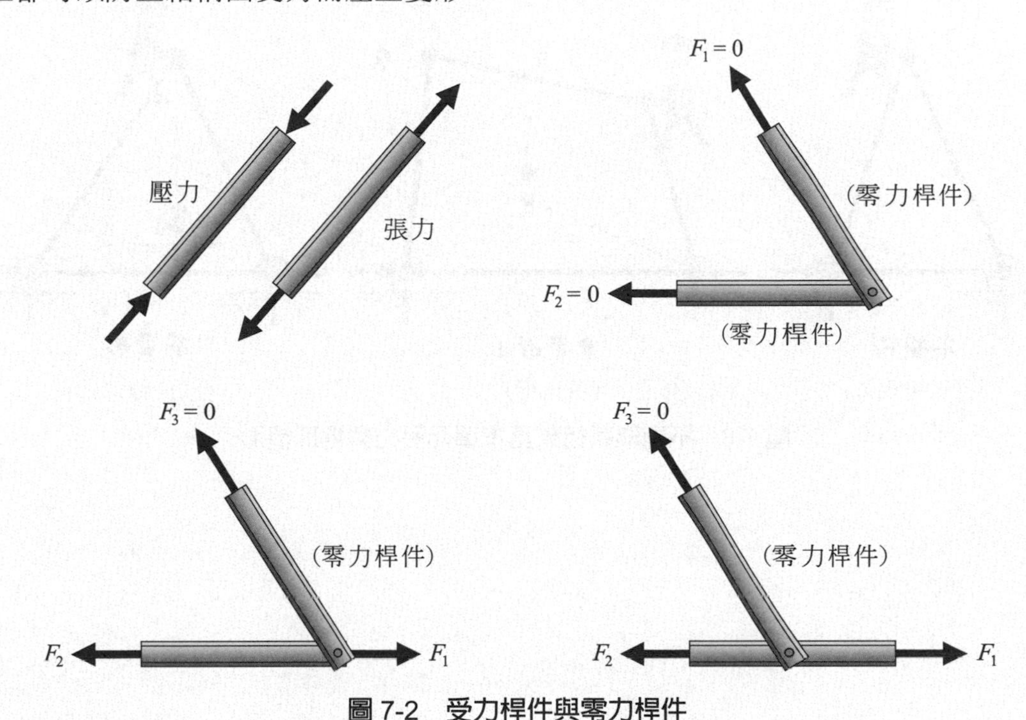

圖 7-2　受力桿件與零力桿件

圖 7-2 中的零力桿件確實都沒有受到任何張力或壓力的作用，如果有受力，則節點上的垂直方向即無法達成力的平衡，那就不是靜力學討論的範圍了。

TIPS

桁架受力時不可變形，所以平面桁架必需為三角形結構，而空間桁架必需是三角錐形結構。

The truss cannot be deformed when it is stressed, so the planar truss must be a triangular structure, and the space truss must be a triangular cone structure.

如果桁架是在一個平面上，稱爲平面桁架 plane truss，如果是在三維空間中，就稱爲空間桁架 space truss。一般來說，很少只使用單一的平面桁架，但把幾個平面桁架組合成一個結構卻是最常被應用的方式，因此，分析單一平面桁架的受力可以說是整體結構分析的基礎。由於桁架受力時不可變形，所以平面桁架必需以三角形爲基本結構才能具有足夠的剛性，而空間桁架則必需是以三角錐形爲基本結構。

如果平面桁架的基本結構不是三角形而是四角形或其他多角形，因爲節點爲插銷，受力後會有變形產生，如圖 7-3 所示，有違先前所提桁架受力後不可變形的的基本假設。

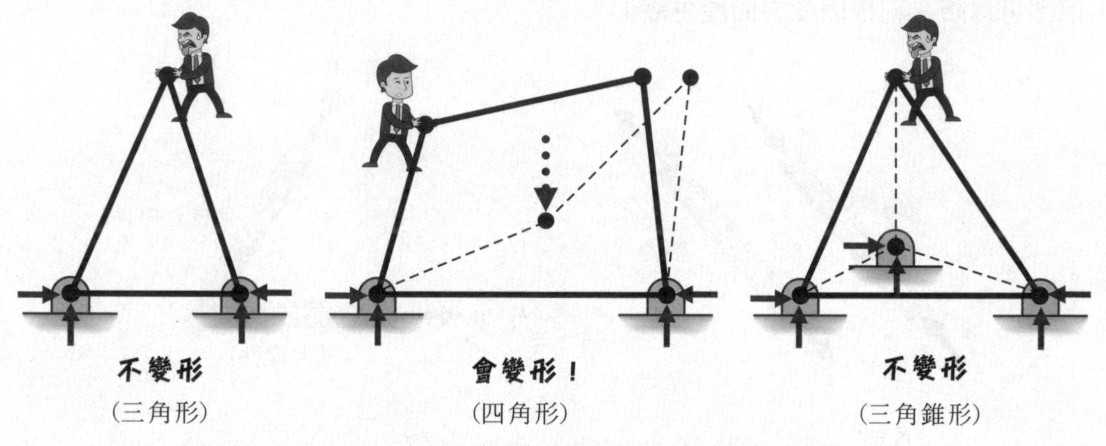

圖 7-3　不同形狀桁架基本單元受力與變形情形

7-2 平面桁架受力分析－節點法 The Method of Joints

一個結構物受力後在支撐點所產生的反作用力在前述章節中已經討論過，主要是利用力和力矩的平衡方程式來求得。對於一個結構物，我們想知道的不只是支撐點的反作用力，還希望知道各個桿件的受力情況，因爲這和整體結構物的強度和安全判斷很有關係。**進行平面桁架的受力分析時，首先需要畫出自由體圖並求出支撐點的反作用力，然後再依次分析每一個節點達成平衡狀態時的受力情形，此法被稱為節點法** method of joints**，運用節點法求解的步驟如下：**

1. **先畫出桁架整體的自由體圖，然後利用平衡方程式解出各支撐點的反作用力。**
2. **選擇桁架的一個桿件先進行分析，以未知數少的為優先，畫出其自由體圖，然後以同一個節點達成平衡狀態時合力必等於零的觀念，可以列出平衡方程式，並解得未知數。**
3. **再選擇桁架的另一個桿件進行分析，解出未知數，然後重覆相同步驟就可以解出所有的未知數。**★1

桁架中的同一個節點，所有連接的桿件所受到的作用力都會作用在這個節點上，是屬於共點力系，因此平面桁架的節點受力分析，以前述平面共點力系的平衡方程式即可完成。

Note

★1. Procedures for analyzing a truss using the method of joints：

1. Draw the free-body diagram of a joint, setup the equations of equilibrium, then solve to get the reaction forces of related supports.
2. Take the same procedure above to setup the equations of equilibrium for a member, and solve the unknown force acting to the member.
3. Repeat again to setup the equations of equilibrium for other members, and solve the unknown forces acting to them.

例 7-1

試求圖中桁架各桿件的受力情形

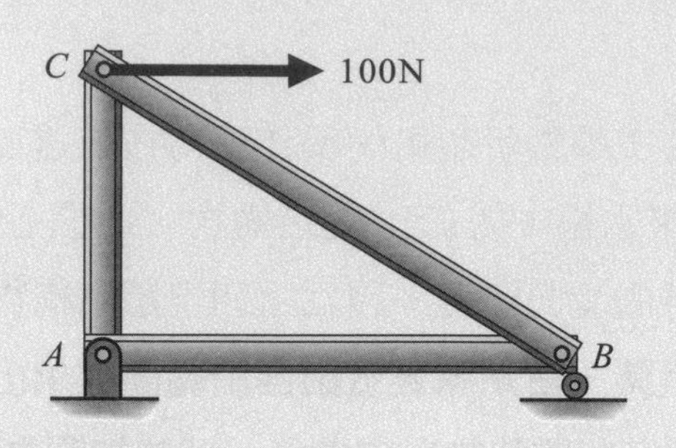

解析

設定所有反作用力都在$+x$和$+y$方向，

得到的結果如為負值，則表示反作用力在$-x$或$-y$方向。

從自由體圖中，可以得到桁架的受力平衡方程式為

$\Sigma\overrightarrow{F}_x = 0$，得 $A_x + 100 = 0$

則 $A_x = -100$ (N)

$\Sigma\overrightarrow{F}_y = 0$，得 $A_y + B_y = 0$

則 $A_y = -B_y$…①

(自由體圖)

(自由體圖)

以 A 點為參考點求力矩平衡方程式

$\Sigma\overrightarrow{M}_z = 0$，得 $4 \times B_y - 3 \times 100 = 0$ 則

$B_y = 75$ (N)代入①得 $A_y = -75$ (N)

求出支撐點的反作用力以後，再畫出各桿件的自由體圖，假設各桿件都是受到張力作用，如果張力在+ x 或+ y 方向就取正值代入平衡方程式，如果在− x 或− y 方向，則取負值代入。以節點法求出各桿件的受力情形，如得到正值，表示和設定的相同，桿件受到張力，如果是負值，表示和設定的相反，桿件受到的是壓力。

TIPS

我們設定桿件受力為 T_1、T_2、T_3⋯，都只是它們的大小，再用正、負號來決定它們的方向！

The magnitude of forces acting on the members are set as T_1, T_2, T_3..., and the directions are determined by their positive or negative signs.

(1) 由節點 A 的 x 方向和 y 方向平衡得到

$$T_1 - 75 = 0$$

則 $T_1 = 75$ (N) (向上張力)

$$T_2 - 100 = 0$$

則 $T_2 = 100$ (N) (向右張力)

由圖中可以判定桿 AB 和桿 AC 均受到張力作用

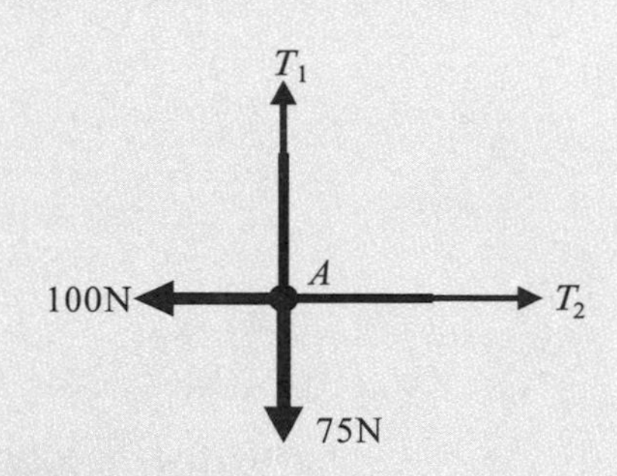

(2) 由節點 B 的 y 方向平衡得到

$$T_3 \sin\alpha + 75 = 0$$

由桁架的自由體圖中得到

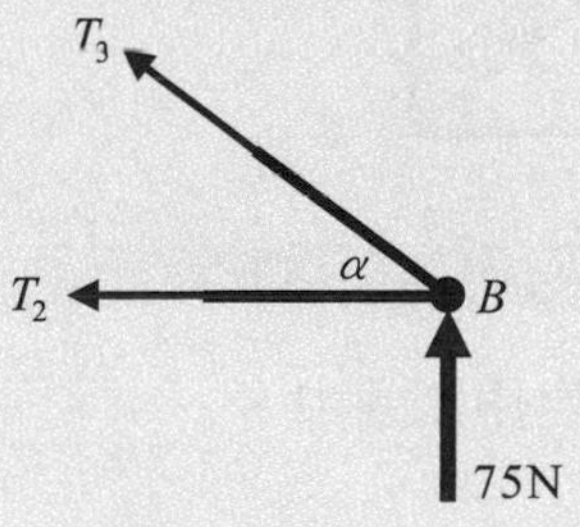

$$\sin\alpha = 0.6$$

則 $0.6\,T_3 = -75$ 得

$$T_3 = -125\ (\text{N})\ (\text{向下壓力})$$

由圖中可以判定桿件 BC 受到壓力作用

TIPS

桿件受到的力如果方向在正 x 或正 y 方向，都要取正值；如果在負 x 或負 y 方向，就要取負值，代入平衡方程式才不會弄錯喔！

If the direction of the force acting on the member is in the positive x or positive y direction, it must take a positive value; if it is in the negative x or negative y direction, it must take a negative value, and there will not be mistaken when it is substituted into the equations of equilibrium.

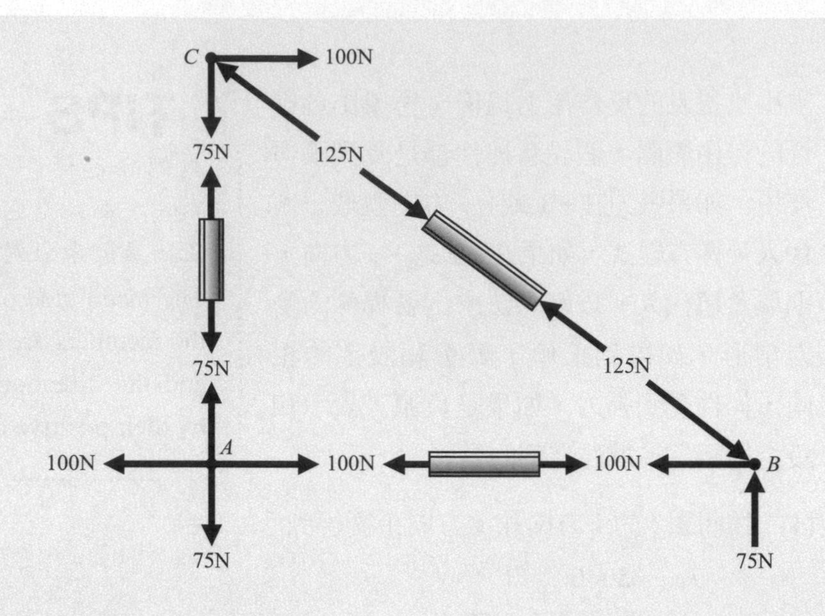

例 7-2

試求圖中桁架各桿件的受力情形

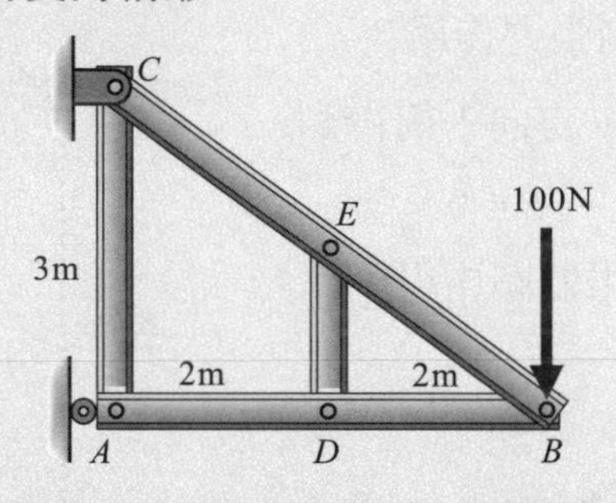

解析

設定所有反作用力都在$+x$和$+y$方向，從自由體圖中，

可以得到桁架的受力平衡方程式爲

$\Sigma\overrightarrow{F}_x = 0$ 得 $A_x + C_x = 0$ 則

$A_x = -C_x \cdots$①

$\Sigma\overrightarrow{F}_y = 0$ 得 $C_y - 100 = 0$ 則

$C_y = 100$ (N)

C 點爲參考點求力矩平衡方程式

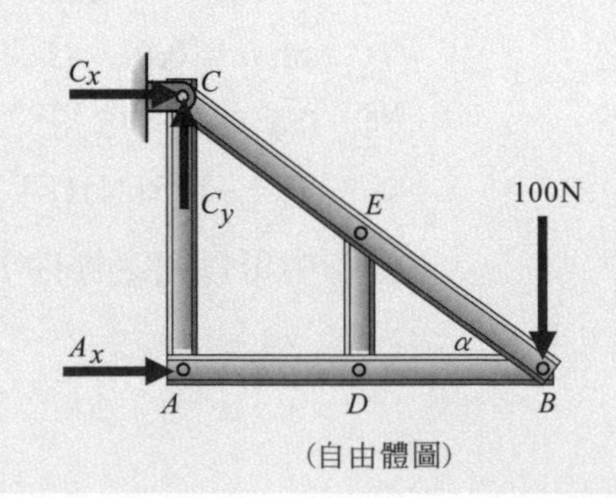

(自由體圖)

$\Sigma \overrightarrow{M}_z = 0$ 得 $3 \times A_x - 4 \times 100 = 0$ 則

$A_x = 133$ (N)

代入①得 $C_x = -133$ (N)

求出支撐點的反作用力以後，再畫出各桿件的自由體圖，假設各桿件都是受到張力作用，以節點法求出各桿件的受力情形如下

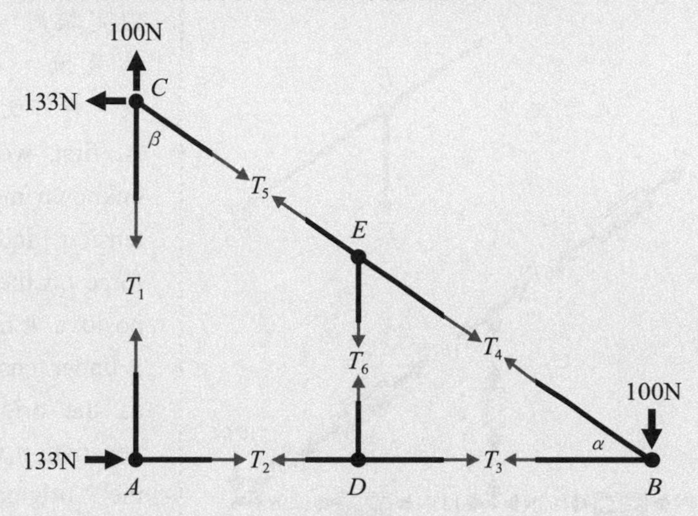

(1) 由節點 A 的 x 方向和 y 方向平衡得到

$T_2 + 133 = 0$，則

$T_2 = -133$ (N)(向左壓力)

$T_1 = 0$ (N)(零力桿件)

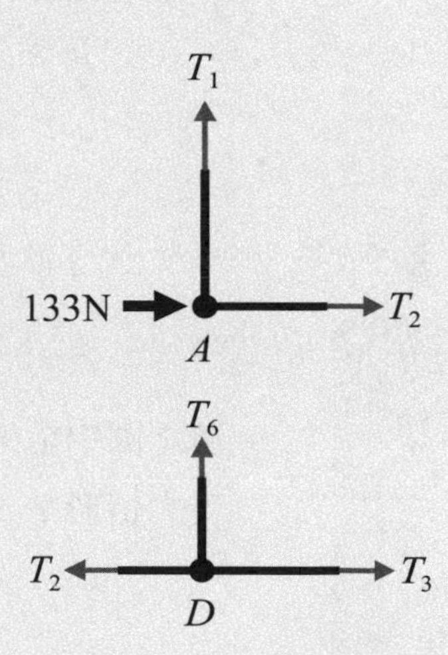

(2) 由節點 D 的 x 方向和 y 方向平衡得到

$133 + T_3 = 0$

(因為 T_2 為壓力，對 D 點來說是在 $+x$ 方向)，則

$T_3 = -133$ (N) (向左壓力)

$T_6 = 0$ (N) (零力桿件)

(3) 由節點 B 的 y 方向平衡得到

$T_4 \sin\alpha - 100 = 0$

由桁架的自由體圖中得到

$\sin\alpha = 0.6$，則 $0.6\, T_4 = 100$

得 $T_4 = 167$ (N) (向上張力)

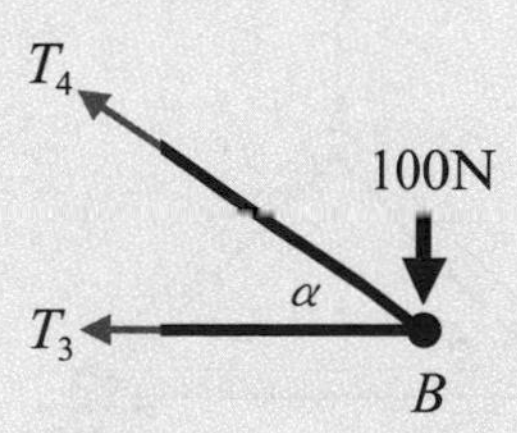

(4) 由節點 E 的平衡得到

$T_5 - 167 = 0$

(因為 T_4 為拉力，對 E 點來說是在向下的方向故取負值)

則 $T_5 = 167$ (N) (向上張力)

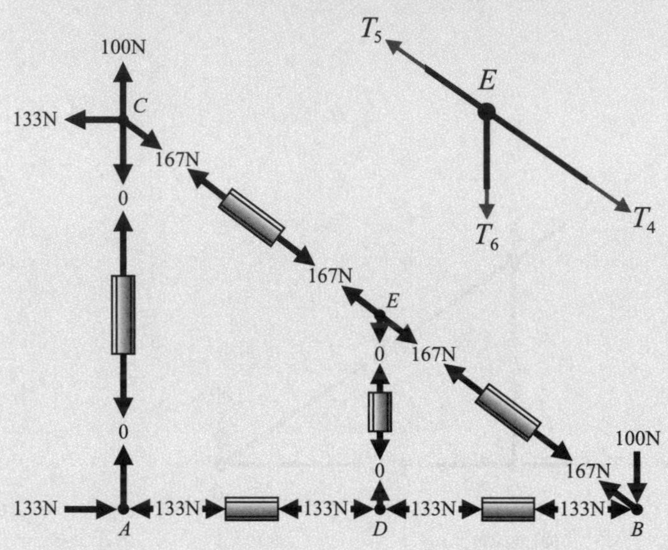

TIPS

我們可以先假設所有未知桿件都是受到張力，求出未知桿件的受力如果是正，就是和原先設定相同，桿件受到張力；若為負值，表示與原先假設相反，桿件受到壓力。

At first, we can assume that all unknown members are subject to tension, and find out that if the force on the unknown member is positive, it means that the member is under tension, which is the same as the original setting; if it is negative, it means that contrary to the original assumption, the member is under pressure.

例 7-3

若下圖中桁架的元件受力不能超過 500 N，試求作用力 P 之最大值及各元件之受力情形？

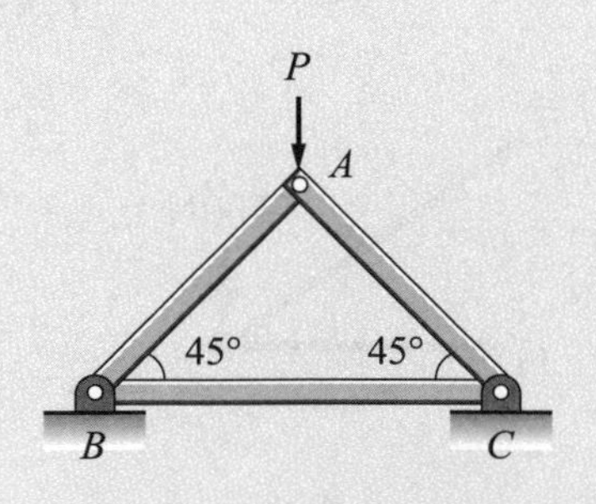

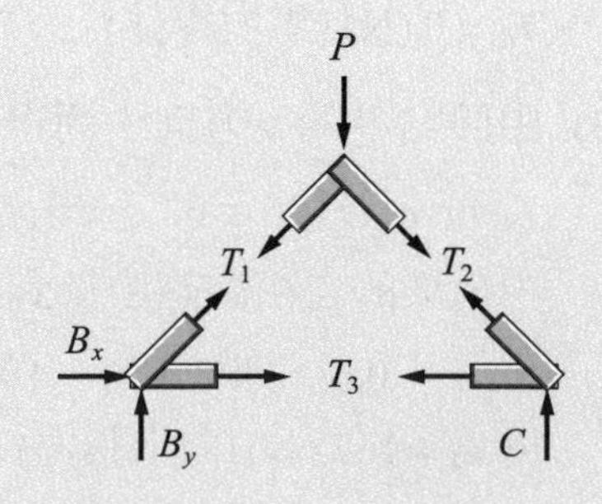

解析

力平衡方程式求 B、C 點反作用力

$\Sigma F_x = 0$，$B_x = 0$，則 $B = B_y$

$\Sigma F_y = 0$，$B + C = P \cdots 0$

$\Sigma M_B = 0$，$P \times 1 - C \times 2 = 0$

則 $C = \dfrac{P}{2}$，

代入①得 $B = \dfrac{P}{2}$

(1) 由節點 A 的平衡，得

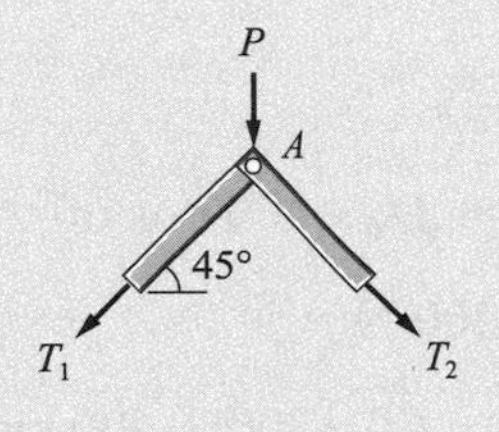

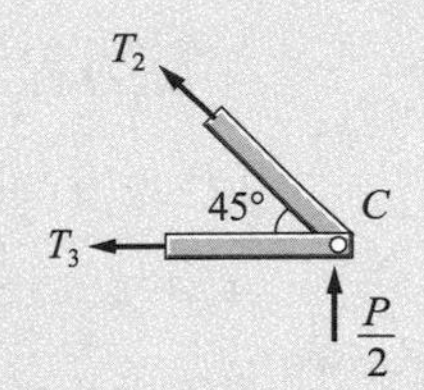

$\Sigma F_y = 0$，因 $T_1 = T_2 = T$

故 $-2T\sin 45° - P = 0$

$T_1 = T_2 = T = \dfrac{-P}{\sqrt{2}} = -0.707P$ (壓力)

(2) 由節點 C 之平衡，得

$\Sigma F_y = 0$，$T_2 \sin 45° + \dfrac{P}{2} = 0$，

$T_2 \dfrac{\sqrt{2}}{2} = \dfrac{-P}{2}$，$T_2 = \dfrac{-P}{2} = -0.7079$ (壓力)

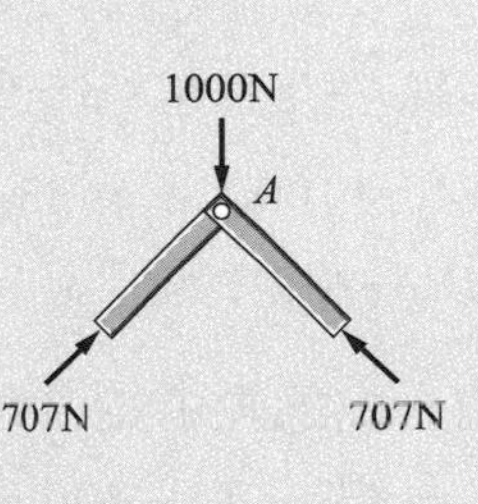

$\Sigma F_x = 0$，$T_3 + T_2 \cos 45° = 0$，

$T_3 = \dfrac{\sqrt{2}}{2} T_2 = -(0.707)(-0.707P) = 0.5P$ (張力)

比較(1)(2)得

$T_3 = 0.5P = 500\text{ N}$，

則 $P_{\max} = 1000\text{ N}$

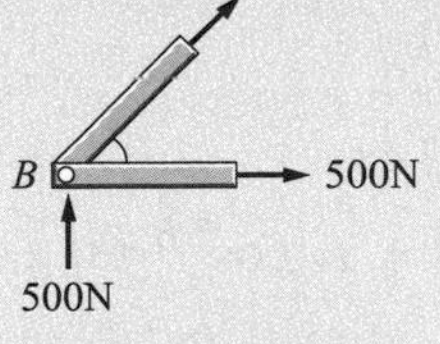

此時桿件 AB 與 AC 所受力爲

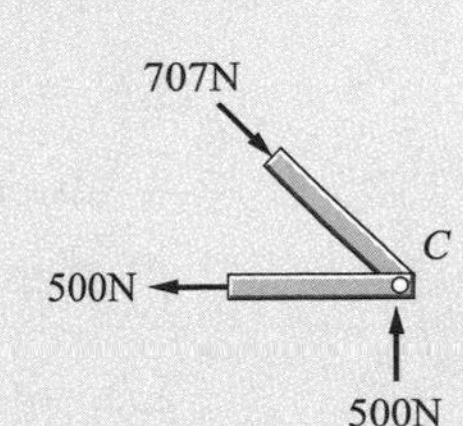

$T_1 = -0.707P = -0.707 \times 1000 = -707\text{ N}$(壓力)

$T_2 = -0.707P = -0.707 \times 1000 = 707\text{ N}$(壓力)

$T_3 = 0.5P = 500\text{ N}$(張力)

例 7-4

試求圖中各桿件之受力情形？

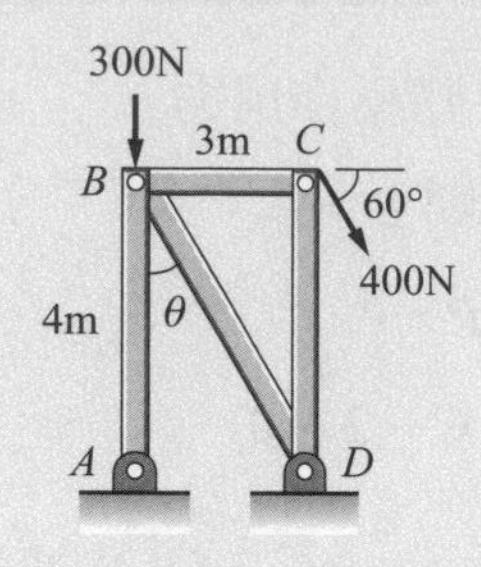

解析

由圖 $\sin\theta=\dfrac{3}{5}$，$\cos\theta=\dfrac{4}{5}$，$\theta=36.87°$

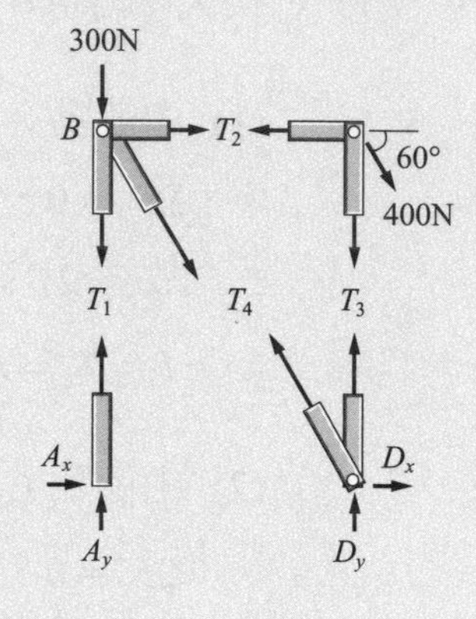

平衡方程式爲

$\Sigma F_x=0$，$A_x+D_x+400\cos 60°=0$，

$A_x+D_x=-200$ N…①

$\Sigma F_y=0$，$A_y+D_y-300-400\sin 60°=0$，

$A_y+D_y=646$ N…②

$\Sigma M_D=0$，$A_y\times 3-300\times 3+400\cos 60°\times 4=0$

$3A_y=100$，$A_y=33.3$ N(↑)，代入②得

$D_y=612.7$ N(↑)

(1) 由節點 C 之平衡，$\Sigma F_x=0$，

得 $-T_2+400\cos 60°=0$，$T_2=200$ N (張力)

$\Sigma F_y=0$，$-T_3-400\sin 60°=0$，

$T_2=200$ N(壓力)

(2) 由節點 D 之平衡，

$\Sigma F_y=0$，$T_3+D_y+T_4\cos\theta=0$

$-346.4+612.7+0.8T_4=0$，

得 $T_4=-332.9$ N(壓力)

$\Sigma F_x=0$，$T_4\sin\theta+D_x=0$

$D_x=-(-332.9)\left(\dfrac{3}{5}\right)=199.7$ N，

$D_x=199.7$ N(↑)

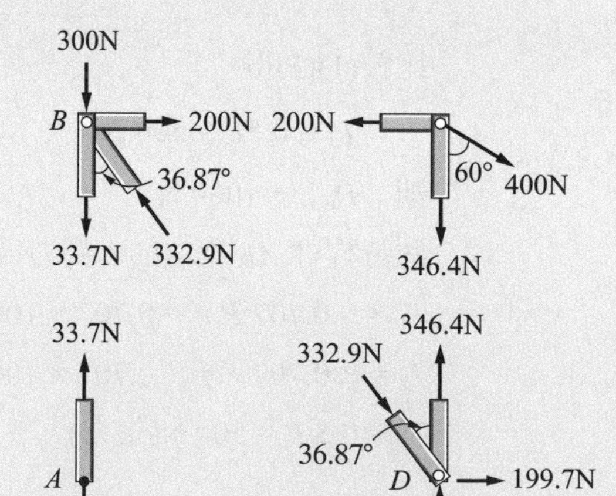

(3) 由節點 B 之平衡，

$\Sigma F_y = 0$，$-T_1 - 300 - T_4 \cos\theta = 0$

$T_1 = 300 + (-332.9)\left(\dfrac{4}{5}\right)$，

得 $T_1 = 33.7$ N(張力)

(4) 由節點 A 之平衡，

$A_y + T_1 = 0$，$A_y = -33.7$ N(↓)，

$\Sigma F_x = 0$，得 $A_x = 0$

從上面的例子中可以知道，**結果是正值代表桿件是受到拉力，但不一定是往$+x$或$+y$的方向，結果是負值則代表桿件是受到壓力，也不一定表示力是往$-x$或$-y$的方向，判斷桿件是受到拉力或壓力，可同時參考自由體圖的方向設定就會更加明確**。

7-3 平面桁架分析的簡化 Zero-Force Members

當**節點未受力**時，在某些情況下，平面桁架的分析可以適度加以簡化，從而節省分析的工作和時間，這些情況包含桁架結構上存在有 X 節點(X-joint)、T 節點(T-joint)和角節點(angle-joint)。如圖 7-4 所示。

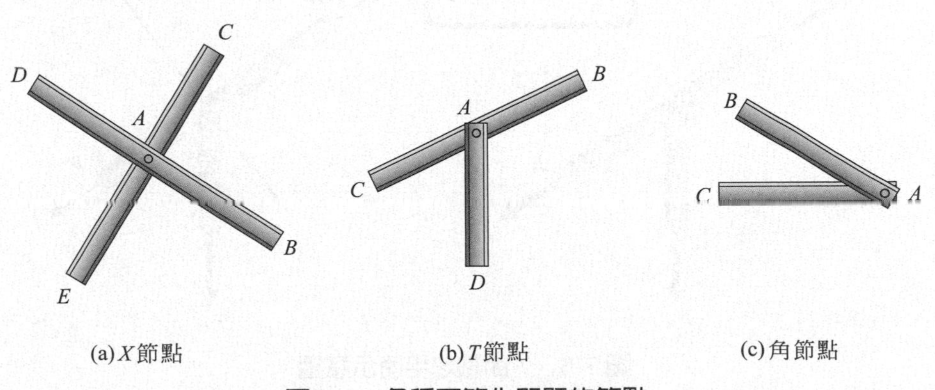

圖 7-4　各種可簡化問題的節點

(1) X 節點

所謂 X 節點是指桁架上的四根桿件聯結在一個節點上成爲 X 型，如圖 7-5 所示。**X 節點的特性是「在同一直線上的兩根桿件，其內部受力大小相等而且方向相反」**。

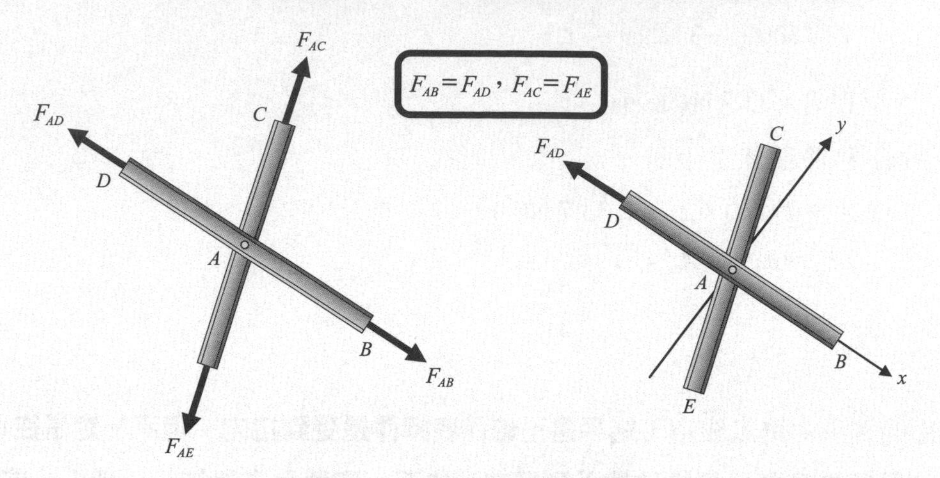

圖 7-5　X 節點之平衡示意圖

如果要證明上面的關係式成立，只要將其中一個軸線設定爲 x 軸，平衡時在 x 軸兩端的受力 F_{AB} 和 F_{AD} 大小相等、方向相反的關係存在，而另外兩個桿件的受力 F_{AC} 和 F_{AE} 與 y 軸的夾角相同，因此必需大小相等而且方向相反，才能使它們的 x 軸和 y 軸分量維持平衡狀態。

(2) T 節點

所謂 T 節點是指桁架上的三根桿件聯結在一個節點上成爲 T 型，如圖 7-6 所示。T 節點的特性是**「在同一直線上的兩根桿件，其內部受力大小相等而且方向相反，另一根桿件則為零力桿件」**。

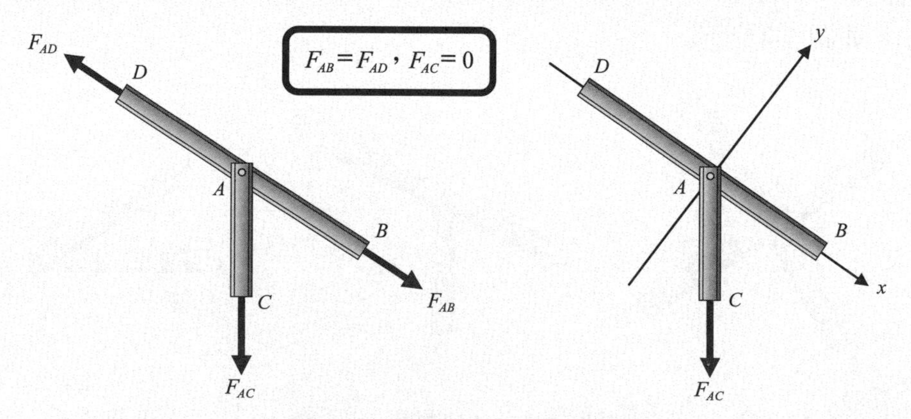

圖 7-6　T 節點之平衡示意圖

要證明上面的關係式成立，同樣的將在同一直線上有兩根桿件的軸線設定爲 x 軸，平衡時在 x 軸兩端的受力 F_{AB} 和 F_{AD} 大小相等、方向相反的關係存在，而另外一個桿件的受力 F_{AC} 如果不爲零，它的 x 軸和 y 軸分量會使節點無法維持平衡狀態，因此桿件 AC 必需是零力桿件。

(3) 角節點

所謂角節點是指桁架上的二根桿件聯結在一個節點上形成一個角度，如圖 7-7 所示。角節點的特性是**「在沒有外力施加的情況下，兩根桿件均為零力桿件」**。

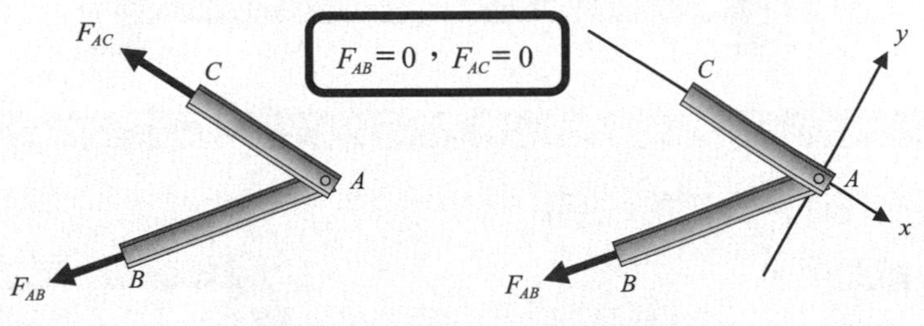

圖 7-7　角節點之平衡示意圖

如果要證明上面的關係式成立，同樣的在任一根桿件的軸線設定爲 x 軸，因爲只有一個方向有受力存在，如要維持平衡，這個受力必需爲零，亦即桿件 AB 和 AC 都必需是零力桿件。

例 7-5

試找出下圖中的零力桿件？

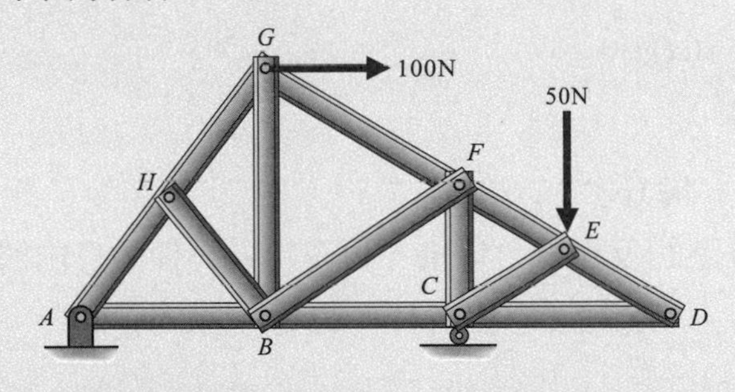

解析

圖中 D 節點爲角節點，因此桿件 DC 和 DE 爲零力桿件，E 節點雖爲 T 節點，但因爲有施力作用，桿件 CE 並非零力桿件，另 H 節點也爲 T 節點，且沒有施力作用，因此桿件 BH 爲零力桿件。

例 7-6

試求圖中桿件 BE 和 BF 的受力情況？

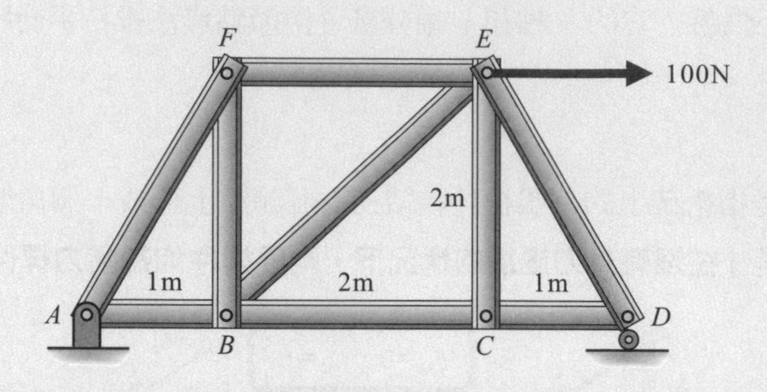

解析

設定所有反作用力都在$+x$和$+y$方向，

從自由體圖中，

可以得到桁架的受力平衡方程式爲

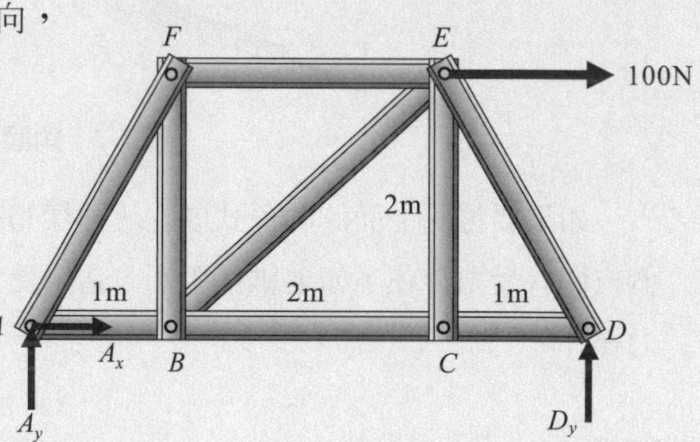

$$\Sigma\overrightarrow{F}_x = 0 \text{ 得 } A_x + 100 = 0$$

則 $A_x = -100\ (\text{N})$

$$\Sigma\overrightarrow{F}_y = 0 \text{ 得 } A_y + D_y = 0$$

則 $A_y = -D_y$⋯①

以 A 點爲參考點求力矩平衡方程式

$$\Sigma\overrightarrow{M}_z = 0\text{，得 } 4 \times D_y - 2 \times 100 = 0$$

則 $D_y = 50\ (\text{N})$，

代入①得

$$A_y = -50\ (\text{N})$$

求出支撐點的反作用力以後，再畫出各桿件的自由體圖，假設各桿件都是受到張力作用，以節點法求出各桿件的受力情形如下

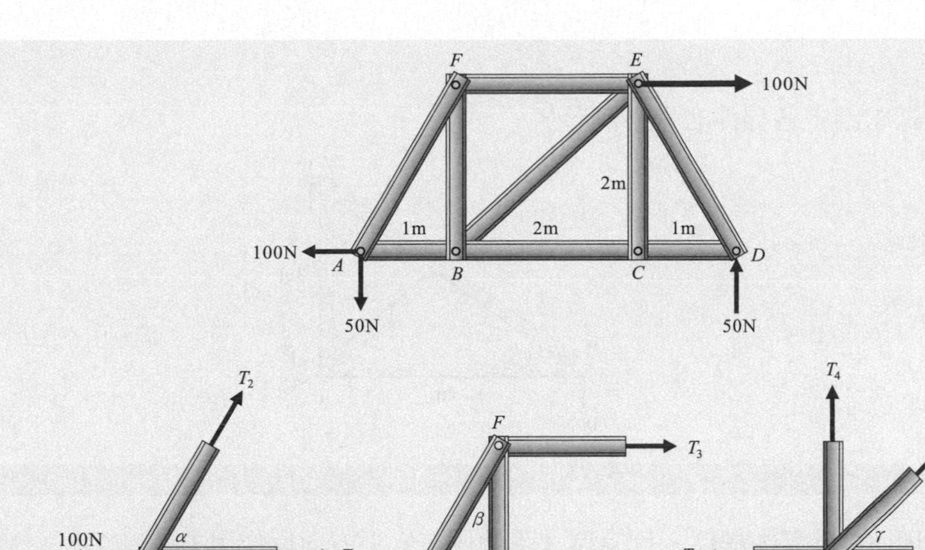

(1) 由節點 A 的平衡得到 $T_2 \sin\alpha - 50 = 0$，
從上圖中得 $\sin\alpha = 0.894$ 則
$T_2 = 55.9$ (N)(向上張力)

$T_1 + T_2 \cos\alpha - 100 = 0$，
從上圖中得 $\cos\alpha = 0.447$ 則
$T_1 + 55.9 \times (0.447) - 100 = 0$ 得
$T_1 = 75$ (N) (向右張力)

(2) 由節點 F 的平衡得到 $T_3 - T_2 \sin\beta = 0$，
從上圖中得 $\sin\beta = 0.447$ 則
$T_3 = 25$ (N) (向右張力)

$-T_2 \cos\beta - T_4 = 0$，
從上圖中得 $\cos\beta = 0.894$ 則
$T_4 = -50$ (N) (向上壓力)

(3) 由節點 B 的平衡得到 $T_5 \sin\gamma + T_4 = 0$，
從上圖中得 $\sin\gamma = 0.707$ 則
$0.707\ T_5 = -T_4$，
將 $T_4 = -50$ (N)代入得
$T_5 = 70.7$ (N) (張力)
因此得到桿件 BE 的受力為 $T_5 = 70.7$ (N) (張力)
桿件 BF 的受力為 $T_4 = -50$ (N) (壓力)

TIPS

先求支撐點的反作用力，再畫出各桿件自由體圖，然後以節點法求出各桿件受力情形。

Calculating the reaction force of the support firstly, then draw the free body diagram of each member, and then use the method of joint to obtain the acting force of each member.

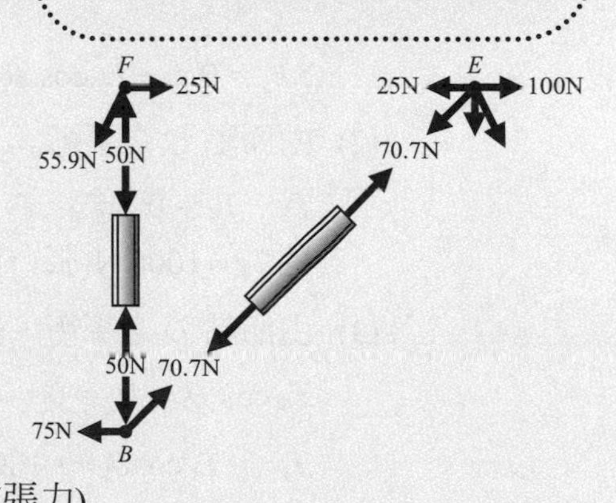

例 7-7

試求圖中各桿件之受力情形？

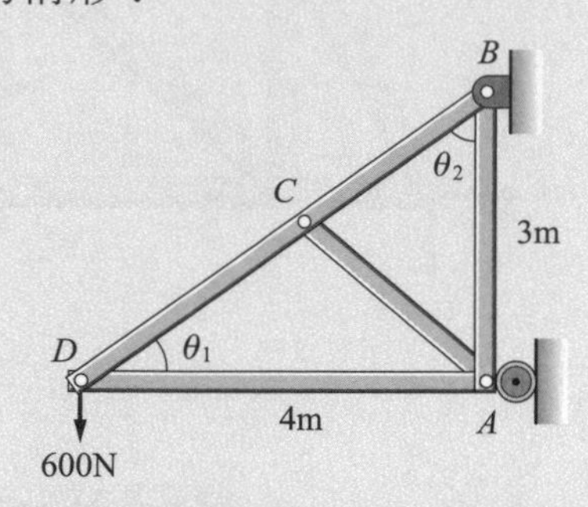

解析

因 AC 爲零力桿件，且節點 A 滾輪僅有水平方向反作用力，

故 AB 亦爲零力桿件，$T_2 = 0$

$\sin\theta_1 = \dfrac{3}{5}$，$\cos\theta_1 = \dfrac{4}{5}$，$\sin\theta_2 = \dfrac{4}{5}$，$\cos\theta_2 = \dfrac{3}{5}$

圖中 C 爲 T 節點，AC 爲零力桿件，

$T_5 = 0$

平衡方程式

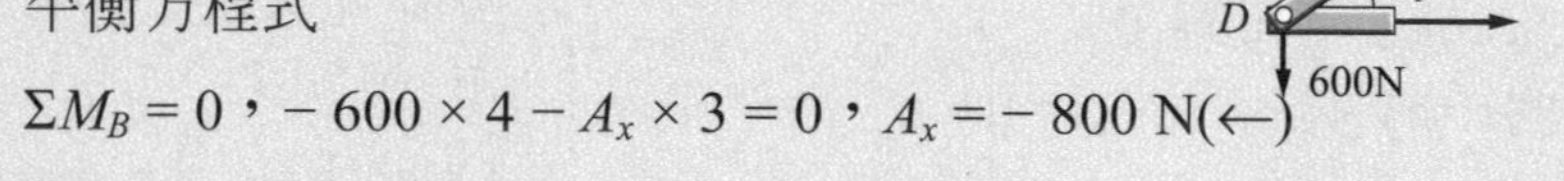

$\Sigma M_B = 0$，$-600 \times 4 - A_x \times 3 = 0$，$A_x = -800\ \text{N}(\leftarrow)$

$\Sigma F_x = 0$，$A_x + B_x = 0$，$B_x = -A_x = 800\ \text{N}(\rightarrow)$

$\Sigma F_y = 0$，$B_y - 600 = 0$，$B_y = 600\ (\uparrow)$

(1) 由節點 B 之平衡，得

$\Sigma F_x = 0$，$-T_3 \sin\theta_2 + B_x = 0$，

$T_3 = \left(\dfrac{4}{5}\right) = 800$，$T_3 = 100\ \text{N}$(張力)

$\Sigma F_y = 0$，$-T_3 \cos\theta_2 + B_y - T_2 = 0$，$T_2 = 0$

(2) 由節點 C 之平衡

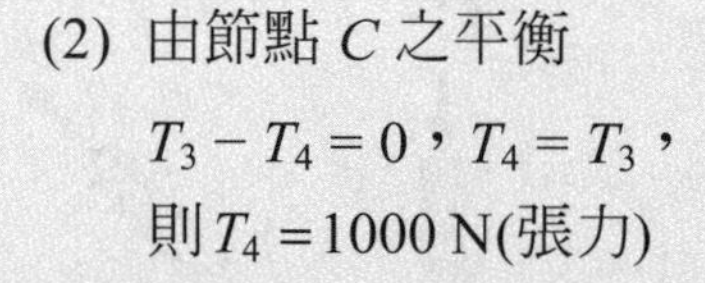

$T_3 - T_4 = 0$，$T_4 = T_3$，

則 $T_4 = 1000\ \text{N}$(張力)

(3) 由節點 D 之平衡，得

$T_4 \cos\theta_1 + T_1 = 0$，

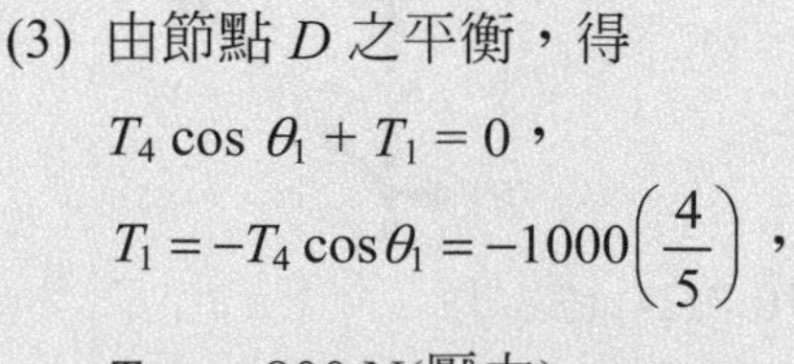

$T_1 = -T_4 \cos\theta_1 = -1000\left(\dfrac{4}{5}\right)$，

$T_1 = -800\ \text{N}$(壓力)

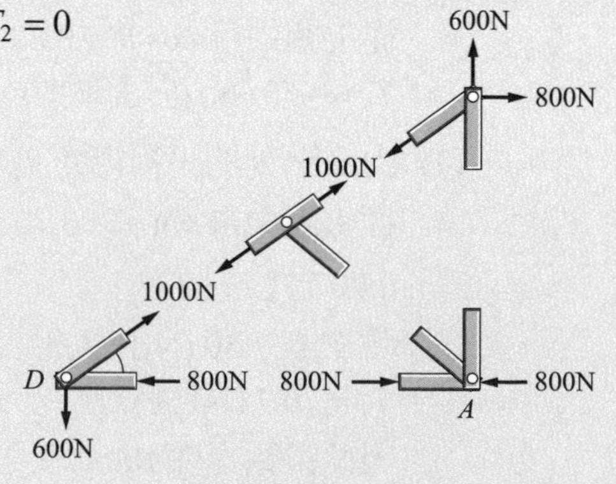

例 7-8

試求圖中各桿件之受力情形？

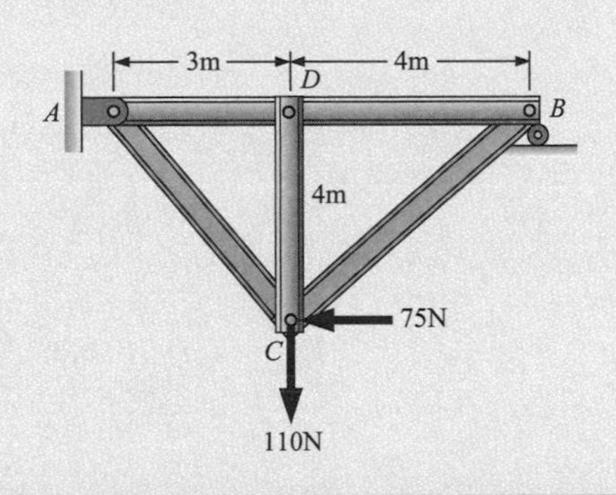

解析

設所有反作用力都在$+x$和$+y$方向，

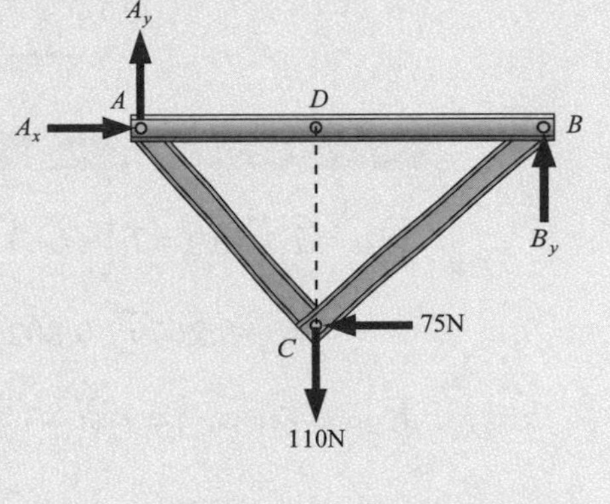

$\Sigma F_x = 0$，$A_x - 75 = 0$，$A_x = 75$

$\Sigma F_y = 0$，$A_y + B_y - 110 = 0$

則 $A_y + B_y = 110 \cdots ①$

$\Sigma M_A = 0$，$7 \times B_y - 4 \times 75 - 3 \times 110 = 0$，

$B_y = 90\ (\text{N})$，

代入①得 $A_y = 20\ (\text{N})$

(1) 由於桿 CD 為零力桿件，所以桿件 AD 和 DB 可視為一體，成為桿件 AB。

由節點 A 的平衡得

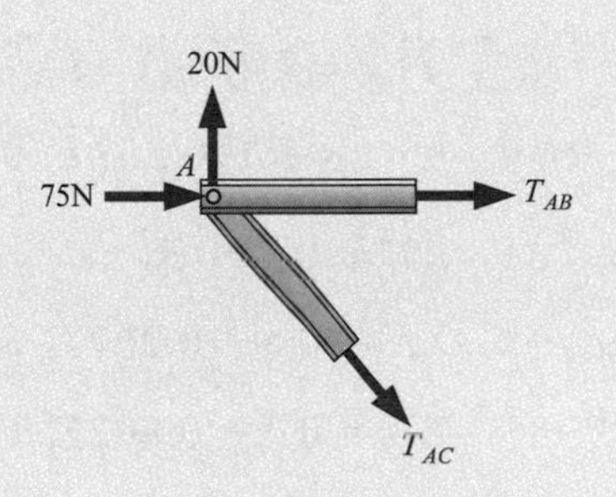

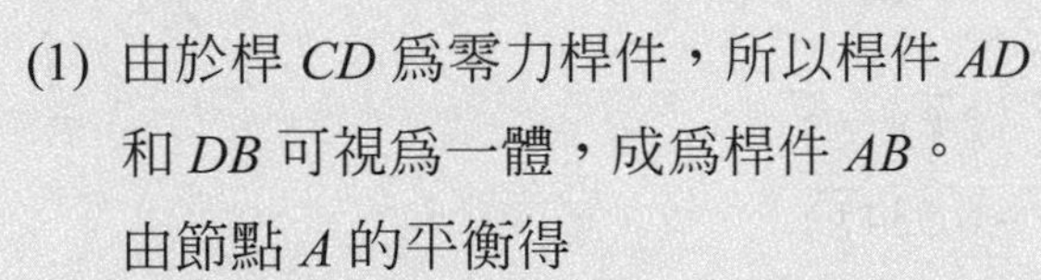

$-T_{AC} \times \dfrac{4}{5} + 20 = 0$，

$T_{AC} = 25\ (\text{N})$ (張力)

$T_{AC} \times \dfrac{3}{5} + 75 + T_{AB} = 0$，

$15 + 75 + T_{AB} = 0$

$T_{AB} = -90\ (\text{N})$ (壓力)

(2) 由節點 B 的平衡得

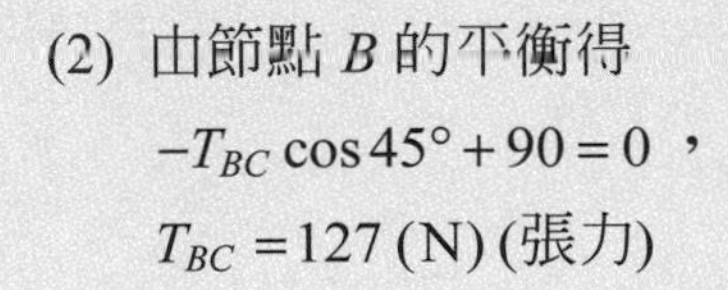

$-T_{BC} \cos 45° + 90 = 0$，

$T_{BC} = 127\ (\text{N})$ (張力)

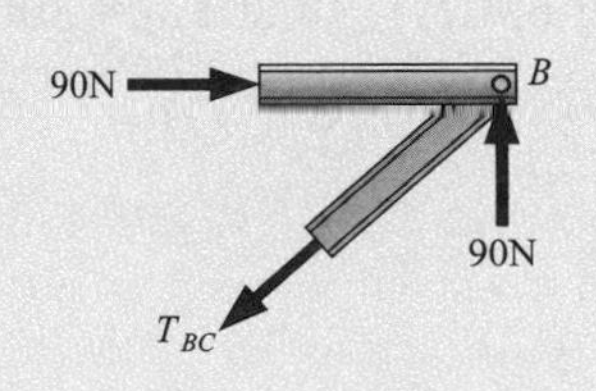

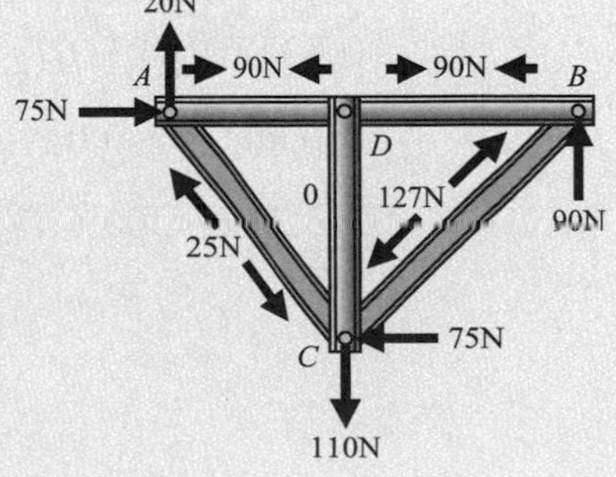

例 7-9

試求圖中立體桁架各桿件之受力情形？

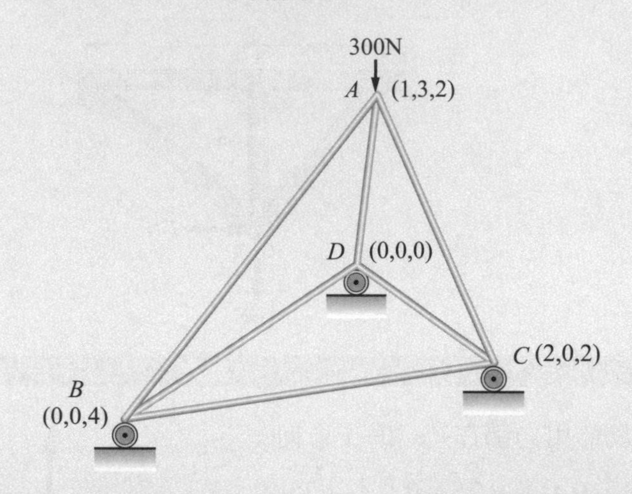

解析

$$\vec{F}_{AB}=T_1(\vec{r}_{AB})=T_1\left(\frac{-i-3\vec{j}+2k}{\sqrt{14}}\right)$$

$$=T_1(-0.267\vec{i}-0.802\vec{j}+0.534\vec{k})$$

$$\vec{F}_{AC}=T_2(\vec{r}_{AC})=T_2(\vec{i}-3\vec{j})=T_2\left(\frac{1}{\sqrt{10}}i-\frac{3}{\sqrt{10}}\vec{j}\right)$$

$$=T_2(0.316\vec{i}-0.949\vec{j})$$

$$\vec{F}_{AD}=T_3(\vec{r}_{AD})=T_3(-\vec{i}-3\vec{j}-2\vec{k})$$

$$=T_3(-0.267\vec{i}-0.802\vec{j}-0.534\vec{k})$$

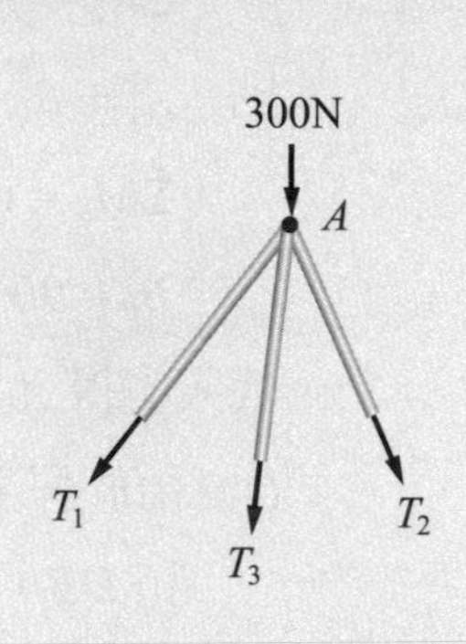

節點 A 之平衡

$\Sigma F_x=0$，$-0.267T_1+0.316T_2-0.267T_3=0\cdots$①

$\Sigma F_y=0$，$-0.802T_1+0.949T_2-0.802T_3=300=0\cdots$②

$\Sigma F_z=0$，$0.534T_1-0.534T_3=0$，$T_1=T_3$ 代入①

$0.534T_1=0.316T_2$，$T_2=1.690T_1$ 代入②

$-0.802T_1-0.949(1.690T_1)-0.802T_1=300$

$-3.2T_1=300$，$T_1=-93.75$ N(壓力)

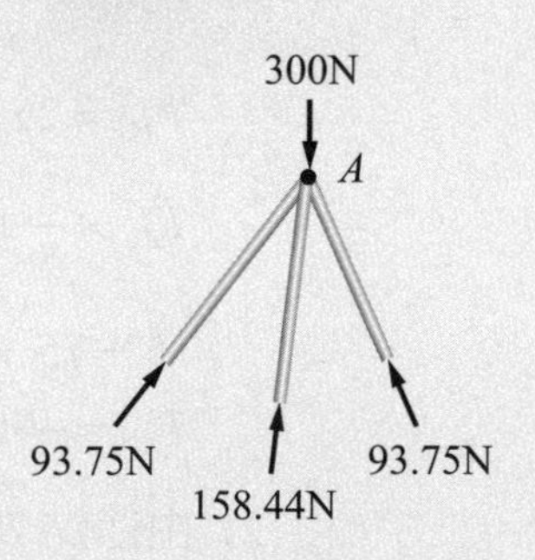

生活實例

使用節點法來求桁架中各個桿件的受力情況，感覺起來有些複雜，如果桁架的節點多，更是如此，不過使用節點法也有好處，那便是可以逐一求出各桿件的受力。在某些情況下，可能僅是部分桿件的受力需要被求出，而非全部桿件。此種情況下就必需改用**截面法** method of section，可以使問題變得簡單些。

利用桁架結構建造高壓電塔和廠房已經相當普遍，不但可以節省材料，還可以得到良好的結構強度。本章將學習利用截面法來分析結構元件的受力情形，以作為結構設計之憑藉。

7-4 平面桁架分析－截面法 The Method of Sections

所謂的截面法是把要分析的桁架從中切開，然後以力的平衡方程式和力矩的平衡方程式來求得未知數。在進行切開時，所要解答的桿件必需包含於其中，切開後可以選擇左邊一半或右邊一半來分析，得到的結果會相同。另外，**力和力矩的平衡方程式只有三個，因此，不含零力桿件下，所切的受力未知桿件數量不能超過三根，否則無法求解。如果受力未知桿件數量超過三根，必需要利用兩階段切割的方式，在第一個截面先求出部分桿件的受力，讓第二個截面的桿件受力未知數不超過三個，就能順利求得各個未知數。**★1

圖 7-8 中，要求桿件 *AB*、*BC*、*AC*、*AD* 或 *CD* 的切法是不一樣的，圖中以 *a*−*a* 爲切線可以求得桿件 *BC*、*AC* 和 *AD* 的受力，如以 *b*−*b* 爲切線則可以求得桿件 *AB*、*AC* 和 *CD* 的受力。

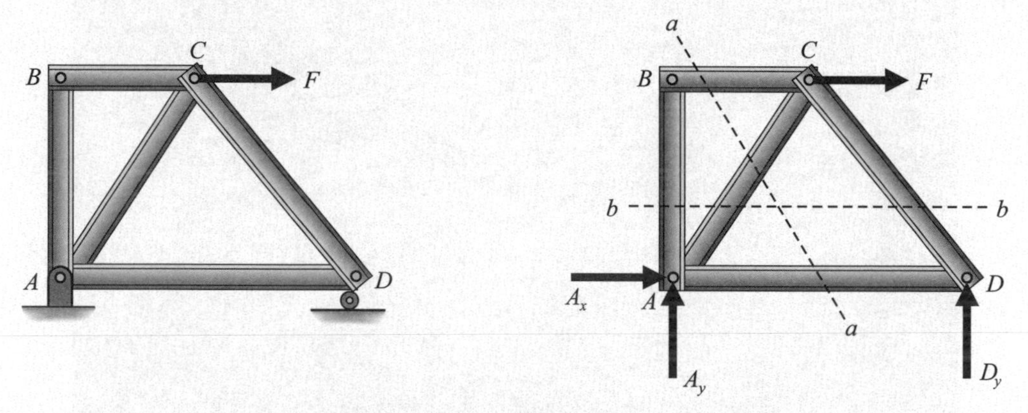

圖 7-8　利用截面法求桁架桿件之受力

Note

★1. It is quite common to use truss structures to build high-voltage electric towers and workshops, which can not only save materials, but also obtain good structural strength. In this chapter, we will learn to use the section method to analyze the stress situation of structural elements as a basis for structural design.

利用截面法求桁架桿件受力前，需要和前面章節所提一樣，先把各支撐點的反作用力 A_x、A_y 和 D_y 求出來並標示在桁架上，再進行截面切開。當桁架被切開以後，先檢視一下左邊和右邊的狀況，選擇一個比較容易的部分來進行求解。圖 7-9 爲桁架被切開以後分成左右兩邊的情形，左邊部分的 A 點有許多力通過，會比較容易處理。★1

當取左邊的部分來進行桿件受力分析時，可以依圖列出合力和合力矩的平衡方程式，然後進一步求解。

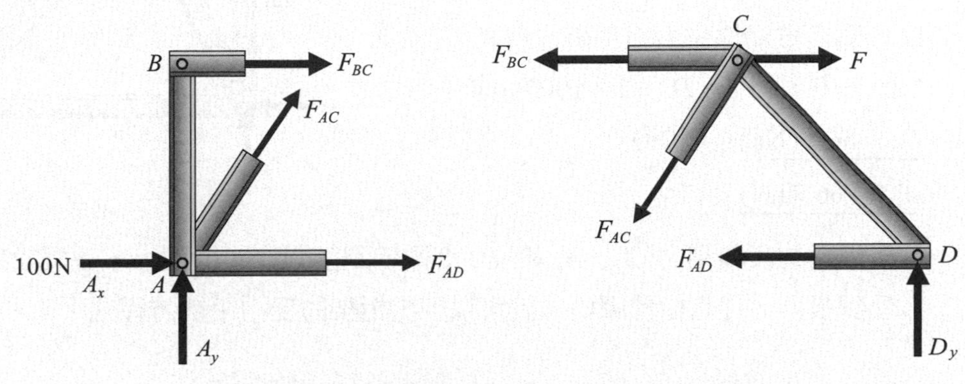

圖 7-9　桁架被切開分成左邊和右邊後的受力圖

例 7-10

利用截面法求桁架中桿件 BC 和桿件 AD 之受力？

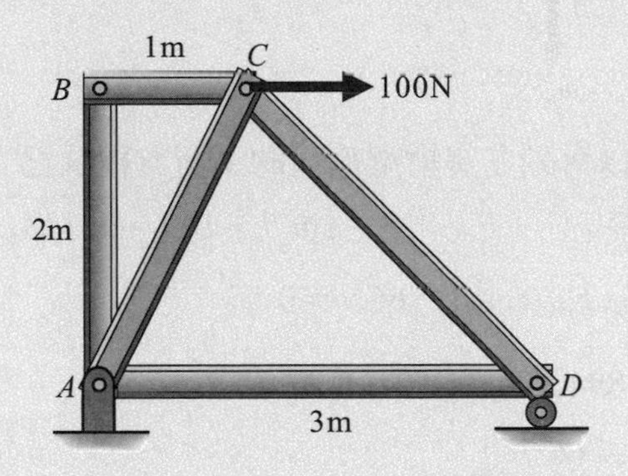

Note

★1. After the truss is cut in half, one can choose any half to analyze, but don't forget that there can only be three unknown members at a time, and if there are more than three, it must be divided into two or more parts again.

解析

先求出各支撐點的反作用力 A_x、A_y 和 D_y，然後以剖線 a-a 將桁架剖開，再求桿件之受力。若設定所有反作用力都在+ x 和+ y 方向，從自由體圖中，可以得到桁架的受力平衡方程式為

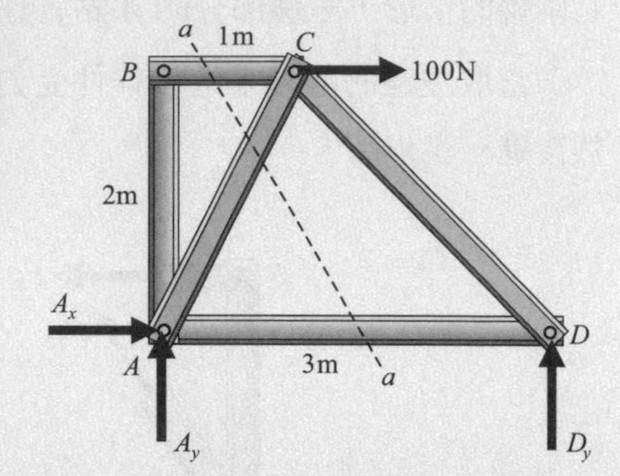

$\Sigma\overrightarrow{F}_x = 0$，得 $A_x + 100 = 0$ 則 $A_x = -100$ (N)

$\Sigma\overrightarrow{F}_y = 0$，得 $A_y + D_y = 0$ 則 $A_y = -D_y$…①

以 A 點為參考點求力矩平衡方程式，

$\Sigma\overrightarrow{M}_z = 0$，得 $3 \times D_y - 2 \times 100 = 0$ 則

$\underline{D_y = 66.7\ (\text{N})}$ 代入①得

$\underline{A_y = -66.7\ (\text{N})}$

各支撐點的反作用力 A_x、A_y 和 D_y 都標示到剖開後的桁架上，並假設所有桿件都受到張力，從自由體圖中，就可以列出桁架的受力平衡方程式。

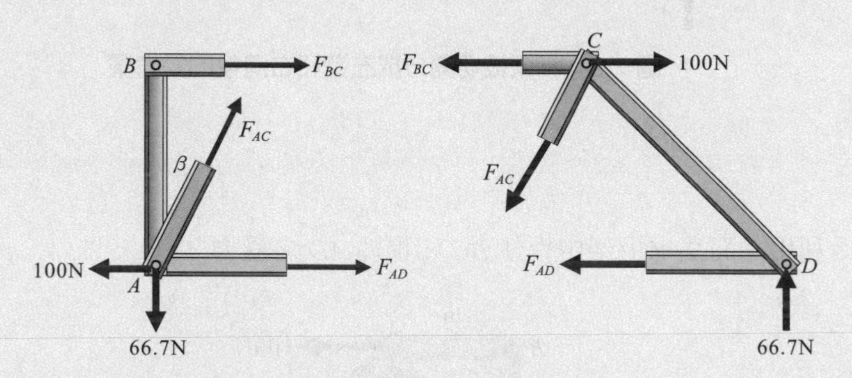

由上圖中可以得到左邊桁架剖面的平衡方程式為

$\Sigma\overrightarrow{F}_x = 0$，得 $F_{AD} + F_{BC} + F_{AC}\sin\beta - 100 = 0$…②

$\Sigma\overrightarrow{F}_y = 0$，得 $F_{AC}\cos\beta - 66.7 = 0$，

因 $\cos\beta = 0.894$

得 $0.894\ F_{AC} = 66.7$

則 $F_{AC} = 74.6$ (N) (張力)

以 A 點為參考點求力矩平衡方程式為

$\Sigma\overrightarrow{M}_z = 0$，得 $2 \times F_{BC} = 0$，

因此 $F_{BC} = 0$ (零力桿件)

將 F_{AC} 和 F_{BC} 代入②中，

就可以得到 $F_{AD} = 100 - F_{BC} - F_{AC}\sin\beta$

因 $F_{BC} = 0$ 且 $\sin\beta = 0.447$

得 $F_{AD} = 100 - 0 - (74.6)(0.447)$ 則

$F_{AD} = 66.7$ (N) (張力)

如果是選擇右邊的那一半進行分析，因爲桿件 AC 和 CD 都具有斜度，計算時會較爲複雜，不過最後結果會與左半邊所求到的相同。

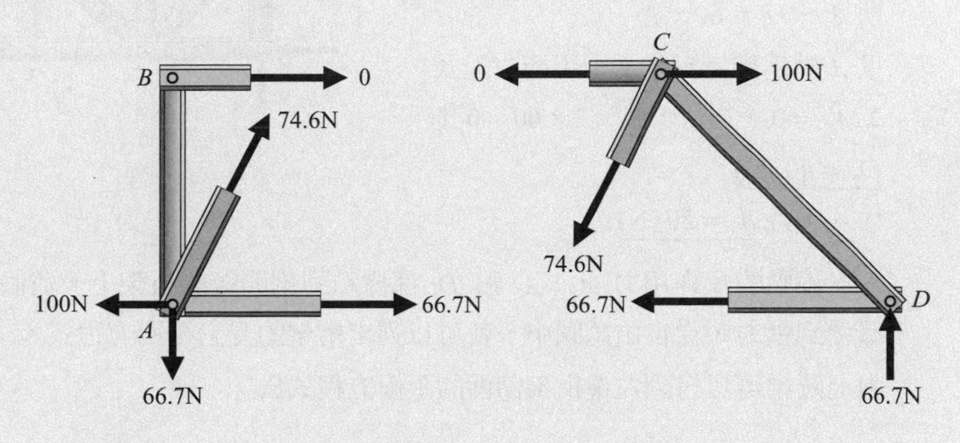

例 7-11

利用截面法求桁架中桿件 BC 和桿件 BE 之受力？

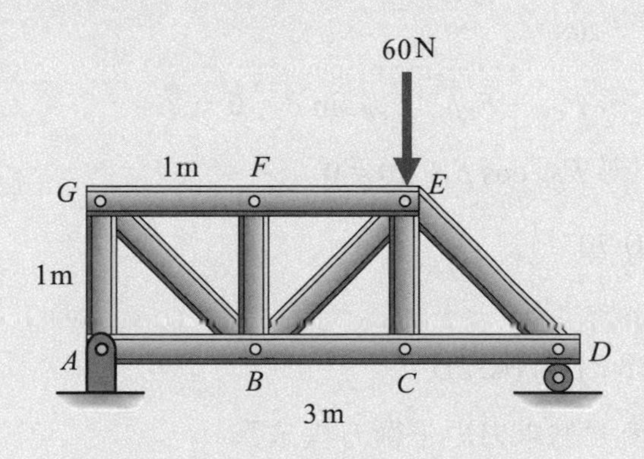

解析

先求出各支撐點的反作用力 A_x、A_y 和 D_y，然後以剖線 a-a 將桁架剖開，再求桿件之受力。若設定所有反作用力都在 $+x$ 和 $+y$ 方向，從自由體圖中，可以得到桁架的受力平衡方程式為

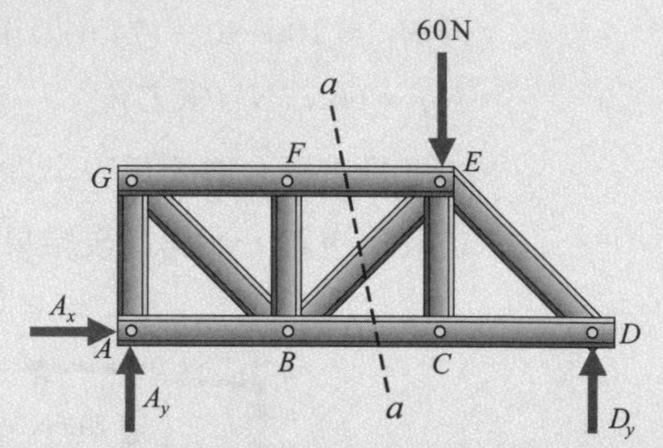

$\Sigma\overrightarrow{F}_x = 0$，得 $A_x = 0$

則 $A_x = 0\,(\text{N})$

$\Sigma\overrightarrow{F}_y = 0$，得 $A_y + D_y - 60 = 0$

則 $A_y + D_y = 60 \cdots$①

以 A 點為參考點求力矩平衡方程式，

$\Sigma\overrightarrow{M}_z = 0$，得 $3 \times D_y - 2 \times 60 = 0$ 則

$\underline{D_y = 40\,(\text{N})}$

代入①得 $\underline{A_y = 20\,(\text{N})}$

各支撐點的反作用力 A_x、A_y 和 D_y 都標示到剖開後的桁架上，並假設所有桿件都受到張力，從自由體圖中，就可以列出桁架的受力平衡方程式。

由上圖中可以得到左邊桁架剖面的平衡方程式為

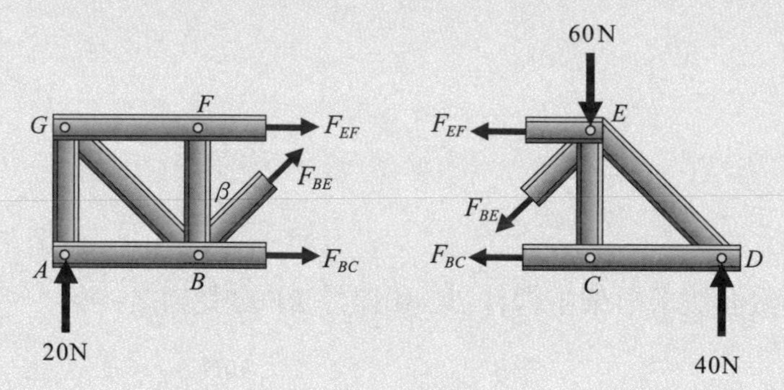

$\Sigma\overrightarrow{F}_x = 0$，得 $F_{BC} + F_{EF} + F_{BE}\sin\beta = 0 \cdots$②

$\Sigma\overrightarrow{F}_y = 0$，得 $F_{BE}\cos\beta + 20 = 0$

因 $\cos\beta = 0.707$

得 $0.707\,F_{BE} = -20$

則 $F_{BE} = -28.3\,(\text{N})$ (壓力)

以 B 點為參考點求力矩平衡方程式為

$\Sigma\overrightarrow{M}_z = 0$

設逆時針爲正，順時針爲負，得

$-1 \times F_{EF} - 1 \times 20 = 0$，則

$F_{EF} = -20$ (N) (壓力)

將 F_{BE} 和 F_{EF} 代入②中，

就可以得到

$F_{BC} - 20 - 28.3 \sin\beta = 0$

因 $\sin\beta = 0.707$

得 $F_{BC} = 20 + 28.3(0.707) = 40$(N)

$F_{BC} = 40$ (N) (張力)

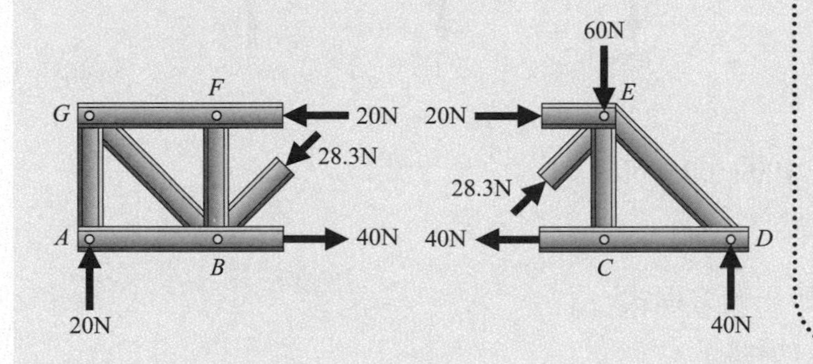

TIPS

求出各支撐點的反作用力後，將其標示在剖開後的桁架上，並假設所有桿件都是受到張力，最後再從自由體圖中得到平衡方程式，並求得各桿件之受力。當得到正值時，表示其受到張力作用，得到負值時，則是受到壓力。

After calculating the reaction force of each support, mark it on the cut truss, and assume that all members are under tension, and finally obtain the equations of equilibrium from the free body diagram, and obtain the stress acting on each member, for which positive for tension and negative for compression.

例 7-12

利用截面法求桁架中桿件 EP 和桿件 LK 之受力？

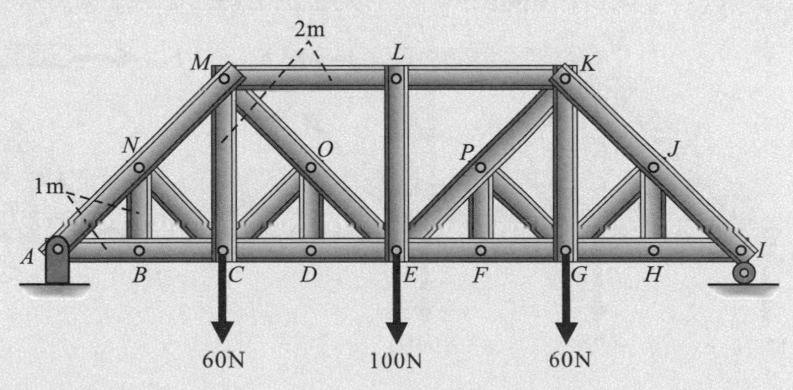

解析

先求出各支撐點的反作用力 A_x、A_y 和 I_y，然後以剖線 *a-a* 將桁架剖開，再求桿件之受力。若設定所有反作用力都在 $+x$ 和 $+y$ 方向，從自由體圖中，可以得到桁架的受力平衡方程式。剖線 *a-a* 所剖之處以能涵蓋欲求的桿件為原則，不能超過三根，如超過三根須分兩次來求。

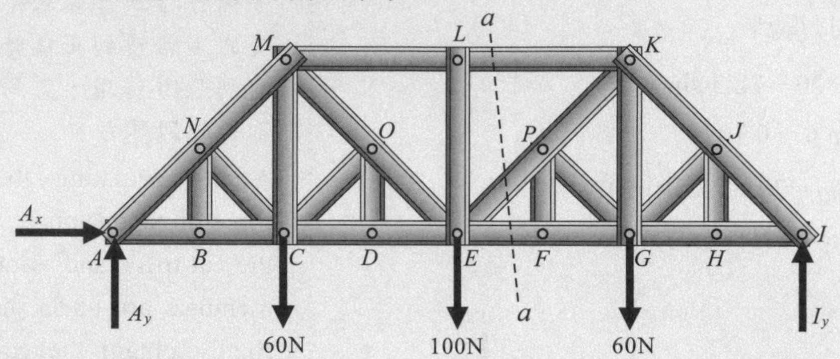

$\Sigma \overrightarrow{F}_x = 0$，$A_x = 0\,(\text{N})$

$\Sigma \overrightarrow{F}_y = 0$，得 $A_y + I_y - 100 - 60 - 60 = 0$

則 $A_y + I_y = 220\,(\text{N}) \cdots$①

以 A 點為參考點求力矩平衡方程式，

$\Sigma \overrightarrow{M}_z = 0$，設逆時針力矩為正，

順時針力矩為負，得

$8 \times I_y - 2 \times 60 - 4 \times 100 - 6 \times 60 = 0$

則 $I_y = 110\,(\text{N})$ 代入①得 $A_y = 110\,(\text{N})$

各支撐點的反作用力 A_x、A_y 和 I_y 都標示到剖開後的桁架上，並假設所有桿件都受到張力，從自由體圖中，就可以列出桁架的受力平衡方程式。

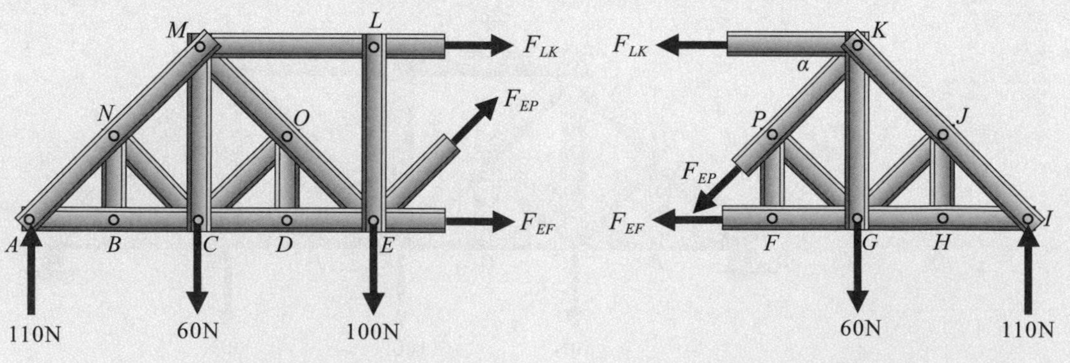

由上圖中可以得到右邊桁架剖面的平衡方程式爲

$\Sigma\overrightarrow{F}_x = 0$，得$-F_{LK} - F_{EF} - F_{EP}\cos\alpha = 0$…②

$\Sigma\overrightarrow{F}_y = 0$，得 $110 - 60 - F_{EP}\sin\alpha = 0$，$F_{EP}\sin\alpha = 50$

因 $\alpha = 45°$，$\sin\alpha = 0.707$ 得 $0.707F_{EP} = 50$ 則

$F_{EP} = 70.7$ (N) (張力)

以 K 點爲參考點(通過的力最多)

求力矩平衡方程式爲

$\Sigma\overrightarrow{M}_z = 0$，設逆時針爲正，

順時針爲負，得 $2 \times 110 - 2 \times F_{EF} = 0$，

則 $F_{EF} = 110$ (N) (張力)

將 F_{EP} 和 F_{EF} 代入②中，

就可以得到 $F_{LK} = -F_{EF} - F_{EP}\cos\alpha$，

因 $F_{EP} = 70.7$，$F_{EF} = 110$，且 $\cos\alpha = 0.707$

得 $F_{LK} = -110 - (70.7)(0.707)$則

$F_{LK} = -160$ (N) (壓力)

TIPS

選擇通過最多力的那個點來作參考點，可以簡化平衡方程式。

Choosing which the most force passes as a reference point can really simplify the equations of equilibrium.

例 7-13

試利用截面法求桁架中桿件 EF 和 BC 之受力？

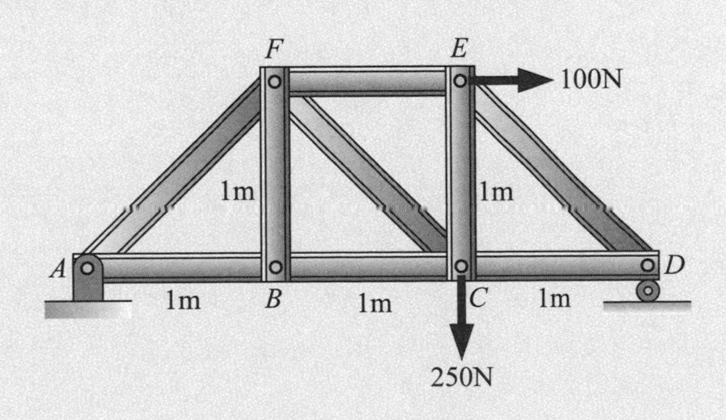

解析

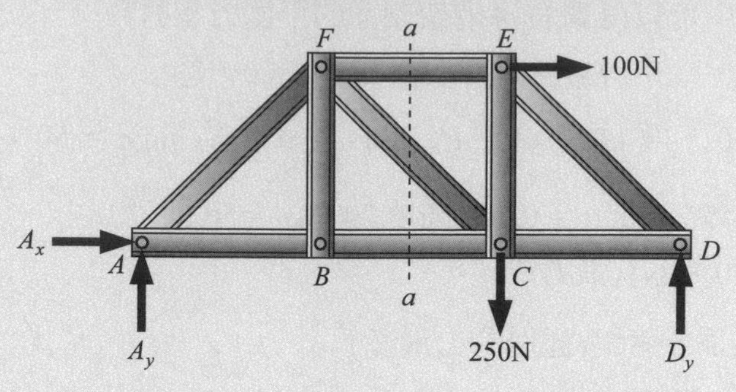

$\Sigma\overrightarrow{F}_x=0$，$A_x+100=0$，$A_x=-100$ (N)

$\Sigma\overrightarrow{F}_y=0$，$A_y+D_y-250=0$，$A_y+D_y=250\cdots$①

$\Sigma\overrightarrow{M}_A=0$，$3\times D_y-2\times 250-1\times 100=0$，$D_y=200$ (N)

代入①得 $A_y=50$ (N)

$\Sigma\overrightarrow{F}_x=0$

$T_{EF}+T_{BC}+T_{CF}\cos45°-100=0\cdots$②

$\Sigma\overrightarrow{F}_y=0$，$-T_{CF}\sin45°+50=0$

$T_{CF}=70.7$ (N) (張力)

$\Sigma\overrightarrow{M}_F=0$，$1\times T_{BC}-1\times 100-1\times 50=0$

$T_{BC}=150$ (N) (張力)

代入②得

$T_{EF}=-100$ (N) (壓力)

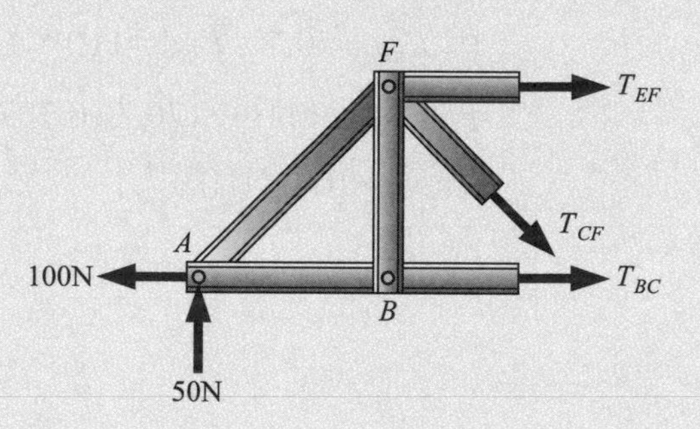

7-5 構架與機具結構分析 Frames and Machines

桁架結構中的所有桿件都是二力元件，而且它的作用力只限定施加在節點。在許多構件中，作用力被施加在桿件上，而且桿件也並不一定是二力元件，有可能是三力元件或是多力元件，此種結構被稱爲**構架** frame★1。構架和桁架相同都具有剛性，受力後不會產生變形。至於**機具** machine★2 是一種含有可動桿件的結構，受力後無法保持剛性而會產生變形。構架的受力分析有些很簡單，但有些很複雜，一般來說，若構架的節點只含有兩個相接的元件，稱爲簡單節點 simple joint，則分析較爲容易，若是含有三個或三個以上元件相接，就是較難分析的複雜節點 complex joint。複雜節點的分析可以分爲兩種方法，第一種稱爲主要元件法 method of primary member，第二種稱爲節點法 method of joint。所謂主要元件法就是將節點最爲複雜的元件做爲主要元件，其餘元件以及施加的外力再分別連接到這個主要元件上，然後進行分析處理。至於節點法就是對構架節點的插銷做受力分析，意義和方法都和桁架分析時所用的的節點法相同。

TIPS

桿件受到三個或三個以上的力，或是外力不作用在節點上而是施加在桿件上，這樣就不是桁架而是構架了。

The member is subjccted to three or more forces, or the external force does not act on the node but on the member, therefore it is not a truss but a frame.

Note

★1.、★2. Frame and Machine：Frame and Machine are two types of structures which are often composed of pin-connected multi force members, that means the members are always subjected more than two forces. Normally, frames are used to support loads, whereas machines contain moving parts and are design to transmit and alter the effect of forces.

例 7-14

下圖中構架的兩根桿件 AC 長 4 m，BD 長 2 m，求該兩根組件的受力情形。

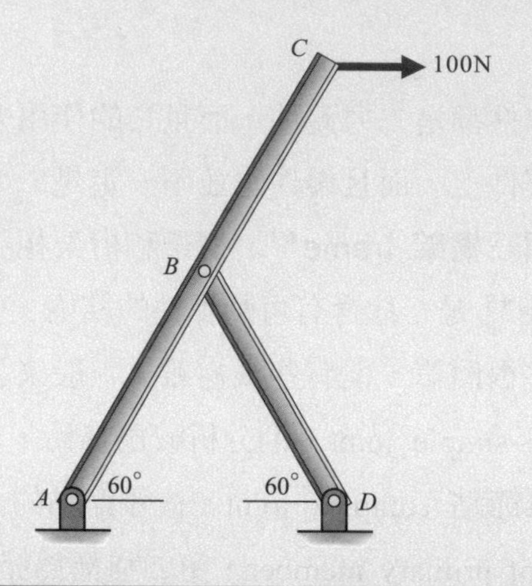

解析

作用力並非施加在節點上，因此結構物不是桁架而是構架。構架的節點只含有兩個相接的元件，是簡單節點，分析時可將構架各桿件拆開來求解。若設定所有支撐點的反作用力都在$+x$和$+y$方向，從自由體圖中，可以得到桿件 ABC 的受力平衡方程式爲

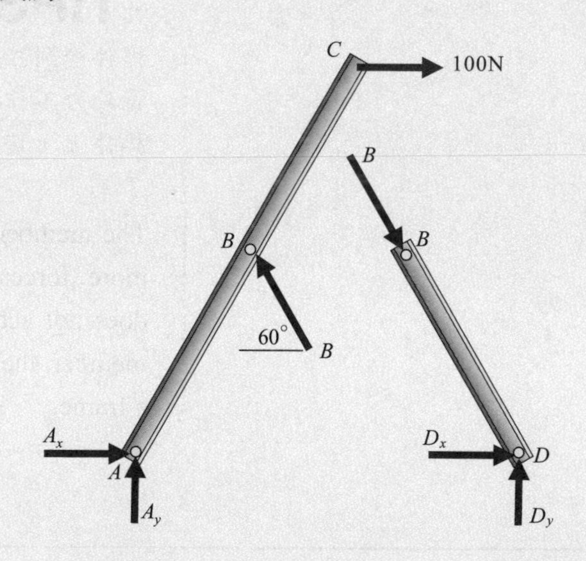

$\Sigma \overrightarrow{F}_x = 0$ 得

$A_x - B\cos 60° + 100 = 0$

$A_x - 0.5B = -100 \cdots ①$

$\Sigma\overrightarrow{F}_y = 0$，得 $A_y + B\sin 60° = 0$

則 $A_y = -0.866B \cdots$②

以 A 爲參考點求力矩平衡方程式，

設逆時針爲正，順時針爲負

$\Sigma\overrightarrow{M}_z = 0$，

得 $2\sin 60° \times B\cos 60° + 2\cos 60° \times B\sin 60° - 4\sin 60° \times 100 = 0$

則 $0.866B + 0.866B - 346.4 = 0$，

得 $B = 200\,(\text{N})$

代入①和②分別得到

$A_x = 0\,(\text{N})$，$A_y = -173.2\,(\text{N})$

把上述結果用來求桿件 BD 的受力

平衡方程式爲 $\Sigma\overrightarrow{F}_x = 0$

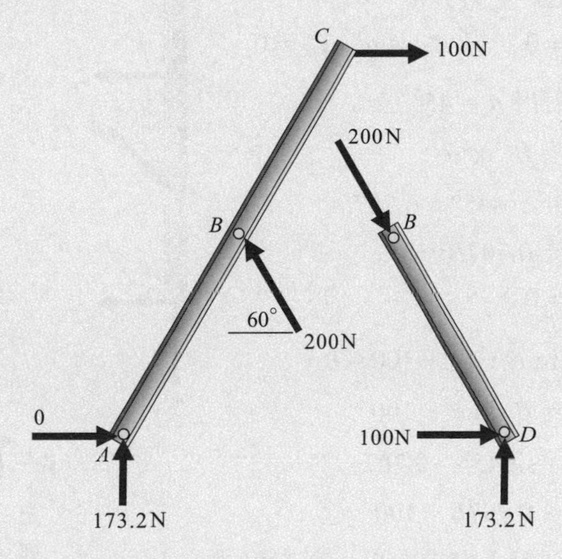

得 $D_x + B\cos 60° = 0$，$D_x = -B\cos 60° = -200 \times 0.5 = -100$

則 $D_x = -100\,(\text{N})$

$\Sigma\overrightarrow{F}_y = 0$，得 $D_y - B\sin 60° = 0$

則 $D_y = 200 \times 0.866 = 173.2$

則 $D_y = 173.2\,(\text{N})$

例 7-15

圖中桿件 AC 長 3 m，桿件 CF 長 3 m，試求各組件的受力情況。

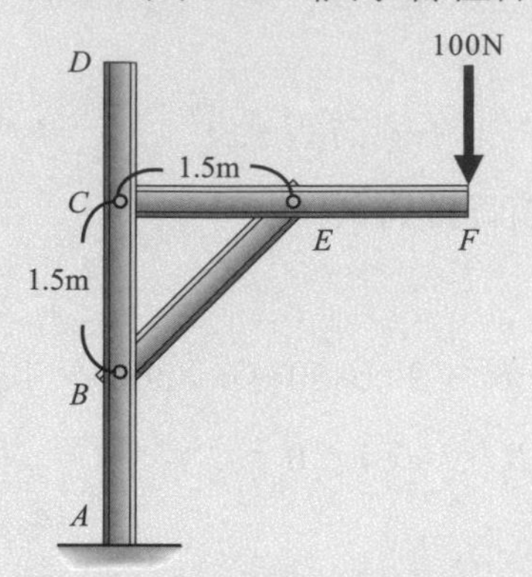

解析

先將構架拆解，選擇桿件 CF 爲主要元件，畫出自由體圖後再分別求出各桿件之受力情形，可以得到平衡方程式如下

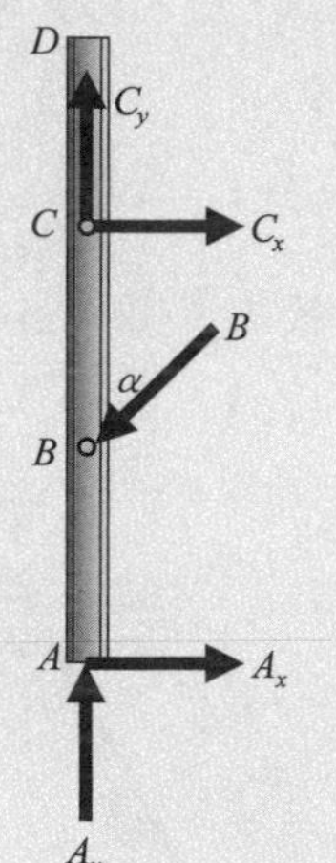

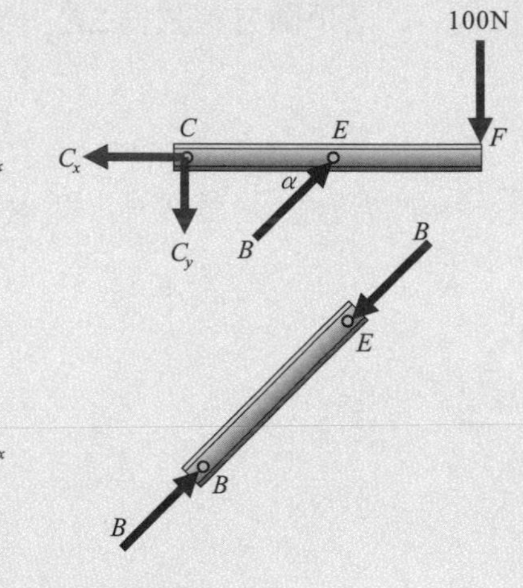

(1) 桿件 CF 受力分析

$\Sigma \overrightarrow{F}_x = 0$，得 $B\cos\alpha - C_x = 0$

從圖中得 $\alpha = 45°$，

則 $C_x = B\cos\alpha$，

$\cos\alpha = \cos 45° = 0.707$

得 $C_x = 0.707B$…①

$\Sigma \overrightarrow{F}_y = 0$，

得 $B\sin\alpha - C_y - 100 = 0$，

則 $C_y = B\sin\alpha - 100$，

$\sin\alpha = \sin 45° = 0.707$

得 $C_y = 0.707B - 100$…②

以 C 爲參考點求力矩平衡方程式，

設逆時針爲正，順時針爲負

$\Sigma \overrightarrow{M}_z = 0$，得 $1.5 \times B\sin\alpha - 3 \times 100 = 0$

則 $1.061B = 300$，得 $B = 283(\text{N})$

代入①②

得 $C_x = 200\,(\text{N})$，$\underline{C_y = 100\,(\text{N})}$

TIPS

先將構架拆解，選定主要元件，畫出自由體圖，然後列出平衡方程式來求解。

Disassembling the frame first, choosing the main component and draw the free body diagram next, then set the equations of equilibrium and solve them.

(2) 桿 AD 受力分析

$\Sigma\overrightarrow{F}_x = 0$，

得 $A_x - B\sin\alpha + C_x = 0$

則 $A_x = 283\sin 45° - 200$

得 $A_x = 0\,(\text{N})$，$\Sigma\overrightarrow{F}_y = 0$

得 $A_y - B\cos\alpha + C_y = 0$

則 $A_y = 283\cos 45° - 100$

得 $A_y = 100\,(\text{N})$

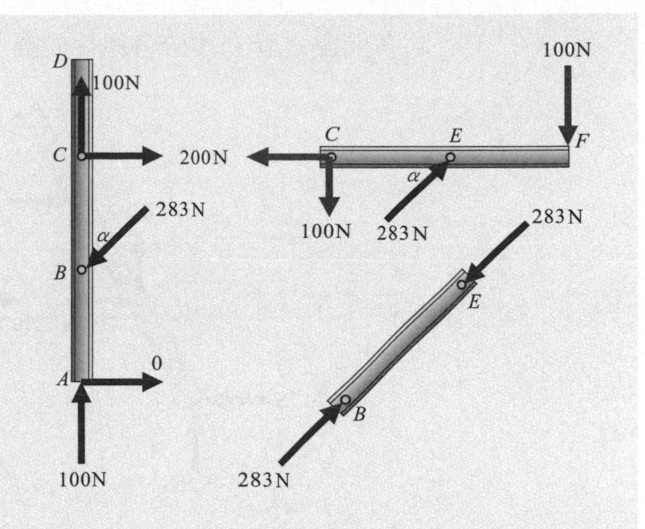

例 7-16

試求圖中構架各組件的受力情形。

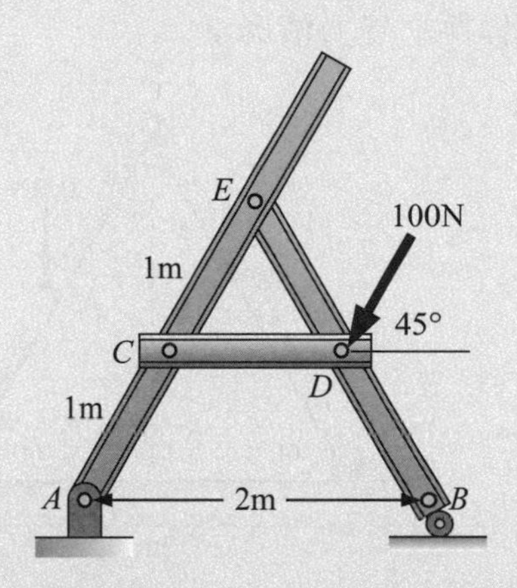

解析

$\Sigma\overrightarrow{F}_x = 0$，得 $A_x = 70.7\ (\text{N})$

$\Sigma\overrightarrow{F}_y = 0$，得 $A_y + B_y = 70.7 \cdots ①$

$\Sigma\overrightarrow{M}_A = 0$，$2\times B_y + \frac{\sqrt{3}}{2}\times 70.7 - 1.5\times 70.7 = 0$

$B_y = 22.5\ (\text{N})$，代入①得 $A_y = 48.2\ (\text{N})$

取 EDB 爲主要桿件

$\Sigma\overrightarrow{F}_x = 0$，$E_x = 70.7\ (\text{N})$

$\Sigma\overrightarrow{F}_y = 0$，$E_y = 48.2\ (\text{N})$

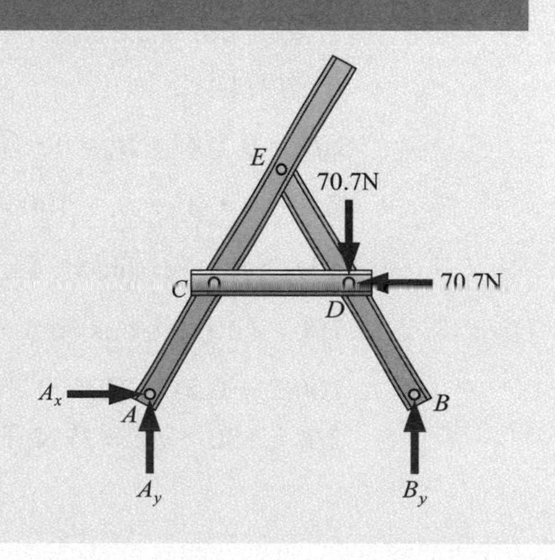

將各節點之受力繪於各組件如圖。

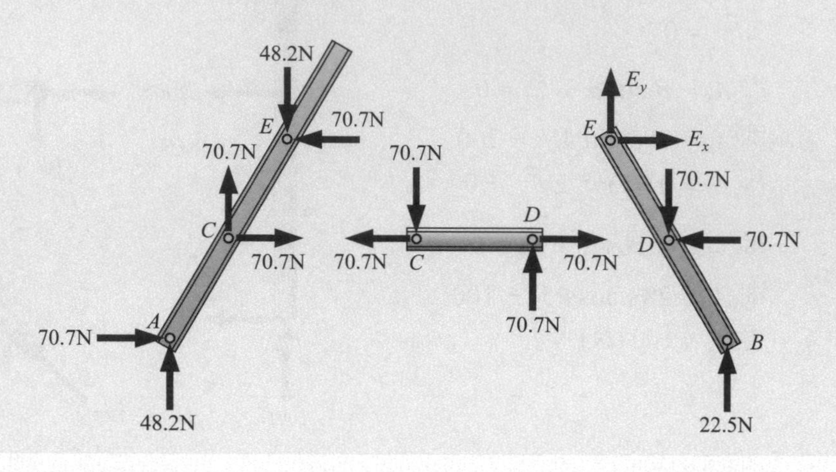

例 7-17

試求圖中構架各桿件之受力情形？

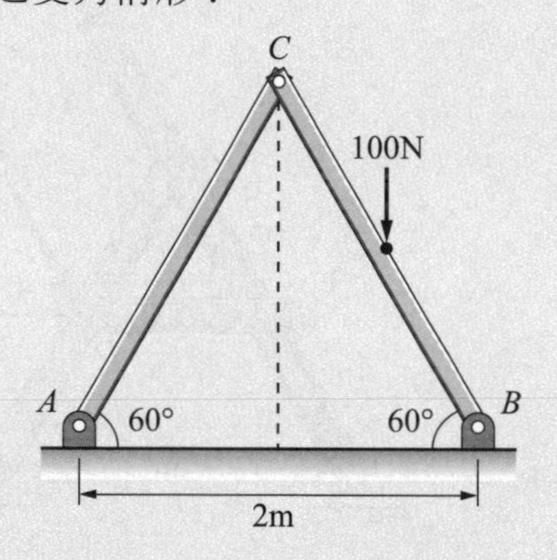

解析

平衡方程式

$\Sigma F_x = 0$，$A_x + B_x = 0 \cdots$①

$\Sigma F_y = 0$，$A_y + B_y - 100 = 0$，$A_y + B_y = 100 \cdots$②

$\Sigma M_A = 0$，設順時針爲正，

$100 \times (2 - 1 \times \cos 60°) - 2B_y = 0$

$100(2 - 0.5) - 2B_y = 0$

$2B_y = 150$，$B_y = 75$ N(↑)

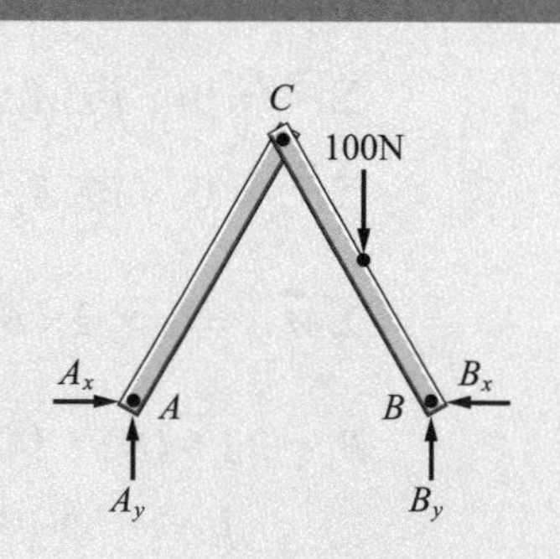

代入②得 $A_y = 25\ \text{N}(\uparrow)$

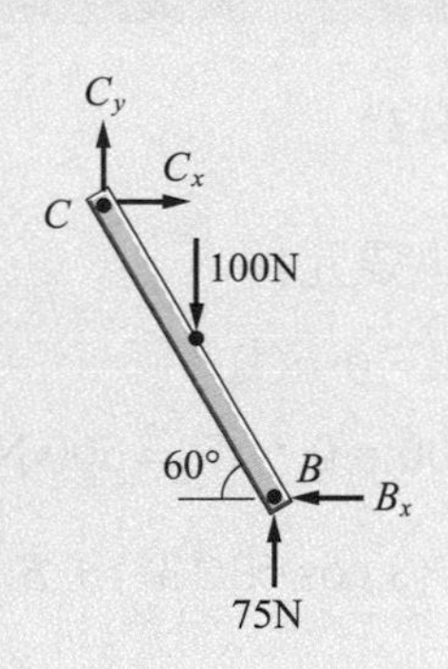

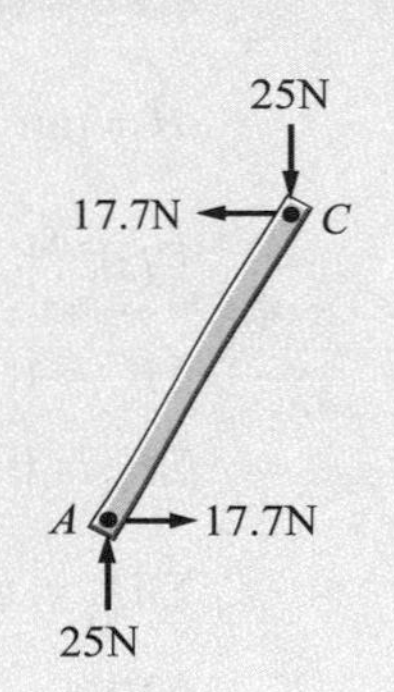

取桿件 BC 爲主要元件

平衡方程式

$\Sigma F_x = 0$，$C_x + B_x = 0 \cdots$③

$\Sigma F_y = 0$，$75 - 100 + C_y = 0$

$C_y = 25\ \text{N}(\uparrow)$

$\Sigma M_c = 0$

取順時針爲正

$-B_x(2 \times \sin 60°) - 75 \times (2 \times \cos 60°) + 100 \times (1 \times \cos 60°)$

$1.414 B_x = -75 + 50 = -25$

$B_x = -17.7\ \text{N}(\leftarrow)$，

代入①得 $A_x = 17.7\ \text{N}$

代入③得 $C_x = 17.7\ \text{N}(\rightarrow)$

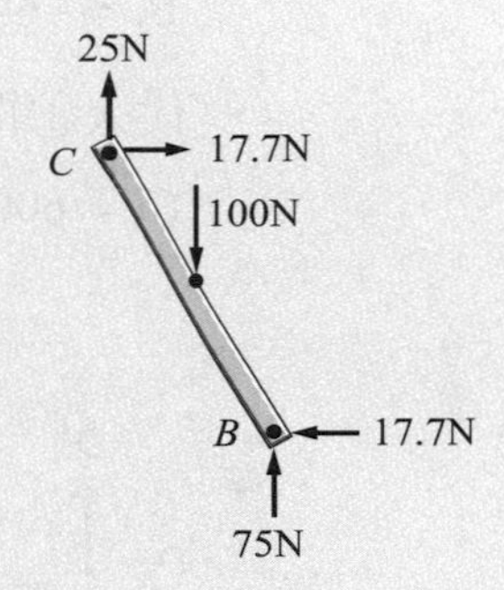

例 7-18

試求圖中構架各桿件之受力情形？

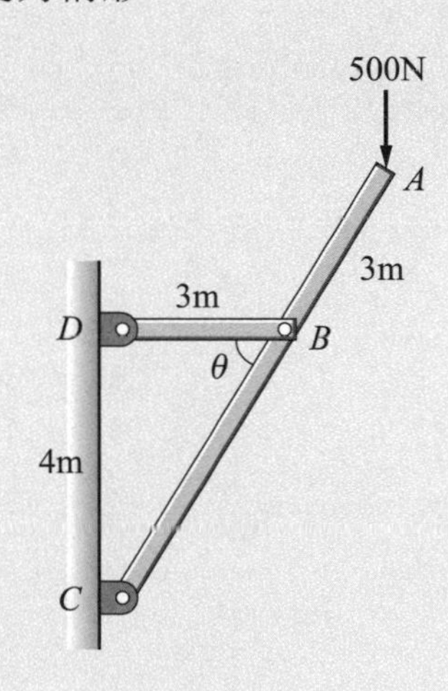

解析

$\theta = \tan^{-1}\dfrac{4}{3} = 53.13°$

取桿件 ABC 爲主要元件

$\Sigma F_x = 0$，$C_x + B_x = 0 \cdots ①$

$\Sigma F_y = 0$，$C_y - 500 = 0$，$C_y = 500\ \text{N}(\uparrow)$

$\Sigma M_A = 0$，$500 \times (8\cos 53.13°) + B_x \times (5\sin 53.13°) = 0$

$2400 + 4B_x = 0$，

$B_x = -600\ \text{N}\ (\leftarrow)$，

代入①得

$C_x = 600\ \text{N}(\rightarrow)$

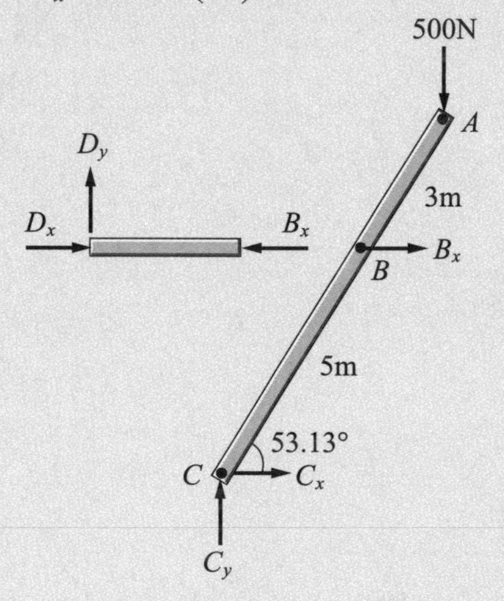

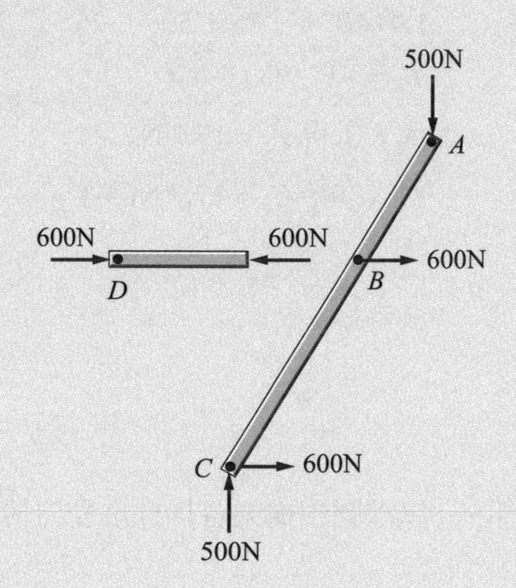

08

摩擦與摩擦力

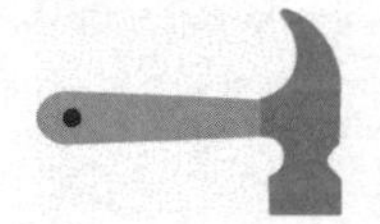

本章大綱

8-1　摩擦與摩擦力的定義

8-2　受摩擦力作用物體的平衡

8-3　摩擦在機械上的應用

學習重點

本章對摩擦與摩擦力做了清楚的定義，並將其列為物體所受到的一種外力，依定義計算出摩擦力大小和方向後，直接將它們標畫在自由體圖上，並列出各相關的平衡方程式，就可輕易解得物體在受到摩擦力作用時，各支撐點或元件所受到的反作用力和反力矩。此外，本章也探討摩擦在機械上的一些應用方式，並作相關而必要的力學分析與探討。

Learing Objectives

- *To clear the definition of friction and frictional force subjected on an object.*
- *To obtain the reaction force and moment on each support or component of the object or structure, by solving equilibrium equations gaining from free body diagram which the friction forces are involved.*
- *To discuss the applications of friction in machinery systems and do the relevant and necessary mechanical analysis.*

生活實例

人們常把摩擦和摩擦力看成負面的東西，事實上，如果兩個接觸面之間沒有摩擦力存在的話，幾乎所有物體都無法定位下來，動物、車輛、船隻都無法行走前進，然而對於轉動或傳動機構來說，摩擦導致的損耗以及熱效應的確會引發機具壽命降低及製造精度變差的負面效應。因此，學習了解摩擦與摩擦力的分析方法，也是研究力學的重要課題之一。

摩擦力的存在有好有壞，車輛的輸出動力來自於輪胎與地面的摩擦力，軸承的設計則是為了減低轉動軸的摩擦力使耗損減輕。本章中，我們將學習摩擦力的計算方法，同時探討摩擦力在機械上的應用。

生活實例

People often regard friction as negative things. In fact, if there is no friction between two contact surfaces, almost all objects cannot keep stationary, and animals, vehicles as well as ships cannot move forward. However, for the rotation or transmission mechanism, the wear and thermal effect caused by friction will indeed lead to the negative effects of reduced tool life and poor manufacturing accuracy. Therefore, learning to understand the problems caused by friction and familiar to analyze them are also important topics in the study of mechanics.

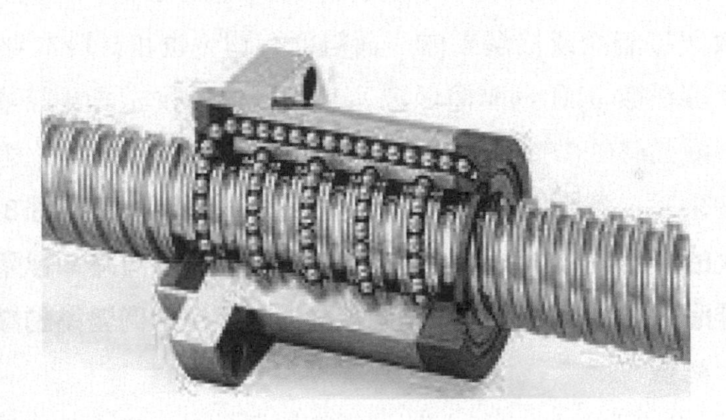

There are some benefits and some detriments of the existence of friction, for example, snow chains are good to make the vehicle running stable in the snow, and the design of the ball screw is to reduce the bad effect of friction to the rotating shaft such as the wear and tear. In this chapter, we will learn how to calculate friction force and discuss how the friction is applied in machinery facilities.

8-1 摩擦與摩擦力的定義 Definition of the Friction and Friction Force

兩個相互接觸的物體因爲進行相對運動所產生彼此之間的反作用力稱爲**摩擦力** friction force，摩擦力的型態可以分爲很多種，如果兩個物體之間的相對運動是滑動，就稱爲滑動摩擦 sliding friction，如果兩物體中有任一個物體是以滾動的方式運動，就稱爲滾動摩擦 rolling friction。當兩個物體之間有摩擦產生時，一般都會添加潤滑劑做潤滑來減輕摩擦效應，此時必需把潤滑劑和流體力學的相關性質與原理加入考量，問題會變得較爲複雜，在本書中不予討論。另外，滾動摩擦是因滾動物體和平面之間變形所產生對滾動的阻力，兩者在進行相對運動時會產生變形，本書中也將不予討論。因此，本章節所討論的主題，是兩個物體之間產生滑動摩擦，而且不施予任何潤滑，也就是俗稱的**乾摩擦** dry friction★1 的情況。因爲有關乾摩擦的性質與定律是十八世紀法國科學家庫倫 Coulomb 所研究提出，有時又被稱爲**庫倫摩擦** Coulomb friction★2。

摩擦力的產生必需具備兩個條件，包含必需有正向力 N 和摩擦係數 μ 的存在。摩擦係數與接觸面或接觸點的表面粗度有關，也和材料本身的性質有關。摩擦係數可以分爲靜摩擦係數 μ_S 和動摩擦係數 μ_K，靜摩擦係數 μ_S 指兩接觸物體將進行相對運動而未實際作相對運動時的摩擦係數，動摩擦係數 μ_K 則指兩接觸物體實際做相對運動時之摩擦係數，一般來說，靜摩擦係數 μ_S 都會大於動摩擦係數 μ_K。**圖 8-1 中，靜止的物體受到由 0 漸漸增大的作用力 F 作用，當作用力漸漸增大的同時，靜摩擦力也漸漸增大，一直到超越最大靜摩擦力 F_S 時，物體開始移動，靜摩擦瞬間變為動摩擦，而且摩擦力也隨之下降並保持為常數 F_K。**★3

Note

★1. Dry friction、★2. Coulomb friction：Friction occurs between the contacting surfaces of bodies when there is no lubricating fluid is called dry friction，which is sometimes called Coulomb friction，since its characteristics were studied extensively by C. A. Coulomb in 1781.

★3. In Figure 8-1, a stationary object is subjected to a force F that gradually increases from 0. When the force gradually increases, the static friction force also gradually increases. When the maximum static friction force F_S is exceeded, the object starts to move, and the static friction instantaneously becomes dynamic friction, and the friction force also decreases and remains constant F_K

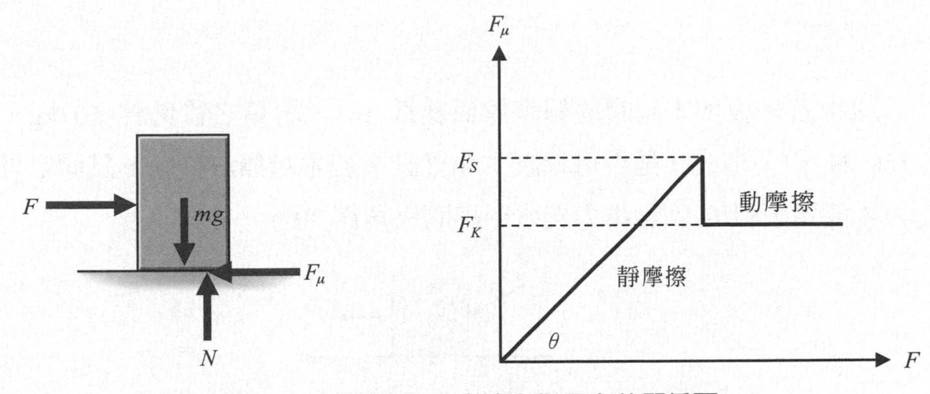

圖 8-1 靜摩擦與動摩擦和作用力的關係圖

前圖中θ爲 45°，因爲 F 和 F_μ 相等。一般來說，摩擦力的方向和運動方向永遠相反，計算時必需加以注意才不會弄錯。當受力還沒有達到最大靜摩擦力 F_S時，物體處於靜摩擦狀態，適宜利用靜力平衡方程式解答問題，但如果受力超過最大靜摩擦力 F_S，則變成動力學問題，就必需以牛頓第二運動定律求運動方程式了。

8-2 受摩擦力作用物體的平衡 Equiblium Equitions including Friction Forces

圖 8-2 中，當平放於水平面上的物體受到水平方向的推力時，物體受到 $N = mg$ 的正向力，接觸面之間的摩擦力爲 F_μ，當水平方向的推力等於最大靜摩擦力時，物體才會開始移動，此時將平面作用於物體上的正向力 N 和最大靜摩擦力 F_S 相加，就是平面對物體的總作用力 R，總作用力 R 和法線方向也就是正向力方向之間的夾角ϕ 就稱爲靜摩擦角ϕ_S，當物體開始移動時，靜摩擦力 F_S變爲動摩擦力 F_K，而靜摩擦角ϕ_S也就變爲動摩擦角ϕ_K了。

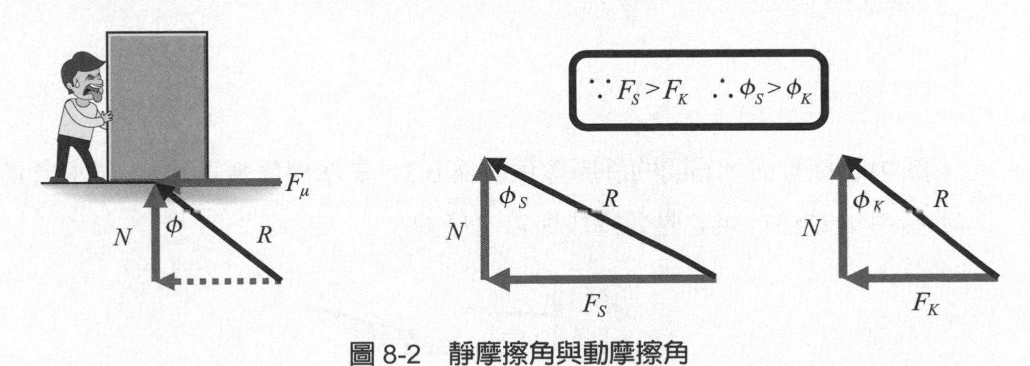

圖 8-2 靜摩擦角與動摩擦角

因爲靜摩擦力 F_S會大於動摩擦力 F_K，因此靜摩擦角ϕ_S也會大於動摩擦角ϕ_K。

例 8-1

下圖中若地板與木箱間的靜摩擦係數為 0.5，木箱之質量為 50 kg，若某人以 150 N 的力拖拉，是否可以讓木箱移動？若木箱無法移動，試問應外加多少推力才能達成目的？(設推力與水平線間夾角為 30°)

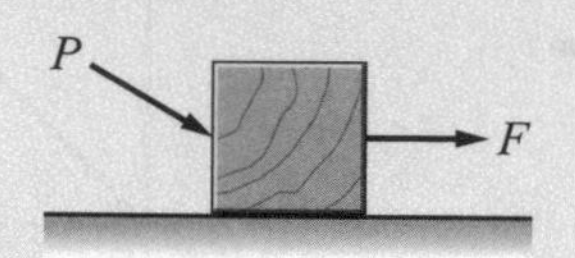

解析

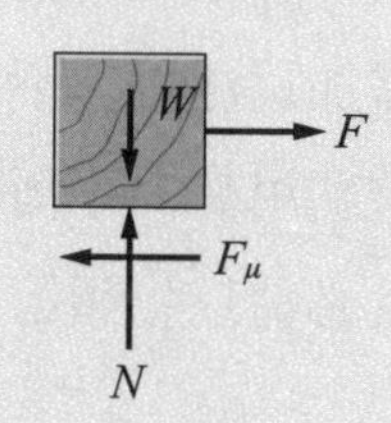

$W = mg = 50 \times 9.81 = 490.5$ (N)

$\Sigma F_y = 0$，$N - W = 0$，$N = W = 490.5$ (N)

$F_\mu = \mu_s N = 0.5 \times 490.5 = 245.25$ (N)

$F > F_\mu$，故無法讓物體移動。

差額$\Delta F = F_\mu - F = 95.25$ (N)

增力之 $N_P = P \sin 30° = 0.5\,P$，

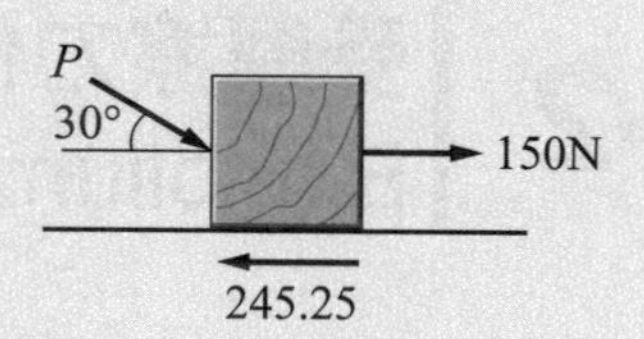

增力之摩擦力 $F_{\mu P} = 0.5 \times 0.59 = 0.25\,P$

增力之推力 $P_a = P \cos 30° = 0.866\,P$

若要施加推力 P 而使物體移動，

則 $P_a = \Delta F + F_{\mu P}$，

則 $0.866\,P = 95.25 + 0.25P$

解得 $P = 154.63$ (N)，

故須 155 N 之外加推力。

例 8-2

下圖中若地板與木箱間的靜摩擦係數為 0.3，動摩擦係數為 0.2，試求質量 20 kg 木箱由 A 點移行至 C 點各階段所需之施力？

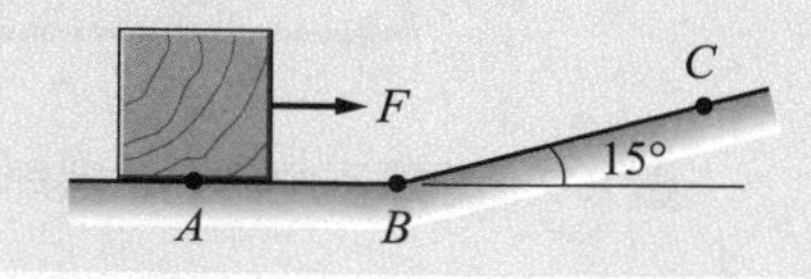

解析

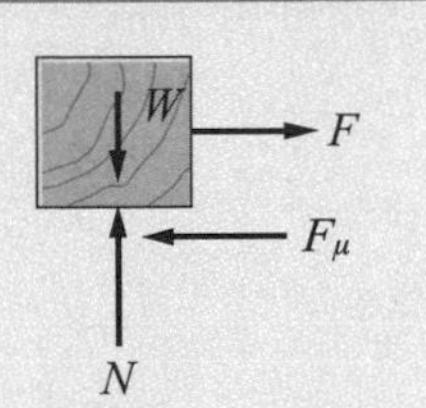

$W = mg = 20 \times 9.81 = 196.2$ (N)

(1) 由靜止移動所需之最小施力 F_1

$F_1 = F_{\mu s} = \mu_s N = 0.3 \times 196.2$，得 $F_1 = 58.9$ (N)

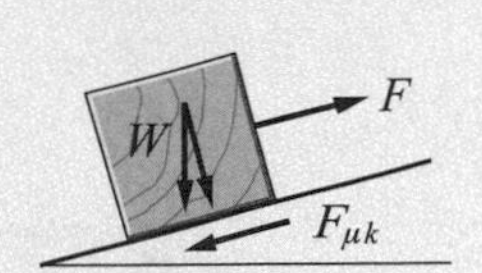

(2) 由 A 移動至 B 所需之最小施力 F_2

$F_2 = F_{\mu k} = \mu_k N = 0.2 \times 196.2$，得 $F_2 = 39.2$ (N)

(3) 由 B 移動至 C 所需之最小施力 F_3

正向力大小

$N = F_N = W\cos\theta = 196.2\,(\cos 15°) = 189.5$ (N)

$F_{\mu k} = \mu_k N = 0.2 \times 189.51 = 37.9$ (N)

斜面上之分力大小

$F_t = W\sin\theta = 196.2(\sin 15°) = 50.8$ (N)

則 $F_3 = F_{\mu k} + F_t = 37.9 + 50.8$，得 $F_3 = 88.7$ (N)

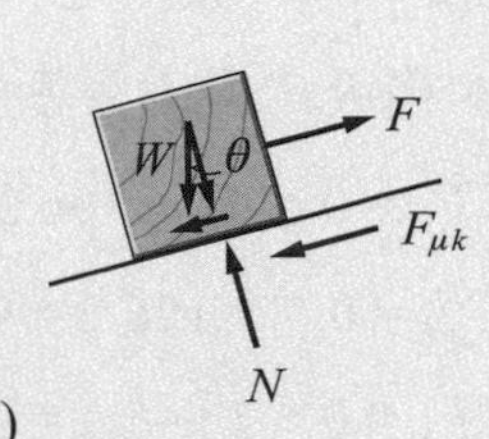

例 8-3

下圖中若地板與木箱間的靜摩擦係數為 0.3，且木箱之質心位於其幾何中心點，試求欲推動該質量 50 kg 木箱而不致翻倒所需的最小施力？

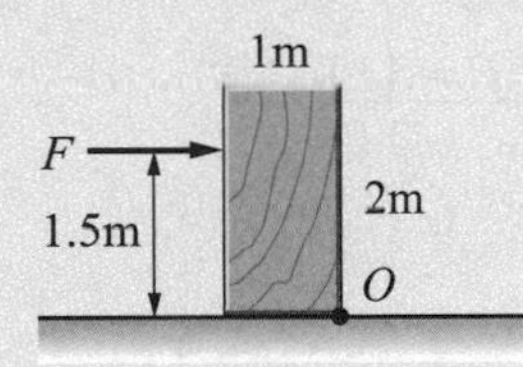

解析

$W = mg = 50 \times 9.81 = 490.5$ (N)

$\Sigma F_y = 0$，$N + W = 0$，$N = -W = 490.5$ N (↑)

$F_\mu = \mu_s N = 0.3 \times 490.5 = 147.15$ N (←)

$\Sigma F_x = 0$，$F - F_\mu = 0$，$F = F_\mu = 147.15$ N (→)

當木箱達發生翻倒之臨界時，施力為 F_C

$\Sigma M_o = 0$，$- F_c \times 490.5 \times 0.5 = 0$，$F_c = 163.33$ N (→)

因 $F < F_c$，故施力 $F = 147.15$ N 時即能推動木箱而不翻倒。

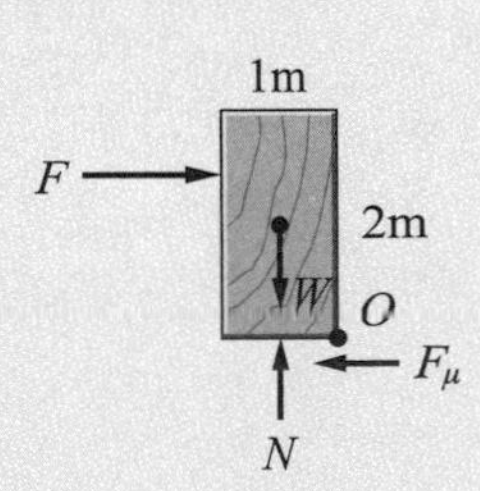

例 8-4

下圖中若地板與木箱 A、B 之間的靜摩擦係數分別為 0.3 與 0.5，若該二木箱的質量皆為 20 kg，試求該等木箱不至於被拉移動的最大施力？

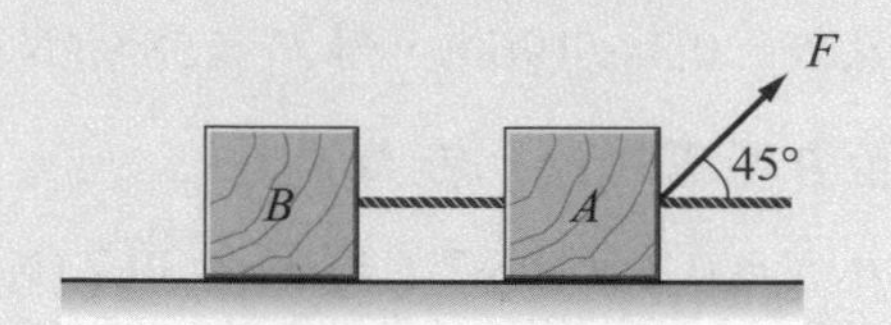

解析

$W_A = W_B = mg = 20 \times 9.81 = 196.2$ (N)

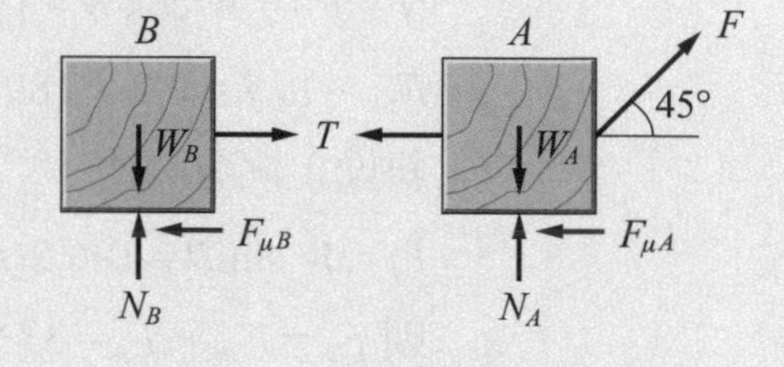

木箱 B 之受力平衡

$\Sigma F_y = 0$，$N_B - 196.2 = 0$，$N_B = 196.2$ (N)

$F_{\mu B} = 0.5 \times 196.2 = 98.1$ (N)

$\Sigma F_x = 0$，$T - F_{\mu B} = 0$，$T = 98.1$ (N)

木箱 A 之受力平衡

$\Sigma F_y = 0$，$N_A - 196.2 + F\cos 45° = 0$，$N_A = 196.2 - 0.707\,F$

$F_{\mu A} = 0.3 \times (196.2 - 0.707\,F) = 58.86 - 0.212\,F$

$\Sigma F_x = 0$，$F\cos 45° - T - F_{\mu B} = 0$，

$0.707\,F - 98.1 - (58.86 - 0.707\,F) = 0$

$1.414\,F = 156.96$ (N)，$\underline{F = 111\text{ (N)}}$

例 8-5

質量 10kg 的木棒被置放於牆角如下圖，若地板爲光滑面，牆壁與棒之間的靜摩擦係數爲 0.3，試求欲阻止木棒下滑所需施加的作用力 F 之大小？

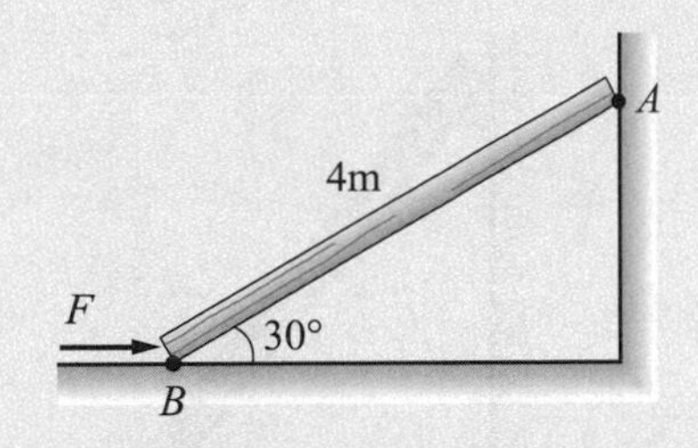

解析

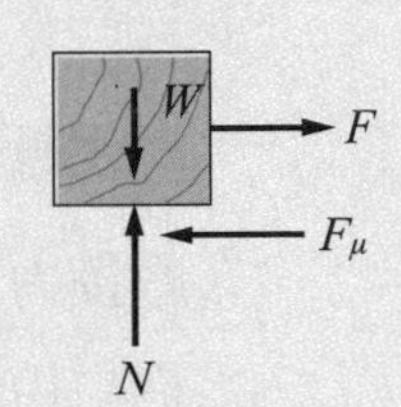

$W = mg = 10 \times 9.81 = 98.1$ (N)，

$F_\mu = 0.3 \times R_A = 0.3\ R_A$

平衡方程式

$\Sigma M_B = 0$，

$-R_A \times (45 \sin 30°) - 0.3\ R_A \times (4 \cos 30°) + 98.1 \times (2 \cos 30°) = 0$

$2R_A + 1.04\ R_A = 169.9$，

$R_A = 55.89$ (N)

$\Sigma F_x = 0$，$F - R_A = 0$，$F = 55.89$ (N)

例 8-6

圖中棒子的質量爲 m，長度爲 ℓ ，棒與平面間摩擦係數爲 μ，試求平衡時棒與平面接觸點之反作用力？

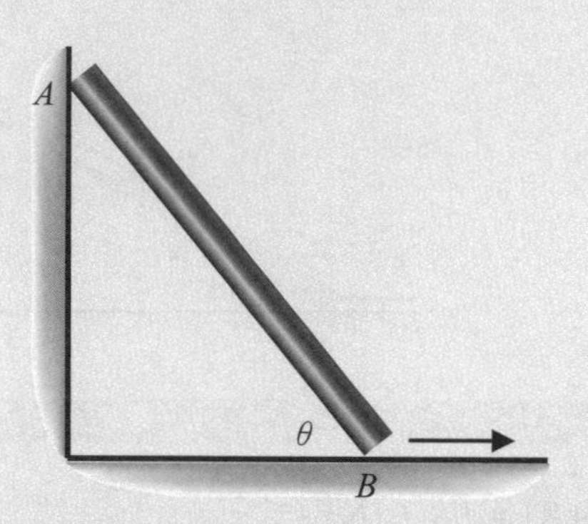

解析

摩擦力 $F_{\mu A} = \mu R_A$，$F_{\mu B} = \mu R_B$

從自由體圖中可知，平衡時

$\Sigma \overrightarrow{F}_x = 0$，$R_A - F_{\mu B} = 0$…①

$\Sigma \overrightarrow{F}_y = 0$，$R_B + F_{\mu A} - mg = 0$…②

以 B 點爲參考點的力矩平衡方程式爲

$\Sigma \overrightarrow{M}_z = 0$

$(-0.5\ell\cos\theta)\overrightarrow{i}\times(-mg)\overrightarrow{j}+(-\ell\cos\theta)\overrightarrow{i}\times(F_{\mu A})\overrightarrow{j}+(\ell\sin\theta)\overrightarrow{j}\times(R_A)\overrightarrow{i}=0$

則 $0.5mg\,\ell\cos\theta\,\overrightarrow{k} - F_{\mu A}\ell\cos\theta\,\overrightarrow{k} - R_A\ell\sin\theta\,\overrightarrow{k} = 0$ …③

由式①得 $R_A = F_{\mu B} = \mu R_B$…④

由式② $R_B = mg - F_{\mu A} = mg - \mu R_A$…⑤

④代入⑤

得 $R_B = mg - \mu^2 R_B$

$(1+\mu^2)R_B = mg$，$R_B = \dfrac{mg}{1+\mu^2}$

代入④得 $R_A = \dfrac{\mu mg}{1+\mu^2}$

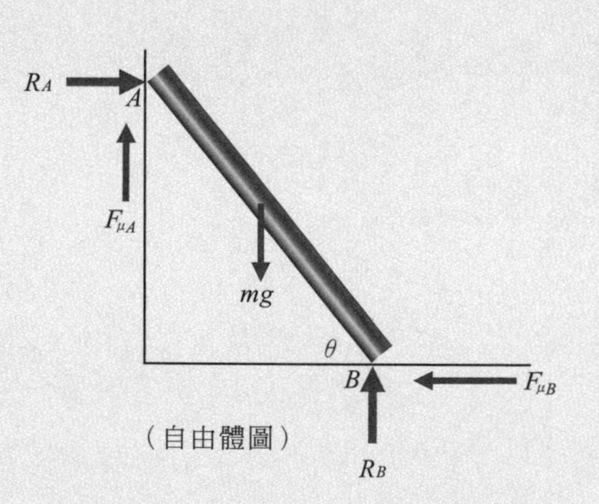

（自由體圖）

TIPS

反作用力的大小和質量 m 及摩擦係數 μ 的大小有關。

The magnitude of the reaction force is related to the mass m and the friction coefficient μ.

例 8-7

質量爲 m 的方塊置於斜面上，因爲有摩擦力的緣故物體可以保持不下滑，當斜角 θ 漸漸增大到 θ_s 時物體開始下滑，求此時之摩擦係數 μ 爲多少？

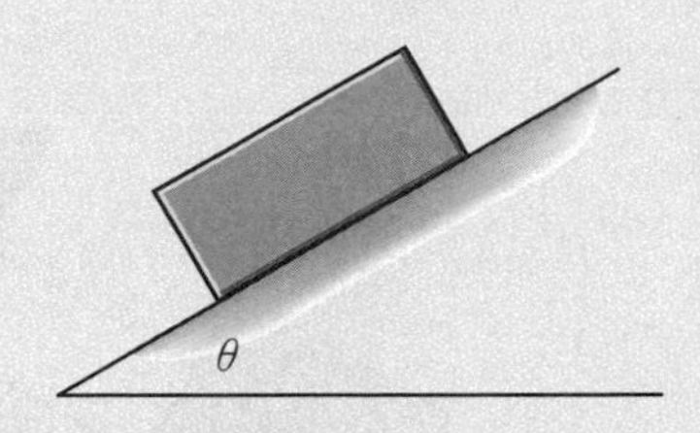

解析

將物體受到的所有力都標示到自由體圖如上，

此處 N 爲接觸面作用於物體的正向力，

F_μ 爲靜摩擦力，可以列出平衡方程式如下：

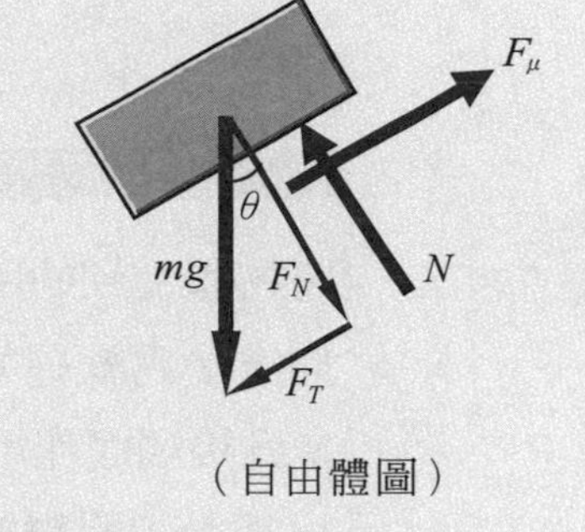

（自由體圖）

(1) 垂直方向或法線方向平衡方程式爲 $\Sigma \overrightarrow{F}_N = 0$

則 $N - F_N = 0$，$N = F_N$，

此處 $F_N = mg\cos\theta$

得 $N = mg\cos\theta$ …①

(2) 斜面方向或切線方向平衡方程式爲 $\Sigma \overrightarrow{F}_T = 0$

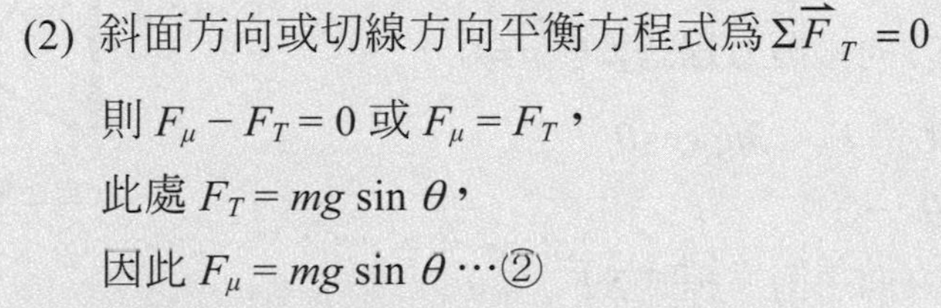

則 $F_\mu - F_T = 0$ 或 $F_\mu = F_T$，

此處 $F_T = mg\sin\theta$，

因此 $F_\mu = mg\sin\theta$ …②

(3) 依據定義 $F_\mu = \mu N$，

當 $\theta = \theta_s$ 時 F_μ 達到最大靜摩擦力 F_s，

且靜摩擦係數爲最大靜摩擦係數 μ_s，

因此得 $F_s = \mu_s N$，

將①和②代入

得 $mg\sin\theta_s = \mu_s mg\cos\theta_s$，

則 $\mu_S = \dfrac{mg\sin\theta_s}{mg\cos\theta_s} = \tan\theta_s$

此處之斜角 θ_s 爲傾斜面上物體保持不動的最大角度，稱爲靜止角(angle of repose)，μ_S 爲最大靜摩擦係數。

例 8-8

質量爲 20 kg 的物體以一條最大容許受力爲 100 N 的軟繩懸吊置於斜面上，若接觸面之間的最大靜摩擦係數 μ_S 爲 0.2，當斜面的斜角 θ 不斷增大時，試求何時軟繩會斷裂？

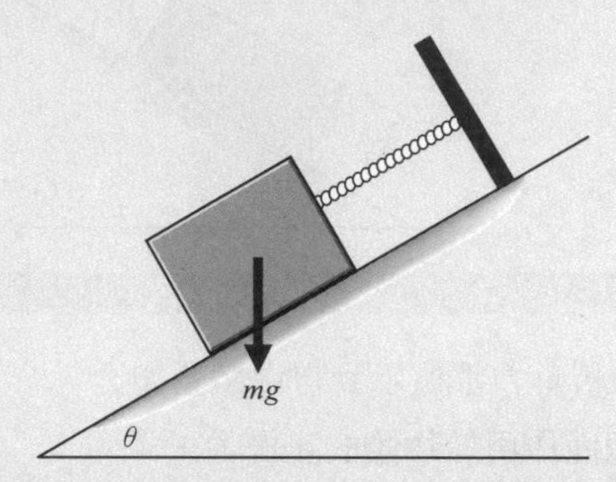

解析

將物體受到的所有力都標示上去得到自由體圖如上，
此處 T 爲軟繩所受到的張力，
N 爲接觸面作用於物體的正向力，
F_μ 爲最大靜摩擦力，可以列出平衡方程式如下：

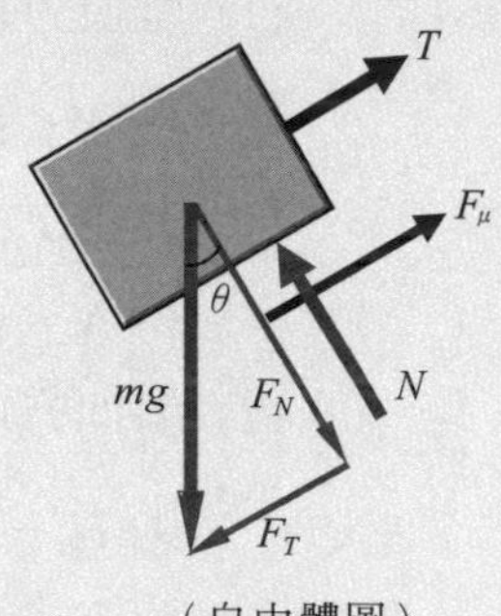

（自由體圖）

(1) 垂直方向或法線方向平衡方程式 $\Sigma\overrightarrow{F}_N = 0$

則 $N - F_N = 0$，此處 $F_N = mg\cos\theta$，

得到 $N = mg\cos\theta$ …①

(2) 斜面方向或切線方向平衡方程式 $\Sigma\overrightarrow{F}_T = 0$

則 $T + F_\mu - F_T = 0$，

此處 $F_T = mg\sin\theta$，$F_\mu = \mu_S N$

則 $T = mg\sin\theta - \mu_S N$ 將①代入

得 $T = mg\sin\theta - 0.2\,mg\cos\theta$

當軟繩將斷裂時，$T = T_{\max}$，$\theta = \theta_{\max}$，

則 $T_{\max} = mg\sin\theta_{\max} - 0.2\,mg\cos\theta_{\max}$ …②

又因 $T_{\max} = 100(\text{N})$，

$mg = 20\text{kg} \times 9.8\text{m/s}^2 = 196\ (\text{N})$

分別代入②得 $100 = 196\sin\theta_{\max} - 39.2\cos\theta_{\max}$

利用試錯法 try and error 得到 $\theta_{\max} = 41.3°$

TIPS

有些方程式無法用公式求解，只能用試錯法，雖然會多花一些時間，但可以得到非常近似的答案。

Some equations cannot be solved with formulas and can only be solved by trial and error. Although it will take some time, you can get very approximate answers.

例 8-9

有質量 m_A 爲 20 kg 的方塊 A 置於質量 m_B 爲 30 kg 的方塊 B 上，如圖示，若兩方塊接觸面之間的最大靜摩擦係數爲 0.2，方塊 B 和地面之間的最大靜摩擦係數爲 0.5，試求要讓方塊 B 移動的最小拉力？並求此時軟繩索受到的張力？

解析

從自由體圖中可以得到

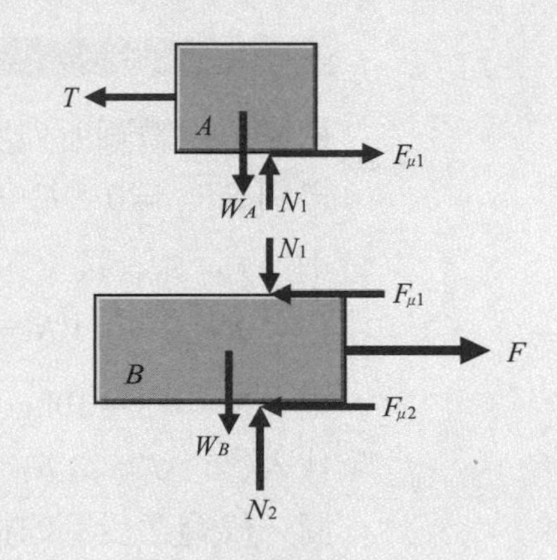

（自由體圖）

(1) 物體 A 的平衡

$\Sigma\overrightarrow{F}_x = 0$，$F_{\mu1} - T = 0$，

則 $T = F_{\mu1}\cdots$①

$F_{\mu1} = \mu_1 N_1 = 0.2N_1$，$\Sigma\overrightarrow{F}_y = 0$，$N_1 - W_A = 0$

則 $N_1 = W_A = m_A g = 20 \times 9.8 = 196$ (N)

則 $F_{\mu1} = 0.2N_1 = 0.2 \times 196 = 39.2$ (N)

代入①得 $T = 39.2$ (N)

(2) 物體 B 的平衡

$\Sigma\overrightarrow{F}_x = 0$，$F - F_{\mu1} - F_{\mu2} = 0$

則 $F = F_{\mu1} + F_{\mu2}\cdots$②

$\Sigma\overrightarrow{F}_y = 0$，$N_2 - N_1 - W_B = 0$，

$W_B = 30 \times 9.8 = 294$ (N)

則 $N_2 = N_1 + W_B = 196 + 294 = 490$ (N)

則 $F_{\mu2} = 0.5N_2 = 0.5 \times 490 = 245$ (N)

將 $F_{\mu1} = 39.2$ (N)，$F_{\mu2} = 245$ (N)

代入②得到使物體 B 產生移動

所需的最小拉力爲 $F = 284.2$ (N)

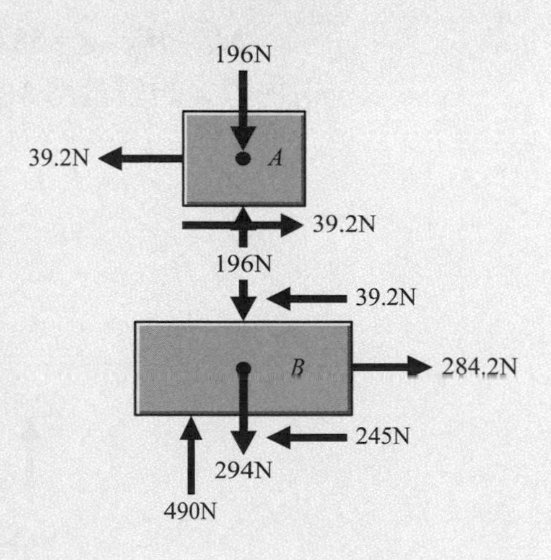

例 8-10

物體 A 和物體 B 以一條繩索和滑輪系統連結，若物體 B 的質量 m_B 是 10 kg，當物體 B 和接觸面之間的最大靜摩擦係數 μ_S 爲 0.3 時，物體 A 的質量 m_A 爲多少才能使物體 B 開始移動。

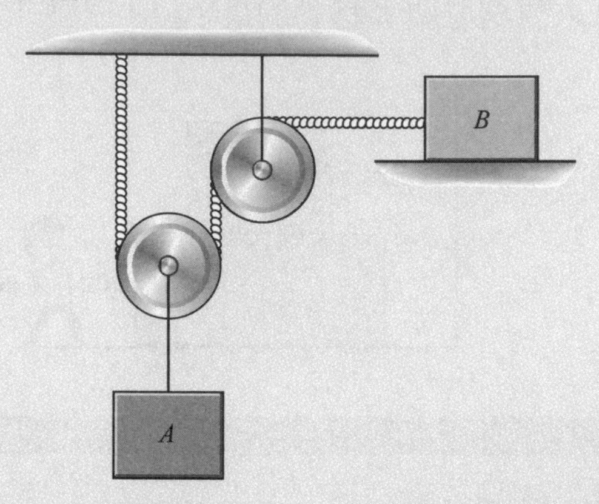

解析

依據自由體圖所列出平衡方程式，

得到 $\Sigma\overrightarrow{F}_x = 0$，$F_\mu - T = 0$，

則 $T = F_\mu = \mu_S N$ …①

$\Sigma\overrightarrow{F}_y = 0$，$N - W_B = 0$，

則 $N = W_B = 10\text{kg} \times 9.8\text{m/s}^2 = 98$ (N)

代入①得 $T = \mu_S N = 0.3 \times 98 = 29.4$ (N)

同一條繩索受到的拉力相等，

因此 $W_A = 2T = 2 \times 29.4 = 58.8$ (N)

$M_A = W_A / g = 58.8 / 9.8 = 6$ (kg)

則物體 A 的質量爲 $M_A = 6$ (kg)

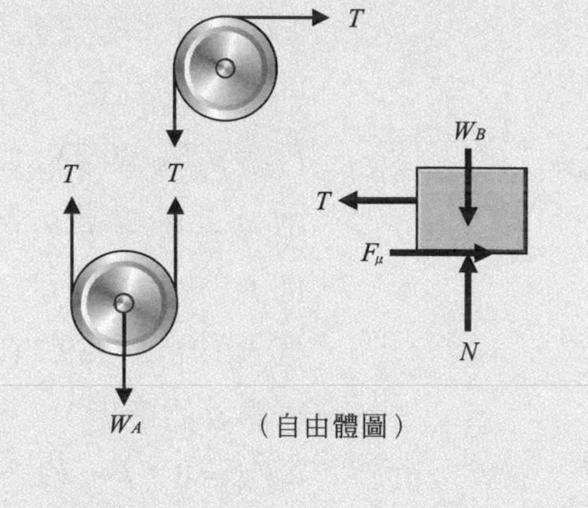

（自由體圖）

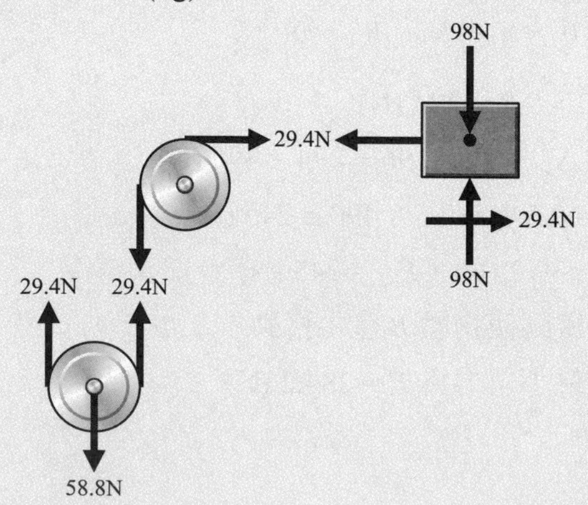

例 8-11

物體 A 和物體 B 以一條繩索和滑輪系統連結，若物體 B 的質量 m_B 為 30 kg，物體 A 和平面的最大靜摩擦係數 μ_S 為 0.5，則物體 A 的最小質量 m_A 是多少才能維持物體 B 不會往下掉？

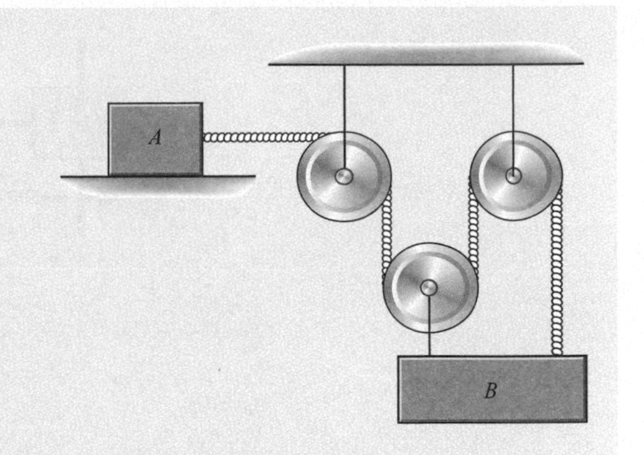

解析

同一條繩索受到的拉力相等，自由體圖如下所示

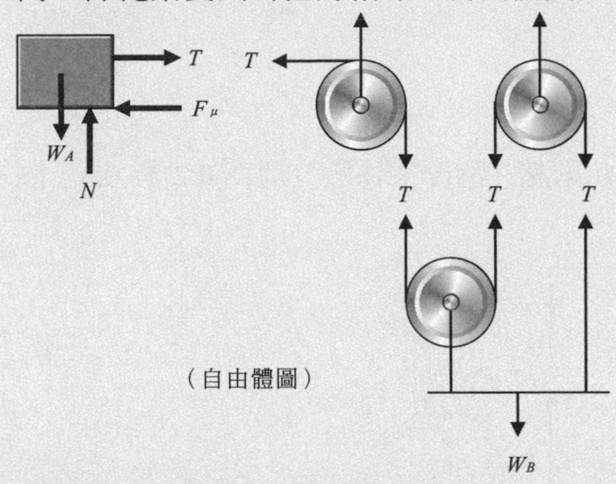

（自由體圖）

TIPS

以滑輪系統連結的應用案例不少，用對分析方法則相當容易求解。

There are many application cases linked by a pulley system, and it is quite easy to solve them with the right analysis method.

物體 B 的質量 $m_B = 30$ kg，

則 $W_B = m_B g = 30 \times 9.8 = 294$ (N)

假設同一條繩索內都受到同樣大小的張力 T 的作用，則從物體 B 之自由體圖可以列出平衡方程式

$W_B = 3T$，亦即 $3T = 294$(N)，

則繩索之張力 $T = 98$ (N)

由物體 A 之自由體圖可得平衡方程式

$\Sigma \vec{F}_x = 0$，$T - F_\mu = 0$，

則 $T = F_\mu = \mu_S N = 0.5N$，則 $N = 2T = 196$ (N)

$\Sigma \vec{F}_y = 0$，$N - W_A = 0$，則 $W_A = N = 196$ (N)

解得 $m_A = W_A / g = 196 / 9.8 = 20$ (kg)

TIPS

同一條繩索，從頭到尾的拉力均相等，畫出自由體圖，再列出平衡方程式，即可求解。

The pulling force of the same entire rope is equal, draw the free body diagram, and then list the balance equations to solve it.

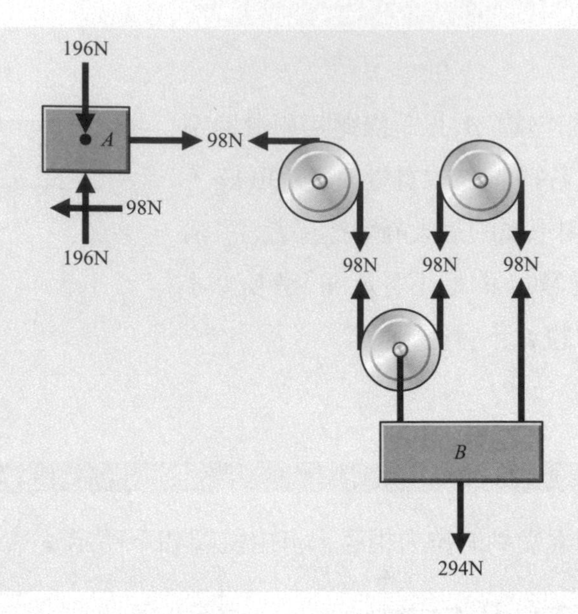

例 8-12

若 100 kg 重的滾輪與 A、B 兩點之靜摩擦係數分別爲 0.2 與 0.3，試求不造成滾輪滾動之最大施力？

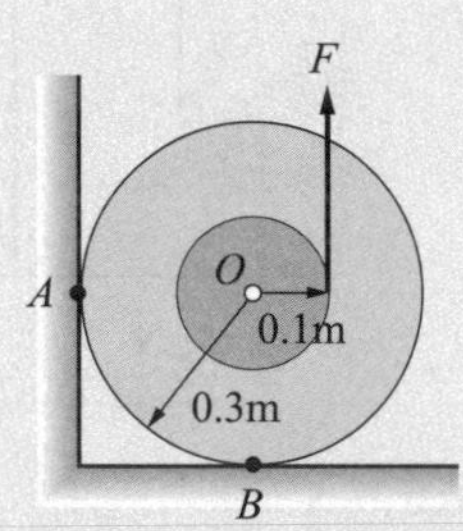

解析

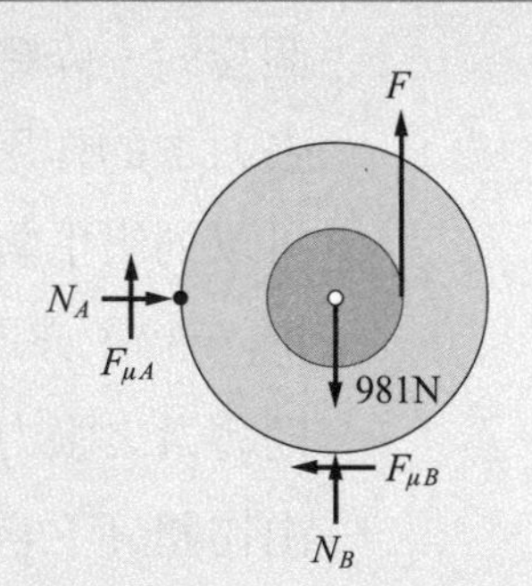

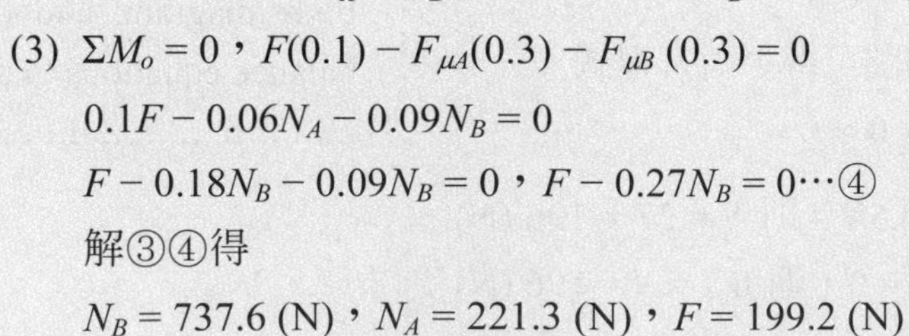

(1) $\Sigma F_x = 0$，$-F_{\mu B} + N_A = 0 \cdots$ ①

(2) $\Sigma F_y = 0$，$F - 981 + F_{\mu A} + N_B = 0 \cdots$ ②

$F_{\mu A} = 0.2N_A$，$F_{\mu B} = 0.3N_B$ 代入①②

$N_A - 0.3N_B = 0$，$N_A = 0.3N_B$

$F - 981 + 0.2N_A + N_B = 0$，$F + 1.06N_B = 981 \cdots$ ③

(3) $\Sigma M_o = 0$，$F(0.1) - F_{\mu A}(0.3) - F_{\mu B}(0.3) = 0$

$0.1F - 0.06N_A - 0.09N_B = 0$

$F - 0.18N_B - 0.09N_B = 0$，$F - 0.27N_B = 0 \cdots$ ④

解③④得

$N_B = 737.6$ (N)，$N_A = 221.3$ (N)，$F = 199.2$ (N)

8-3 摩擦在機械上的應用 Application of Friction Force in Machinery

摩擦在機械上有很多應用方式，包括楔子 wedges、螺旋 screws 和皮帶 belt 等。螺旋是其中較複雜的部份，和皮帶兩者在機械設計課程中有專章討論，因此，本節將針對楔子的相關應用和性質加以探討。

所謂楔子是一個具有斜坡的機具，如圖 8-3 所示，可以將水平方向的施力轉換成垂直方向的出力，在設計上，往往使較小的施力產生較大的出力，如果把出力除以施力定義為機械效益，則楔子的機械效益一般都會大於 1。★1

假設物體和垂直牆面之間沒有摩擦力，楔子的上表面和受力物體的接觸面都是斜面且有摩擦力存在，而楔子的下表面和平面間也具有摩擦力。參考圖 8-2，物體表面受到法線方向的正向力和摩擦力時，合力爲 R，和法線之間的夾角爲摩擦角 ϕ。因此，上表面所受到的作用力爲 R_1，摩擦角爲 ϕ_1，下表面所受到的作用力爲 R_2，摩擦角爲 ϕ_2。

而摩擦角為 ϕ_1 和摩擦角為 ϕ_2 與最大靜摩擦係數 μ_{s1} 與 μ_{s2} 的關係分別為

$$\mu_{s1} = \tan\phi_1，\mu_{s2} = \tan\phi_2$$

從圖 8-3 中可以明顯看出，楔子其實是一種三力元件，當對楔子施力使得物體即將往上移動或者說到達最大靜摩擦時，三力元件仍然維持平衡狀態，也就是作用於楔子的三個力可以合成爲封閉的三角形，如圖 8-4 所示。當三個力可以合成爲封閉的三角形時，可以將前述 R_1、R_2、μ_{s1}、μ_{s2} 與物體重量 W 和最大靜摩擦係數 μ_s 等代入，以三角函數的關係或正弦定理、餘弦定理等來求得最小施力 P 等未知數。圖 8-4 中，以三角函數關係就可以求得施力 P 的大小，得到

$$P = R_1\sin(\phi_1 + \alpha) + R_2\sin(\phi_2)$$

Note

★1. The so-called wedge is a machine tool with a slope as shown in Fig.8-3, it can convert the applied force in the horizontal direction into the output force in the vertical direction. In terms of design, a smaller applied force will be used to produce a larger output, that means the mechanical benefit of the wedge is normally greater than 1.

圖 8-3　楔子和它的受力情形

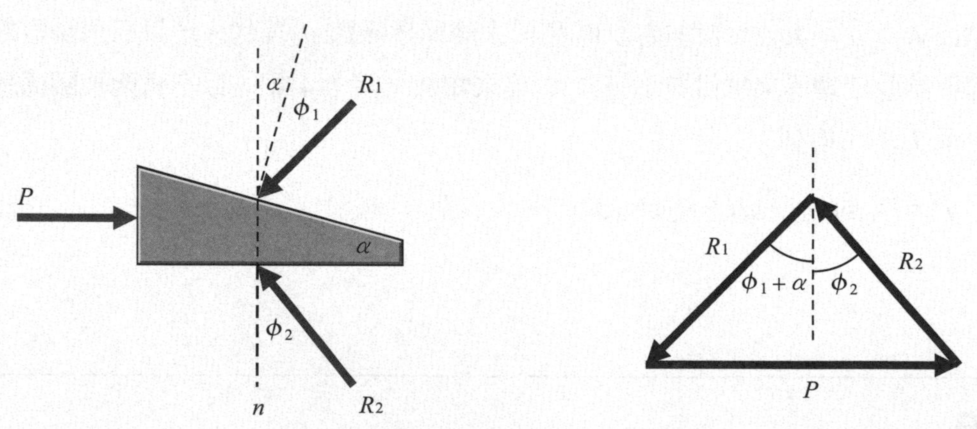

圖 8-4　楔子為三力元件的平衡狀態

例 8-13

質量 m 之物體被置於平板上，當平板的一端被緩緩抬高，及至夾角θ到達臨界值θ_c時物體開始下滑，試求摩擦角ϕ，臨界夾角θ_c以及摩擦係數 μ_s間之關係

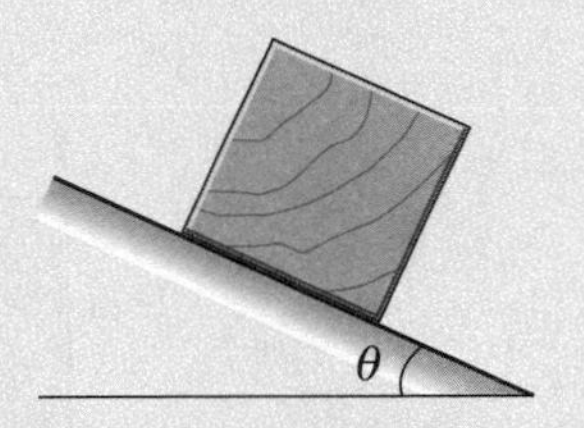

解析

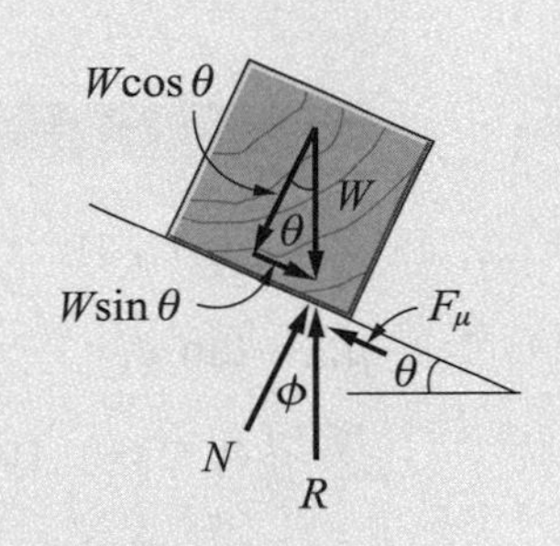

正向力 $N = W\cos\theta$

摩擦力 $F_\mu = \mu_s N = W\sin\theta$

當物體即將下滑時$\theta = \theta_c$

$\mu_s(W\cos\theta_c) = W\sin\theta_c$，$\mu_s = \dfrac{\sin\theta_c}{\cos\theta_c} = \tan\theta_c$

又 $F_\mu = \mu_s N$，$\mu_s = \dfrac{F_\mu}{N} = \dfrac{R\sin\phi}{R\cot\phi} = \tan\phi$

故於物體將要下滑時，$\mu_s = \tan\theta_c = \tan\phi$

則磨擦角$\phi = \theta_c = \tan^{-1}\mu_s$

例 8-14

設楔子的重量可以略而不計，其斜面的最大靜摩擦係數爲 0.2，而底面的最大靜摩擦係數爲 0.1，若垂直牆面爲光滑平面，試求可以推升物體所需的最小作用力 P 爲多少？

解析

斜角 α 爲 10°，摩擦角爲ϕ_1和摩擦角爲ϕ_2與最大靜摩擦係數的關係分別爲：

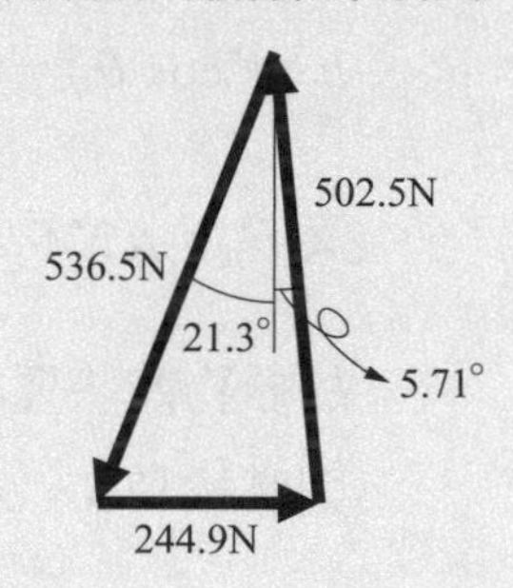

$\mu_{s1} = \tan\phi_1$，

所以$\phi_1 = \tan^{-1}(\mu_{s1}) = \tan^{-1}(0.2)$

$\mu_{s2} = \tan\phi_2$，

所以$\phi_2 = \tan^{-1}(\mu_{s2}) = \tan^{-1}(0.1)$

則$\phi_1 = 11.3°$，$\phi_2 = 5.71°$，$\phi_1 + \alpha = 21.3°$

因此 R_1、R_2 和 W 之間的關係式分別爲：

$R_1\cos(21.3°) = 500$，$R_2\cos(5.71°) = 500$

得到 $0.932R_1 = 500$，$0.995R_2 = 500$

則 $R_1 = 536.5$ (N)，$R_2 = 502.5$ (N)

從上圖中也可以得到最小施力 P，

亦即

$$P = R_1\sin(21.3°) + R_2\sin(5.71°)$$
$$= 536.5\sin(21.3°) + 502.5\sin(5.71°)$$
$$= 244.9(\text{N})，$$

得最小施力 $P = 244.9$ (N)

機械效益$\eta = \dfrac{出力}{施力} = \dfrac{500}{244.9}$

得機械效益$\eta = 2.04$

TIPS

用楔子和摩擦力的應用，可以得到大於 1 的機械效益。

With the application of wedges and friction, a mechanical benefit greater than 1 can be obtained.

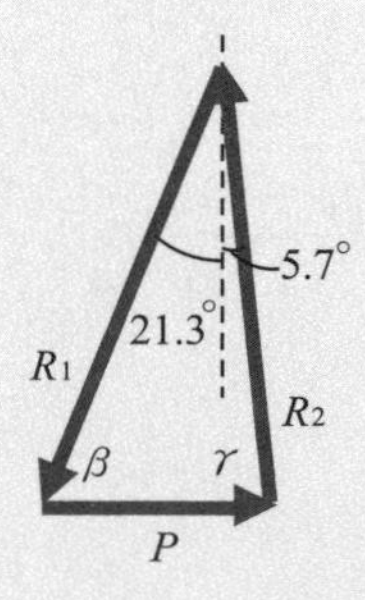

例 8-15

質量 100 kg 之物體被以下圖之楔子抬升，若各接觸面之間的摩擦係數為 0.3，試求各摩擦面所受之合力及所需之最小施力 P？(設楔子之角度為 10°)

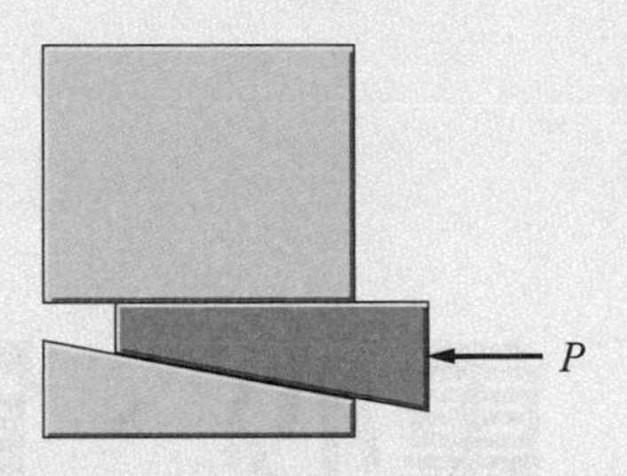

解析

摩擦角 $\phi = \tan^{-1}\mu_s = \tan^{-1}(0.3) = 16.7°$

$W = mg = 100 \times 9.81 = 981$ (N)

$\theta = 90° - 2\phi = 56.6°$，

$\alpha = 180 - 56.6 - 16.7 = 106.7°$

由正弦定理得

$$\frac{981}{\sin 56.6°} = \frac{R_1}{\sin 106.7°} = \frac{R_2}{\sin 16.7°}$$

則 $R_1 = 1125.5$ (N)，

$R_2 = 337.7$ (N)

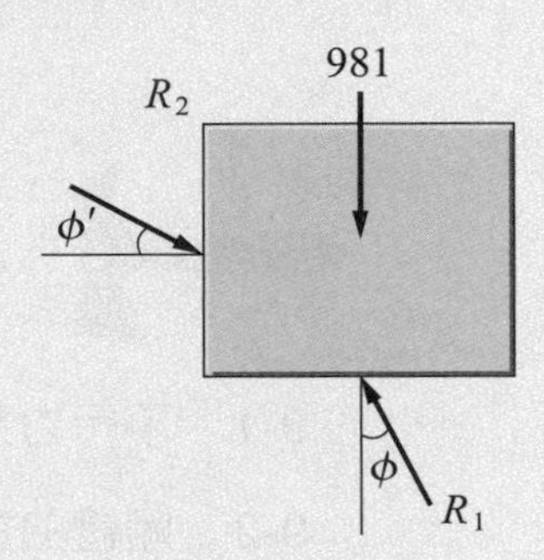

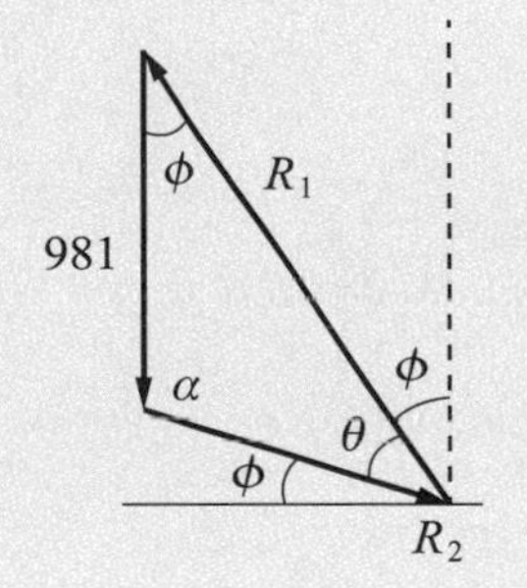

楔子的受力

由正弦定理得

$\theta' = \phi + \alpha = 73.3$

$\theta_1 = 90° - \theta' = 16.7°$

$\theta_2 = 180 - \theta' - \theta_1 - \phi = 73.3°$

$$\frac{P}{\sin 90°} = \frac{R_1}{\sin 16.7°} = \frac{R_2}{\sin 73.3°}$$

$$P = \frac{1125.5}{\sin 16.7°}$$

得 $P = 3916$ (N)，

$R_3 = 3751.5$ (N)

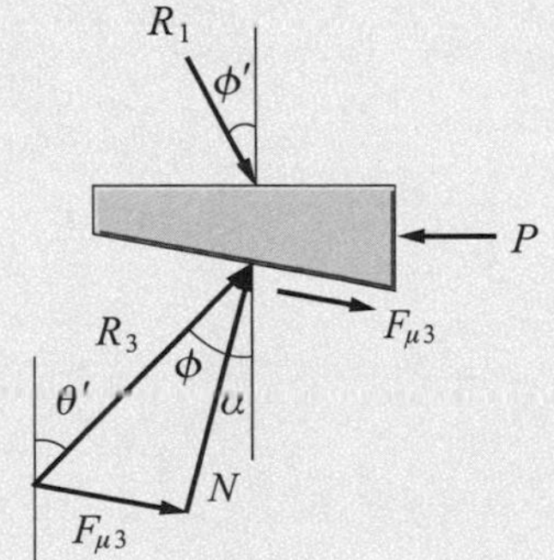

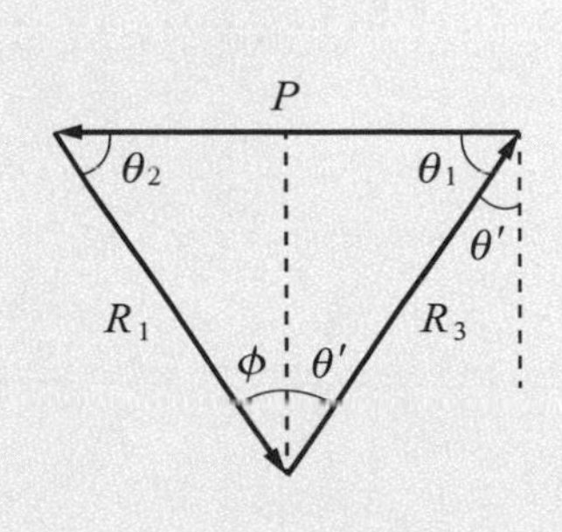

09

重心、質心與形心

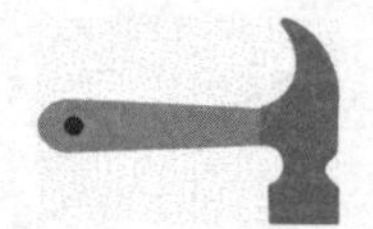

本章大綱

9-1　平行力系的合力

9-2　剛體的重心、質心與形心

學習重點

本章主要在探討平行力系的合成方法並以此引伸出一個剛體之重心、質心與形心的計算方式，藉此以了解如果要將分散力系或分布力系的諸多作用力，以一個單一作用力來呈現且又具有與原效應相同時，該單一等效作用力所應該施加的正確位置，如此就可將力學分析的問題予以適度簡化。

Learing Objectives

- *To discuss the synthesis of the parallel force system and derive the calculation method of the center of gravity,the center of mass and the centroid of a rigid body.*
- *To combine the various forces of no matter they are dispersed or distributed force into a single equilibrium one,and also the correct applied position of it were determined simultaneously.*

生活實例

在力學研究中，**重心** center of gravity、**質心** center of mass 和**形心** centroid 三者常被提及，究竟它們真正的定義為何？如何求得？如何有效加以應用？在本章中將要加以探討。所謂重心，是指受地心引力作用產生重量或重力的多個質點，當它們合而成為一個物體後，這些個別重力的合力所通過的中心位置稱之。因為重力的方向都是指向地心，因此這些個別質點的重力可以視為一組平行力，合力大小就是個別作用力的總合，方向則和原來的個別作用力相同，但其作用所在位置仍然未知。如何求得平行力系合力的施力點，使該合力與原有的平行力系能夠完全等效，是為本章節學習的重點。

鋼樑截面積的形心或重心位置對鋼樑的機械性質有決定性的影響。本章將探討如何求得物體截面積之質心、形心或重心位置，以為更進一步力學分析之用。

生活實例

In the study of mechanics, center of gravity, center of mass and centroid are often mentioned. What are their real definitions? how to get it and how to apply it effectively will be explored in this chapter. The so call center of gravity refers to a plurality of mass points that generate weight or gravity under the gravitational force of the earth. When they are combined into an object, the center position through which the resultant force of these individual gravitational forces passes is called. Since the resultant force is the sum of all individual parallel forces exist on the object, and the direction is pointing to the center of the earth, then rest of the problem is to find its location. Such that, learning how to obtain the application point of the resultant force of the parallel force system, so as to keeping the resultant force completely equivalent to the original is the focus of this chapter.

Different shape or different cross section of the steel beam has different center of gravity, center of mass and centroid, that will bring dissimilar mechanical properties. In this chapter, we will discuss how to obtain the center of mass, centroid or center of gravity of the cross-section area of an object for further mechanical analysis.

9-1 平行力系的合力 Resultant Force of a Parallel Force System

求平行力系合力的最簡單例子是求兩個平行力的合力，圖 9-1 中，有兩個平行力分別爲$\vec{F}_1$和$\vec{F}_2$，如果要求它們的合力，無法直接應用前面章節所提的方法，因爲這兩個平行力本身或它們的延伸線沒有相交點。此時，如果將一對大小相等但方向相反的力$\vec{A}$和$-\vec{A}$分別和這兩個平行力相加，就可以得到兩個不再是平行關係的合力$\vec{R}_1$和$\vec{R}_2$。因爲$\vec{R}_1$和$\vec{R}_2$這兩個合力不互相平行，因此它們的延伸線會有相交點，也就可以利用前面章節中所介紹的方法來求得合力$\vec{R}$了。至於合力$\vec{R}$的大小是否就是$\vec{F}_1$和$\vec{F}_2$相加後的大小呢？因爲外加的$\vec{A}$和$-\vec{A}$彼此大小相等且方向相反，相加以後互相抵消，因此不會影響結果。亦即

$$\vec{F}_1+\vec{F}_2+\vec{A}-\vec{A}=\vec{F}_1+\vec{F}_2=\vec{R}$$

從圖 9-1 中可以得知，兩個平行力的合力施力位置，可以利用對某一點的力矩相等來求得。設這兩個平行力$\vec{F}_1$和$\vec{F}_2$之間的距離爲 a，合力$\vec{R}$的施力位置和 A 點的距離爲 r，則原有的平行力系對 A 點的力矩和合力$\vec{R}$對 A 點的力矩必需相等，亦即

$$r\cdot R=0\cdot F_1+a\cdot F_2=a\cdot F_2$$

因此**可以得到合力$\vec{R}$的施力位置和 A 點之間的距離為**

$$r=a\frac{F_2}{R}$$ (**范力農定理** Varignon's theorem)★1

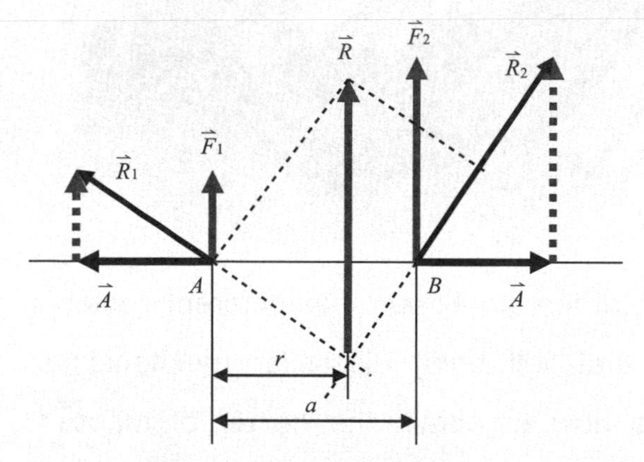

圖 9-1 兩個平行力的合力

TIPS

兩個力的合力位置可以用「范力農定理」求得：$r=a\frac{F_2}{R}$。

The position of the resultant force of two forces can be obtained by "Van Linong's theorem" as $r=a\frac{F_2}{R}$

Note

★1. Varignon's theorem：The moment of a force about a point is equal to the sum of the moments of the components of the force about the point.

當平行力系包含有很多個別的作用力，而且分布在一個平面上時，合力$\overrightarrow{R}$與參考點之間的相對位置$\overrightarrow{r}$可以分解爲$\overrightarrow{r}_x$和$\overrightarrow{r}_y$，則合力$\overrightarrow{R}$對參考點所產生的 x 軸向合力矩大小 M_x 與 y 軸向合力矩大小 M_y 分別爲

$$M_x = r_y \cdot R，M_y = r_x \cdot R$$

至於個別的作用力對參考點所產生的力矩總合，基於等效原則，必需和合力$\overrightarrow{R}$對參考點所產生的力矩相等。假設 z 軸方向平行力系的個別作用力大小分別爲 F_1、F_2、$F_3 \cdots F_n$，它們與參考點之間的 x 軸向距離分別爲 x_1、x_2、$x_3 \cdots x_n$，與 y 軸向距離分別爲 y_1、y_2、$y_3 \cdots y_n$，則合力大小爲

$$R = F_1 + F_2 + F_3 + \cdots F_n$$

個別作用力對參考點所產生的 x 軸向和 y 軸向的力矩總合 M_x與 M_y必定會與合力$\overrightarrow{R}$對參考點所產生的力矩相等。亦即

$$M_x = r_y \cdot R = y_1 \cdot F_1 + y_2 \cdot F_2 + y_3 \cdot F_3 + \cdots + y_n \cdot F_n$$

$$M_y = r_x \cdot R = x_1 \cdot F_1 + x_2 \cdot F_2 + x_3 \cdot F_3 + \cdots + x_n \cdot F_n$$

則合力 R 與參考點之間的相對位置 r_x和 r_y，分別爲

$$r_x = \frac{1}{R}(x_1 \cdot F_1 + x_2 \cdot F_2 + x_3 \cdot F_3 + \cdots + x_n \cdot F_n) = \frac{1}{R}\sum_{i=1}^{n} x_i F_i$$

$$r_y = \frac{1}{R}(y_1 \cdot F_1 + y_2 \cdot F_2 + \cdots + y_n \cdot F_n) = \frac{1}{R}\sum_{i=1}^{n} y_i F_i \qquad \text{(范力農定理)}$$

對於由許多個別質點組成的物體來說，r_x 和 r_y 就是它們合而成爲一個物體以後的重量代表所在處，也就是它的重心。

TIPS

多個力的合力位置可以用「范力農定理」求得：

$r_x = \frac{1}{R}\sum_{i=1}^{n} x_i F_i$，$r_y = \frac{1}{R}\sum_{i=1}^{n} y_i F_i$ 。

The position of the resultant force of multiple forces can be obtained by "Van Linong's theorem" as

$r_x = \frac{1}{R}\sum_{i=1}^{n} x_i F_i$ and $r_y = \frac{1}{R}\sum_{i=1}^{n} y_i F_i$

例 9-1

在 z 軸方向有平行作用力大小分別爲 60 N、30 N、50 N 和−40 N，它們在 x-y 平面上的作用點分別爲(2, 1)、(−1, 3)、(0, 2)和(3, 2)，試求合力大小和施力位置？

解析

依上述范力農定理可以得到

$R = 60N + 30N + 50N - 40N = 100N$ (合力)

$$r_x = \frac{1}{100}(2\times60-1\times30+0\times50-3\times40)=\frac{-30}{100}=-0.3$$

$$r_y = \frac{1}{100}(1\times60+3\times30+2\times50-2\times40)=\frac{170}{100}=1.7$$

例 9-2

樓板上欲安置 5 部機具佈置如下圖，重量分別是 6 噸(A)、8 噸(B)、11 噸(C)、12 噸(D)和 15 噸(E)，若希望其合力能夠離樓板中心點至少 1.8 m 以避開結構脆弱區，試求該如何調整最爲省事。

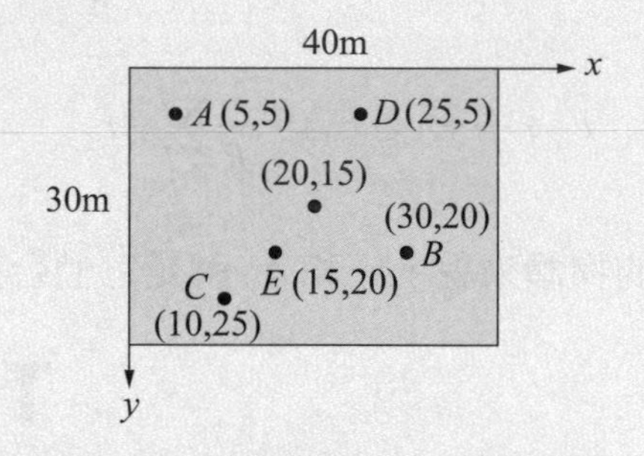

解析

依述范力農定理可得

$R = 6 + 8 + 10 + 12 + 15 = 51$ (噸)

$$r_x = \frac{1}{51}(5\times6+30\times8+10\times10+25\times12+15\times15)=17.55\,(\text{m})$$

$$r_y = \frac{1}{51}(5\times6+20\times8+25\times10+5\times12+20\times15)=15.69\,(\text{m})$$

中心點爲(20, 15)，故 r_x 及 r_y 皆未離樓板中心點 2 m，

若將最相近的 C 與 E 對調，則

$$r_x = \frac{1}{51}(5\times6+30\times8+15\times10+25\times12+10\times15)=17.06\,(\mathrm{m})$$

$$r_y = \frac{1}{51}(5\times6+20\times8+20\times10+5\times12+25\times15)=16.18\,(\mathrm{m})$$

結果不符要求

若將 A 與 E 對調，則

$$r_x = \frac{1}{51}(15\times6+30\times8+10\times10+25\times12+5\times15)=15.78\,(\mathrm{m})$$

$$r_y = \frac{1}{51}(20\times6+20\times8+25\times10+5\times12+5\times15)=13.04\,(\mathrm{m})$$

結果符合要求

當平行力系的各個作用力不是以分散 discrete **方式個別存在，而是呈現連續分布** continuously distributed **的情況，則上述合力大小和施力位置的計算必需用積分法加以取代。連續分布的施力可以依分布的範圍區分為線分布力** line-distributed force、**面分布力** area-distributed force **和體分布力** volume-distributed force **等三種。**★[1]

線分布力 line-distributed force★[2] 猶如曬衣架上的一根竹竿，上面掛著重量不等的物品，這些物品受到地心引力作用都具有向下的重力，假如這些平行向下的重力可以用一個函數 $f(x)$來描述，則從 A 點到 B 點的合力 R 可以表示如圖 9-2。

Note

★1. When the various forces of the parallel force system do not exist individually in a discrete manner, but are continuously distributed, the calculation of the magnitude of the resultant force and its location must be replaced by the integral method. Continuously distributed force can be divided into three types according to the distribution state, that including line-distributed force, area-distributed force and volume-distributed force.

★2. line-distributed force：The linear distribution force is like a pole on a clothes hanger, on which are hung items of different weights. These items have downward gravity under the action of gravity. If these parallel downward loading can be described as a function $f(x)$, then the resultant force R from point A to point B will be $R=\int_0^{\ell} f(x)dx$

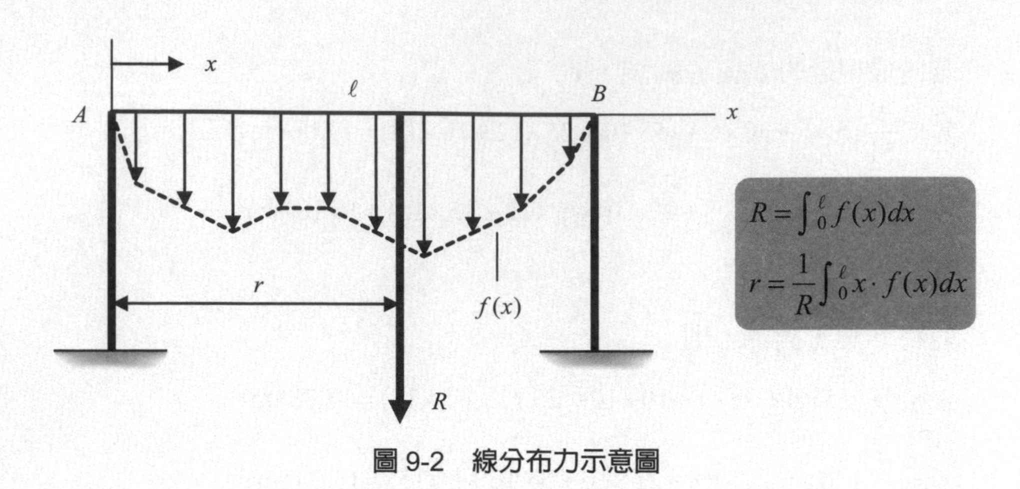

圖 9-2　線分布力示意圖

線分布力的合力 $\vec{R}$ 對某一個參考點 A 的力矩大小爲

$$M=r\cdot R=\int_0^{\ell} x\cdot f(x)dx$$

則合力 R 的作用線所在位置爲

$$r=\frac{M}{R}$$

即

$$r=\frac{1}{R}\int_0^{\ell} x\cdot f(x)dx$$

若進一步將 R 代入 r 中(其中 $R=\int_0^{\ell} f(x)dx$)得

$$r=\frac{\int_0^{\ell} x\cdot f(x)dx}{\int_0^{\ell} f(x)dx} \qquad \text{(線分布力)}$$

例 9-3

長 5 m 的懸臂樑受一線分布力如下圖，求此線分布力合力的大小以及它和 A 點的距離？

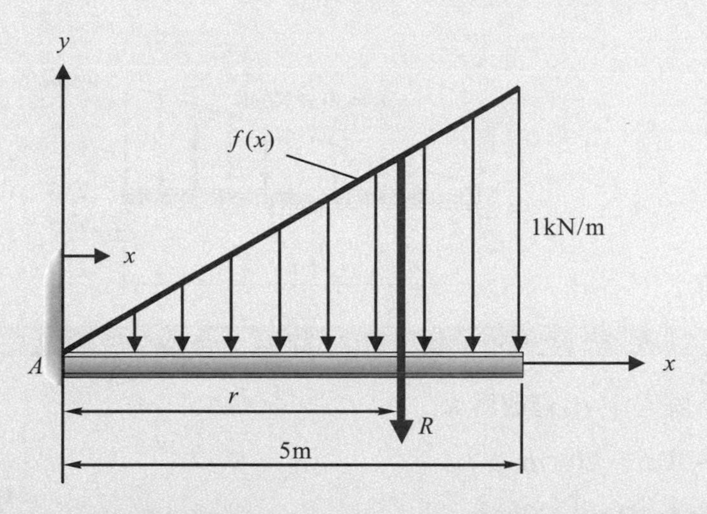

解析

在某一位置 x 上，線分布力的強度

$$w = \frac{1000}{5} = 200\ \text{N/m}$$

則分布函數

$$f(x) = wx = 200\,x$$

線分布力合力的大小

$$R = \int_0^5 f(x)dx = \int_0^5 200xdx = 200\left(\frac{1}{2}x^2\right)\Bigg|_0^5 = 100(5^2 - 0^2) = 2500\ (\text{N})$$

合力和 A 點的距離 r 為

$$r = \frac{\int_0^5 x \cdot f(x)dx}{2500} = \frac{\int_0^5 200x^2 dx}{2500}$$

$$\int_0^5 200x^2 dx = 200\left(\frac{1}{3}x^3\right)\Bigg|_0^5 = 66.7(5^3 - 0^2) = 8338\ (\text{N})$$

$$r = \frac{8338}{2500} = 3.3\ (\text{m})$$

得到合力大小和合力與 A 點之間的距離分別為

$R = 2500$ (N)，$r = 3.3$ (m)

例 9-4

長 5 m 的樑橫跨在 A、B 點之間，並受一線分布力作用如下圖，求此線分布力合力的大小以及它和 A 點的距離？

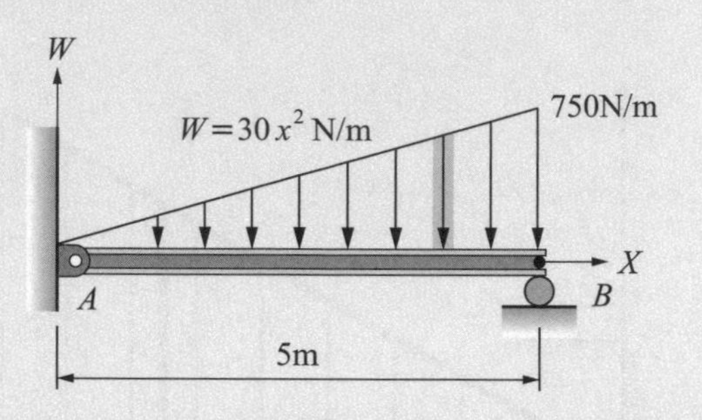

解析

於下解答中 F_R 修改為 R

$dA = Wdx = 20x^2dx$

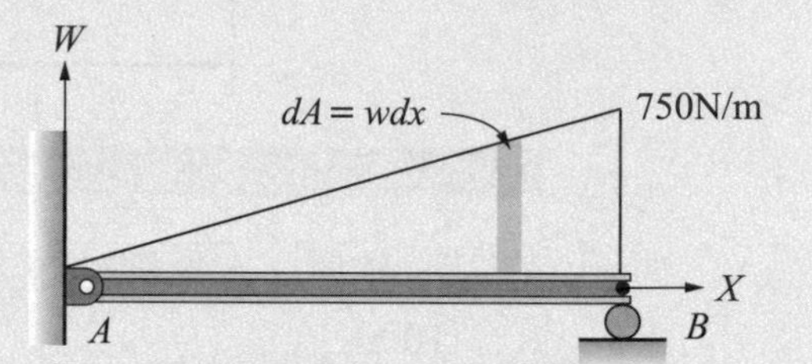

$$F_R = \int_A dA = \int_0^5 30x^2dx$$

$$= \frac{1}{3}(30x^3)\Big|_0^5 = 10x^3\Big|_0^5$$

$$F_R = 1250\,(\text{N})$$

$$r_x = \frac{\int_A x dA}{\int_A dA} = \frac{\int_0^5 30x^3dx}{1250}$$

$$= \frac{\frac{30}{4}x^4\Big|_0^5}{1250} = \frac{4687.5}{1250}$$

$$r_x = 3.75\,(\text{m})$$

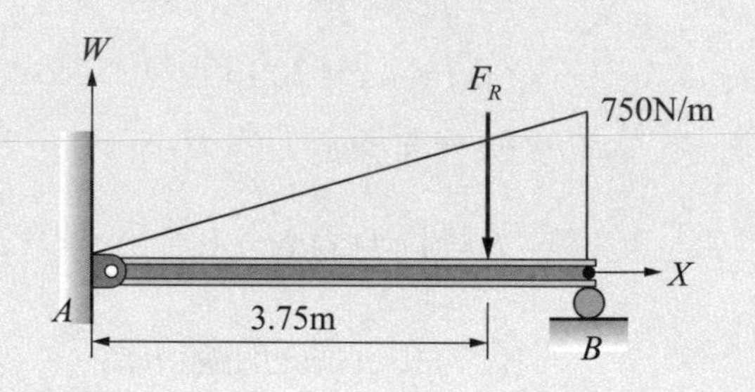

例 9-5

長 4 m 的懸臂樑受大小 300 N 作用力及一線分布力作用如下圖，求此合力大小以及它和 A 點的距離？

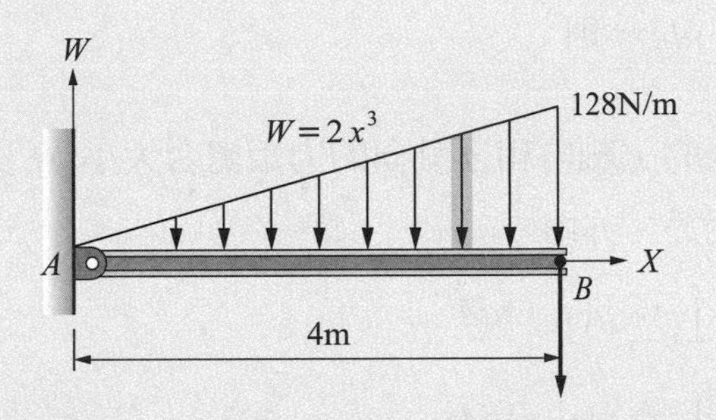

解析

$$R_1=\int_0^4 W dx=\int_0^4 2x^3 dx$$

$$=\frac{1}{2}x^4\Big|_0^4=128\ (\text{N})$$

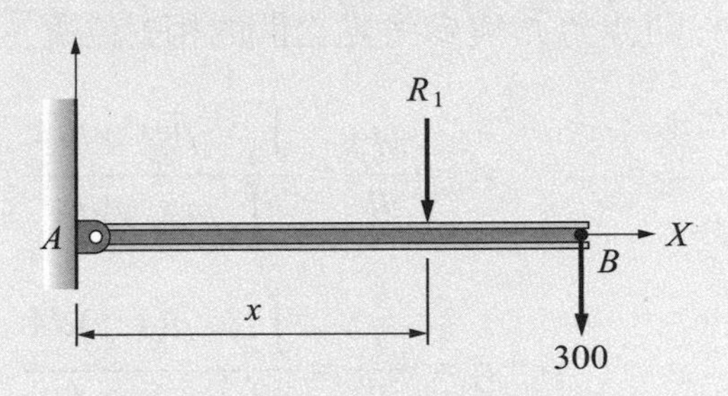

$$x=\frac{\int_0^4 xW dx}{\int_0^4 W dx}$$

$$=\frac{1}{128}\int_0^4 2x^4 dx$$

$$=\frac{1}{128}\left[\frac{2}{5}x^4\right]_0^4$$

$$=3.2\ (\text{m})$$

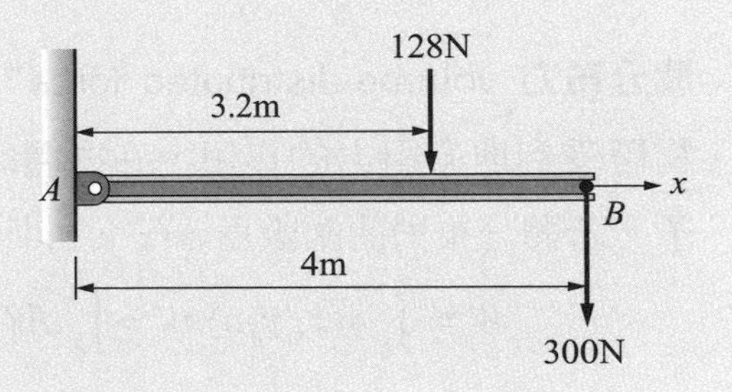

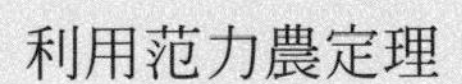
利用范力農定理

$$R=128+300=428\ (\text{N})$$

$$r=\frac{1}{428}[128\times 3.2+300\times 4]$$

$$=3.76\ (\text{m})$$

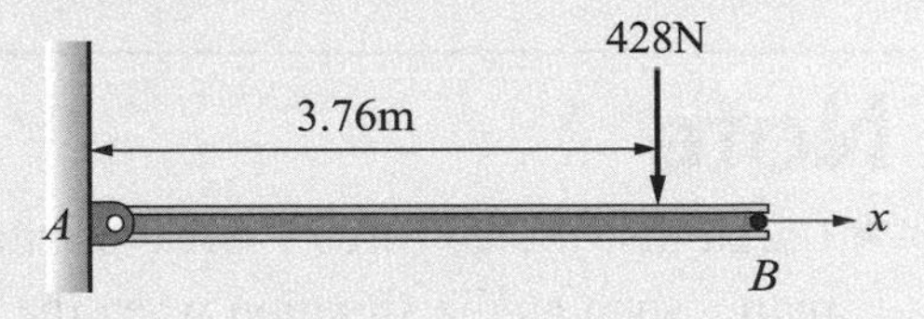

面分布力 area-distributed force★[1] 是指力沿著平面任意分布，比如說豎立在地面上的看板受到風吹時的情況，或水壩受到水的壓力等都是。若面分布力的函數爲 $p(x, y)$則平面 A 所受到的合力大小爲

$$R = \int_A p(x, y)dA \text{，則}$$

作用力對參考點所產生的 x 軸向和 y 軸向的力矩總合大小 M_x與 M_y必定會與合力 $\overrightarrow{R}$ 對參考點所產生的力矩大小相等。亦即

$$M_x = r_y \cdot R = \int_A y \cdot p(x, y)dA$$

$$M_y = r_x \cdot R = \int_A x \cdot p(x, y)dA$$

則合力 $\overrightarrow{R}$ 與參考點之間的相對位置 $\overrightarrow{r_x}$ 和 $\overrightarrow{r_y}$ 大小分別爲

$$r_x = \frac{M_y}{R} = \frac{\int_A x \cdot p(x, y)dA}{\int_A p(x, y)dA}$$

$$r_y = \frac{M_x}{R} = \frac{\int_A y \cdot p(x, y)dA}{\int_A p(x, y)dA} \qquad \text{(面分布力)}$$

體分布力 volume-distributed force★[2] 是指在整個物體的體積內全面分布的力，自然界中的物體受到地心引力的作用，在物體的任何角落都有力的存在，就是體分布力最明顯的例子。若體分布力的函數爲 $q(x, y, z)$則體積 V 所受到的合力，亦即該物體的重量爲

$$W = \int_V q(x, y, z)dV = \int_V dW$$

Note

★1.area-distributed force：Area-distributed force refers to the force distributed randomly along the plane, such as the situation when the advertising billboard erected on the ground is blown by the wind, or the dam is subjected to the pressure of water, etc., If the loading can be described as a function $p(x, y)$, then the resultant force R of plane A will be $R = \int_A p(x, y)dA$.

★2. volume-distributed force：Volume-distributed force refers to the force that is fully distributed in the entire volume of the object. Objects in nature are affected by gravity, and there is force in any part of the object, which is the most obvious example of volume distribution force, If the loading can be described as a function $q(x, y, z)$, then the resultant force R of volume V will be $W = \int_V q(x, y, z)dV = \int_V dW$

作用力對參考點所產生的 x 軸向、y 軸向和 z 軸向的力矩總合大小必定會與合力 $\overrightarrow{R}$ 對參考點所產生的力矩大小相等。亦即

$$r_x \cdot W = \int_V x \cdot q(x,y,z)dA = \int_V x \cdot dW$$

$$r_y \cdot W = \int_V y \cdot q(x,y,z)dA = \int_V y \cdot dW$$

$$r_z \cdot W = \int_V z \cdot q(x,y,z)dA = \int_V z \cdot dW$$

則合力 $\overrightarrow{R}$ 與參考點之間的相對位置 $\overrightarrow{r}_x$、$\overrightarrow{r}_y$ 和 $\overrightarrow{r}_z$ 大小分別爲

$$r_x = \frac{1}{W}\int_V x \cdot dW = \frac{\int_V x \cdot dW}{\int_V dW}$$

$$r_y = \frac{1}{W}\int_V y \cdot dW = \frac{\int_V y \cdot dW}{\int_V dW}$$

$$r_z = \frac{1}{W}\int_V z \cdot dW = \frac{\int_V z \cdot dW}{\int_V dW} \qquad \text{(體分布力)}$$

對於一個物體來說，r_x、r_y 和 r_z 可以代表地心引力對這個物體作用以後產生重量的所在處，也就是物體的重心了。

例 9-6

水缸中水壓的分布函數爲 $p(x,y) = \rho g y$，試求 10 m × 10 m 大的水缸面所受到的壓力合力，以及其作用點高度？

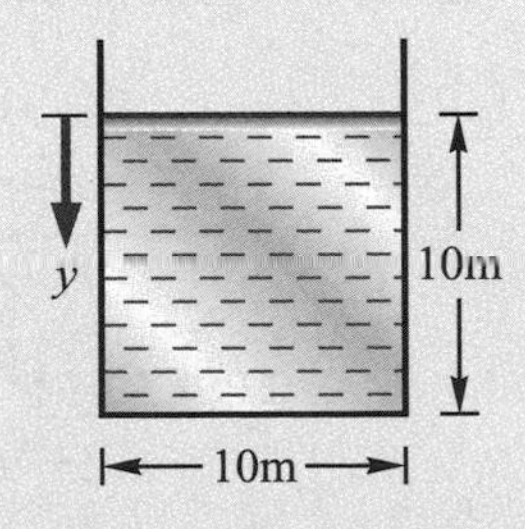

解析

水之密度$\rho = 1\ \text{g/cm}^3 = 1000\ \text{kg/m}^3$

合力為

$$R = \int_A dF = \int_A p(x, y)dA$$

$$= \int_A \rho gy(10dy)$$

$$= 10\rho g \int_0^{10} ydy$$

$$= 10\rho g \left[\frac{1}{2}y^2\right]_0^{10}$$

$$= 10 \times 1000 \times 9.8 \times \left(\frac{1}{2} \times 10^2\right)$$

$$= 4.9 \times 10^6\ \text{(N)}$$

$$y_R = \frac{1}{R}\int_A yp(x, y)dA$$

因 $\int_A yp(x, y)dA = \int_A \rho gy^2(10dy)$

$$= 10\rho g \int_0^{10} y^2 dy = 10\rho g \left[\frac{1}{3}y^3\right]_0^{10}$$

$$= 10 \times 1000 \times 9.8 \times \left[\frac{1}{3} \times 10^3\right]$$

$$= 3.27 \times 10^7\ \text{(N-m)}$$

得 $y_R = \dfrac{3.27 \times 10^7}{4.9 \times 10^6} = 6.67\ \text{(m)}$

例 9-7

長 4 m、寬 3 m 的平板受面分布力作用如下圖，求此合力大小及其所在位置？

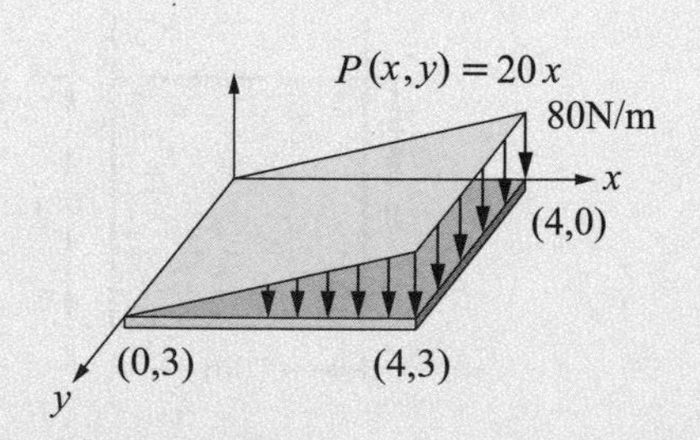

解析

合力爲 $R=\int_A dF=\int_A P(x,y)dA=\int_A 20x(3dx)=\int_A 60xdx=30x^2\Big|_0^4=480\ \text{(N)}$

$$x_R=\frac{1}{R}\int_A xP(x,y)dA$$

$$\int_A xP(x,y)dA=\int_A 20x^2(3dx)\Big|_0^4$$

$$=\int 60x^2dx=20x^3\Big|_0^4$$

$$=1280\ \text{(N-m)}$$

$$x_R=\frac{1280}{480}=2.67\ \text{(m)}$$

$$y_R=1.5\ \text{(m)}$$

9-2 剛體的重心、質心與形心 Center of Gravity and Centroid of a Rigid Body

由上節中所得到的結果，說明重心就是可以代表整個重量所在位置的那個點，質點系統的重心爲

$$r_x=\frac{\Sigma x_i\cdot W_i}{\Sigma W_i}\quad r_y=\frac{\Sigma y_i\cdot W_i}{\Sigma W_i}\quad r_z=\frac{\Sigma z_i\cdot W_i}{\Sigma W_i}\qquad \text{(質點系統重心)}$$

連續體的重心所在位置則爲

$$r_x=\frac{\int_V x\cdot dW}{\int_V dW}\quad r_y=\frac{\int_V y\cdot dW}{\int_V dW}\quad r_z=\frac{\int_V z\cdot dW}{\int_V dW}\qquad \text{(連續體重心)}$$

依據牛頓第二運動定律，質量 m 的物體受地心引力作用會產生重量 W，關係式爲 $W = mg$，其中 g 爲受地心引力作用而產生的重力加速度，在同一個地點或同一海平面上都相同，視爲常數。從這個式中，可以知道，質量 m 和重量 W 之間只差一個常數，當計算物體的重心時，分子和分母各有重力加速度 g 存在，因此可以消去，得到以質量 m 爲表示方式的相對位置 r_x、r_y 和 r_z，因爲是以質量爲表示，因此稱爲物體的質心。分散式質量的質心可以表示爲

$$r_x=\frac{\Sigma x_i\cdot m_i}{\Sigma m_i}\quad r_y=\frac{\Sigma y_i\cdot m_i}{\Sigma m_i}\quad r_z=\frac{\Sigma z_i\cdot m_i}{\Sigma m_i}\qquad \text{(質點系統質心)}$$

連續體的質心則為

$$r_x=\frac{\int_V x\cdot dm}{\int_V dm}\quad r_y=\frac{\int_V y\cdot dm}{\int_V dm}\quad r_z=\frac{\int_V z\cdot dm}{\int_V dm}\qquad \text{(連續體質心)}$$

從上面的論述中可知，有限體積的物體重心和質心是重疊的，但對巨大物體來說，某些部位所在位置有很大的高度差，質量雖相同但重量會有差異，那麼物體的重心和質心就不會重疊了。

例 9-8

下圖中直桿之質量分布函數為 $m = m_o(1 + x/L)$，試求其質心位置？

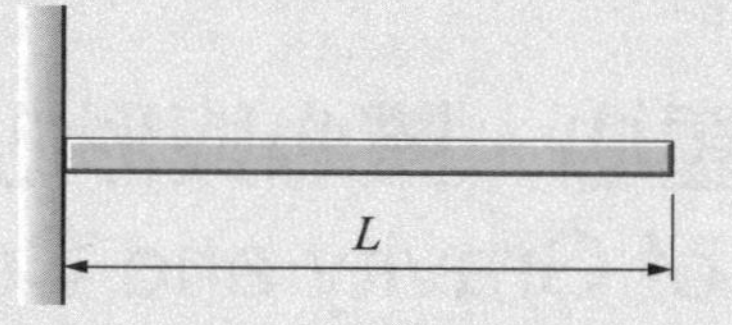

解析

$$d\,m = m\cdot dx$$

$$m=m_o\left(1+\frac{x}{L}\right)，\ r_x=\frac{\int_m xdm}{\int_m dm}=\frac{\int_0^L x\left[m_0\left(1+\frac{x}{L}\right)\right]dx}{\int_0^L m_0\left(1+\frac{x}{L}\right)dx}$$

$$\int_0^L m_0\left(1+\frac{x}{L}\right)dx=\int_0^L m_0dx+\int_0^L\frac{m_0}{L}xdx$$

$$=m_0L+\frac{m_0}{2L}L^2=\frac{3}{2}m_0L$$

$$\int_0^L x\left[m_0\left(1+\frac{x}{L}\right)\right]dx=\int_0^L m_0dx+\int_0^L\frac{m_0}{L}x^2dx=\frac{m_0}{2}L^2+\frac{m_0}{3L}L^3$$

$$=\frac{m_0L^2}{2}+\frac{m_0L^2}{3}=\frac{5}{6}m_0L^2$$

$$r_x=\frac{\frac{5}{6}m_0L^2}{\frac{3}{2}m_0L}=\frac{5}{9}L=0.56L$$

重心和質心兩者是從物體的重量和質量的存在觀點，求得代表整個物體重量或質量的中心座標位置，完全沒有涉及物體的形狀和它的中心，也就是物體的形心。**對於不同形狀的物體而言，只要它是均質體，也就是物體內每一處的密度 ρ 都相同，則形心和質心就會重疊。**★1 依據定義，質量 m、密度 ρ 和體積 V 之間的關係為

$$M=\rho V=\int_V \rho dV=\int_V dm$$

將其代入質心的式子可以得到連續體的形心為

$$r_x=\frac{\int_V x\cdot\rho dV}{\int_V \rho dV}=\frac{\int_V x\cdot dV}{\int_A dV}$$

$$r_y=\frac{\int_V y\cdot\rho dV}{\int_V \rho dV}=\frac{\int_V y\cdot dV}{\int_A dV}$$

$$r_z=\frac{\int_V z\cdot\rho dV}{\int_V \rho dV}=\frac{\int_V z\cdot dV}{\int_A dV}\qquad\text{(連續體形心)}$$

TIPS

對於任何形狀的均質物體，它的重心、質心和形心均重疊在一起。

For a homogeneous object of any shape, its center of gravity, center of mass and centroid are all overlap.

對於規則形狀的物體，形心與它們的長、寬、高或直徑、半徑有關，可以先將其積分出來，應用時再將實際尺寸代入，就可以得到解答。當物體的厚度 t 一樣時，可以用面積的形心來代表物體的形心，如果把體積 V 變為 tA，dV 變為 $t\,dA$ 代入上面的關係式後化簡，可以得到

$$x_c=\frac{\int_A x\cdot dV}{\int_A dV}=\frac{\int_A x\cdot dA}{\int_A dA}=\frac{\int_A x\cdot dA}{A}$$

$$y_c=\frac{\int_A y\cdot dV}{\int_A dV}=\frac{\int_A y\cdot dA}{\int_A dA}=\frac{\int_A y\cdot dA}{A}$$

$$z_c=\frac{\int_A z\cdot dV}{\int_A dV}=\frac{\int_A z\cdot dA}{\int_A dA}=\frac{\int_A z\cdot dA}{A}$$

Note

★1. For objects with different shapes, as long as it is homogeneous, the density ρ is the same everywhere, so the centroid and mass center will overlap.

如果物體是具有均勻截面積 A 的線段，把體積 V 變爲 AL，再把 dV 變爲 $A\ dL$ 代入上面的關係式後化簡，可以得到

$$x_c = \frac{\int_L x \cdot dL}{\int_L dL} \qquad y_c = \frac{\int_L y \cdot dL}{\int_L dL} \qquad z_c = \frac{\int_L z \cdot dL}{\int_L dL}$$

常見的圖形面積與形心位置如表 9-1 所示，計算時可以直接套用而不必每次都做積分運算，增加了方便性。

例 9-9

試求下圖中線段之形心所在位置？

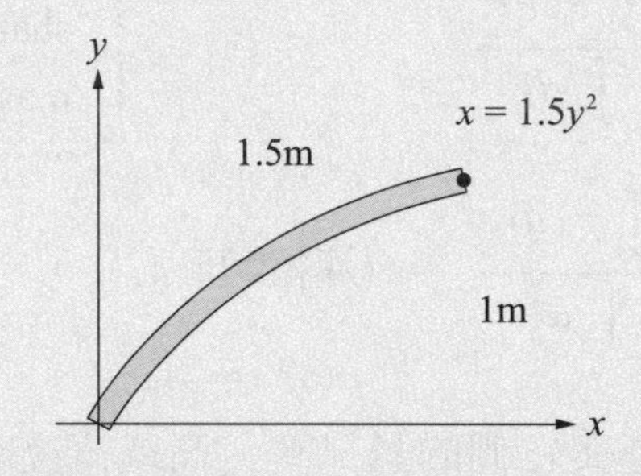

解析

$$x_c = \frac{\int_L xdL}{\int_L dL}，y_c = \frac{\int_L ydL}{\int_L dL}$$

$$dL = \sqrt{(dx)^2 + (dy)^2} = \sqrt{\left(\frac{dx}{dy}\right)^2 + 1}\ dy，$$

$x = 1.5y^2$ 代入 $\dfrac{dx}{dy} = 3y$，則 $dL = \sqrt{(9y^2+1)}\ dy$，

藉助積分產生器得

$$x_c = \frac{1.5\int_0^1 y^2\sqrt{(9y^2+1)}\ dy}{\int_0^1 \sqrt{(9y^2+1)}\ dy} = \frac{1.39}{1.88} = 0.74$$

$$y_c = \frac{\int_0^1 y^2\sqrt{(9y^2+1)}\ dy}{\int_0^1 \sqrt{(9y^2+1)}\ dy} = \frac{1.13}{1.88} = 0.60$$

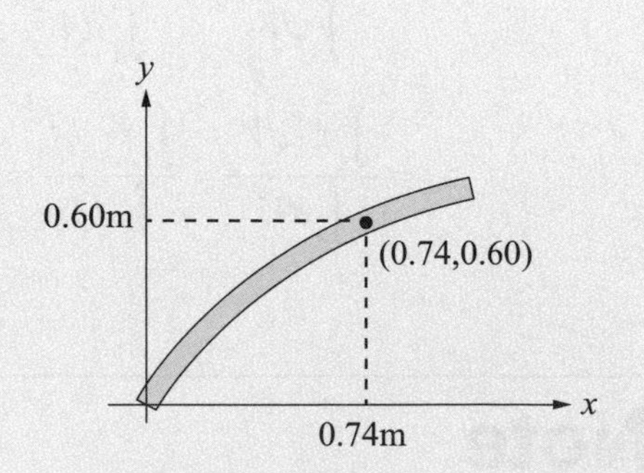

例 9-10

試求下圖中三角形之形心所在位置？

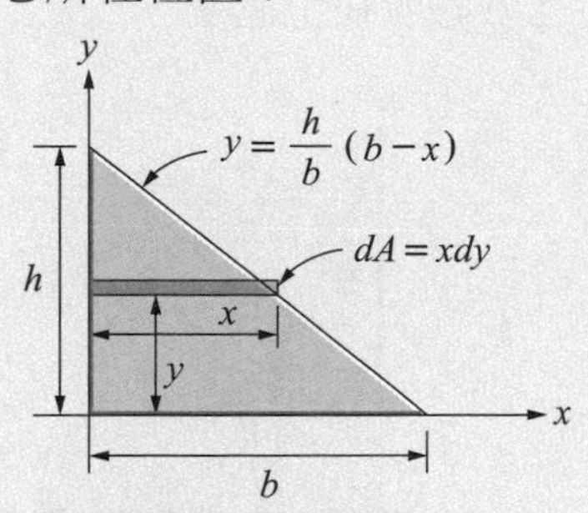

解析

$$y=\frac{h}{b}(b-x)\text{，}\frac{b}{h}y=b-x$$

$$x=b-\frac{b}{h}y=\frac{b}{h}(h-y)$$

$$dA=xdy=\frac{b}{h}(h-y)dy$$

$$y_c=\frac{\int_A ydA}{\int_A dA}=\frac{\int_0^h y\left[\frac{b}{h}(h-y)dy\right]}{\int_0^h\left[\frac{b}{h}(h-y)dy\right]}$$

$$\begin{aligned}\int_0^h\frac{b}{h}(h-y)dy&=\int_0^h\left(b-\frac{b}{h}y\right)dy\\&=\left[by-\frac{b}{2h}y^2\right]_0^h\\&=bh-\frac{b}{2h}h^2=\frac{1}{2}bh\end{aligned}$$

$$\begin{aligned}\int_0^h\left[\frac{b}{h}(h-y)dy\right]&=\int_0^h y\left(b-\frac{b}{h}y\right)dy\\&=\left[\frac{1}{2}by^2\right]_0^h-\left[\frac{b}{3h}y^3\right]_0^h\\&=\frac{1}{2}bh^2-\frac{1}{3}bh^2=\frac{1}{6}bh^2\end{aligned}$$

得 $y_c=\dfrac{\frac{1}{6}bh^2}{\frac{1}{2}bh}=\dfrac{1}{3}h$

例 9-11

試求下圖中 1/4 圓之形心所在位置？

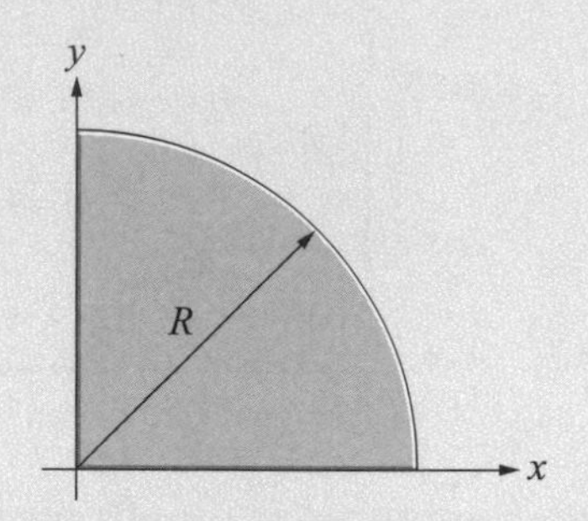

解析

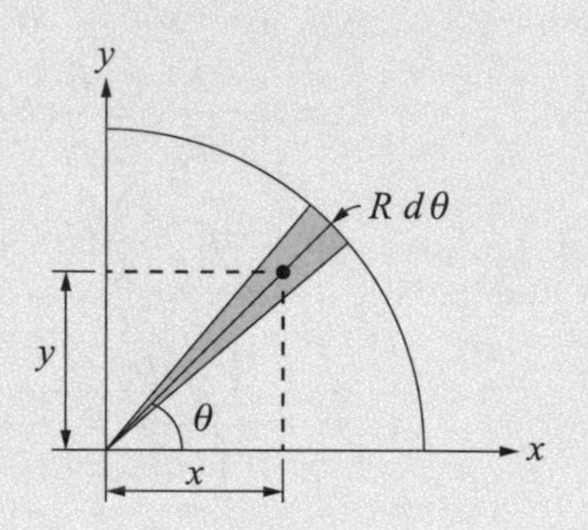

$$dA=\frac{1}{2}R(Rd\theta)=\frac{R^2}{2}d\theta$$

依三角形之形心，

所在位置 dA 之形心為距圓孤 $\frac{1}{3}R$ 處，

故得 $x=\frac{2}{3}R\cos\theta$，$y=\frac{2}{3}R\sin\theta$，則

$$x_c=\frac{\int_A xdA}{\int_A dA}=\frac{\int_0^{\frac{\pi}{2}}\left(\frac{2}{3}R\cos\theta\right)\frac{R^2}{2}d\theta}{\int_0^{\frac{\pi}{2}}\frac{R^2}{2}d\theta}$$

$$=\frac{\frac{2}{3}R\int_0^{\frac{\pi}{2}}\cos d\theta}{\int_0^{\frac{\pi}{2}}d\theta}=\frac{\frac{2}{3}R(1-0)}{\frac{\pi}{2}}=\frac{4R}{3\pi}$$

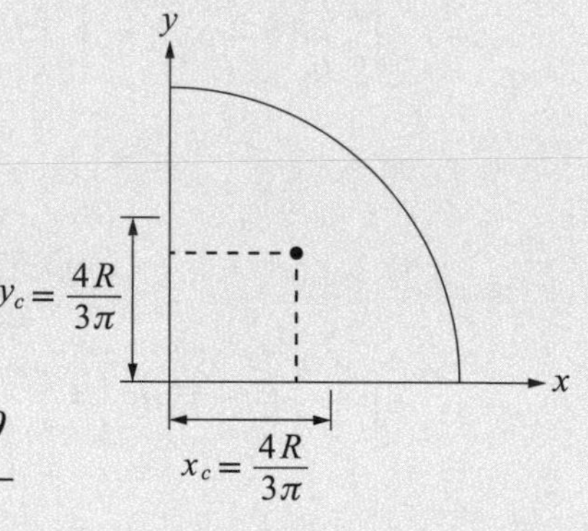

$$y_c=\frac{\int_A ydA}{\int_A dA}=\frac{\int_0^{\frac{\pi}{2}}\left(\frac{2}{3}R\sin\theta\right)d\theta}{\int_0^{\frac{\pi}{2}}\frac{R^2}{2}d\theta}=\frac{\frac{2}{3}R\int_0^{\frac{\pi}{2}}\sin d\theta}{\int_0^{\frac{\pi}{2}}d\theta}$$

$$=\frac{\frac{2}{3}R[-(0-1)]}{\frac{\pi}{2}}=\frac{\frac{2}{3}R}{\frac{\pi}{2}}=\frac{4R}{3\pi}$$

表 9-1　常見的圖形面積與形心位置

名稱	圖形	x_c	y_c	A
方形	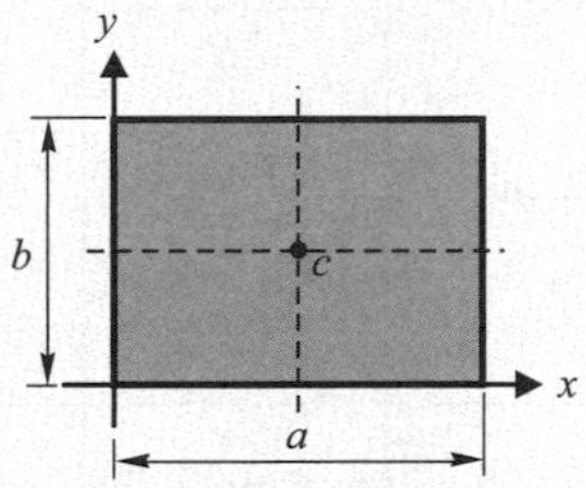	$\frac{a}{2}$	$\frac{b}{2}$	ab
圓形	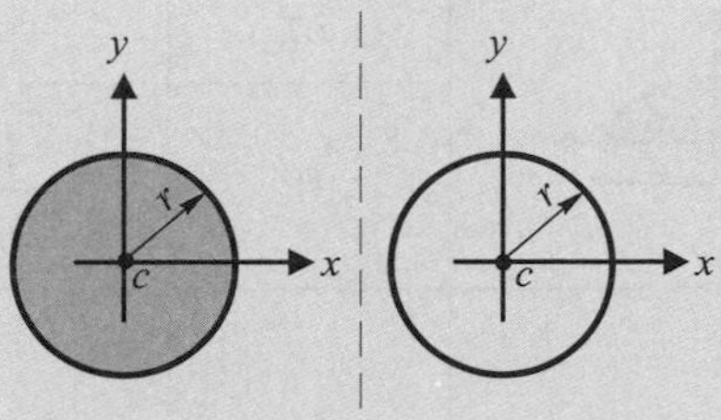	0	0	πr^2
圓弧		0	0	$2\pi r$
三角形	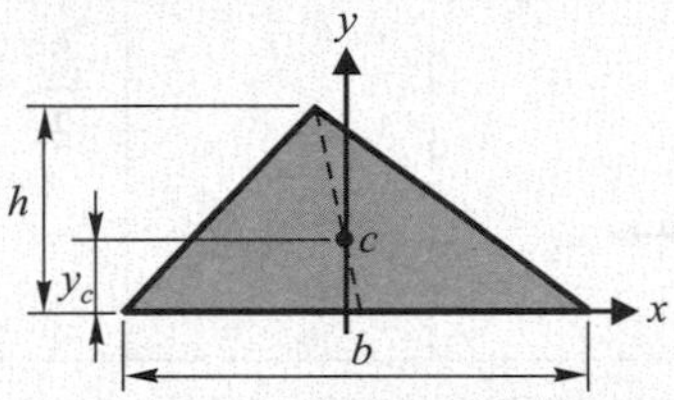		$\frac{h}{3}$	$\frac{hb}{2}$
(凹) n 次拋物線	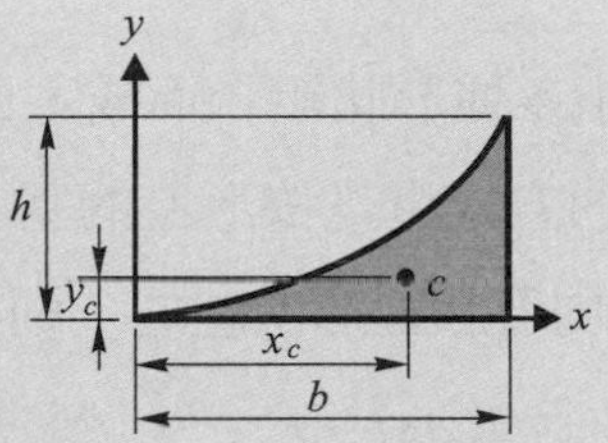	$\frac{n+1}{n+2}b$	$\frac{n+1}{4n+2}h$	$\frac{1}{n+1}bh$
$\frac{1}{4}$圓	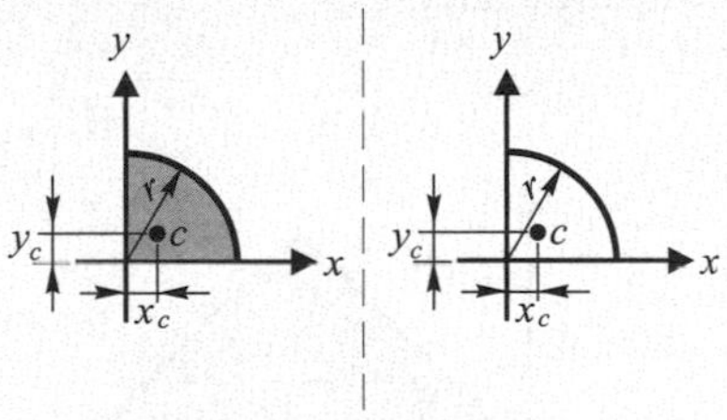	$\frac{4r}{3\pi}$	$\frac{4r}{3\pi}$	$\frac{\pi r^2}{4}$
$\frac{1}{4}$圓弧		$\frac{2r}{\pi}$	$\frac{2r}{\pi}$	$\frac{\pi r}{2}$
半圓	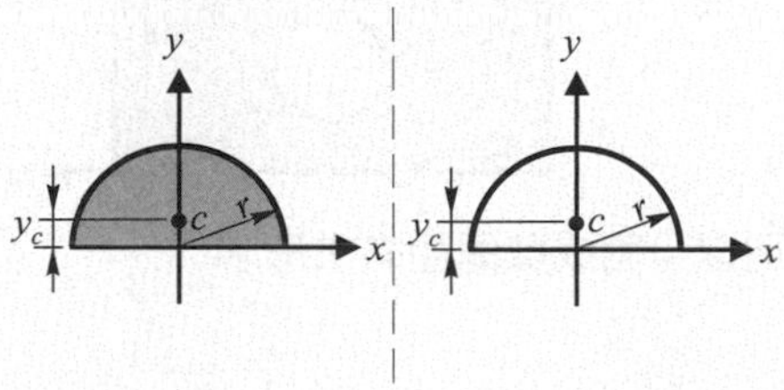	0	$\frac{4r}{3\pi}$	$\frac{\pi r^2}{2}$
半圓弧		0	$\frac{2r}{\pi}$	πr

名稱	圖形	x_c	y_c	A
扇形面		$\dfrac{2r\sin\theta}{3\theta}$	0	θr^2
圓弧段		$\dfrac{r\sin\theta}{\theta}$	0	$2\theta r$
$\dfrac{1}{4}$ 橢圓		$\dfrac{4a}{3\pi}$	$\dfrac{4b}{3\pi}$	$\dfrac{\pi ab}{4}$
半橢圓		0	$\dfrac{4b}{3\pi}$	$\dfrac{\pi ab}{2}$
梯形			$\dfrac{h}{3}\left(\dfrac{2a+b}{a+b}\right)$	$\dfrac{h}{2}(a+b)$

有些物體並非僅具有單一種形狀，而是由多種形狀組合而成，此種組合體的形心位置可以利用表中基本圖形的形心來組合，組合的方式還是依形心的基本定義而為。如圖 9-3 中，物體由面積分別為 A_1、A_2 和 A_3 的三個不同形狀圖形所組成，則其形心為

$$x_c = \frac{\int_A x \cdot dA}{A} = \frac{\int_{A_1} x \cdot dA_1 + \int_{A_2} x \cdot dA_2 + \int_{A_3} x \cdot dA_3}{A_1 + A_2 + A_3}$$

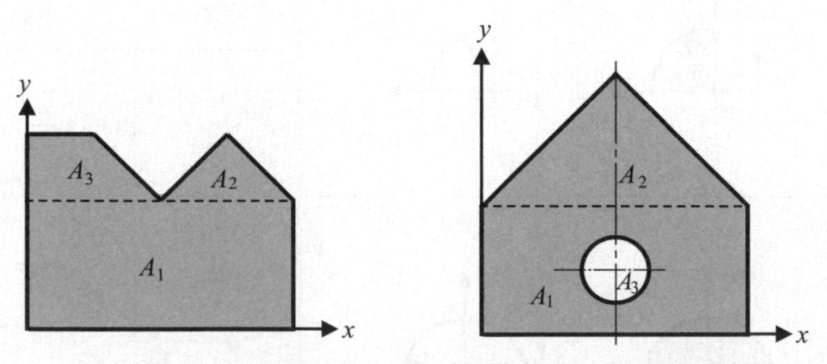

圖 9-3　組合體可以分割成數個圖來求形心

若 x_{c1}、x_{c2} 和 x_{c3} 分別爲 A_1、A_2 和 A_3 三個圖形的 x 軸形心座標，則上式可以改寫爲

$$x_c = \frac{x_{c1}A_1 + x_{c2}A_2 + x_{c3}A_3}{A_1 + A_2 + A_3}$$

式中，$x_{c1}A_1$、$x_{c2}A_2$、$x_{c3}A_3$ 分別爲面積 A_1、A_2 和 A_3 對 y 軸的一次矩。同理可知，

$$y_c = \frac{y_{c1}A_1 + y_{c2}A_2 + y_{c3}A_3}{A_1 + A_2 + A_3}$$

當組合體中含有孔洞或缺角時，面積須變為負號才會得到正確答案。

例 9-12

試求圖中組合體面積的形心位置？

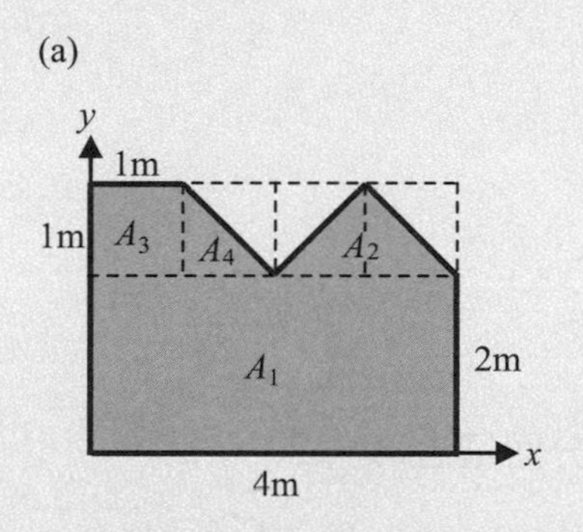

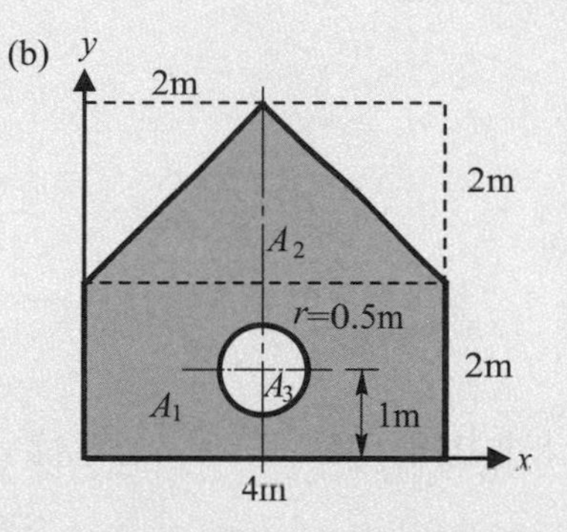

解析

先列出個別圖形的形心位置 x_c、y_c 和面積 A，然後代入上式即可求得組合體面積的形心位置。

(a)圖形	A	x_c	y_c	x_cA	y_cA
A_1	8	2	1	16	8
A_2	1	3	2.33	3	2.33
A_3	1	0.5	2.5	0.5	2.5
A_4	0.5	1.33	2.33	0.67	1.17
組合體	10.5			20.17	14

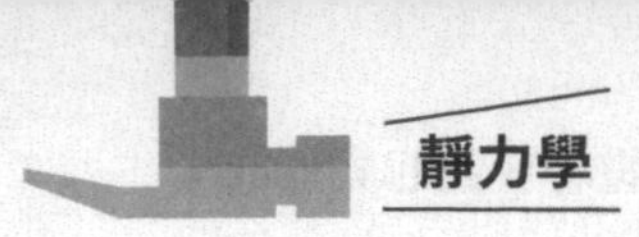

$$x_c = \frac{20.17}{10.5} = 1.92\,(\text{m})$$ ，

$$y_c = \frac{14}{10.5} = 1.33\,(\text{m})$$

(b)圖形	A	x_c	y_c	x_cA	y_cA
A_1	8	2	1	16	8
A_2	4	2	2.67	8	10.68
A_3	−0.79	2	1	−1.58	−0.79
組合體	11.21			22.42	17.89

$$x_c = \frac{22.42}{11.21} = 2\,(\text{m})$$ ，

$$y_c = \frac{17.89}{11.21} = 1.60\,(\text{m})$$

例 9-13

求曲線為拋物線 $y = \frac{1}{3}x^2$ 陰影部分面積之形心？

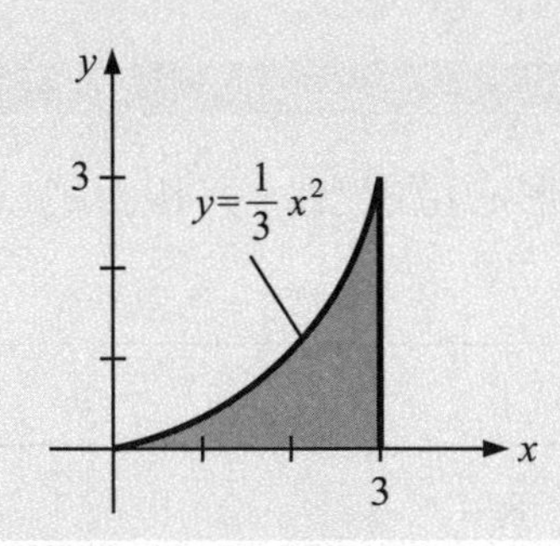

解析

面積爲 $\int_A dA = \int_0^3 (3-x)\,dy$

因 $y = \frac{1}{3}x^2$，

故 $x = \sqrt{3}\,y^{\frac{1}{2}}$ 代入上式得

$$A = \int_0^3 (3-\sqrt{3}\,y^{\frac{1}{2}})\,dy = \left[3y - \sqrt{3}\left(\frac{2}{3}\right)y^{\frac{3}{2}}\right]_0^3$$

$$= \left[3\times 3 - \sqrt{3}\left(\frac{2}{3}\right)3^{\frac{3}{2}}\right] = [9-6] = 3$$

$$x_c = \frac{1}{A}\int x\,dA = \frac{1}{3}\int_0^3 xy\,dx$$

$$= \frac{1}{3}\int_0^3 x\left(\frac{1}{3}x^2\right)dx$$

$$= \frac{1}{3}\int_0^3 \frac{1}{3}x^3\,dx$$

$$= \frac{1}{3}\left[\frac{1}{12}x^4\right]_0^3 = 2.25$$

$$y_c = \frac{1}{A}\int_A y\,dA = \frac{1}{3}\int_0^3 y(3-x)\,dy$$

$$= \frac{1}{3}\int_0^3 y(3-\sqrt{3}\,y^{\frac{1}{2}})\,dy$$

$$= \frac{1}{3}\int_0^3 (3y-\sqrt{3}\,y^{\frac{3}{2}})\,dy$$

$$= \frac{1}{3}\left[\frac{3}{2}y^2 - \frac{2\sqrt{3}}{5}y^{\frac{5}{2}}\right]_0^3$$

$$= \frac{1}{3}\left[\frac{27}{2} - \frac{54}{5}\right] = 0.9$$

例 9-14

試求圖中陰影部分面積之形心。

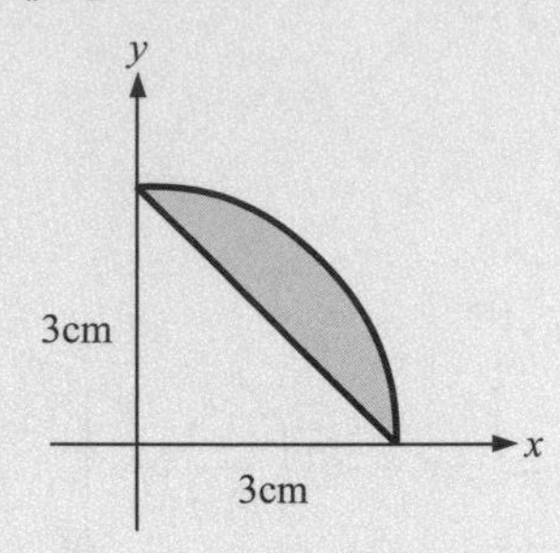

解析

四分之一圓面積 A_1

$$A_1=\frac{1}{4}\pi r_1^2=\frac{1}{4}\pi\times 3^2=2.25\pi$$

三角形面積 A_2

$$A_2=\frac{1}{2}\times 3\times 3=4.5$$

陰影部分面積 $A=A_1-A_2=2.56$

$$\bar{x}=\frac{x_1A_1-x_2A_2}{A}=\frac{\left(\dfrac{4\times 3}{3\pi}\right)\times 2.25\pi-\dfrac{3}{3}\times 4.5}{2.56}=\frac{4.5}{2.56}=1.75\,(\text{cm})$$

$$\bar{y}=\bar{x}=1.75\,(\text{cm})$$

例 9-15

試求圖中陰影部分面積之形心。

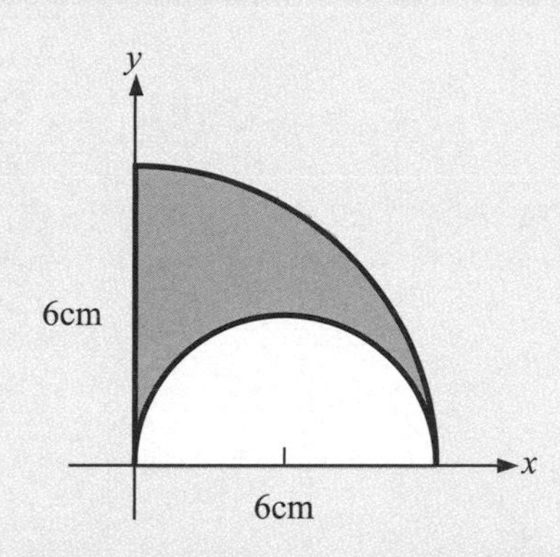

解析

四分之一圓面積 A_1

$$A_1 = \frac{1}{4}\pi r_1^2 = \frac{1}{4}\pi \times 6^2 = 9\pi$$

$$x_1 = y_1 = \frac{4r_1}{3\pi} = \frac{4\times 6}{3\pi} = \frac{8}{\pi}$$

小半圓之面積爲 A_2

$$A_2 = \frac{1}{2}\pi r_2^2 = \frac{1}{2}\pi \times 3^2 = 4.5\pi$$

$$x_2 = 3，\ y_2 = \frac{4r_2}{3\pi} = \frac{4\times 3}{3\pi} = \frac{4}{\pi}$$

陰影部分面積

$$A = A_1 - A_2 = 9\pi - 4.5\pi = 4.5\pi$$

$$x = \frac{x_1 A_1 - x_2 A_2}{A} = \frac{\frac{8}{\pi}\times 9\pi - 3\times 4.5\pi}{4.5\pi}$$

$$= \frac{72 - 13.5\pi}{4.5\pi} = 2.1\,(\text{cm})$$

$$y = \frac{y_1 A_1 - y_2 A_2}{A} = \frac{\frac{8}{\pi}\times 9\pi - \frac{4}{\pi}\times 4.5\pi}{4.5\pi}$$

$$= \frac{72 - 18}{4.5\pi} = 3.8\,(\text{cm})$$

TIPS

若碰到不規則圖形，可以將其分割成幾個近似的規則圖形，然後求得近似解。

If an irregular figure is encountered, it can be divided into several approximate regular figures, and then an approximate solution can be obtained.

10
慣性矩

本章大綱

10-1　慣性矩的定義

10-2　面積慣性矩

10-3　平行軸定理

10-4　質量慣性矩

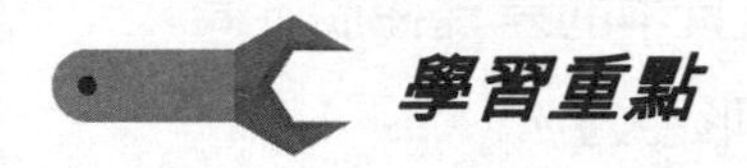

學習重點

本章介紹慣性矩的定義以及其未來應用的方向與領域，除了學習對一個標準參考軸之面積慣性矩和質量慣性矩的求法外，也教導當參考軸變換時如何以平行軸定理求得相對的慣性矩，對於組合體的慣性矩求法，則利用分解、組合和平行軸定理來完成求解之目的。

Learing Objectives

- *To define the moments of inertia and try to develop a method for determining the moments of inertia of an area.*
- *To use the parallel axis theorem to obtain the relative moments of inertia for any reference axis.*
- *To find the moments of inertia of a combination structure by the decomposition,combination and parallel axis theorem.*

生活實例

用來作為結構物主體的材料，常有多種不同的橫切面形狀，其中的差異在於不同的橫切面形狀具有不同的面積慣性矩，可以提供不一樣的抵抗變形能力。

而在很多機構轉動和傳動系統裡，往往會有一個又大又重的飛輪在其中，其目的是要藉由飛輪具有的巨大質量慣性矩，來保持系統旋轉速度的穩定性。

不同形狀的截面積其慣性矩不同，抵抗變形的能力互異。大球的質量慣性矩大於小球的質量慣性矩，滾動或旋轉時，也具有較高的穩定度。本章中，我們將探討慣性矩的真正意義，並學習如何求得面積慣性矩與質量慣性矩以為相關需要之用。

生活實例

The material used as the main body of the structure often has a variety of different cross-sectional shapes, for different cross-sectional shapes, they will have the different area moments of inertia, which can provide different resistance to deformation.

In many rotation and transmission mechanism systems, there is often a large and heavy flywheel in it, the purpose of which is to maintain the stability of the rotation speed by virtue of the huge mass moment of inertia of the flywheel.

The moments of inertia of the cross-sectional area with different shapes is different, and the ability to resist deformation will be different. The mass moments of inertia of the large ball is greater than that of the small ball, and it also has a high degree of stability when rolling or rotating. In this chapter, we'll explore what moments of inertia really mean, and learn how to find area and mass moments of inertia.

10-1 慣性矩的定義 Definition of Moments of Inertia

慣性矩 moment of inertia 在力學研究中常被提及，但它的眞正意義卻常讓人弄不清楚。基本上，慣性矩有兩種，定義和應用的領域都不同，一種是**質量慣性矩** mass moment of inertia★1，另一種是**面積慣性矩** area moment of inertia★2，因爲兩者的英文都是 moment of inertia，中文也都譯爲慣性矩，容易混淆。**質量慣性矩也稱為轉動慣量，是指物體轉動時具有的一種慣性，慣性越大越不容易讓它改變方向或停止下來，定義為** $I=\int r^2 dm$，其中 m 爲旋轉物體的質量，r 爲旋轉物體到旋轉軸之間的距離，SI 的單位是 kg · m^2。因爲質量慣性矩和物體到旋轉軸之間的距離 r 的平方成正比，因此質量同樣是 m 的兩個物體，如果以相同的角速度 ω 在轉動，r 越大的物體越不容易讓它停下來，是因爲質量慣性矩比較大的緣故，這是一個我們可以實際感受質量慣性矩的例子。

至於**面積慣性矩，指的是物體截面積的形狀與物體抵抗彎曲變形或扭轉變形能耐之間的關係，面積慣性矩越大，物體抵抗彎曲變形或扭轉變形的能耐就越強。**★3 **面積慣性矩的定義為** $I=\int r^2 dA$，其中 A 爲物體的截面積，r 爲物體到參考軸之間的距離，SI 的單位是 m^4。

TIPS

The mass moment of inertia is also briefly called the moment of inertia, which is defined as $I=\int r^2 dm$, the larger I is, the greater the inertia is, and the less likely it is to change its direction or make it stop.

Note

★1. mass moment of inertia：The mass moment of inertia of a body is a measure of the body's resistance to angular acceleration.

★2. area moment of inertia：Whenever a distributed loading acts perpendicular to an area and its intensity varies linearly, the computation of the moment of the loading distribution about an axis will involve a quantity which is called the area moment of inertia about that axis.

★3. The area moment of inertia relates to the shape of the cross-section of an object and the object's ability to resist bending deformation or torsional deformation. The larger the area moment of inertia, the stronger the object's ability to resist bending deformation or torsional deformation.

10-2 面積慣性矩 Moments of Inertia for Areas

依據定義，一個位於 x-y 平面上的面積如圖 10-1 所示，對 x 軸和 y 軸所產生的面積慣性矩分別為

$$I_x = \int y^2 dA \text{，} I_y = \int x^2 dA$$

因為它們是面積和距離平方的乘積，所以有時也被稱為第二面積矩 the second moment of area。

常見圖形的面積慣性矩於積分後可以歸納如表 10-1 所示，計算時只要將物體截面積的各相關尺寸代入，就可以得到慣性矩大小。另外，除了對 x 軸和 y 軸所產生的面積慣性矩以外，還可以得到對原點 O 的極性慣性矩 J_O (polar moment of inertia)。

TIPS

面積慣性矩 $I = \int r^2 dA$，I 越大，抵抗彎曲變形或扭轉變形的能耐就越強。

I 較小，較易變形

I 較大，較不易變形。

The area moment of inertia is defined as $I = \int r^2 dA$, the larger the area moment of inertia I, the stronger the object's ability to resist bending deformation or torsional deformation.

對原點 O 的極性慣性矩 J_O (polar moment of inertia)可以表示如下：

$$J_O = \int r^2 dA$$

其中 r 為物體到原點 O 的距離，由圖中幾何關係可知

$r^2 = x^2 + y^2$，所以

$$J_O = \int r^2 dA = \int (x^2 + y^2) dA$$
$$= \int x^2 dA + \int y^2 dA = I_x + I_y$$

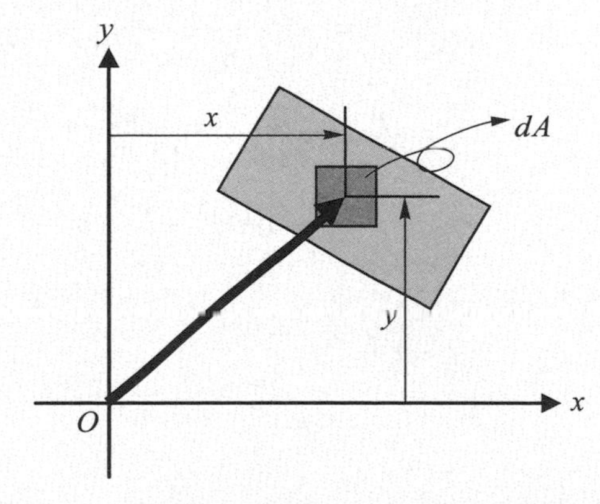

圖 10-1 面積對 x 軸和 y 軸將產生面積慣性矩

例 10-1

試求下圖中長方形對 x 軸、y 軸之面積慣性矩以及對原點 O 之極性慣性矩？

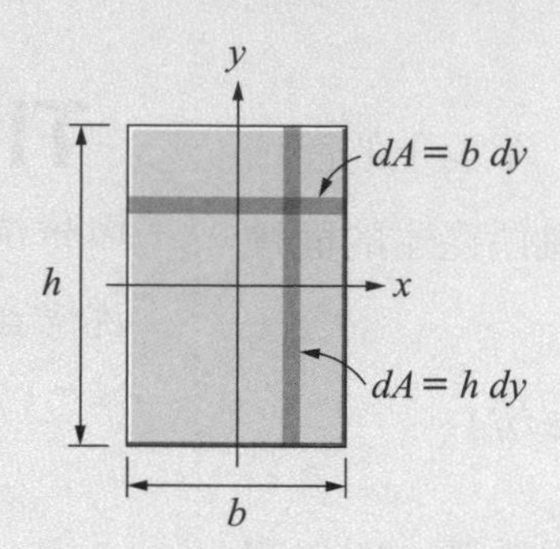

解析

(1)對 $x-y$ 軸

$$I_x = \int_A y^2 dA，$$

$dA = bdy$ 代入

$$I_x = \int_{-\frac{h}{2}}^{\frac{h}{2}} y^2 (bdy) = b\left(\frac{1}{3}y^3\Big|_{-\frac{h}{2}}^{\frac{h}{2}}\right)$$

$$= \frac{1}{3}b\left[\frac{h^3}{8} - \left(\frac{h^3}{8}\right)\right] = \frac{1}{12}bh^3$$

$$I_y = \int x^2 dA，$$

$dA = hdx$ 代入

$$I_y = \int_{-\frac{b}{2}}^{\frac{b}{2}} x^2 (hdx) = h\left(\frac{1}{3}x^3\Big|_{-\frac{b}{2}}^{\frac{b}{2}}\right)$$

$$= \frac{1}{3}h\left[\frac{b^3}{8} - \left(\frac{b^3}{8}\right)\right] = \frac{1}{12}b^3 h$$

$$J_o = I_x + I_y = \frac{1}{12}bh^3 + \frac{1}{12}b^3 h$$

$$= \frac{1}{12}bh(h^2 + b^2)(m^4)$$

例 10-2

試求下圖中圓形對 x 軸、y 軸之面積慣性矩以及對原點 O 之極性慣性矩？

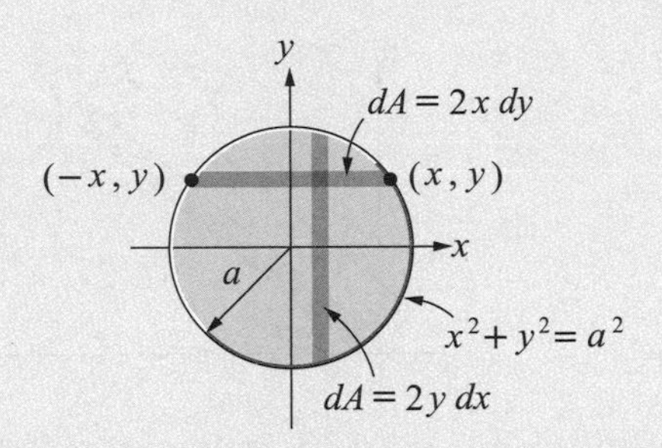

解析

$I_x = \int_A y^2 dA$，$dA = 2xdy$

$I_x = \int_{-a}^{a} y^2 (2xdy)$，$x = \sqrt{a^2 - y^2}$

$I_x = \int_{-a}^{a} y^2 (2\sqrt{a^2 - y^2})dy$

由積分計算器可得

$I_x = \dfrac{\pi a^4}{4}$

$I_y = \int_{-a}^{a} x^2 (2ydx) = \int_{-a}^{a} x^2 (2\sqrt{a^2 - x^2})dx$

由積分計算器可得

$I_y = \dfrac{\pi a^4}{4}$

$J_o = I_x + I_y = \dfrac{\pi a^4}{4} + \dfrac{\pi a^4}{4} = \dfrac{\pi a^4}{2}$

例
10-3

試求下圖中長棒對 x 軸、y 軸之面積慣性矩以及對原點 O 之極性慣性矩？

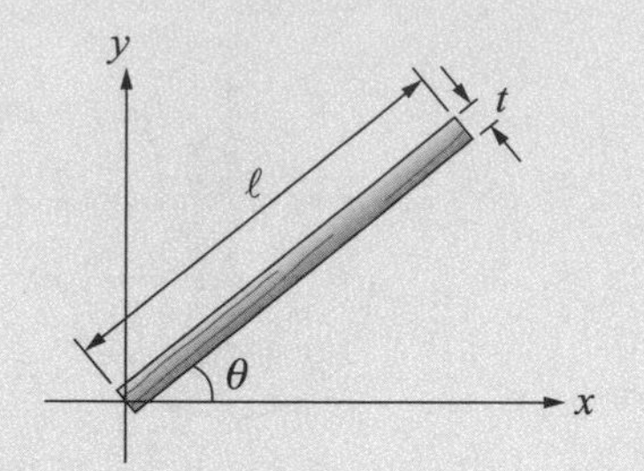

解析

$x = \ell\cos\theta$，$y = \ell\sin\theta$

$\ell = \dfrac{x}{\cos\theta} = x\sec\theta$，$\ell = \dfrac{y}{\sin\theta} = y\csc\theta$

$d\ell = \sec\theta\, dx = \csc\theta\, dy$，$dA = t\,d\ell = t\sec\theta\, dx = t\csc\theta\, dy$

$$I_x = \int_A y^2 dA = \int_A y^2 (t\csc\theta)dy = \frac{1}{3}ty^3\csc\theta$$

$$= \frac{1}{3}t(\ell\sin\theta)^3\csc\theta = \frac{1}{3}t\ell^3\sin^2\theta$$

$$I_y = \int_A x^2 dA = \int_A x^2 t\sec\theta dx = \frac{1}{3}tx^3\sec\theta$$

$$= \frac{1}{3}t(\ell\cos\theta)^3\sec\theta = \frac{1}{3}t\ell^3\cos^2\theta$$

$$J_o = I_x + I_y = \frac{1}{3}t\ell^3(\sin^2\theta + \cos^2\theta) = \frac{1}{3}t\ell^3$$

例 10-4

試求圖中拋物線上方陰影部份面積對 x 軸和 y 軸之慣性矩？

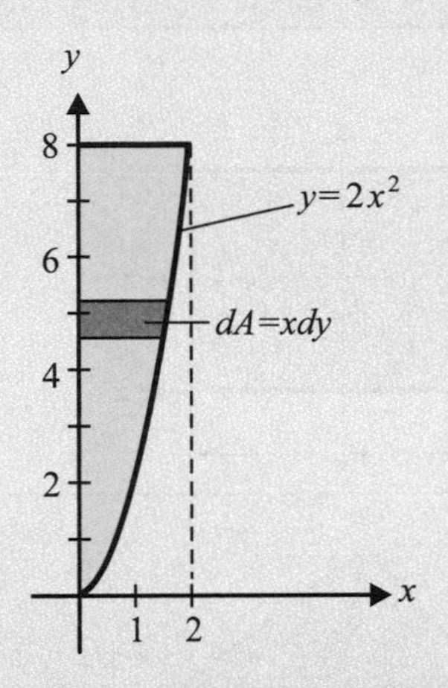

解析

$dA = xdy$

$x = \sqrt{\dfrac{y}{2}}$

$dI_x = y^2 dA = xy^2 dy$

$$I_x = \int_0^8 y^2 \cdot \frac{\sqrt{y}}{\sqrt{2}} dy = \int_0^8 \frac{1}{\sqrt{2}} y^{\frac{5}{2}} dy$$

$$= \frac{1}{\sqrt{2}} \cdot \frac{2}{7} \left[y^{\frac{7}{2}} \right]_0^8 = 292.57$$

$dI_y = x^2 dA = x^3 dy$

$y = 2x^2$

$dy = 4xdx$

$$I_y = \int_0^2 x^3 (4xdx) = \int_0^2 4x^4 dx$$

$$= \frac{4}{5} \left[x^5 \right]_0^2 = 25.6$$

表 10-1　常見圖形的慣性矩

名稱	圖形	慣性矩
長方形	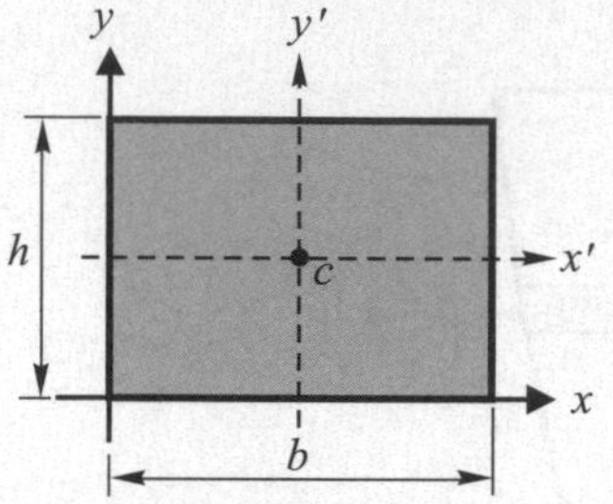	$I_{x'}=\frac{1}{12}bh^3$，$I_{y'}=\frac{1}{12}b^3h$ $I_x=\frac{1}{3}bh^3$，$I_y=\frac{1}{3}b^3h$ $J_O=\frac{1}{12}bh(b^2+h^2)$
三角形	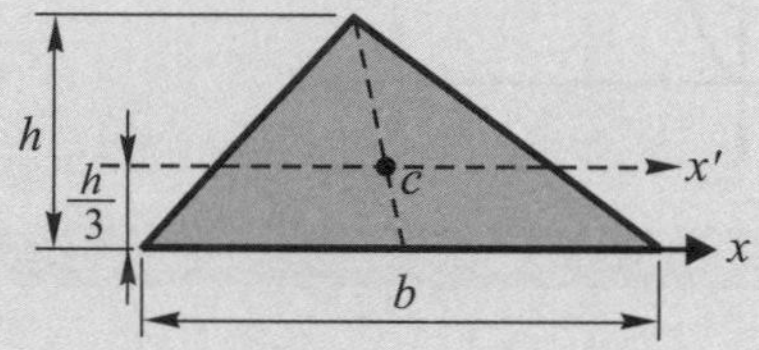	$I_{x'}=\frac{1}{36}bh^3$，$I_x=\frac{1}{12}bh^3$
圓形	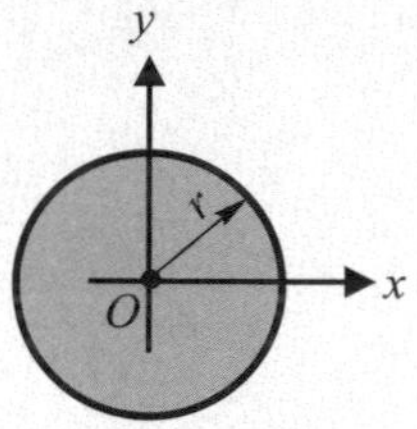	$I_x=I_y=\frac{1}{4}\pi r^4$，$J_O=\frac{1}{2}\pi r^4$
半圓形	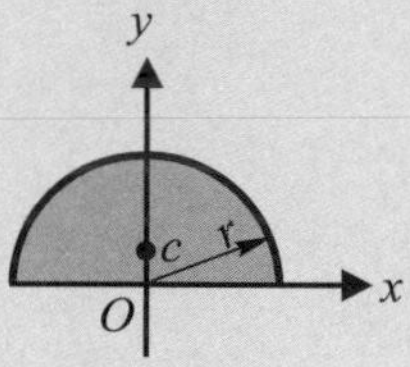	$I_x=I_y=\frac{1}{8}\pi r^4$，$J_O=\frac{1}{4}\pi r^4$
1/4 圓	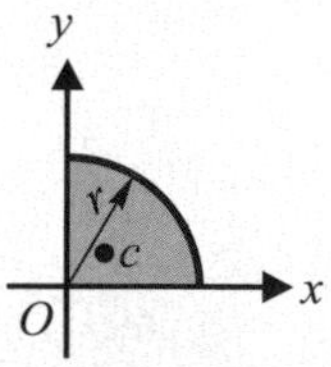	$I_x=I_y=\frac{1}{16}\pi r^4$，$J_O=\frac{1}{8}\pi r^4$
橢圓形	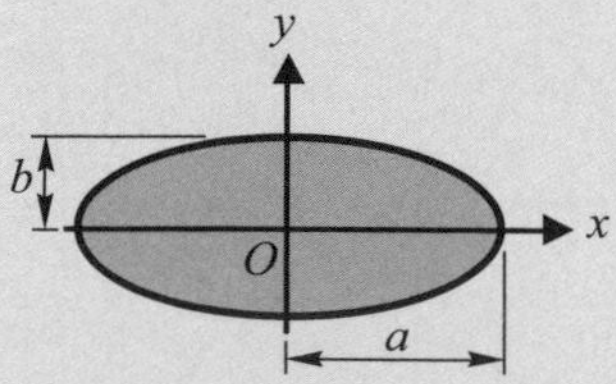	$I_x=\frac{1}{4}\pi ab^3$，$I_y=\frac{1}{4}\pi a^3b$ $J_O=\frac{1}{4}\pi ab(a^2+b^2)$

例 10-5

試求截面尺寸爲高 2 cm，寬 5 cm 和截面尺寸爲高 5 cm，寬 2 cm 的面積慣性矩，並說明其差別的意義？

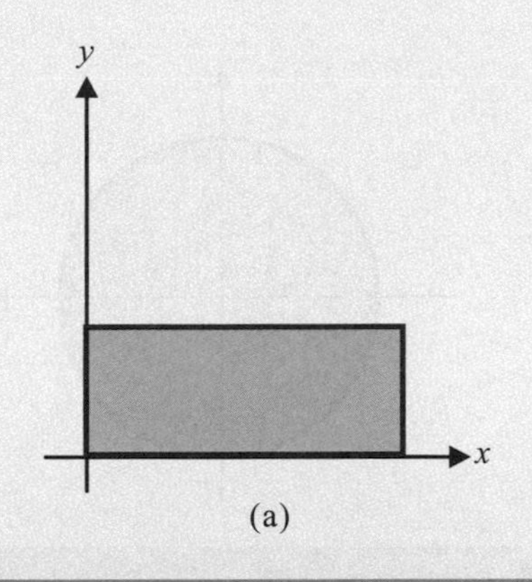

(a)

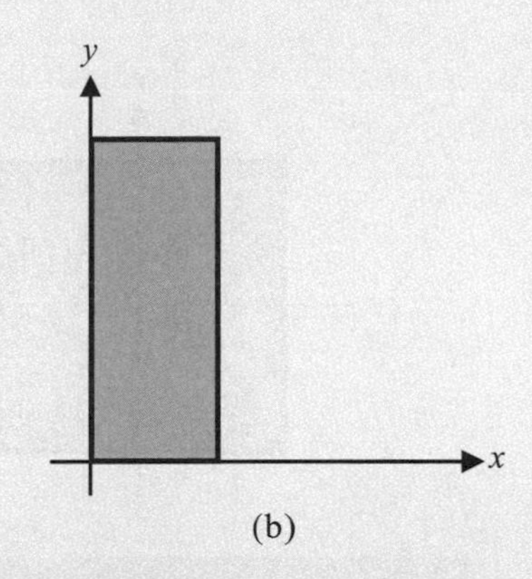

(b)

解析

(a) 截面的面積慣性矩爲

$$I_x = \frac{1}{3}bh^3 = \frac{1}{3}(5)(2)^3 = 13.33\,(\text{cm}^4)\text{，}$$

$$I_y = \frac{1}{3}b^3h = \frac{1}{3}(5)^3(2) = 83.33\,(\text{cm}^4)$$

(b) 截面的面積慣性矩爲

$$I_x = \frac{1}{3}bh^3 = \frac{1}{3}(2)(5)^3 = 83.33\,(\text{cm}^4)\text{，}$$

$$I_y = \frac{1}{3}b^3h = \frac{1}{3}(2)^3(5) = 13.33\,(\text{cm}^4)$$

對(a)截面而言，$I_x < I_y$，表示以此爲截面積的棒子，對 x 軸撓性變形(亦即上下彎曲變形)的抵抗能力較小，對 y 軸撓性變形(亦即左右彎曲變形)的抵抗能力較大，也就是說棒子受到垂直方向的力時較容易變形，受到水平方向的力時較不容易變形。

(b)截面則恰好相反，對 x 軸撓性變形的抵抗能力較好，對 y 軸撓性變形的抵抗能力則較差，也就是說棒子受到垂直方向的力時較不容易變形，受到水平方向的力時就較容易變形了。

例 10-6

利用圓形和方形的鋼材作爲建築結構，假設材料用量相同，何者具有較佳之結構強度？

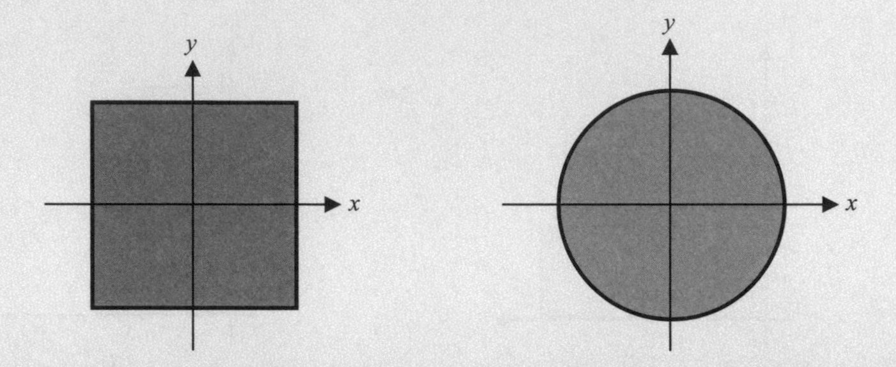

解析

若方形鋼材截面的邊長爲 b，圓形鋼材截面的半徑爲 r，

則 $b^2 = \pi r^2$，則 $r^2 = \dfrac{1}{\pi} b^2$

(a) 方形截面的面積慣性矩爲

$$I_x = I_y = \frac{1}{12} b^3 h = \frac{1}{12} (b)^3 (b)$$

$$= \frac{1}{12} b^4 \ (\mathrm{m}^4)$$

(b) 圓形截面的面積慣性矩爲

$$I_x = I_y = \frac{1}{4} \pi r^4 = \frac{1}{4} \pi \left(\frac{b^2}{\pi} \right)^2$$

$$= \frac{1}{4\pi} b^4 = \frac{1}{12.57} b^4 \ (\mathrm{m}^4)$$

因此，在面積大小相同的情況下，方形截面的面積慣性矩較大一些，因此具有較大的撓性變形或扭轉變形抵抗能力。

由於物體截面積的樣式很多，要設計最好的抗撓性變形或扭轉變形的截面形狀是工程設計者常碰到的問題，因此，可以求出大小相同但形狀不同截面積的面積慣性矩加以比較，面積慣性矩大者就具有較佳的抗撓性變形或扭轉變形能力。然而，各種不同截面積與面積慣性矩的求法互異，很難直接加以比較。爲了方便起見，對於任何形狀的截面積，我們可以分別求出面積 A 和面積慣性矩 I，然後求出單位面積的面積慣性矩，以此互相比較就可以判別了。亦即

$$\frac{I}{A}=k^2\text{，或}k=\sqrt{\frac{I}{A}}$$

k 稱爲**面積的轉動半徑** radius of gyration of an area★1，定義 I 和 A 的比值爲 k^2，是因爲 I 和 A 的因次分別是長度的四次方和二次方，相除以後仍爲長度的二次方之故。

一個面積爲 A 的截面，對 x 軸、y 軸和原點 O 的轉動半徑 k 分別爲：

$$\frac{I_x}{A}=k_x^2\text{，或}k_x=\sqrt{\frac{I_x}{A}}$$

$$\frac{I_y}{A}=k_y^2\text{，或}k_y=\sqrt{\frac{I_y}{A}}$$

$$\frac{J_O}{A}=k_O^2\text{，或}k_O=\sqrt{\frac{J_O}{A}}$$

TIPS

轉動半徑 k 其實是代表單位面積的面積慣性矩，k 越大，抗彎曲變形或抗扭轉變形的能耐也會越強。

The radius of gyration k actually represents the area moment of inertia per unit area. The larger k is, the stronger the resistance to bending deformation or torsional deformation will be.

Note

★1. The radius of gyration of an area is defined as $k=\sqrt{\frac{I}{A}}$ which has units of length and is a quantity that is often used for the design of columns in structural mechanics.

10-3 平行軸定理 The Parallel-Axis Theorem

一個截面的面積慣性矩都有一個參考軸，參考軸不同則面積慣性矩也會改變。譬如表 10-1 中，長方形截面積對 x 軸和對 x'軸的面積慣性矩並不相同。當參考軸移動時，面積慣性矩到底如何變化？

圖 10-2 中設 x'軸與 y'軸都通過面積的形心 c，若有離形心 c 距離為 d 的任一點 O 上分別有 x 軸和 y 軸通過，則面積對 x'軸與 y'軸的慣性矩和對 x 軸與 y 軸的慣性矩有何差別呢？從定義可以得到

$$I_x = \int y^2 dA = \int (d_y + y')^2 dA = d_y^2 \int dA + 2d_y \int y' dA + \int (y')^2 dA$$

因為 x'軸通過形心，因此 $\int y' dA = 0$，則

$$I_x = d_y^2 \int dA + \int (y')^2 dA \text{ 或 } I_x = I_x' + A\, d_y^2$$

同理可得

$$I_y = I_y' + A\, d_y^2$$

$$J_O = J_c + A\, d^2$$

當一個物體是由兩個或兩個以上的常見形狀組合而成時，可以分別求出它們的面積慣性矩，然後再加總起來即可。有些情況下，還必需同時應用平行軸定理才能得到正確的解答。

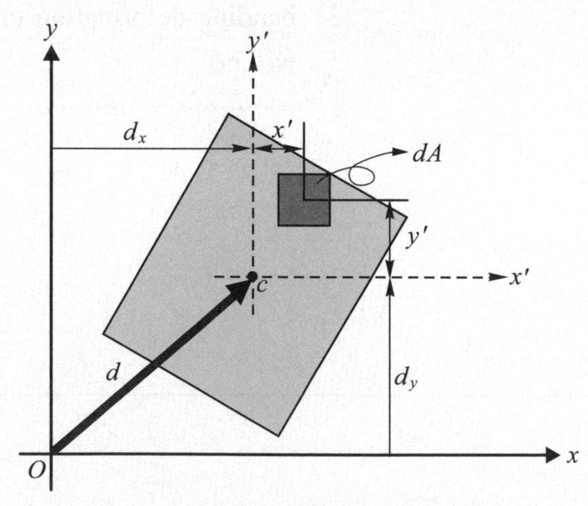

圖 10-2　面積慣性矩的平行軸移動

例 10-7

試求例 10-1 中之長方形面積對 x 軸、y 軸及原點 O 之轉動半徑？

解析

面積 $A = hb$，則

$$K_x = \sqrt{\frac{I_x}{A}} = \sqrt{\frac{\frac{1}{12}bh^3}{bh}} = \sqrt{\frac{1}{12}h^2} = 0.289h$$

$$K_y = \sqrt{\frac{I_y}{A}} = \sqrt{\frac{\frac{1}{12}b^3h}{bh}} = \sqrt{\frac{1}{12}h^2} = 0.289b$$

$$K_o = \sqrt{\frac{J_o}{A}} = \sqrt{\frac{\frac{1}{12}bh(h^2+b^2)}{bh}}$$

$$= \sqrt{\frac{1}{12}(h^2+b^2)} = 0.289\sqrt{h^2+b^2}$$

令 $r = \sqrt{h^2+b^2}$ (對角線之長度)，則

$K_o = 0.289\ r$

例 10-8

試求例 10-3 中之長棒面積對 x 軸、y 軸及原點 O 之轉動半徑？

解析

面積 $A = t\ell$

$$K_x = \sqrt{\frac{I_x}{A}} = \sqrt{\frac{\frac{1}{3}t\ell^3\sin^2\theta}{t\ell}} = \sqrt{\frac{1}{3}}\ell\sin\theta = 0.577\ell\sin\theta$$

$$K_y = \sqrt{\frac{I_y}{A}} = \sqrt{\frac{\frac{1}{3}t\ell^3\cos^2\theta}{t\ell}} = \sqrt{\frac{1}{3}}\ell\cos\theta = 0.577\ell\cos\theta$$

$$K_o = \sqrt{\frac{J_o}{A}} = \sqrt{\frac{\frac{1}{3}t\ell^3}{t\ell}} = \sqrt{\frac{1}{3}}\ell = 0.577\ell$$

例 10-9

試求例 10-4 中之拋物線陰影面積對 x 軸、y 軸及原點 O 之轉動半徑？

解析

$y = 2x^2$，

$$x = \sqrt{\frac{y}{2}} = 0.707\,y^{\frac{1}{2}}$$

$dA = xdy$，

$$A = \int_A dA = \int_A xdy$$

$$= 0.707\int_0^8 y^{\frac{1}{2}}dy$$

$$= 0.707\left(\frac{2}{3}\right)y^{\frac{3}{2}}\Big|_0^8$$

$$= 10.665\ (\text{m}^2)$$

$$K_x = \sqrt{\frac{I_x}{A}} = \sqrt{\frac{292.57}{10.665}} = 5.238\ (\text{m})$$

$$K_y = \sqrt{\frac{I_y}{A}} = \sqrt{\frac{25.60}{10.665}} = 1.549\ (\text{m})$$

$$J_o = I_x + I_y = 292.57 + 25.60 = 318.17\ (\text{m}^4)$$

$$K_o = \sqrt{\frac{J_o}{A}} = \sqrt{\frac{318.17}{10.665}} = 5.462\ (\text{m})$$

例 10-10

試求下圖各截面積對通過形心之 x 軸的面積慣性矩及其相應的轉動半徑？

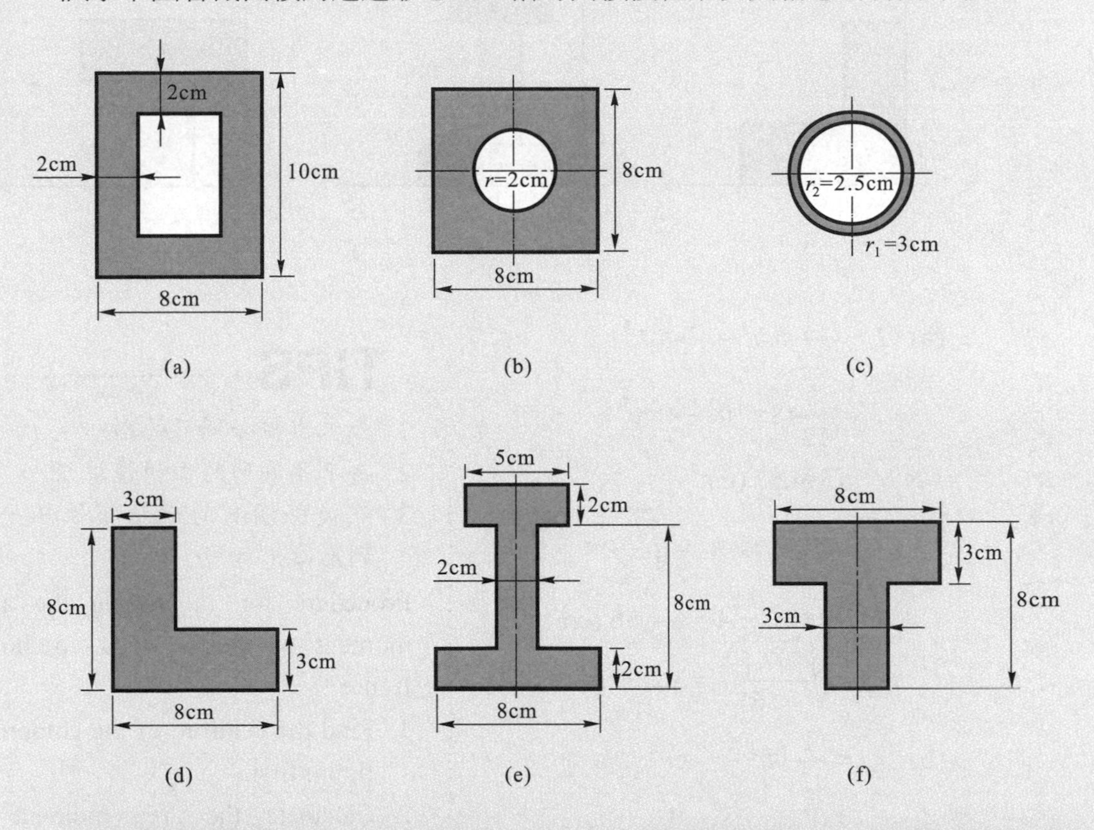

解析

先求出組合圖形的形心，再求各圖形的面積慣性矩，然後將個別的面積慣性矩平移到通過形心的 x 軸上加總即可。對稱組合圖形之形心在其中心點，因此可以利用通過中心點的座標軸直接求面積慣性矩，非對稱組合圖形則需用前面章節的方法來求。

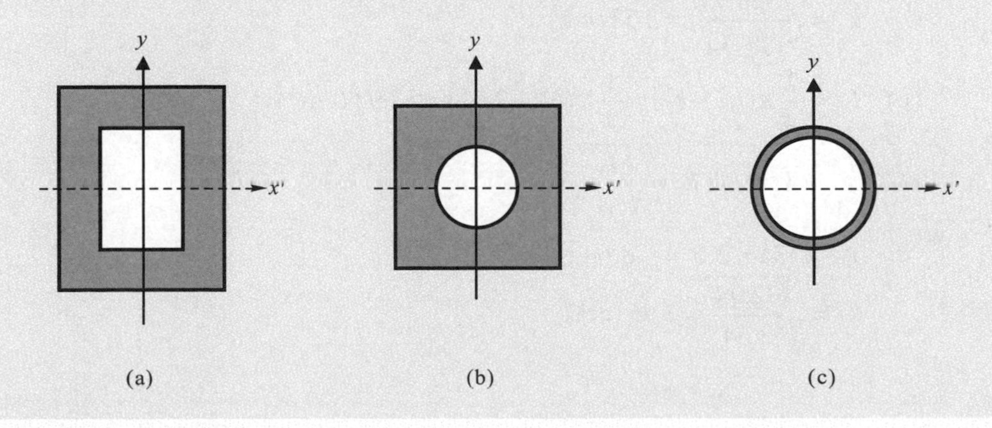

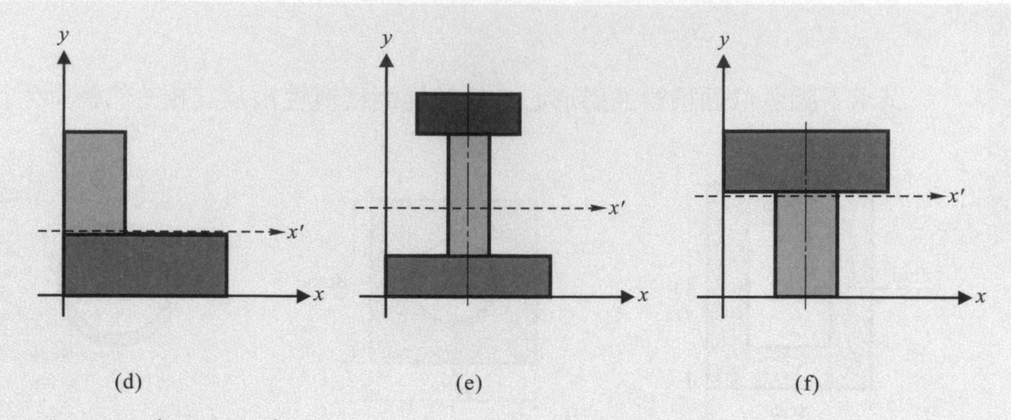

(d) (e) (f)

(a) $I_{x'} = \frac{1}{12} b_1 h_1^3 - \frac{1}{12} b_2 h_2^3$

$= \frac{1}{12}(8 \times 10^3 - 4 \times 6^3)$

$= 594.67\ (\text{cm}^4)$

$\frac{I_x}{A} = k_x^2$，或 $k_x = \sqrt{\frac{I_x}{A}}$，

$A = 8 \times 10 - 4 \times 6 = 56\ (\text{cm}^2)$

$k_x = \sqrt{\frac{597.67}{56}} = 3.26\ (\text{cm})$

(b) $I_{x'} = \frac{1}{12} bh^3 - \frac{1}{4}\pi r^4$

$= \frac{1}{12}(8 \times 8^3) - \frac{1}{4}(\pi \times 2^4)$

$= 328.77\ (\text{cm}^4)$

$\frac{I_x}{A} = k_x^2$，或 $k_x = \sqrt{\frac{I_x}{A}}$，

$A = 8^2 - \pi \times 2^2 = 51.43\ (\text{cm}^2)$

$k_x = \sqrt{\frac{328.77}{51.43}} = 2.53\ (\text{cm})$

(c) $I_{x'} = \frac{1}{4}\pi(r_1^4 - r_2^4) = \frac{1}{4}\pi(3^4 - 2.5^4) = 32.94\ (\text{cm}^4)$

$\frac{I_x}{A} = k_x^2$，或 $k_x = \sqrt{\frac{I_x}{A}}$，

$A = \pi(3^2 - 2.5^2) = 8.64\ (\text{cm}^2)$

$k_x = \sqrt{\frac{32.94}{8.64}} = 1.95\ (\text{cm})$

TIPS

1. 先求出組合圖形的形心。
2. 再求各圖形的面積慣性矩。
3. 然後將個別的面積慣性矩平移到形心上加總。

Procedure for calculating the area moment of inertia of a combined figure：

1. Find the centroid of the combined figure first.
2. Calculate the area moment of inertia of each graph.
3. Then translate the individual area moments of inertia to the centroid and add them up.

(d) $y_{c'}=\dfrac{y_{c1}A_1+y_{c2}A_2}{A_1+A_2}=\dfrac{1.5\times24+5.5\times15}{24+15}=3.04\ (\text{cm})$

$$I_{x'}=(I_{x1}+A_1d_{y1}^2)+(I_{x2}+A_2d_{y2}^2)=\left(\frac{1}{12}b_1h_1^3+A_1d_{y1}^2\right)+\left(\frac{1}{12}b_2h_2^3+A_2d_{y2}^2\right)$$

$$=\left(\frac{1}{12}3\times5^3+15\times2.46^2\right)+\left(\frac{1}{12}8\times3^3+24\times1.54^2\right)=196.94\ (\text{cm}^4)$$

$\dfrac{I_x}{A}=k_x^2$，或 $k_x=\sqrt{\dfrac{I_x}{A}}$，$A=3\times5+8\times3=39\ (\text{cm}^2)$

$$k_x=\sqrt{\frac{196.94}{39}}=2.25\ (\text{cm})$$

(e) $y_c=\dfrac{y_{c1}A_1+y_{c2}A_2+y_{c3}A_3}{A_1+A_2+A_3}=\dfrac{9\times10+5\times12+1\times16}{10+12+16}=4.37\ (\text{cm})$

$$I_{x'}=(I_{x1}+A_1d_{y1}^2)+(I_{x2}+A_2d_{y2}^2)+(I_{x3}+A_3d_{y3}^2)$$

$$=\left(\frac{1}{12}b_1h_1^3+A_1d_{y1}^2\right)+\left(\frac{1}{12}b_2h_2^3+A_2d_{y2}^2\right)+\left(\frac{1}{12}b_3h_3^3+A_3d_{y3}^2\right)$$

$$=\left(\frac{1}{12}5\times2^3+10\times4.63^2\right)+\left(\frac{1}{12}2\times6^3+12\times0.63^2\right)+\left(\frac{1}{12}8\times2^3+16\times3.37^2\right)$$

$$=445.5\ (\text{cm}^4)$$

$\dfrac{I_x}{A}=k_x^2$，或 $k_x=\sqrt{\dfrac{I_x}{A}}$，$A=10+12+16=38\ (\text{cm}^2)$

$$k_x=\sqrt{\frac{445.5}{38}}=3.42\ (\text{cm})$$

(f) $y_c=\dfrac{y_{c1}A_1+y_{c2}A_2}{A_1+A_2}=\dfrac{6.5\times24+2.5\times15}{24+15}=4.96\ (\text{cm})$

$$I_{x'}=(I_{x1}+A_1d_{y1}^2)+(I_{x2}+A_2d_{y2}^2)$$

$$=\left(\frac{1}{12}b_1h_1^3+A_1d_{y1}^2\right)+\left(\frac{1}{12}b_2h_2^3+A_2d_{y2}^2\right)$$

$$=\left(\frac{1}{12}8\times3^3+24\times1.54^2\right)+\left(\frac{1}{12}3\times5^3+15\times2.46^2\right)$$

$$=196.93\ (\text{cm}^4)$$

$\dfrac{I_x}{A}=k_x^2$，或 $k_x=\sqrt{\dfrac{I_x}{A}}$，$A=8\times3+3\times5=39\ (\text{cm}^2)$

$$k_x=\sqrt{\frac{196.93}{39}}=2.25\ (\text{cm})$$

10-4 質量慣性矩 Mass Moments of Inertia

一個剛體繞著某個軸旋轉如圖 10-3 所示，考慮其上一個微小的質量 dm 對該軸所產生的質量慣性矩定義為

$$I = \int r^2 dm$$

若剛體之密度為 ρ，則 $dm = \rho dV$，上式可改寫為

$$I = \int r^2 \rho dV$$

若剛體的總質量為 M，對 z 軸旋轉產生質量慣性矩為 I，則可以定義它的轉動半徑(radius of gyration)為

$$k = \sqrt{\frac{I}{M}}$$

當剛體的旋轉軸 z 軸通過其質心時，轉動慣量為 I_z，若有一個平行於 z 軸且直線距離為 d 的 z'軸，則剛體對 z'軸的轉動慣量 I_z'如面積慣性矩可以表示如圖 10-4。

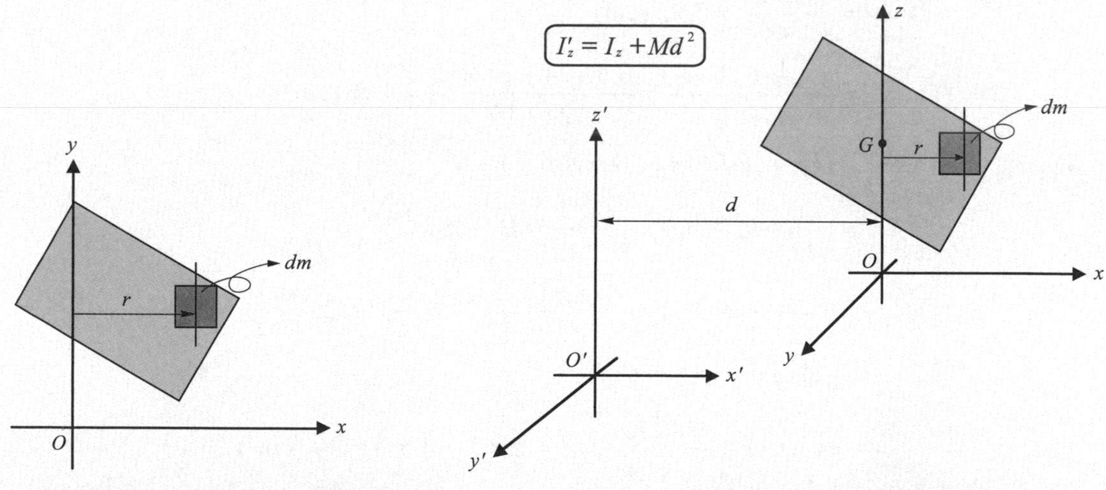

圖 10-3　剛體繞著 z 軸旋轉產生質量慣性矩

圖 10-4　質量慣性矩的平行軸移動

當一個物體是由兩個或兩個以上的常見形狀組合而成時，可以分別求出它們對質心的質量慣性矩，然後再依平行軸定理將其平移至預定軸加總起來即可。

例 10-11

試求半徑為 R，厚度為 t 的圓盤對 z 軸的質量慣性矩(假設 t 遠小於 R)。

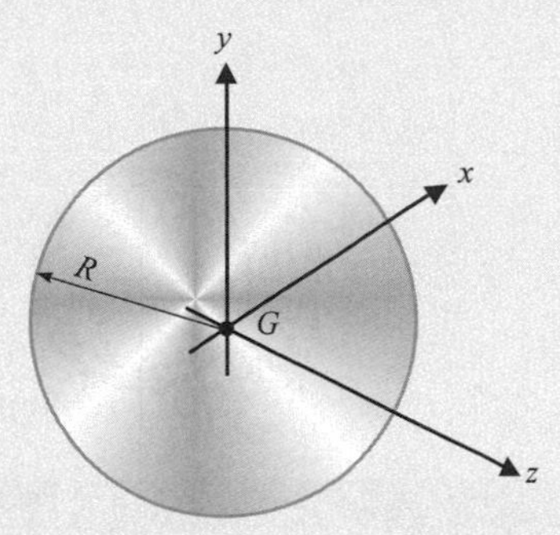

解析

依質量慣性矩定義，

$I_z = \int r^2 dm = \int r^2 \rho dV$

$dV = 2\pi rt\,dr$ 代入上式得

$$I_z = \int r^2 \rho dV = 2\rho\pi t \int r^3 dr = 2\rho\pi t\left(\left(\frac{1}{4}r^4\right)\Big|_0^R\right) = \frac{1}{2}\rho\pi t R^4$$

其中 $\rho\pi tR^2 = M$(質量)，因此 $I_z = \frac{1}{2}MR^2$

例 10-12

試求上例題中圓盤對 x 軸和 y 軸的質量慣性矩？

解析

依質量慣性矩定義，

$I_x = \int y^2 dm = \int y^2 \rho dV$ ，$I_y = \int x^2 dm = \int x^2 \rho dV$

對於圓盤來說，$I_x = I_y$，

因此 $I_x + I_y = 2I_x = 2I_y$，則

$$2I_x = I_x + I_y = \int y^2 \rho dV + \int x^2 \rho dV = \int (x^2 + y^2)\rho dV$$

依下圖所示，$(x^2 + y^2) = r^2$ 代入上式得到

$$2I_x = \int r^2 \rho dV = I_z = \frac{1}{2}MR^2$$ ，

因此可得 $I_x = \frac{1}{4}MR^2$ ，$I_y = \frac{1}{4}MR^2$

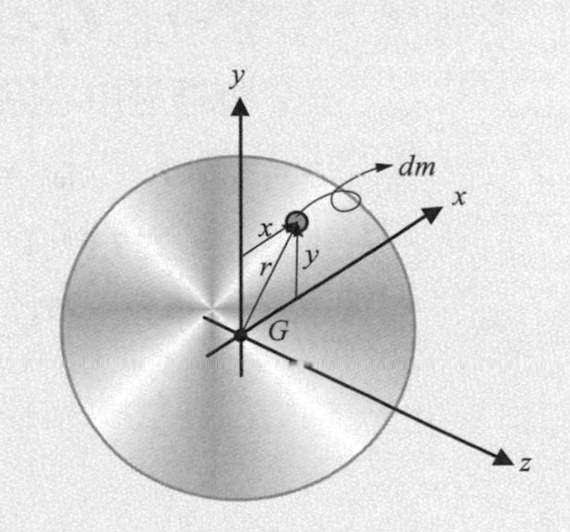

例 10-13

若例題 10-10(c)中之厚度爲 1 cm，密度$\rho = 20$ g/cm^3，求其通過 O 點之 z 軸方向質量慣性矩。

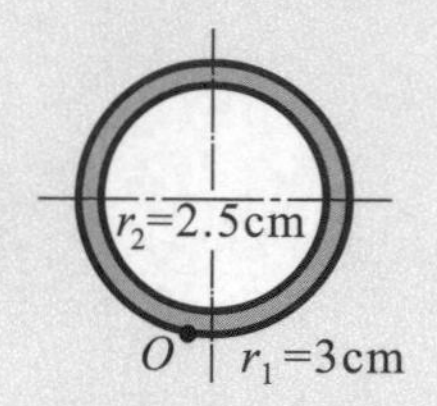

解析

由例題 10-11 知，通過中心點之質量慣性矩爲

$$I_z = \frac{1}{2}mR^2$$

(1) 對於 $r_1 = 3$ cm 之圓盤

體積 $V_1 = 2\pi r_1 t = 2\pi \times 3 \times 1 = 6\pi$ (cm^3)

質量 $m_1 = \rho V_1 = 20 \times 6\pi = 120\pi$ (g)

$$I_{z1} = \frac{1}{2}m_1 R_1{}^2 = \frac{1}{2}\times 120\pi \times 3^2 = 540\pi \text{ (g-cm}^2\text{)}$$

(2) 對於 $r_2 = 2.5$cm 之圓盤

體積 $V_2 = 2\pi r_2 t = 2\pi \times 2.5 \times 1 = 5\pi$ (cm^3)

質量 $m_2 = \rho V_2 = 20 \times 5\pi = 100\pi$ (g)

$$I_{z2} = \frac{1}{2}m_2 R_2{}^2 = \frac{1}{2}\times 100\pi \times (2.5)^2 = 312.5\pi \text{ (g-cm}^2\text{)}$$

則環之質量慣性矩(對中心點)

$$I_z = I_{z1} - I_{z2} = 540\pi - 312.5\pi = 227.5\pi \text{ (g-cm}^2\text{)}$$

(3) 將通過中心點之 I_z 平移至 O 點，$d = 3$cm，則

$$I_O = I_z + Md^2 = 227.5\pi + (120\pi - 100\pi) \times 3^2$$
$$= 227.5\pi + 180\pi = 407.5\pi \text{ (g-cm}^2\text{)}$$

故得 $I_O = 407.5\pi$ (g-cm^2)

例 10-14

試求下圖中細長桿件通過 O 點之 z 軸質量慣性矩？

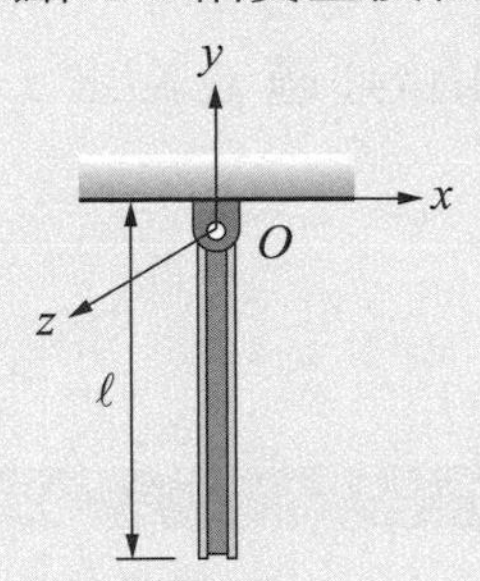

解析

設密度爲ρ，截面積爲 A，

則 $dm=\rho A dr$，$m=\rho A\ell$

$$(I_o)_E=\int_0^\ell r^2dm=\int_0^\ell r^2(\rho Adr)=\frac{1}{3}\rho Ar^3\Big|_0^\ell$$

$$=\frac{1}{3}\rho A\ell^3=\frac{1}{3}(\rho A\ell^3)=\frac{1}{3}m\ell^2$$

例 10-15

試求下圖中細長桿件組合通過 O 點之 z 軸質量慣性矩？

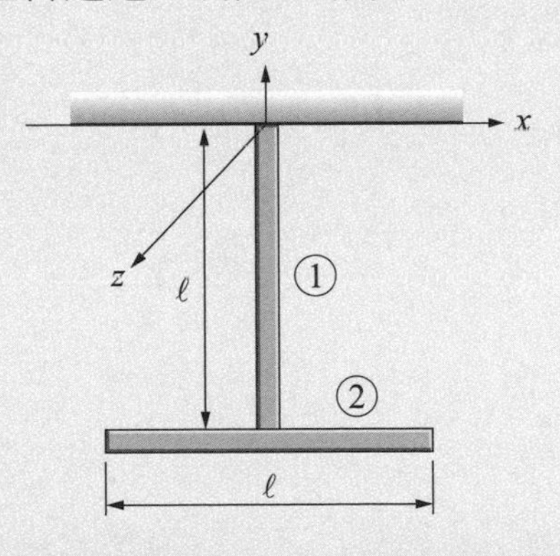

解析

$$(I_o)_z=(I_o)_{z1}+[(I_o)_{z2}+m\ell^2]$$

$$=\frac{1}{3}m\ell^2+\frac{1}{12}m\ell^2+m\ell^2=1\frac{5}{12}m\ell^2$$

例
10-16

試求上題中細長桿件組合之質心 G 所在位置，以及該細長桿件組合通過 G 點之 z 軸質量慣性矩？

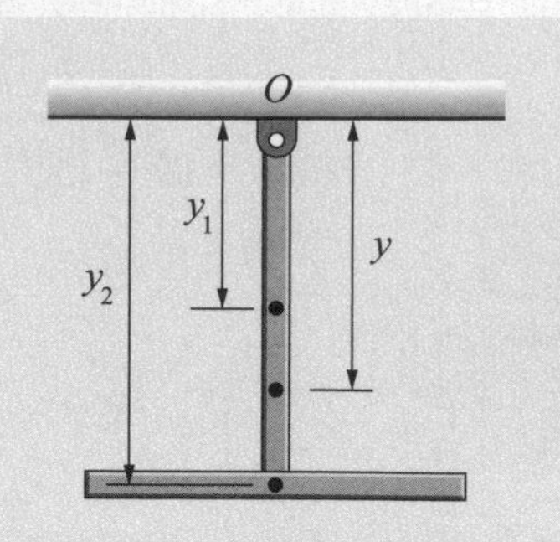

解析

組合件質量

$m_t = m_1 + m_2 = 2\,m$，

$y_1 = \frac{\ell}{2}$，$y_2 = \ell$

$$\overline{y} = \frac{\Sigma ym}{\Sigma m} = \frac{y_1 m_1}{m_1 + m_2} = \frac{\frac{\ell}{2}m + \ell m}{2m} = \frac{\frac{3\ell}{2}}{2} = \frac{3}{4}\ell$$

又 $I_o = I_G + md^2$，$(I_o)_z = (I_G)_z + m_t d^2$，

則 $1\frac{5}{12}m\ell^2 = (I_G)_z + 2m\left(\frac{3}{4}\ell\right)^2$，

解得 $(I_G)_z = \frac{7}{24}m\ell^2$

例 10-17

若鐘擺柱密度爲ρ，厚度爲 t，圓板之半徑 $r_2 = 0.5h$，求圖中鐘擺對 O 點於 z 軸方向之質量慣性矩。

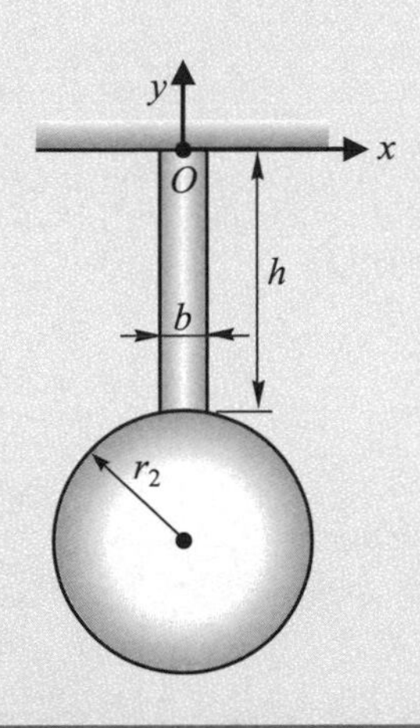

解析

(1) 柱對 O 點之質量慣性矩

$$I_1 = \int r^2 dm = \int_0^h \rho btr^2 dr = \rho bt \int_0^h r^2 dr = \frac{1}{3}\rho bth^3$$

又 $m_1 = \rho bth$

故 $I_1 = \dfrac{1}{3}m_1h^2$

(2) 圓板對 O 點之慣性矩

$$I_2 = \frac{1}{2}m_2r^2 + m_2(h+r)^2$$

$$= m_2\left[\frac{1}{2}\left(\frac{h}{2}\right)^2 + (1.5h)^2\right]$$

$$= \frac{19}{8}m_2h^2$$

(3) $I_O = I_1 + I_2 = \dfrac{1}{3}m_1h^2 + \dfrac{19}{8}m_2h^2 = \left(\dfrac{1}{3}m_1 + \dfrac{19}{8}m_2\right)h^2$

TIPS

鐘擺的長度 h 越長，則質量慣性矩越大，越不容易讓它停止下來。

The longer the length h of the pendulum is, the larger the moment of inertia of the mass is, and the harder it to be stopped.

11

功與能

本章大綱

11-1　作用力與功

11-2　力矩所作的功

11-3　虛功原理

11-4　重力位能與彈性位能

學習重點

本章定義何者為功？作用力和力偶如何對物體作功？同時探討如何計算重力位能與彈性位能對物體的作功。除此外，對於一個受力平衡的點給予一個虛擬位移，則作用在該點上的所有力所作的總功必定等於零，即所謂的虛功原理，利用此原理在某些時候可以化繁為簡的解出受力物體在平衡狀態下的某些未知解。

Learing Objectives

- *To define the work and know how it begets when forces and couples are applied to a body.*
- *To calculate the gravitational potential energy and elastic potential energy by their definition.*
- *To introduce the principle of virtual work to solve the unknown solutions of the force-bearing object in the equilibrium state.*

生活實例

功 work 是日常生活中常被提到的議題，也常被用來解決工程上的問題。功一般又稱為作功，是指歷經某一個動作所花費或施作的能量。在力學的定義上，有些能量的施作是有效的，稱為實功，有些能量的施作則是無效的，稱為虛功。一個作功是實功還是虛功必需依力學定義來判斷，和施力者實際上的感覺可能會有所差異。

把物體從低處吊往高處，或把物體由低樓層帶往高樓層都是作功的表現。外界對物體作功增加了物體本身的能。本章中，我們將探討功與能之間的關係，並學習如何正確求得一個系統的功與能。

生活實例

Work is a topic often mentioned in daily life, and it is also often used to solve engineering problems, which also refers to the energy expended or performed through a certain action. In terms of the definition of mechanics, the application of some energy is effective, called real work, and the application of some energy is invalid, called virtual work. Whether a work is real or virtual must be judged according to the definition of mechanics, and it may be different from the actual feeling of the performer.

Using a cargo lift to move an object from low to high, or take advantage of a cable car to bringing passengers to a high place from the low, both are the manifestations of doing work. Work done on an object from outside will increase the retaining energy of the object itself. In this chapter, the relationship between work and energy will be discussed, and how to correctly obtain the work and energy of a system will be learned.

11-1 作用力與功 The Applied Force and Work

作**功** work★1 的最簡單例子是，當作用力施作在一個質點或一個物體上，並使得該質點或該物體產生位移時，則稱這個作用力對質點或對物體作了功。如圖 11-1 中，一個置於水平面上質量爲 m 的物體，受到水平方向上大小爲 F 的作用力，使物體在水平方向移動 S 距離，這樣就作了功，大小爲 $W = FS$，從式中可以知道，作用力對物體所作的功和物體的質量大小 m 沒有直接關係。

圖 11-1　施力與作功：(a)實功、(b)虛功

TIPS

施力者的手有出力 $F = mg$ 來提著物體，也有位移 S，但實際上並沒有作功(或說作了虛功)，原因在於作用力 F 的施作方向和位移 S 方向完全無關。

When applying a force $F = mg$ to lift the object and with a displacement S, it actually does not do any work or say do a virtual work, because the direction of the displacement S is not in the line of action of the applied force F.

Note

★1. work：Work is defined as a force F when undergoes a displacement dr in the direction of its line of action, or a moment M with a rotation of an angle $d\theta$, and can be written *as* $dW = F\,dr$ or $dW = M\,d\theta$

既然作功和作用力 F 以及直線位移 S 兩者的方向有關，那麼在計算時就必需考慮用向量的型式來處理。**讓我們回憶一下向量的運算性質，當同方向的兩個向量運算後有數值，但互相垂直的兩個向量運算後卻沒有數值的運算方法就是向量的內積，因此，作用力對物體作功就以向量的內積來表示，亦即**

$$W = \vec{F} \cdot \vec{S}$$ ★1

當直線位移很小時，可以標示為 $d\vec{S}$ ，作功為

$$dW = \vec{F} \cdot d\vec{S} \text{，} W = \int \vec{F} \cdot d\vec{S}$$

由向量內積的定義，功是純量，只有大小，沒有方向性。如果作用力 $\vec{F}$ 和直線位移 $\vec{S}$ 兩者之間並非完全同向，其間的夾角為 θ，則依向量內積的定義可得

$$W = \vec{F} \cdot \vec{S} = FS\cos\theta$$

當 $\theta = 0°$ 時兩者同向，作功最大，但當 $\theta = 90°$ 時兩者互相垂直，作功為零或作虛功，如果 θ 介於 0° 到 90° 之間，則是部分作了實功部分作了虛功。

如果作用力不僅是在一個方向，位移也不再僅是直線，而是沿著空間中任一軌跡，則很小位移所作的功可以表示為

$$dW = \vec{F} \cdot d\vec{r}$$ 則

$$W = \int \vec{F} \cdot d\vec{r} = \int (F_x dx + F_y dy + F_z dz) = \int F_x dx + \int F_y dy + \int F_z dz$$

Note

★1. Let's recall the operation properties of vectors, for two vectors in the same direction have a value but have not value as perpendicular to each other when after operation, it must be the inner product of vectors. Therefore, if the force acts on the object and exactly do work, it can be represented by the inner product of vector $\vec{F}$ and $\vec{S}$, that is, $W = \vec{F} \cdot \vec{S}$

例 11-1

置放在平面上的物體被施以 F_1 和 F_2 兩個作用力，將其平移 30 m 所作之功為多少？

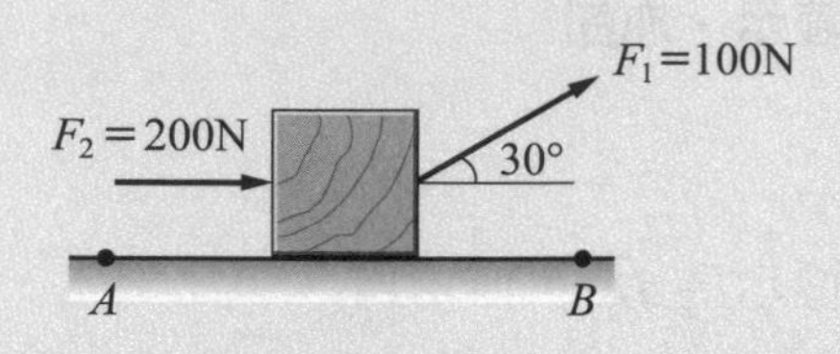

解析

$W = F \cdot S$，

$W = W_1 + W_2 = 200 \times 30 + 100\cos 30° \times 30$

$\quad = 6000 + 2598 = 8598$ (N-m)

300
30°
300 cos 30°

例 11-2

物體被施以$\vec{F} = 5\vec{i} - 2\vec{j} + \vec{k}$的作用力，將其由點 $A(1, 3, 2)$平移至點 $B(3, 7, 5)$，試求其所作之功？

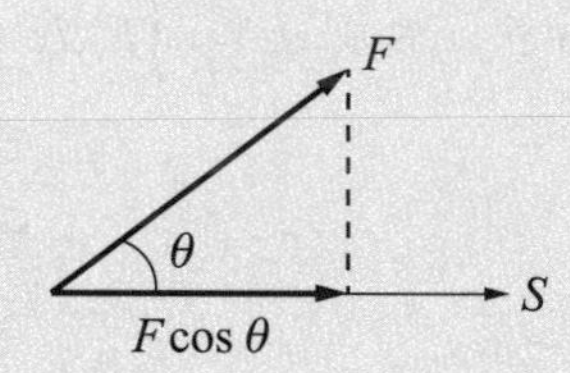

解析

向量$\vec{F}$與$\vec{S}$之內積

$\vec{F} \cdot \vec{S} = FS\cos\theta = (F\cos\theta) \cdot S$，

為位移方向分力大小乘以位移，即等於作功

$\vec{F} = 5\vec{i} - 2\vec{j} + \vec{k}$ (N)

$\vec{S} = \overrightarrow{AB} = 2\vec{i} + 4\vec{j} + 3\vec{k}$ (m)

故得作功$W = \vec{F} \cdot \vec{S} = 5\times 2 - 2\times 4 + 1\times 3 = 5$ (N-m)

例 11-3

有 A、B 兩人欲將物體上移至 20 m 高處，若 A 透過夾角 30°之斜坡以 200 N 的力將其推移而上，B 則用 120 N 的力透過 15°的斜坡推移，何者之作功較大？若欲以最少作功為原則，較大者的斜坡角度該如何修正？

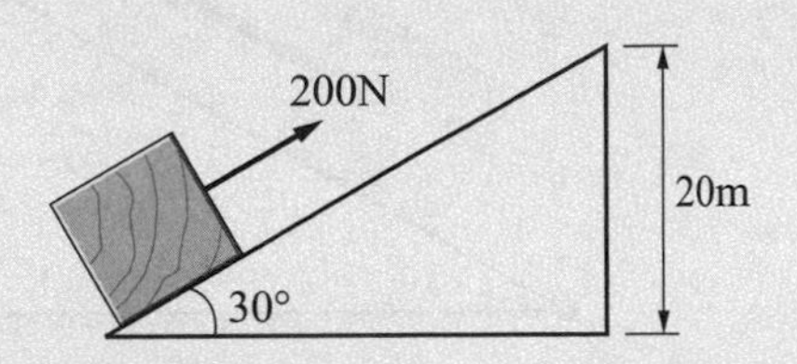

解析

$S_A \sin 30° = 20$，$S_A = 40$ (m)

$W_A = 200 \times 40 = 800$ (N-m)

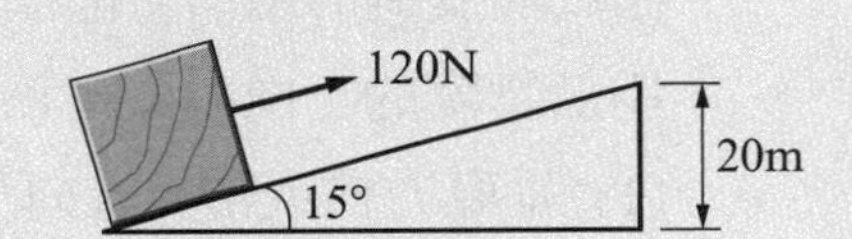

$S_B \sin 15° = 20$，$S_2 = 77.3$ (m)

$W_B = 120 \times 77.3 = 9276$ (N-m)

故 B 所作之功較大，

若 B 欲在不改變施力大小情況下，

作功 8000 Nm 而能完成任務，

則 $8000 = 120 \times S_B$，

得 $S_B = 66.67$ (m)，

$S_B \sin \theta = 20$，$66.67 \sin \theta = 20$，

$$\sin\theta = \frac{20}{66.67} = 0.3$$

$\theta = \sin^{-1}(0.3) = 17.5°$，

故將斜坡夾角修正為 17.5°即可

例 11-4

質量爲 20 kg 的物體置於斜面上如下圖，如果摩擦係數爲 0.3，求從 A 點向上拉到 B 點所作的功？

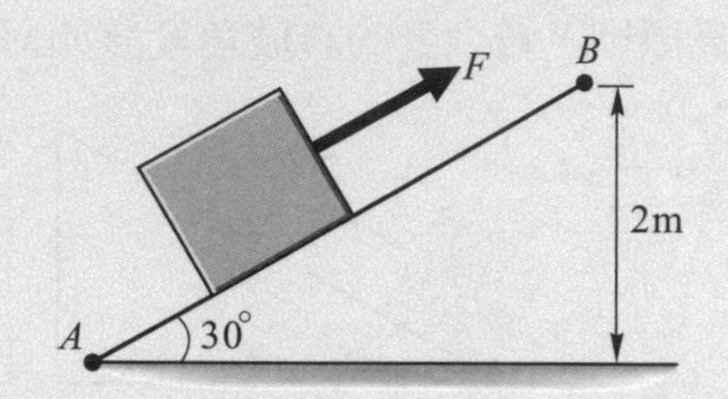

解析

將物體受到的所有力都標示到自由體圖如上，此處 F 爲作用力，N 爲接觸面作用於物體的正向力，F_μ 爲靜摩擦力，可以列出平衡方程式如下：

(1) 垂直方向或法線方向平衡方程式爲 $\Sigma \overrightarrow{F}_N = 0$

則 $N - W_N = 0$，$N = W_N$，

此處 $W_N = mg\cos 30° = 20 \times 9.8\cos 30°$

則 $W_N = 169.74$ (N)，

因此正向力 $N = 169.74$ (N)

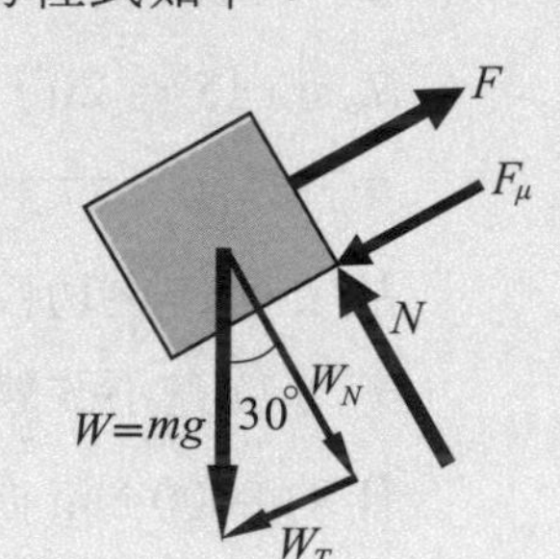

(自由體圖)

(2) 斜面方向或切線方向平衡方程式爲 $\Sigma \overrightarrow{F}_T = 0$

則 $F - W_T - F_\mu = 0$ 或 $F = W_T + F_\mu \cdots$ ①

$F_\mu = \mu_K N = 0.3 \times 169.74 = 50.92$ (N)

$W_T = mg\sin 30° = 98$ (N)，代入①得到

$F = 98 + 50.92 = 148.92$ (N)

依作功定義 $W = FS_{AB}$

A 點和 B 點之間的距離 S_{AB} 可以利用三角函數定義求出，

即 $\sin\theta = \dfrac{2}{S_{AB}}$，則 $S_{AB} = \dfrac{2}{\sin 30°} = 4$ (m)

則 $W = FS_{AB} = 148.92 \times 4$，得到作功爲 $W = 595.68$ (N-m)

例 11-5

質量為 100 kg 的物體以一滑輪及一繩索牽引沿斜面上行 10 m，若物體與斜面間的摩擦係數$\mu_k = 0.1$，滑輪 $r = 0.2$ m，轉動需耗轉矩 20 N-m，求所作的功？

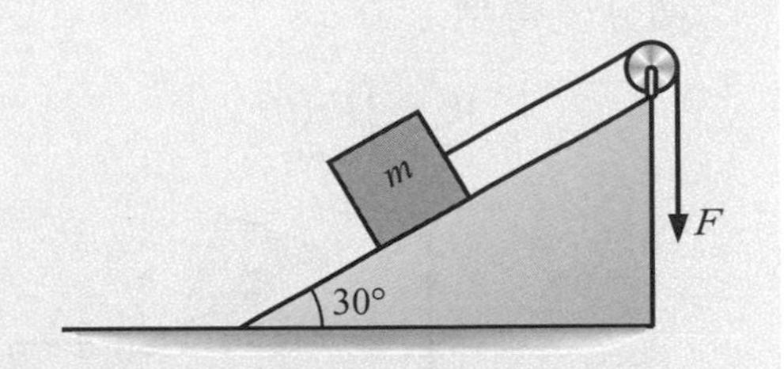

解析

自由體圖如右，

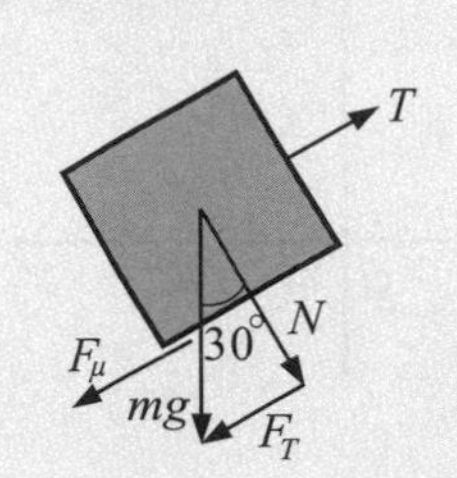

從自由體圖中可得

$mg = 100 \times 9.8 = 980$ (N)

$N = 980 \cos30° = 848.7$ (N)

$F_T = 980 \sin30° = 490$ (N)

$F_\mu = \mu_k N = 0.1 \times 848.7 = 84.87$ (N)

當達成平衡時

$T - F_T - F_\mu = 0$，$T = F_T + F_\mu = 490 + 84.7 = 574.87$ (N)

物體作功 $W_1 = T \cdot \Delta S = 574.87 \times 10 = 5748.7$ (N-m)

滑輪轉動角度 $\Delta\theta = \dfrac{10}{2\pi r} \times 2\pi = \dfrac{10}{0.2} = 50$ (rad)

滑輪作功 $W_2 = M \cdot \Delta\theta = 20 \times 50 = 1000$ (N-m)

得 $W = W_1 + W_2 = 5748.7 + 1000 = 6748.7$ (N-m)

11-2 力矩所作的功 Works Done by Moments

如果作用力作用於物體上不是造成物體移動，而是造成物體轉動，對系統來說也有作功。使物體轉動的方式有兩種，一種是力偶，另一種是力矩，依據前面章節所述，兩者之間可以互換，可以看成是同一種類型。如圖 11-2 所示，平面上一個質量為 M 的物體以質量可忽略不計的桿件連接於 O 點處，若桿件的長度為 r，當受到作用力 F 作用後物體會繞 O 點產生轉動。當轉動角度為 $d\theta$ 時，物體在作用力方向產生的位移為 $rd\theta$，所作的功為

$$dW = Frd\theta$$

積分後得到

$$W = \int Frd\theta$$

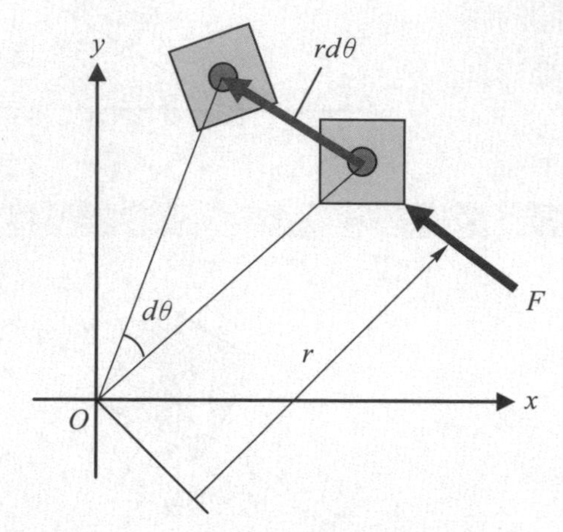

圖 11-2　物體受力產生轉動作功

TIPS

力矩 M 轉動一個角度 $d\theta$ 所作的功為 $dW = Md\theta$ 積分後得 $W = \int Md\theta$ 。

The work done by the moment M to rotate an angle $d\theta$ is denoted as $dW = Md\theta$ and then integrated to get the total work $W = \int Md\theta$

由定義可知 Fr 爲作用力對參考點 O 所產生的力矩，亦即 $M = Fr$，代入上式中得

$$dW = Md\theta$$

積分後得到

$$W = \int Md\theta$$

如果作用力和位移也不僅是在一個平面上，而是沿著空間中任一軌跡，則很小位移所作的功可以表示爲

$dW = \overrightarrow{M} \cdot d\overline{\theta}$，則

$$W = \int \overrightarrow{M} \cdot d\overline{\theta} = \int (M_x d\theta_x + M_y d\theta_y + M_z d\theta_z) = \int M_x d\theta_x + \int M_y d\theta_y + \int M_z d\theta_z$$

物體受力在空間的運動中，往往包含移動和轉動兩種，此時必需把兩者的作功加起來，才是總作功。亦即

$W = \int \overrightarrow{F} \cdot d\,\overrightarrow{r} + \int \overrightarrow{M} \cdot d\overline{\theta}$　　或

$$W = (\int F_x dx + \int F_y dy + \int F_z dz) + (\int M_x d\theta_x + \int M_y d\theta_y + \int M_z d\theta_z)$$

例 11-6

磨坊中以 300 N-m 轉矩來帶動石磨，試求運轉一圈所作之功？

解析

石磨之能量爲固定值，

運轉一圈所轉動之角度爲 2π，故

$$W = \int_0^{2\pi} M d\theta = 300(2\pi - 0) = 600\pi \text{ (N-m)}$$

例 11-7

上題之磨坊中，若以 150 N-m 轉矩外加一人力來帶動石磨，若欲達到相同作功，在施力之力臂爲 2 m 情況下，試求施力大小應爲多少？

解析

$$W = \int_0^{2\pi} M d\theta$$

$$= \int_0^{2\pi} [150 + F \cdot r] d\theta = [150 + 2F]\theta \Big|_0^{2\pi}$$

$$= 300\pi + 4\pi F$$

$600\pi = 300\pi + 4\pi F$，$300\pi = 4\pi F$，$F = 75$ (N)

例 11-8

質量 10 kg 的物體以半徑 0.1 m 捲輪吊離地面 4 m，試求捲輪所捲之圈數以及其所作之功？

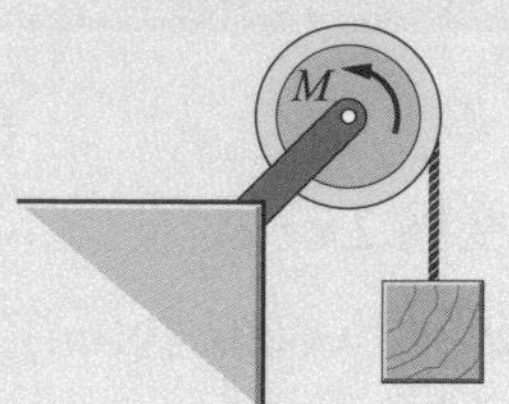

解析

$\Sigma F_y = 0$，$T - mg = 0$，$T = mg$

$mg = 10 \times 9.81 = 98.1$ (N)，$T = 98.1$ (N)

$r\theta_f = 4$，$\theta_f = \dfrac{4}{0.1} = 40$ (rab)

$n = \dfrac{40}{2\pi} = 6.37$ 圈，又 $M = Tr = 98.1 \times 0.1 = 9.81$ (N-m)

$W = \int M d\theta = M\theta\Big|_0^{\theta_f} = M\theta_f = 9.81 \times 40 = 392.4$ (N-m)

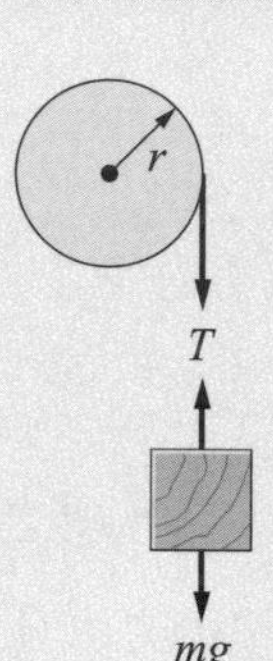

11-3 虛功原理 Principle of Virtual Work★1

當質點或物體受到數個力作用時，如果產生了位移，則這些力就會分別對物體作功。如果這個位移不是眞實存在而是虛擬的，也就是所謂的**虛位移** virtual displacement，則這些力沿著虛位移對物體所作的功就是**虛功** virtual work★2。

Note

★1. principle of virtual work：The principle of virtual work states that if a body is in equilibrium, then the algebraic sum of the virtual work done by all the forces and couple moment acting on the body is zero for any virtual displacement of the body. Thus $\delta W = 0$

★2. virtual work：The definition of the work of a force and a couple have been presented in terms of actual moment expressed by differential dr and $d\theta$, however, when a body is in the state of equilibrium, one can consider an imaginary or virtual displacement or rotation to generate a work which is not actually exist, and we call it the virtual work.

圖 11-3 中，受力物體沿著虛位移而作虛功的情況可以表示爲

$$\delta W = \vec{F}_1 \cdot \bar{\varepsilon} + \vec{F}_2 \cdot \bar{\varepsilon} + \vec{F}_3 \cdot \bar{\varepsilon} + \vec{F}_4 \cdot \bar{\varepsilon} \quad \text{或}$$

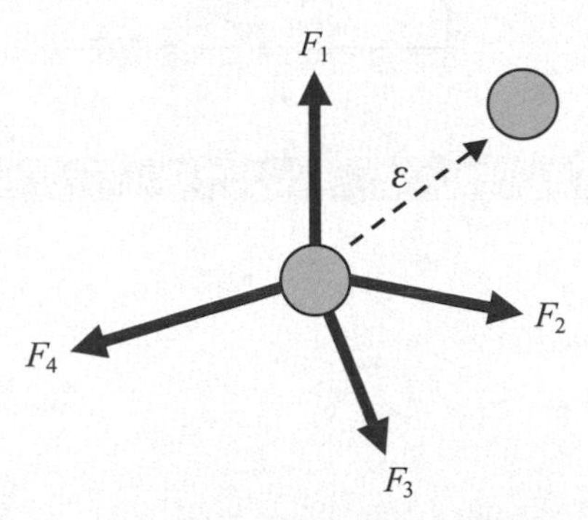

圖 11-3　受力物體沿著虛位移而作虛功

$$\delta W = (\vec{F}_1 + \vec{F}_2 + \vec{F}_3 + \vec{F}_4) \cdot \bar{\varepsilon}$$

TIPS

物體受外力的合力若等於零，當有一虛位移 ε 時，外力對物體所作的功 $\delta W = 0$，虛位移 ε 在設定時，必須符合該支撐部位所規定的基本原則。

If the resultant force of the external forces on the object is equal to zero, when there is a virtual displacement ε, the work done by the external forces on the object $\delta W = 0$, and the setting of the virtual displacement ε must comply fit the basic principles of each individual supports.

需注意的是，所設定的虛位移 ε 非常小，但在求虛功時，並非直接將上式積分來求解。另外，在有多個作用力分別沿著各自的虛位移作虛功時，作用力如果和虛位移同向就作正虛功，作用力如果和虛位移反向就作負虛功，總和加起來必須等於零。

當原本作用在物體上的外力已達成平衡狀態時，可以得到

$$\vec{F}_1 + \vec{F}_2 + \vec{F}_3 + \vec{F}_4 = 0$$

因此，外力的合力等於零，它們對物體所作的總虛功也會等於零，亦即 $\delta W = 0$，反之，如果外力對物體所作的總虛功等於零，則這些作用在物體上的外力一定也處於平衡狀態。

應用虛功法的好處是，當有幾個物體連結成爲較複雜的組件或構件時，不必分別把它們拆開來列平衡方程式，也不必解聯立方程組就可以求未知的作用力。虛位移除了移動以外，也包括轉動的情況，在設定虛位移時要特別注意的是，有支撐的部位虛位移必須符合前面章節中所設定的性質，比如說，以插銷固定之處只能轉動不能移動，如果在此處設定移動的虛位移就是一種錯誤，又如滾輪，如果設定向下移動的虛位移就是錯誤，設定向上移動的虛位移就對了，諸如此等，需稍加以注意。

例 11-9

質量 20 kg，長度 3 m 的棒子被置於光滑的牆角如下圖，試利用虛功法求棒子不下滑之作用力大小？

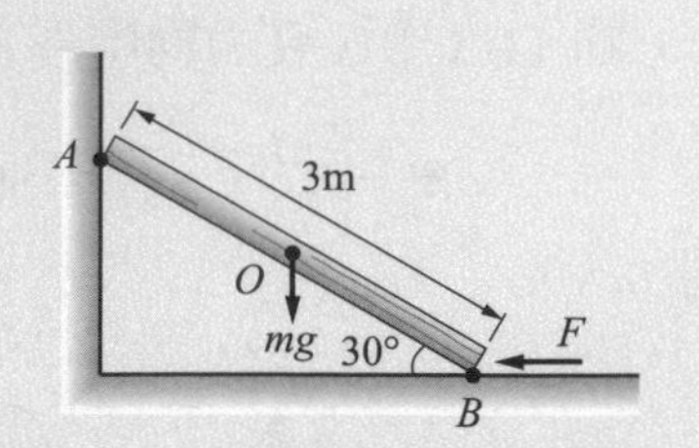

解析

$x_B = \ell \cos\theta$，$y_0 = \dfrac{1}{2}\ell\sin\theta$

$\delta x_B = -\ell \sin\theta\delta\theta$，$\delta y_0 = \dfrac{1}{2}\ell\cos\theta\delta\theta$

$\delta W = -F\cdot\delta x_B - mg\,\delta y_o = 0$

$$F = -mg\frac{\delta y_0}{\delta x_B} = -20\times 9.81\frac{1.5\cos 30°}{-3\sin 30°} = 196.2\times\frac{1.3}{1.5} = 170\,(\text{N})$$

例 11-10

下圖之機構桿件長 0.5 m，受到 200 N 向下之作用力，當 θ 等於 45°時，利用虛功原理求 B 點處的水平反作用力。

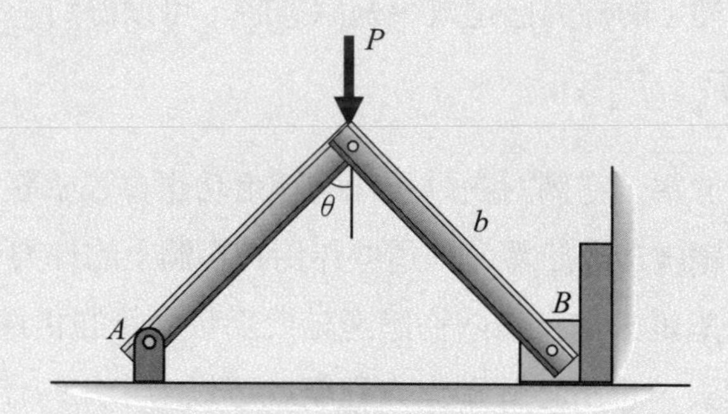

解析

假設 B 點處牆壁上有一彈性體允許 B 點有虛位移存在，
從圖中可以得到拘束方程式為

$x = 2b\sin\theta$，$y = b\cos\theta$

則虛位移分別為

$\delta x = 2b\cos\theta\,\delta\theta$，$\delta y = -b\sin\theta\,\delta\theta$

其大小分別爲

$\delta x = 2b\cos\theta\delta\theta$，$\delta y = b\sin\theta\delta\theta$

因 P 和 δy 同向，R 和 δx 反向，

由虛功原理可以得到

$\delta W = P\delta y - R\delta x = 0$ 亦即

$P(b\sin\theta\delta\theta) - R(2b\cos\theta\delta\theta)$

$= b(P\sin\theta - 2R\cos\theta)\delta\theta = 0$

則 $P\sin\theta - 2R\cos\theta = 0$

得 $R = \dfrac{1}{2}P\tan\theta$，

將 P 和 θ 代入得 B 點處之反作用力爲

$R = 100\ (\text{N})$

例 11-11

下圖之機構桿件長 b 等於 0.5 m，A 點處受到 100 N-m 的力矩 M 作用，使得質量 m 爲 50 kg 的物體產位移後達到平衡，試利用虛功原理求角位移 θ 之大小。

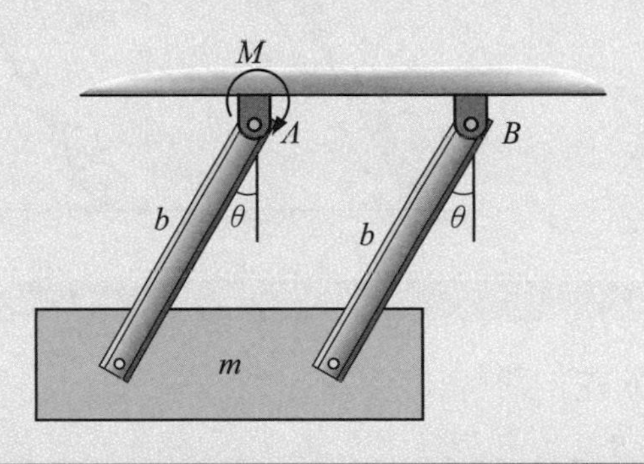

解析

設有虛位移 $\delta\theta$ 和 δy 存在，從圖中可以得到拘束方程式爲

$y = b\cos\theta$

則虛位移分別爲 $\delta\theta$ 和 $\delta y = -b\sin\theta\delta\theta$

其大小分別爲 $\delta\theta$ 以及 $\delta y = b\sin\theta\delta\theta$

因轉動時力矩 M 和虛位移 $\delta\theta$ 同向，

但物體的位置會上升，

因此 mg 和 δy 反向，由虛功原理可以得到

$\delta W = M\delta\theta - mg\,\delta y = 0$ 亦即

$M\delta\theta - mg\,(b\sin\theta\,\delta\theta) = 0$ 整理後得

$(M - mg\,b\sin\theta)\delta\theta = 0$ 則

$M - mg\,b\sin\theta = 0$ 或 $M = mg\,b\sin\theta$ 得

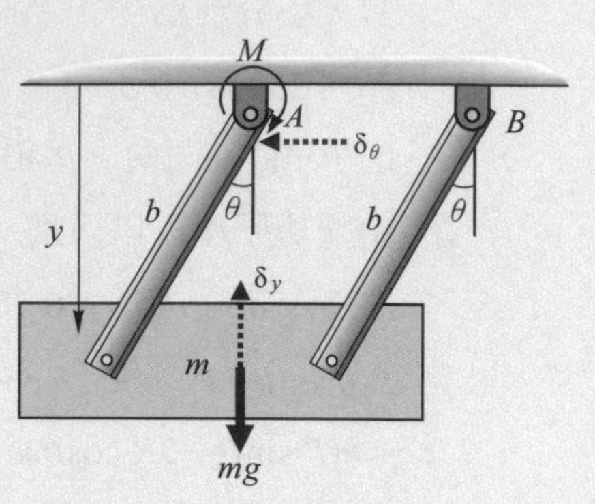

$$\theta = \sin^{-1}\left(\frac{M}{mgb}\right) = \sin^{-1}\left(\frac{100}{50\times9.8\times0.5}\right) = \sin^{-1}(0.408)$$

則角位移為 $\theta = 24.1°$

例 11-12

下圖中的構件質量不計，如果要支撐平放於其上的 3 kg 物體而不傾倒，試求所需施加的力矩大小？

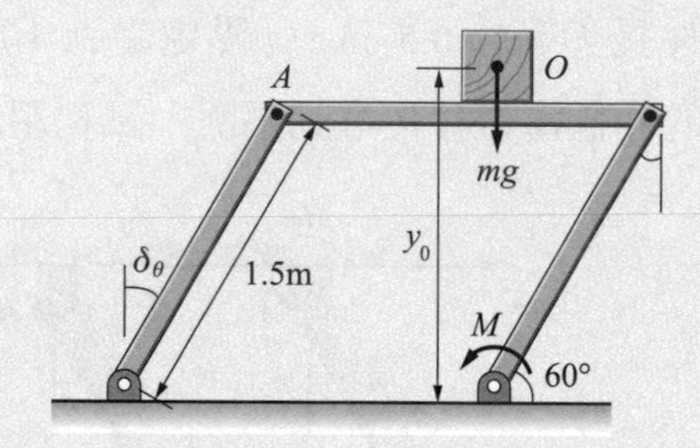

解析

設物體高度 h 差，則

$y_0 = \ell\sin\theta + \dfrac{h}{2}$，$\delta y_0 = \ell\cos\theta\,\delta\theta$

虛功原理

$\delta W = M\delta\theta - mg\,\delta y_0 = 0$

$M\delta\theta = mg(\ell\cos\theta)\delta\theta$

$M = mg\,\ell\cos\theta = 3\times9.81\times1.5\times0.5 = 22$ (N-m)

例 11-13

下圖中的構件質量不計，當未受力時θ爲 60°，試求受力達到平衡狀態時θ應爲多少？

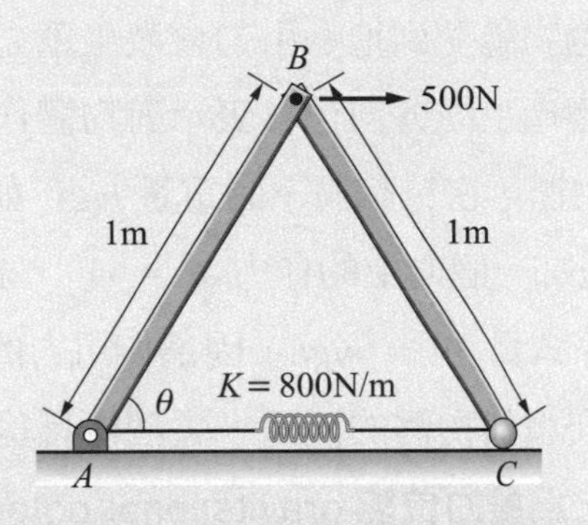

解析

$\ell = 1$ m，$\theta = 60°$

$x_B = \ell \cos\theta$，$\delta x_B = -\ell \sin\theta\delta\theta$

$x_C = 2\ell \cos\theta$，$\delta x_C = -2\ell \sin\theta\delta\theta$

$\delta W = 0$，$F\delta x_B - F_k \delta x_C = 0 \cdots$①

$F_k = k\Delta s$，$\Delta s = 2\ell \cos\theta - P = 2(\cos\theta - 0.5)$

$F_k = k\Delta s = 1600(\cos\theta - 0.5)$代入①

得 $500(-\sin\theta\delta\theta) - 1600(\cos\theta - 0.5)(-2\sin\theta\delta\theta) = 0$

$-500\sin\theta + 3200\cos\theta\sin\theta - 1600\sin\theta = 0$

$\sin\theta(-2100 + 3200\cos\theta) = 0$

$\sin\theta = 0$，$\theta = 0°$，或

$3200\cos\theta - 2100 = 0$，$\cos\theta = 0.656$，$\theta = 49°$

11-4 重力位能與彈性位能 Gravitional and Elastic Potential Energy

在第十章中我們定義過物體受到地心引力會產生重力，也就是一般人常說的重量。在上節中又提到作用力讓物體產生同方向位移表示對物體作了功。如果將兩者合併考量，也就是受到地心引力作用的物體，它具有向下的重量 mg，如果要將這個物體向上移動到高度 h 的地方，則必須對物體施加一個向上的作力 $F = mg$，並且讓物體產生向上的位移 h，也就是外力對物體作功，關係式為 $W = mgh$，因為作用力的方向和位移的方向相同，因此作的是正功。對物體作功形同增加物體的能量，這個能量是什麼型態呢？因為是受重力之物體位置的提升，我們就稱它為**重力位能** gravitational potential energy V_g★1。**定義重力位能時，必需選定一個位能為零的基準面，位於基準面之上的重力位能為正，高度越高重力位能越大，位於基準面之下的重力位能則為負**。因此，外力對物體所作的功等於物體位能的增加，而物體所具有的位能代表它返回基準面時所具有的作功能力。

圖 11-4 中，設 $h_2 - h_1 = h$，在高度 h_1 時定義重力位能為 V_{g1}，在高度 h_2 時定義為 V_{g2}，則將物體從 h_1 上移至 h_2 對物體所作的功為

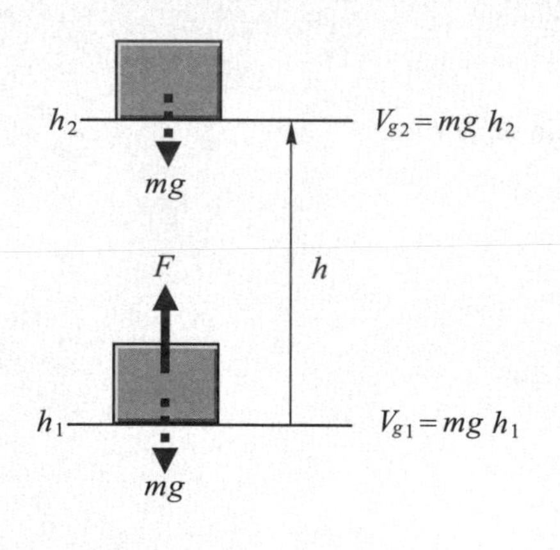

圖 11-4 重力位能與基準面

TIPS

重力和彈簧力都是保守力，保守力場具有能量守衡的特性。

Both gravity force and spring force are conservative forces, which must conform to the property of energy conservation.

Note

★1. gravitational potential energy：If a body with mass m is located a distance h above or below a fixed horizontal reference or datum, the weight of the body has gravitational energy $V_g = mg\, h$.

$$W = V_{g2} - V_{g1} \text{ 或 } W = mg\,h_2 - mg\,h_1 = mg(h_2 - h_1) = mg\,h$$

因 h_2 與 h_1 兩點之間的重力位能差 V_g 爲作功所得，故 $V_g = W$，則

$$V_g = mg\,h$$

當物體從 h_2 掉到 h_1 高度時本身會作功，功再轉換成動能的形式，也就是

$$W = (-mg)(-h) = mg\,h$$

這說明要將物體提高位置使其提升重力位能，需要有外力對物體作功，又當物體從高處下降到低處時會釋出重力位能可以對外界作功，兩過程中所作的功完全相等，都等於 $mg\,h$。

圖 11-4 中，在高度 h_2 時定義動能爲 T_2，在高度 h_1 時則定義動能爲 T_1，則從 h_2 到 h_1 重力位能所作的功可以轉換成動能的變化，亦即 $W = T_1 - T_2$。前述功與位能的關係式爲 $W = V_{g2} - V_{g1}$，**兩者整理後得到 $T_1 - T_2 = V_{g2} - V_{g1}$，或 $T_1 + V_{g1} = T_2 + V_{g2}$，也就是說一個物體在 h_1 位置時的位能與動能總和，與物體在 h_2 位置時的位能與動能總和相等，也就是維持能量不變，具有能量守恆的特性**。有關動能的相關議題，將留至動力學中再行探討。

重力位能的大小與它所在的高度有關，而與它是直線提升或經由斜面拉升到這個位置的過程無關，也和它是一次到位還是分多次才到位無關，因此**重力是一種保守力，重力場就稱為保守力場。和重力相似的另一種保守力是彈簧力，彈簧受到拉伸或壓縮產生的能量累積稱為彈性位能** elastic potential energy。★[1] 當彈簧常數爲 k 的彈簧受到拉伸或壓縮產生位移位移或稱變形量 x 時，彈性位能爲

$$V_e = \frac{1}{2}kx^2$$

Note

★1. elastic potential energy：When a spring is either elongated or compressed by an amount x from its unstretched position, the energy stored in the spring is called elastic potential energy, and can be express as $V_e = \frac{1}{2}kx^2$

圖 11-5 中，彈簧的自由長度(沒有受到拉伸或壓縮變形時的長度)為 X_0，彈性位能為 V_{e0}，彈簧被拉伸至 X_1 時定義彈性位能為 V_{e1}，被拉伸至 X_2 時定義彈簧位能為 V_{e2}，則

$$V_{e0}=0，V_{e1}=\frac{1}{2}kx_1^2，V_{e2}=\frac{1}{2}kx_2^2$$

其中 x_1 和 x_2 分別為彈簧被拉伸至 X_1 和 X_2 位置時的變形量。

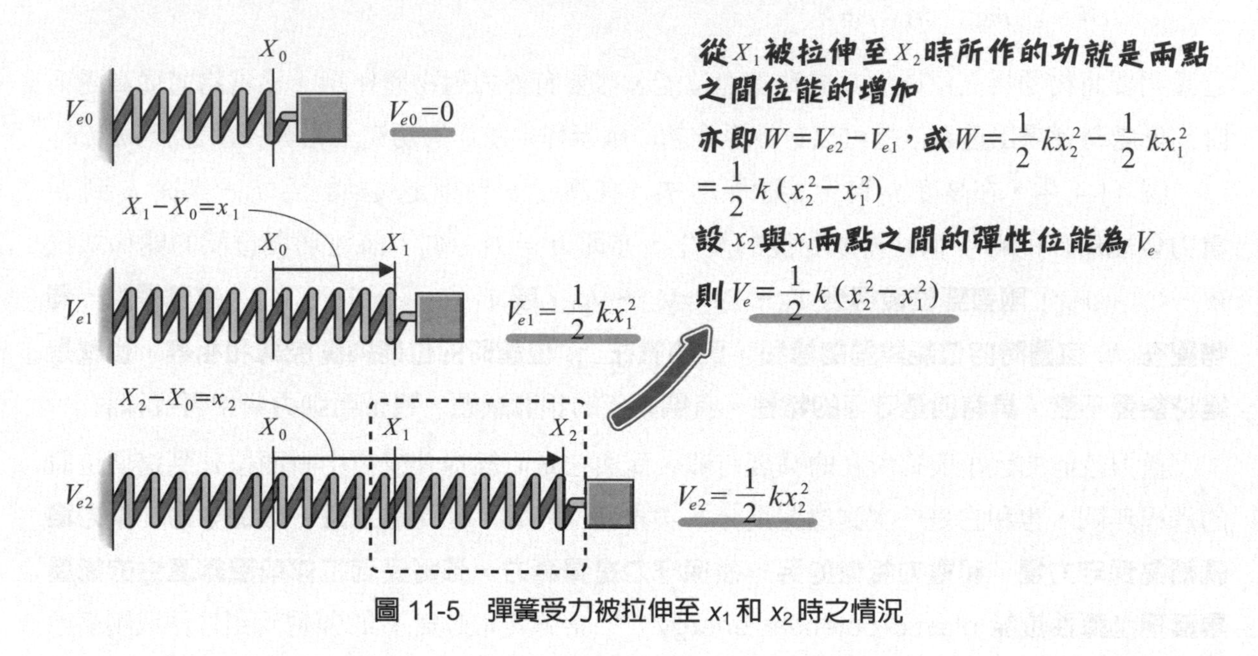

圖 11-5　彈簧受力被拉伸至 x_1 和 x_2 時之情況

從 x_1 被拉伸至 x_2 時所作的功就是兩點之間的位能的增加亦即

$$W=V_{e2}-V_{e1}，或\quad W=\frac{1}{2}kx_2^2-\frac{1}{2}kx_1^2=\frac{1}{2}k(x_2^2-x_1^2)$$

設 x_2 與 x_1 兩點之間的彈性位能為 V_e

$$則\quad V_e=\frac{1}{2}k(x_2^2-x_1^2)$$

例 11-14

兩無重量與無摩擦力的連桿 AB 與 BC，長度爲 0.5 m，未掛物體時呈水平狀態，且 C 點處彈簧常數爲 800 N/m 的彈簧亦處於無伸長狀態，當 10 kg 的物體被掛在 B 點處並緩緩釋放使其達成平衡狀態，試求此時 θ 之大小？

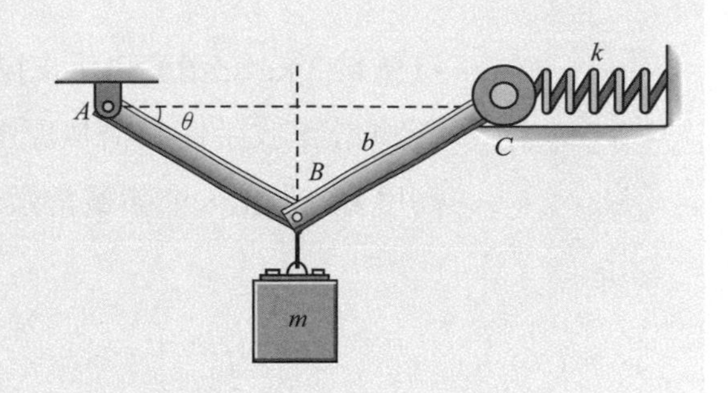

解析

當物體未掛上之前 $V_{g1}=0$ 且 $V_{e1}=0$，

物體被掛在 B 點處並緩緩釋放達成平衡狀態後下降高度爲 h，

彈簧伸長量爲 x，則

$V_{g2}=-mgh$，$V_{e2}=\frac{1}{2}kx^2$，

因爲彈性位能的增加是來自於重力位能的降低，

故 $V_{g2}+V_{e2}=0$，

得到關係式爲 $mgh=\frac{1}{2}kx^2\cdots$①

從圖中可以得知

$h=b\sin\theta$，$x=2b-2b\cos\theta$

代入①得

$mgb\sin\theta=\frac{1}{2}k(2b(1-\cos\theta))^2$ 化簡後得

$$\frac{mg}{2kb}=\frac{(1-\cos\theta)^2}{\sin\theta}$$

代入相關數值後得到

$$\frac{(1-\cos\theta)^2}{\sin\theta}=\frac{10\times9.8}{2\times800\times0.5}=0.1225$$

利用試錯法 tr y and error 得到

$\theta=45.2°$

例 11-15

質量為 2 kg 之滑套以手支撐並以彈簧聯結如圖所示，此時彈簧之伸長量為 0.5 m，若將滑套放手使其沿無摩擦作用之支柱徐徐往下掉，當滑套平衡靜止時其下降高度為 1.5 m，求彈簧常數 k？

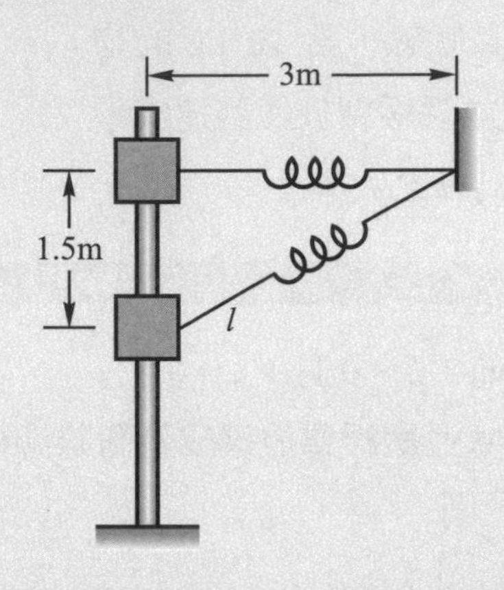

解析

重力位能的減小等於彈簧位能的增加，即

$$mgh = \frac{1}{2}k(x_2^{\ 2} - x_1^{\ 2}) \cdots ①$$

$l_0 = 3\text{ m} - 0.5\text{ m} = 2.5\text{ m}$ (自然長度)

$l = \sqrt{3^2 + 1.5^2} = 3.354\,(\text{m})$

$x_2 = l - l_0 = 3.354 - 2.5 = 0.854\,(\text{m})$

$x_1 = 0.5\,(\text{m})$

代入上式①得

$$2 \times 9.8 \times 1.5 = \frac{k}{2}(0.854^2 - 0.5^2)$$

$29.4 = 0.24k$，

得彈簧常數 $k = 122.5\,(\text{N/m})$

TIPS

保守力場的能量守恆，所以重力位能的減小等於彈簧位能的增加。

In the conservative force field, the property of energy conservation must be obeyed, so that the reduction of the gravitational potential energy will be equal to the increase of the spring potential energy.

例 11-16

質量 10 kg 的物體自 10 m 高處落下，擊中由 A、B 兩個彈簧套裝組合而成的彈簧，若 k_A =1000 N/m，k_B = 2000 N/m，且彈簧 A 比彈簧 B 長 0.3 m，試求此套裝彈簧之最大壓縮量？

解析

設 A 彈簧的壓縮長度爲Δx

則 B 彈簧的壓縮長度爲$\Delta x - 0.3$

依保守力場能量守恆定理得

$$mg(10+\Delta x)=\frac{1}{2}k_A\Delta x^2+\frac{1}{2}k_B(\Delta x-0.3)^2$$

代入得

$$10\times 9.8(10+\Delta x)=\frac{1}{2}\times 1000\times \Delta x^2+\frac{1}{2}\times 2000\times(\Delta x-0.3)^2$$

$$980 + 98\Delta x = 500\Delta x^2 + 1000\Delta x^2 - 600\Delta x + 90$$

$$1500\Delta x^2 - 698\Delta x - 890 = 0$$

$$\Delta x=\frac{698\pm\sqrt{698^2-4(1500)(-890)}}{2\times 1500}$$

$$=\frac{698\pm 2414}{3000}$$

$$\Delta x = 1.04(\text{m})$$

TIPS

功與能的單位或因次都相同，表示二者為同一種物理量，彼此可以互相轉換。

The units or dimensions of work and energy are the same, which means that they are the same physical quantity and can be converted into each other.

例 11-17

下圖中的構件質量不計，當未受力時θ為 60°，當一個質量 10 kg 的物體被置放於 A 點時，θ為 30°，試求彈簧常數 k 應為多少？

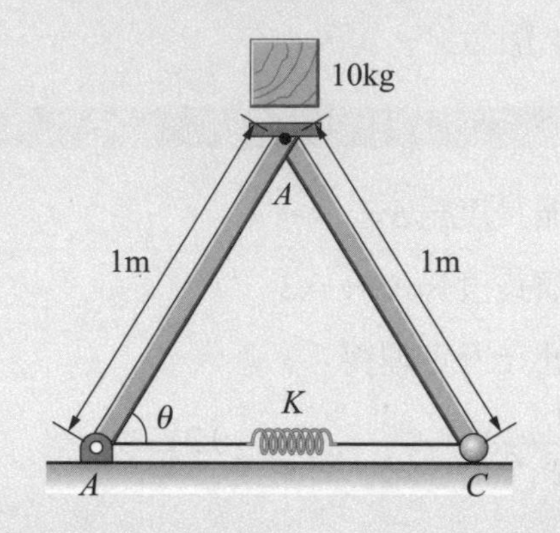

解析

$W = mg = 10 \times 9.81 = 98.1$ (N)

物體原始高度

$h_0 = \ell \sin 60° = 0.866$ (m)

物體置放後之高度

$h_1 = \ell \sin 30° = 0.5$ (m)

$$\Delta V_g = mg(\Delta h) = 98.1(0.5 - 0.866)$$
$$= 98.1(-0.366) = -35.9 \text{ (N-m)}$$

彈簧自然長度

$\ell_0 = 2\ell \cos 60° = \ell = 1$ (m)

伸長後之長度

$\ell_1 = 2\ell \cos 30° = 2(0.866) = 1.732$ (m)

$$\Delta V_e = \frac{1}{2}k(\Delta s)^2 = \frac{k}{2}(1.732 - 1)^2 = 0.268k \text{ (N-m)}$$

$\Delta V_g + \Delta V_e = 0$，$0.268k - 35.9 = 0$，$k = 134$ (N/m)

國家圖書館出版品預行編目資料

靜力學 / 曾彥魁編著. -- 五版. -- 新北市：
全華圖書股份有限公司.2023.10
面 ； 公分
ISBN 978-626-328-747-1(平裝)
1. CST: 應用靜力學
440.131 112016827

靜力學

作者／曾彥魁
發行人／陳本源
執行編輯／蔣德亮
出版者／全華圖書股份有限公司
郵政帳號／0100836-1 號
印刷者／宏懋打字印刷股份有限公司
圖書編號／0625004
五版一刷／2023 年 11 月
定價／新台幣 520 元
ISBN／978-626-328-747-1(平裝)
ISBN／978-626-328-741-9 (PDF)
全華圖書／www.chwa.com.tw
全華網路書店 Open Tech／www.opentech.com.tw
若您對本書有任何問題，歡迎來信指導 book@chwa.com.tw

臺北總公司(北區營業處)
地址：23671 新北市土城區忠義路 21 號
電話：(02) 2262-5666
傳真：(02) 6637-3695、6637-3696

南區營業處
地址：80769 高雄市三民區應安街 12 號
電話：(07) 381-1377
傳真：(07) 862-5562

中區營業處
地址：40256 臺中市南區樹義一巷 26 號
電話：(04) 2261-8485
傳真：(04) 3600-9806(高中職)
(04) 3601-8600(大專)

得 分

靜力學

學後評量

CH01　力與力學概要

班級：

學號：

姓名：

1 地震發生的原因大多因爲地球板塊運動所致，試以此說明過程中地殼所受內力、外力之情況，並以此說明牛頓三大運動定律之意義？

2 太空人在外太空中意外脫離太空船，請問他如果不藉助外力，有沒有能力自行回到太空船上？

3 飛機在機場未起飛前和飛到 3 萬英呎高空上時，機身所受到的力有何差異？是內力還是外力？有否符合牛頓運動定律？試說明之？

4 一條管子被用來把魚缸中的水排出，所應用的是虹吸原理，請問這種吸力是超距力還是接觸力？是內力還是外力？或者都不是？它如何無中生有？是否符合力學理論？

（請沿虛線撕下）

5 將壓電材料施加電壓後材料會伸長或縮短，如果將材料兩端固定的話就會產生推力或拉力，請問這種是內力還是外力？或者都不是？它如何無中生有？是否符合力學理論？

6 記憶合金可以在某特定溫度下保持固定形狀，當受到外力或其它因素而變形時，只要將它置於原來的特定溫度下就可以恢復原來形狀，請問在此過程中所牽涉到的力學原理或性質有哪些？

7 在太空中，牛頓三大運動定律是否仍然適用？爲什麼？

8 小孩子溜滑梯是因爲他的體重在滑梯方向的分量比摩擦力大的關係，如果將此滑梯搬到月球上，請問同一個小孩子在月球上溜滑梯時下滑的速度、加速度和在地球上有無差別？爲什麼？

9 如果地球的直徑比現在膨脹一倍，試問你的體重會有變化嗎？牛頓的力學定律是否仍然管用？

10 一個人坐在有滾輪可以移動的椅子上，當此人腳不踏地時搖擺身體可以移動椅子，此處人和椅子之間的力是內力？爲何可以轉換成外力來使椅子移動？

得 分

靜力學

學後評量

CH02 力的向量性質

班級：

學號：

姓名：

1 向量 $\overrightarrow{A}=5\overrightarrow{i}+10\overrightarrow{j}-5\overrightarrow{k}$，求它和 x 軸、y 軸和 z 軸的夾角為多少？

2 兩向量 $\overrightarrow{A}=10\overrightarrow{i}-5\overrightarrow{j}-10\overrightarrow{k}$ 和 $\overrightarrow{B}=10\overrightarrow{i}+5\overrightarrow{j}+5\overrightarrow{k}$，求兩者的外積和其夾角？

3 兩個球同時擲出，一個停留在座標(10, 2)處，另一個停留在座標(− 3, 12)處，試求兩個球之間的距離？

4 平面上的力大小為 100N，如果它在 x 軸方向的分量為 60N，試求它在 y 軸上的大小以及與 y 軸之間的夾角？

5 空間中的力 $\overrightarrow{F}=100\overrightarrow{i}-50\overrightarrow{j}+50\overrightarrow{k}$，求其大小以及它和 x 軸、y 軸、z 軸之間的夾角？

6 空間中的力大小為 200N，如果它和 x 軸、y 軸的夾角分別為 30°、75°，求它在各軸方向上的分力？

（請沿虛線撕下）

7 平面上的兩個作用力互相垂直，若 $\overrightarrow{F_1}=50\overrightarrow{i}+30\overrightarrow{j}$，且 $\overrightarrow{F_2}$ 之大小為 100N，求 $\overrightarrow{F_2}$？

8 上題中，若 $\overrightarrow{F_1}$ 和 $\overrightarrow{F_2}$ 合力大小為 $3F_1$，求 $\overrightarrow{F_2}$？

9 有一平行四邊形水池之座標如圖，若要將其面積擴大為 2 倍，且兩個邊的夾角為 60°，試在任一邊不變的情形下求另一邊之座標？

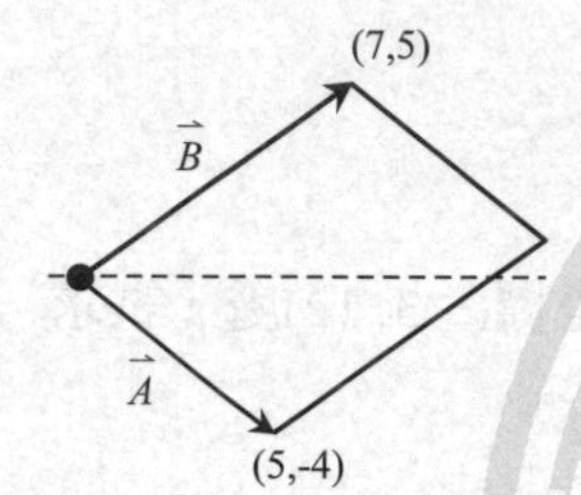

10 平面上大小為 100N 的力，與 x 軸和 y 軸的夾角均為 45°，若將該作用力往 z 軸方向偏移，使其與 z 軸夾角為 30°，試求力在各軸向上的分量？

11 上題中，若欲使該力在 x 軸上沒有分力，且 $F_z=2F_y$，試求力與三軸之間的夾角？

12 空間中的兩個力夾角為 60°，其中 $F_1 = 1.2F_2$，如果合成後合力為 100N，試求 F_1、F_2 大小及其他相關夾角。

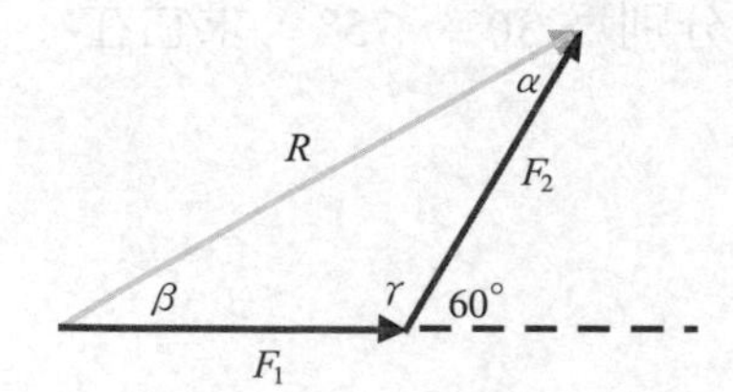

13 如下圖，在平面上兩個力之間的夾角 θ 為 80°，合力方向垂直向上，試求合力及其他相關夾角之大小。

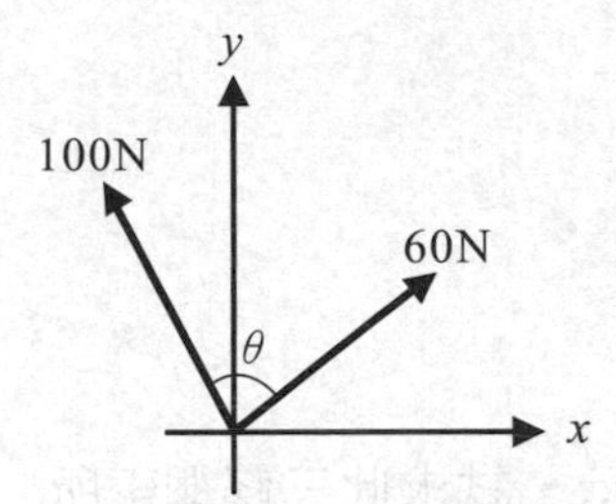

14 大小為 100N 和 200N 的兩個力，和 x 軸、y 軸、z 軸之間的夾角分別為 30°、β、60° 與 45°、60°、γ，試求這兩個力的合力。

15 大小為 100 N 的力，指向 $2\overrightarrow{i}-3\overrightarrow{j}+\overrightarrow{k}$ 的方向，大小為 200 N 的力，指向 $\overrightarrow{i}+\overrightarrow{j}-\overrightarrow{k}$ 的方向，試求兩個力的合力？

16 有一高 2m 的旗桿將豎立於地面上並以三條繩索牽引，若繩索的拉力都為 100N，方向分別為(3, 1)、(− 2, 2)和(x, y)，試求讓該旗桿能站立不倒塌的座標(x, y)？

（請沿虛線撕下）

17 有一放置於原點的物體以兩條繩索牽引，如圖示，求物體所受外力之大小與方向？

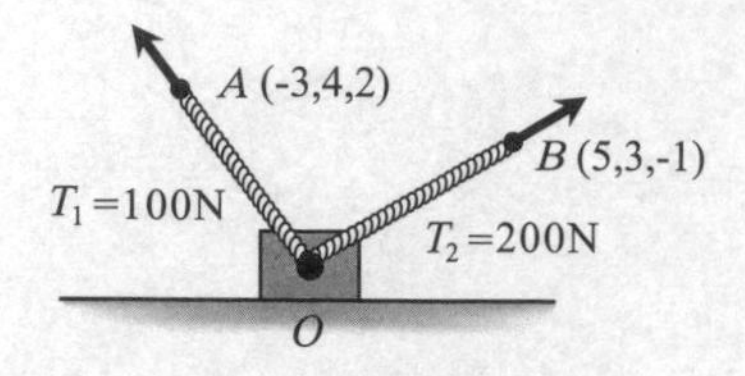

18 高 3m 之旗桿以三條繩索牽引豎立於地面上而不倒，如圖示，試求此三條繩索所受張力比？

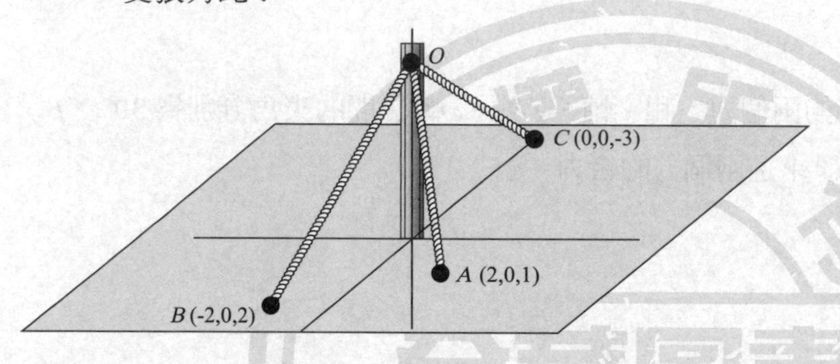

19 質量 m 之物體，以繩將其由光滑斜面往上拉如圖所示，試求繩所受之拉力？

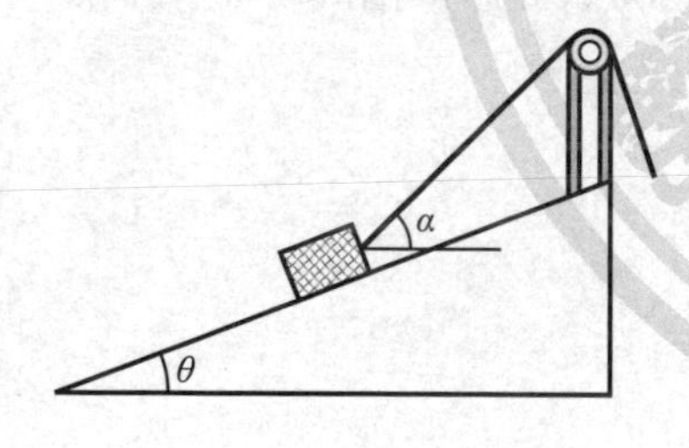

20 上題中，若物體質量為 20kg，繩之最大承受力為 120N，$\theta = 30°$，試求將物體緩緩由最低處往上拉，直到繩斷裂時之角度 α？

小提示

混合運用三角函數和畢氏定理，可以簡化計算的複雜度喔！

得　分

靜力學

學後評量

CH03　質點的平衡

班級：

學號：

姓名：

1　平面上有多個力同時作用在 A 點上並達成平衡狀態，試求 F 和 θ 的大小？

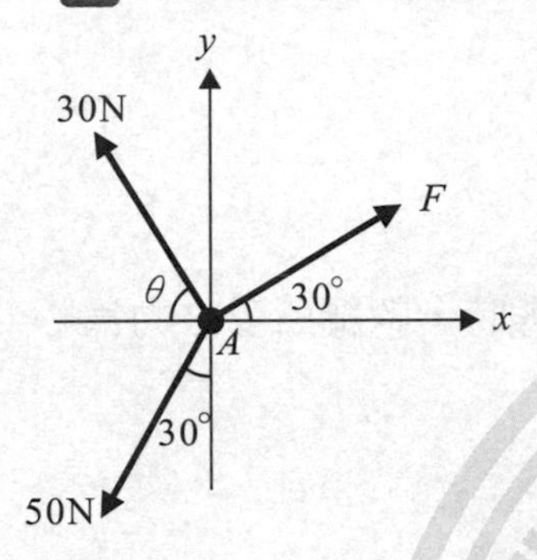

2　有重量為 W 的物體以一軟繩穿過扣環吊掛在牆上，軟繩所能承受的最大拉力為 100N，試求可吊掛之最大重量 W 為多少？

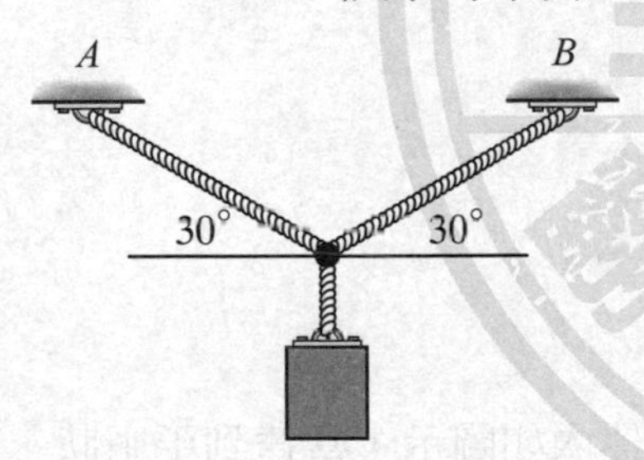

3　有一個重量 100N 的箱子置於 30° 角的斜面上，若摩擦係數 μ 為 0.1，需要施加多少力 F 才能維持箱子不下滑？

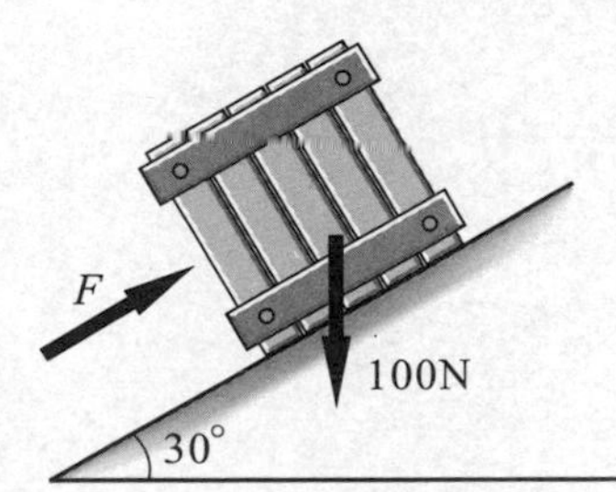

（請沿虛線撕下）

4 上題中，若不施加外力而又要維持箱子不下滑，則斜面的最大角度 θ 為多少？

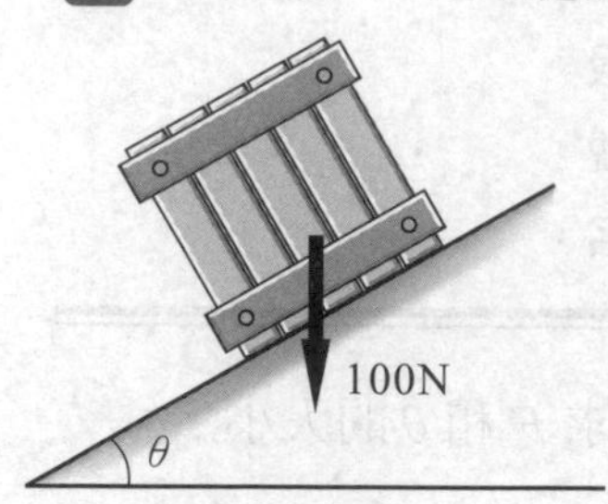

5 重量 100N 的物體以桿件及一軟繩吊掛，當達到平衡狀態時，軟繩所受之力為 60N，試求夾角 θ 及桿件所受之力？

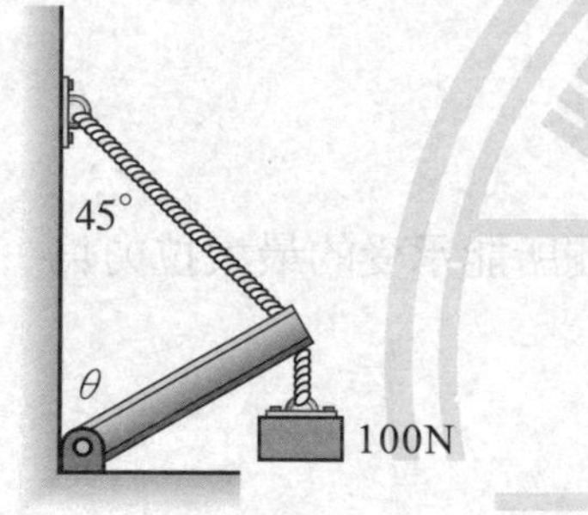

6 有 A、B 和 C 三個質量各為 10kg 的球放置在一個容器內如圖示，當達到平衡狀態時，A、B 兩球和容器的接觸力為 2：1，求這三個球與容器接觸點所產生的反作用力？

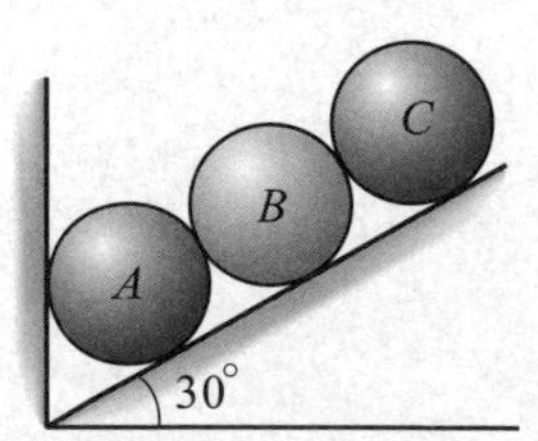

7 重量 500N 的物體吊掛於重量可忽略不計的桿 AB 上，並以一條繩索繫於 C 點，若繩的最大承受力為 300N，試求繩不會斷裂的最大角度 θ 以及 A 點之反作用力 R？

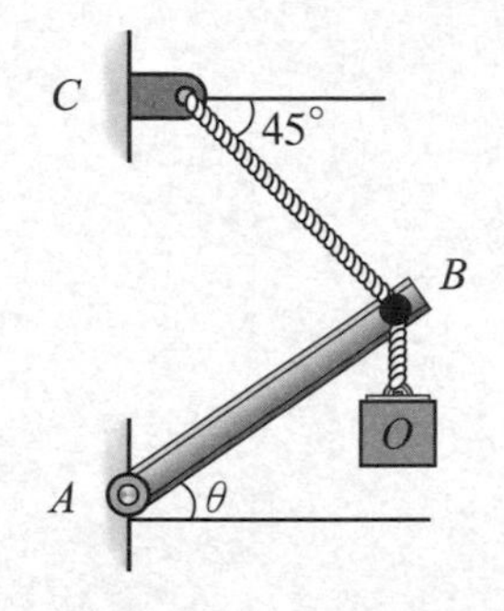

8 一條最大承受力為 100N 之軟繩穿過一個環扣，兩端分別固定於 A、B 處，若 θ_1 與 θ_2 分別為 30°與 45°時，求使繩斷裂之最大拉力 P？

9 鐵棒 AB 長 3m，質量 100kg，鋼索最大承受力為 1000N，試求鋼索 AOB 最短長度？

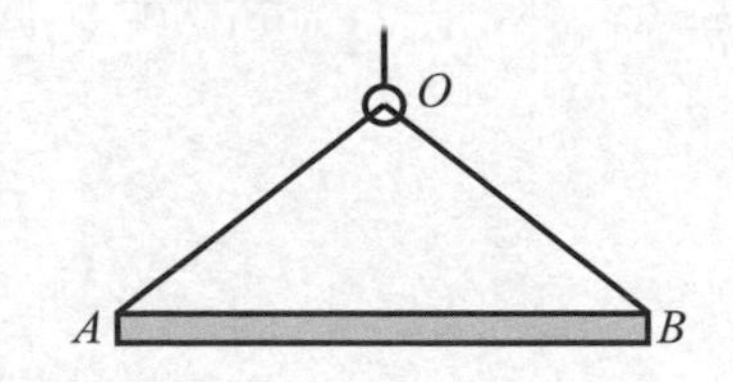

（請沿虛線撕下）

10 圖中 A 球質量爲 10kg，當保持平衡狀態時，B 球的質量和θ應爲多少？

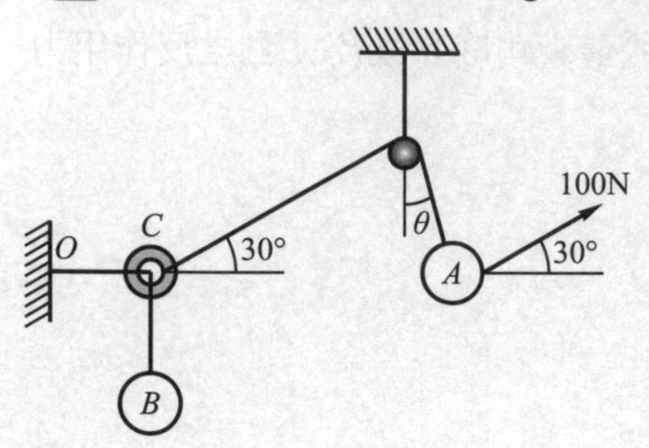

得 分

靜力學

學後評量

CH04　力系的合成與簡化

班級：

學號：

姓名：

1　物體受到的作用力大小為 100N，試求對 O 點所產生之力矩。

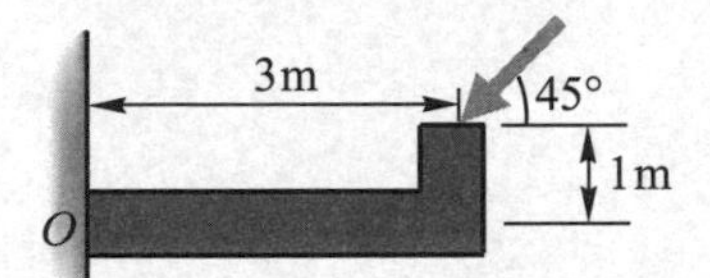

2　懸臂樑長 2m，寬 0.2m，高 0.1m，受到方向在 $\vec{i}+3\vec{j}-3\vec{k}$，大小為 100N 的力作用，試求 O 點所受到的力矩大小與方向。

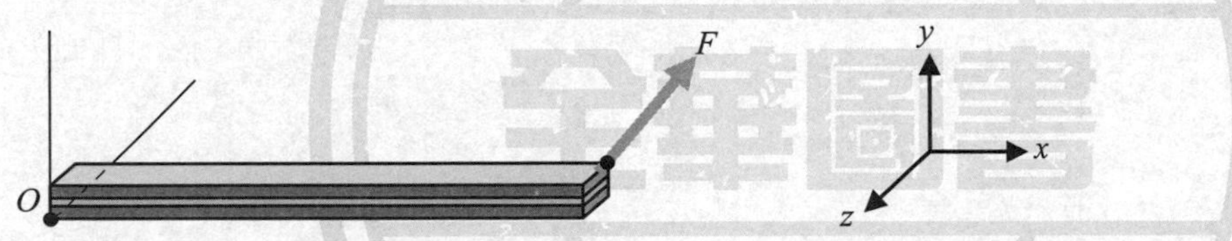

3　招牌長 1m，寬 0.6m，厚度忽略不計，安裝在高 3m、寬 4m 的支撐架上，受到大小為 100N、方向為 $-3\vec{i}-\vec{j}+2\vec{k}$ 的風力作用，假設風力可以視為作用在招牌中心點，試求 O 點和 S 點所受到的力矩大小與方向。

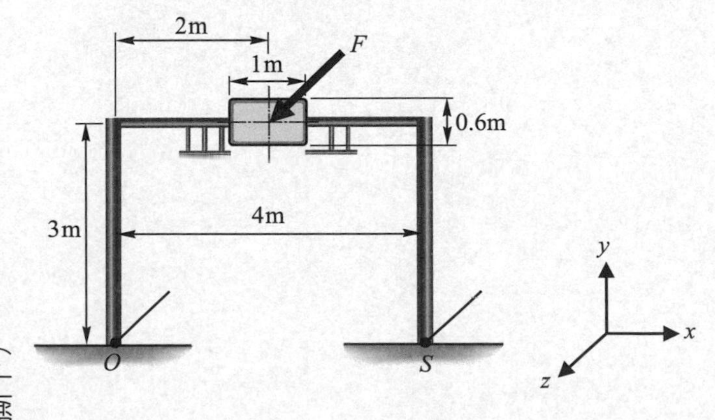

4 如圖所示一扇門，門把受到方向爲$-\overrightarrow{i}+2\overrightarrow{j}-\overrightarrow{k}$、大小爲 100N 的力開啓，試求門軸 O 點所受到的力矩大小。

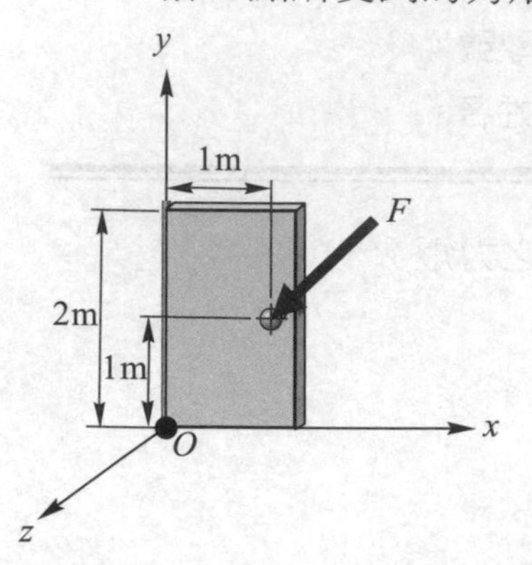

5 同上題，今開啓門需 500N-m 力矩，但因地形限制，人只能站在 (0, 5, 2)的座標點上以繩索綁住門把拉啓，試問繩索所受到的拉力爲多少？

6 以三種方法，計算如圖之 1200N 的力對於基點 O 之力矩。

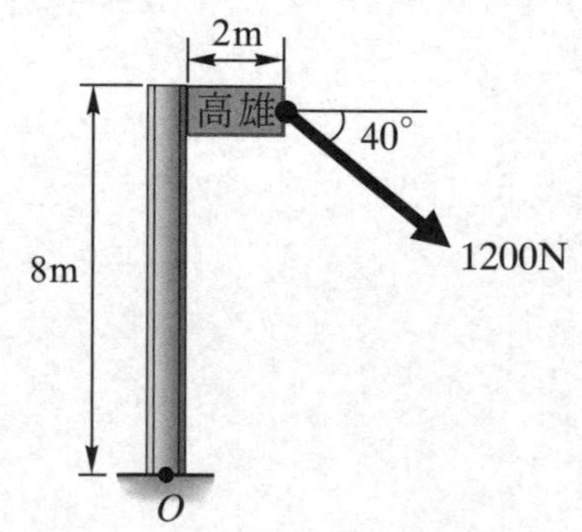

7 試求圖中力為 625N，對於點 A 及點 O 之力矩。

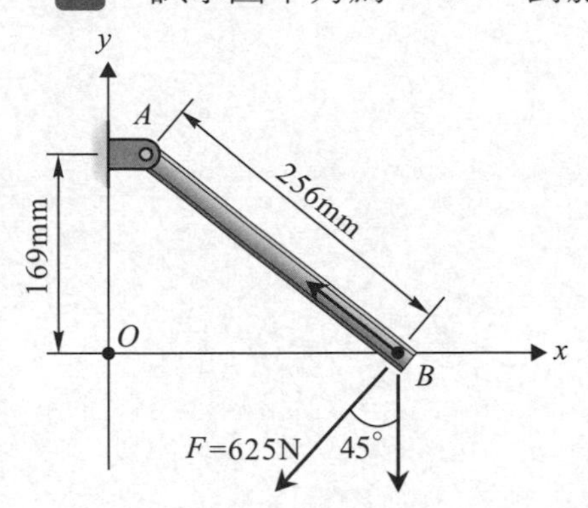

8 試求對方向盤轉軸兩側所施的力為多少？已知扭矩為 25N-m。

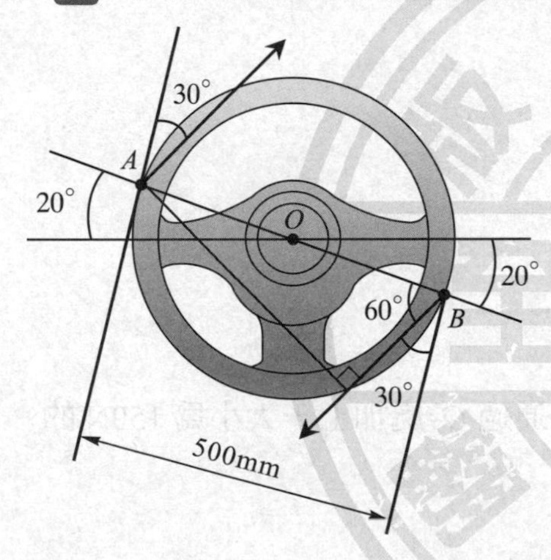

9 高 12m 的旗桿立在座標 $B(4, 0, 12)$米處，以一條繫於桿頂 A 的繩索，大小 1000N 的力拉扯，求旗桿座所受之力矩？

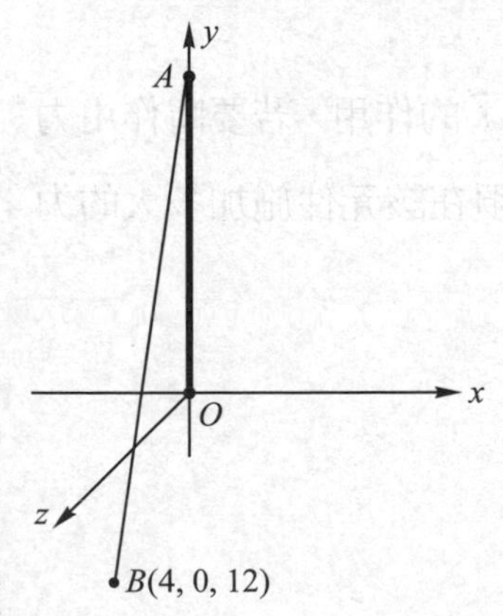

（請沿虛線撕下）

10 試求作用於桿件上的作用力對 O 點之合力矩？

$\vec{F}_A = 20\vec{i} - 12\vec{j} - \vec{k}$ (N)

$\vec{F}_B = 15\vec{i} + 3\vec{j} - 10\vec{k}$ (N)

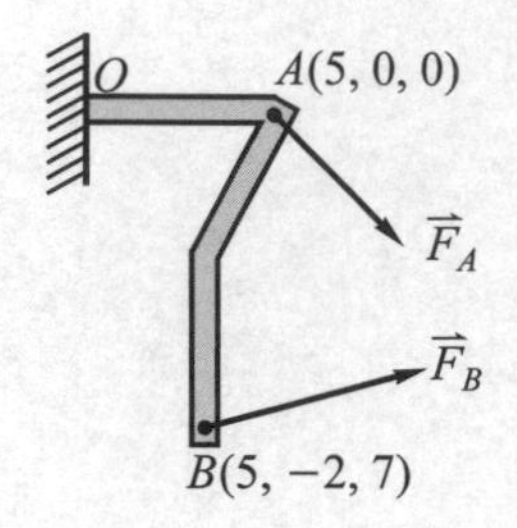

11 下圖中力偶 $F_1 = 100\text{N}$，$F_2 = 200\text{N}$，$x_1 = 0.5\text{ m}$，$x_2 = 0.8\text{ m}$，$\theta = 45°$，試以向量乘積法求合成力偶矩之大小和方向。

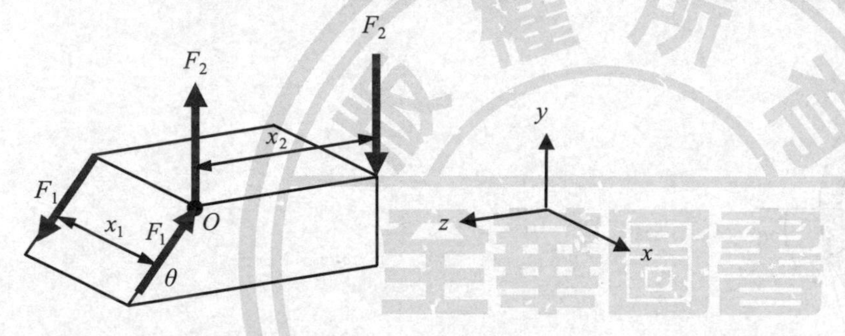

12 當 θ 等於 45°，力偶大小爲 100N 時，試在物體通過 O_2 處加上一大小爲 150N 的力偶使物體受到的力偶矩總和等於零。

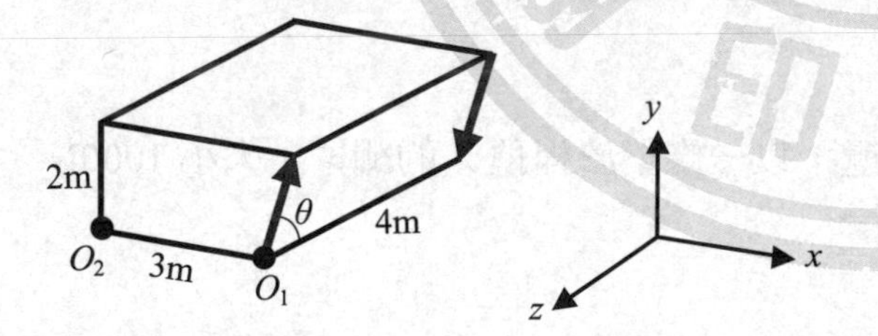

13 平面上一個長度爲 3m 的懸臂桿件受到力 $\vec{F} = -30\vec{i} - 20\vec{j}$ 的作用，若要將作用力移轉到元件的中點並維持原來的狀況，請問這樣的改變須在該元件施加多大的力偶矩？

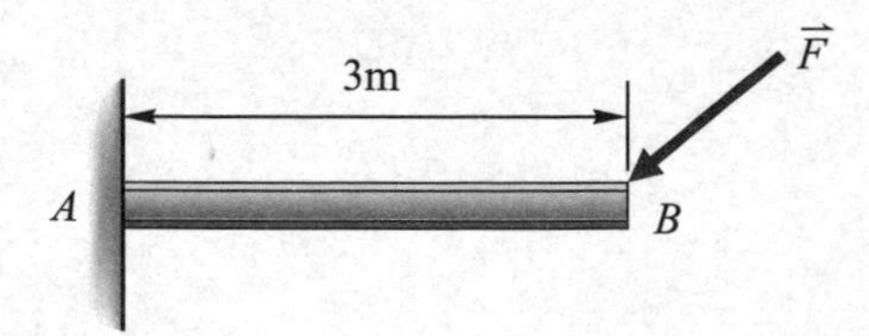

14 長 3m 的桿件受力如下，若要將作用力移轉到 B 點並維持原來的狀況，請問這樣的改變須在該元件施加多大的力偶矩？

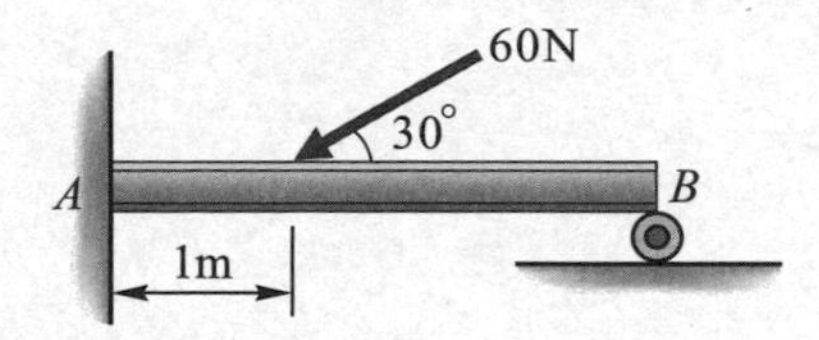

15 下圖中，長 3m $\overline{AC}$ 桿件受到作用力 $\overrightarrow{F}=10\overrightarrow{i}-10\overrightarrow{j}$ 作用，若要將桿件增長 0.5m 並維持原來的狀況，請問這樣的改變須在該元件施加多大的力偶矩？

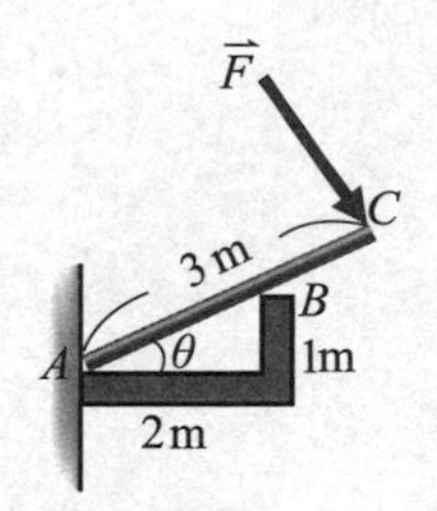

16 如圖有 6 力，$P_1=4\text{N}$，$P_2=6\text{N}$，$P_3=3\text{N}$，$P_4=2\text{N}$，$P_5=6\text{N}$，$P_6=8\text{N}$，求其合力大小。

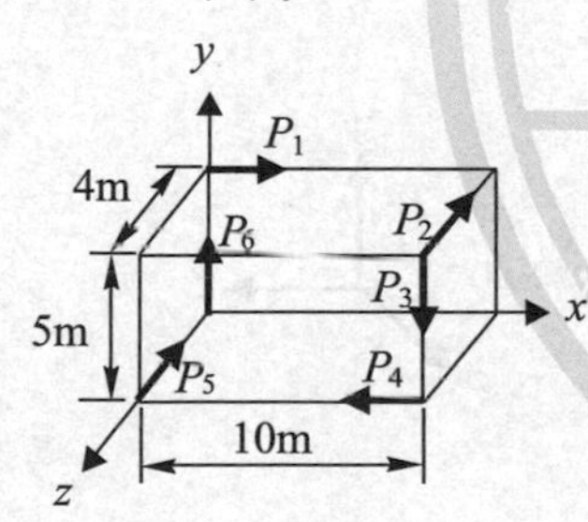

17 如圖，軸 OA，OB 及 OC 在同一平面，周圍有三圓盤，A 之半徑 15m，B 之半徑 10m，C 半徑 5m，被三力偶作用，求 P 多少此力系才能平衡？

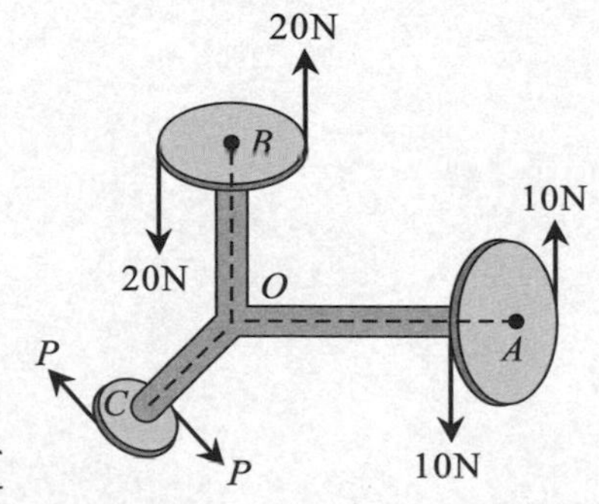

(請沿虛線撕下)

18 一重物 $W = 100\text{N}$，被一棵 AB 所支持鉸接於 A 點，與水平傾斜成 45°，且被兩等長之桿 BC、BD 所支持，$\angle BCD = \angle BDC = 45°$，求桿 BC、BD 之受力？

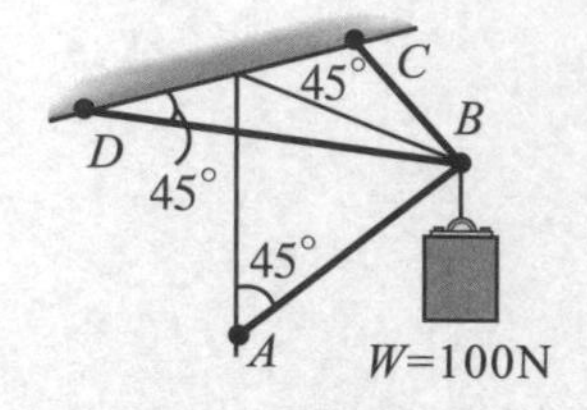

19 試求將練習題第 15 題中的作用力移到點 A 和點 C 中間點之等效力系？

20 若下圖所示之力系為等效力系，試求合力 $\vec{R}$ 及合力矩 $\vec{M}$ 之大小與方向？

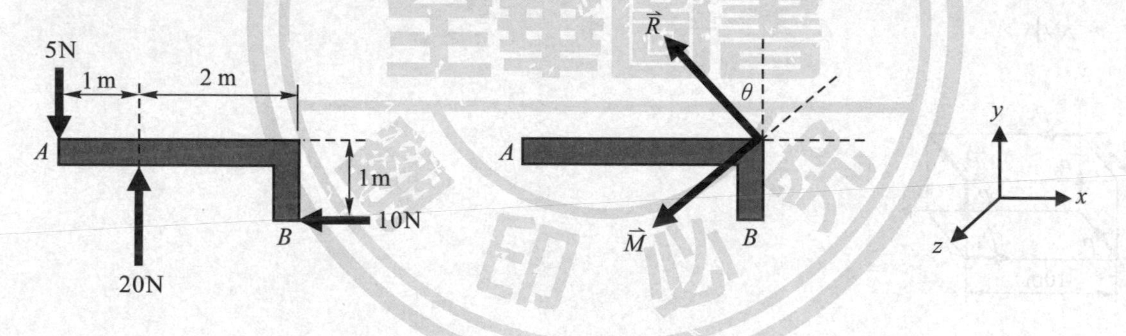

21 試將上題中所得到之合力與合力矩簡化為位於 OA 線上的等效單力。

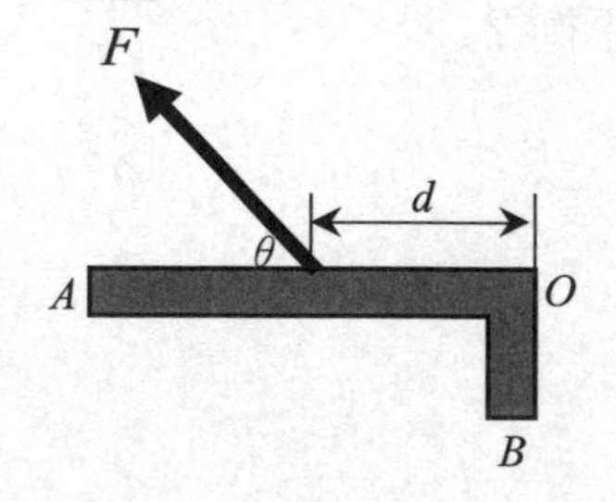

22 平面上之平行力系如圖，若平行力系與水平軸的夾角為 30°，求其合力以及對 O 點之合力矩？

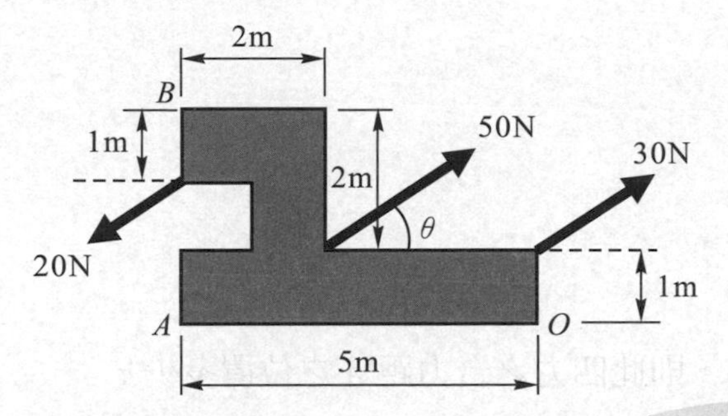

23 試將上題中所得到之合力與合力矩簡化為位於 AO 線上的等效單力。

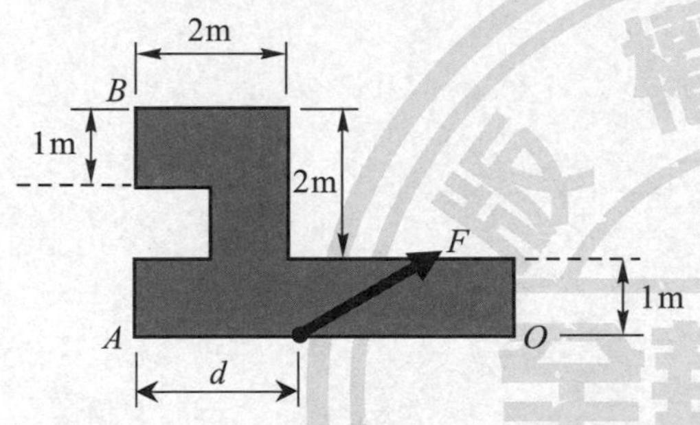

24 作用力合成後得到合力 $\vec{R}=15\vec{i}+10\vec{j}$、合力矩 $\vec{M}=20\vec{i}-10\vec{j}-20\vec{k}$，試將其簡化成扳鉗力系，並求出 $\vec{M}_P$。

25 作用力 $\vec{F}=15\vec{i}-20\vec{j}$，施力在 $\vec{r}=-2\vec{i}-\vec{j}+\vec{k}$ 的扳手上被用來鎖緊如圖所示之螺絲，在鎖緊過程中會有系統阻力 $\vec{F}_R=-3\vec{i}+5\vec{j}+3\vec{k}$ 出現，試將其簡化成扳鉗力系，並求出合力 $\vec{R}$ 及 $\vec{M}_P$。

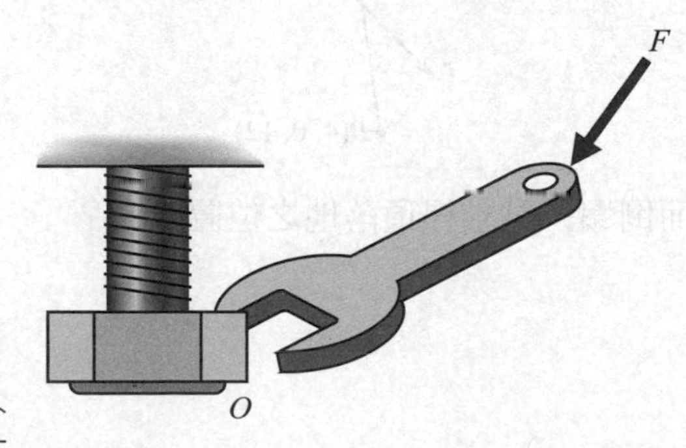

(請沿虛線撕下)

26 如圖所示，求三力合力大小及合力與 O 點之距離。

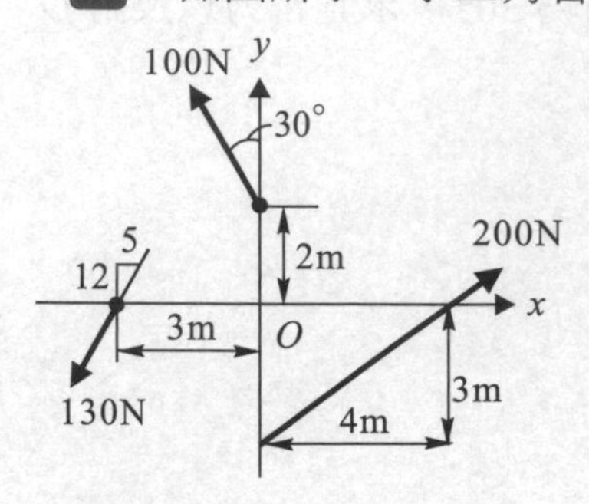

27 如圖，有四個平行力同時作用在物體上，則此四力之合力距 A 之位置多少？

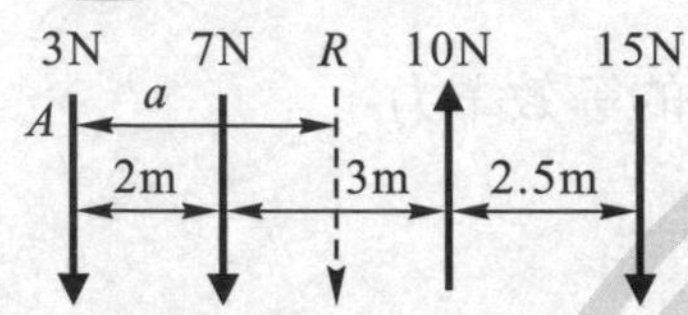

28 如圖所示，求 D 力大小使能達到平衡狀態。

29 練習題第 9 題中之旗桿，若以另一條繩索拉扯，作用力為 $\vec{F}=50\vec{i}-120\vec{j}-90\vec{k}$，若旗桿突然斷裂，試求旗桿座所受之反作用力及力矩？

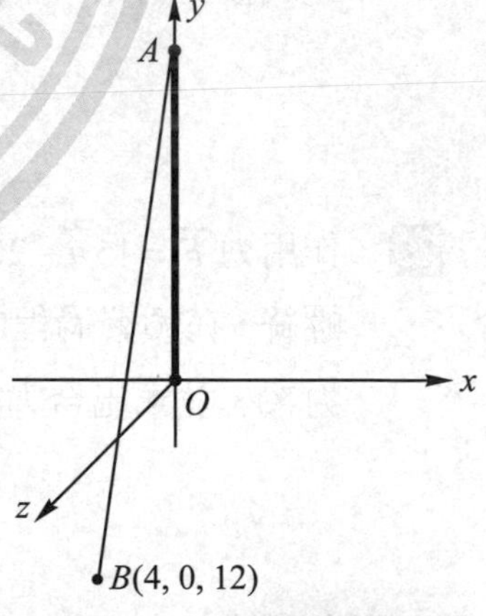

30 上題中，若旗桿座無法負荷所承受之力矩而倒塌，試求桿頂落地之位置座標？

得　分

靜力學

學後評量

CH05　剛體的平衡

班級：

學號：

姓名：

1 質量 20kg 的方塊置於粗糙斜面上，並且受到一個 100N 作用力的支撐，當斜角 θ 從 0°漸漸增大為 45°時，物體開始下滑，試求物體和斜面之間的摩擦力大小為多少？

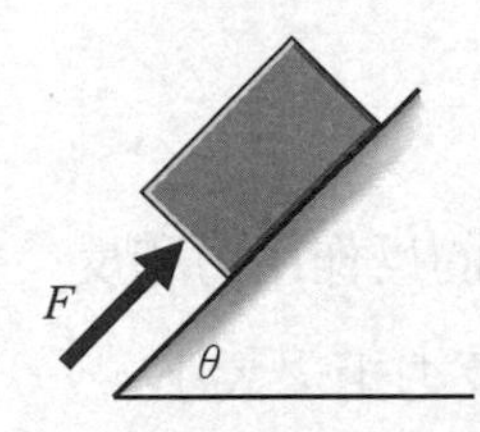

2 長 3m 的桿件受力如下，當平面力系達到平衡狀態時，A 點在垂直方向的反作用力大小為 B 點的 3 倍，求接觸面所受到的反作用力以及反力矩的大小？

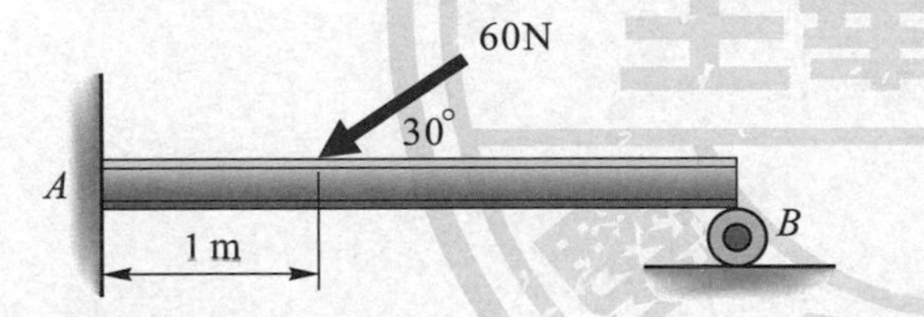

3 下圖中，當平面力系達到平衡狀態時，接觸點 A 所受到垂直方向的反作用力為接觸點 B 的兩倍，求繩 OA、OB 的張力？

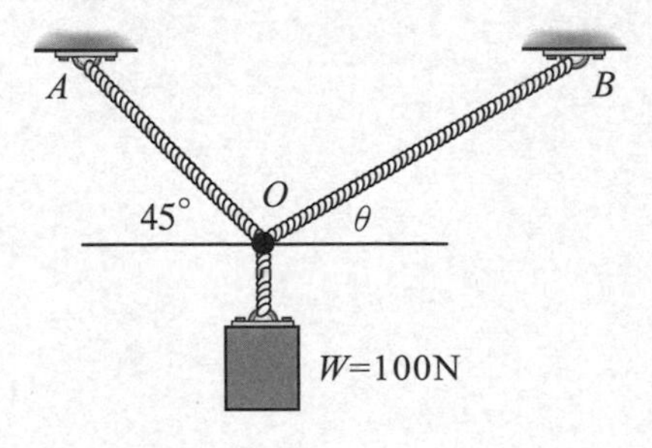

（請沿虛線撕下）

4 有一長度 ℓ m，質量 20kg 之長棒置放於牆角如圖示，若牆與地板均為粗糙面，摩擦係數分別為 0.1 和 0.5，試求使長棒不下滑的最大置放角度 θ？

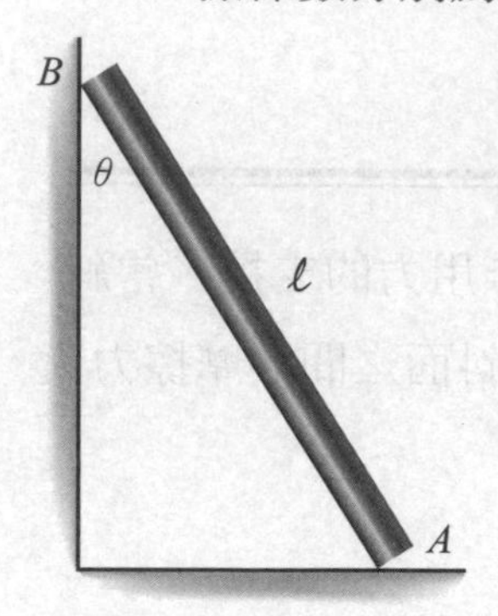

5 下圖中，長 3m 桿件受到作用力 $\vec{F}=10\vec{i}-10\vec{j}$ 作用，試將所受的反作用力和反力矩標示在自由體圖上，然後再以平衡方程式求得反作用力和反力矩之大小。

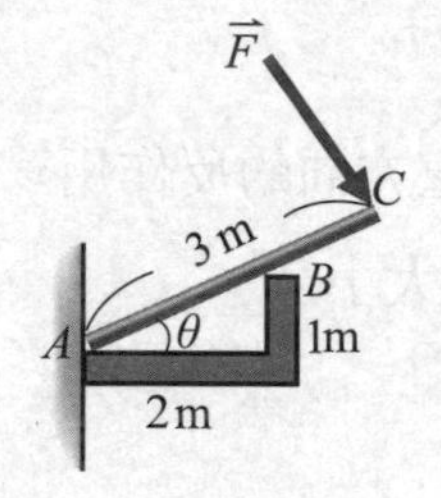

6 如圖，求 A、B 點之反力？

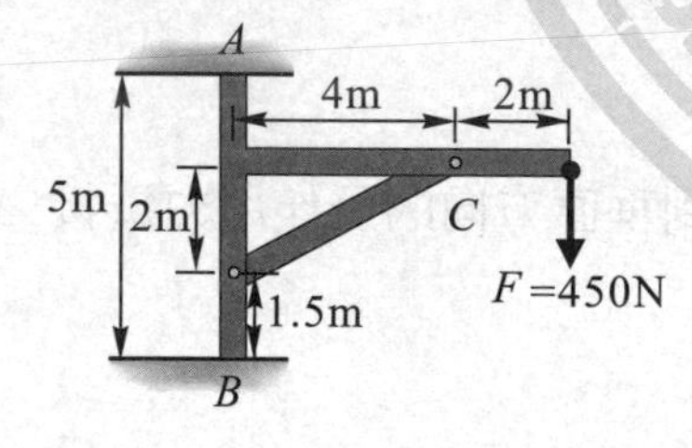

7 如圖求 a 桿所受之力？

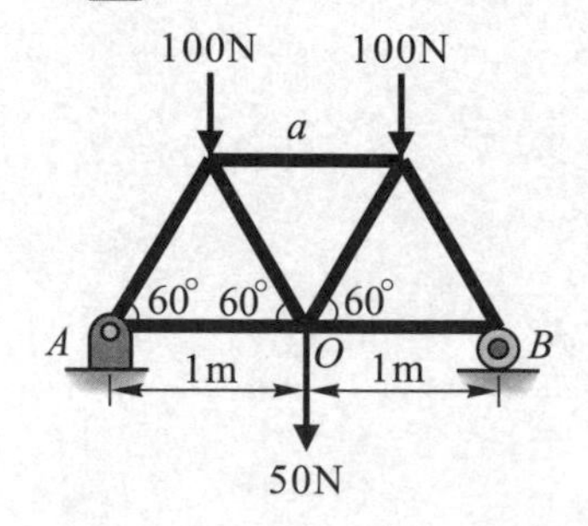

8 如圖所示，求 R_A？

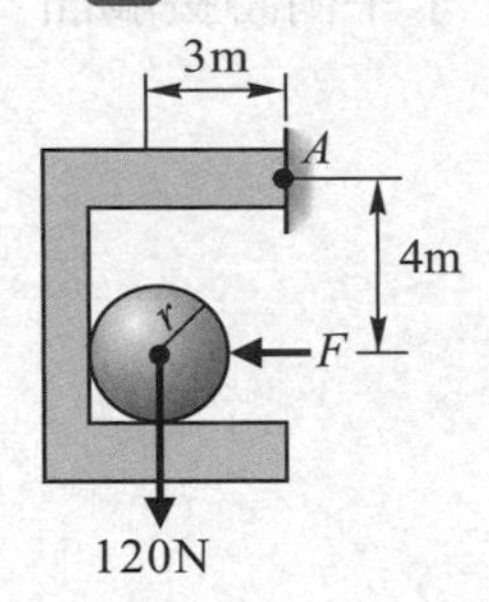

9 練習題第 1 題中，若斜角 θ 增大至 30°時，突有一 10kg 重的小孩爬上坐於方塊上，試問該方塊是否下滑？

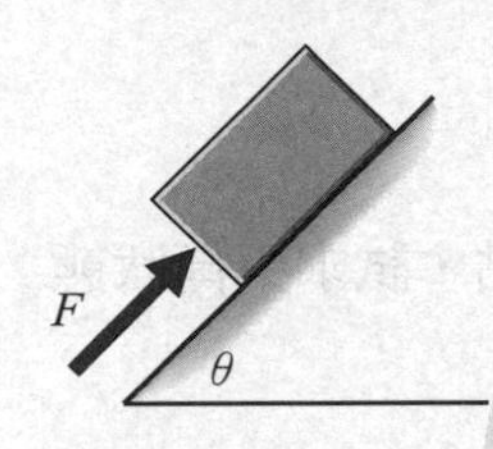

10 求上題中方塊開始下滑之角度？

11 試求支點 A 和支點 B 處反作用力之大小？(F = 100N)

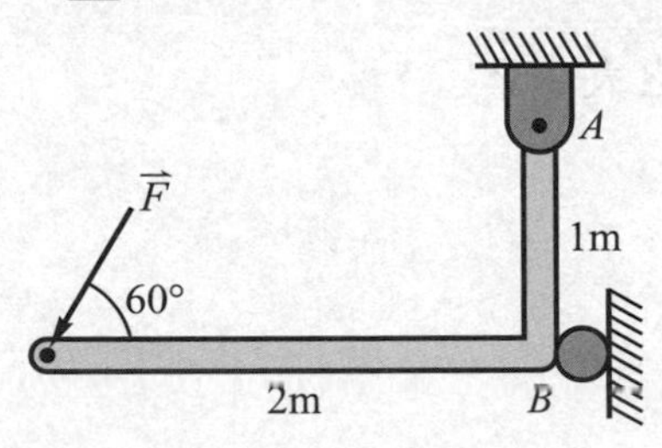

（請沿虛線撕下）

12 下圖構件中 ACD 高 4m，寬 1.5m，AB 長 2.5m，AC 間距 2.5m，求平衡時接觸面 A 和 B 的反作用力？

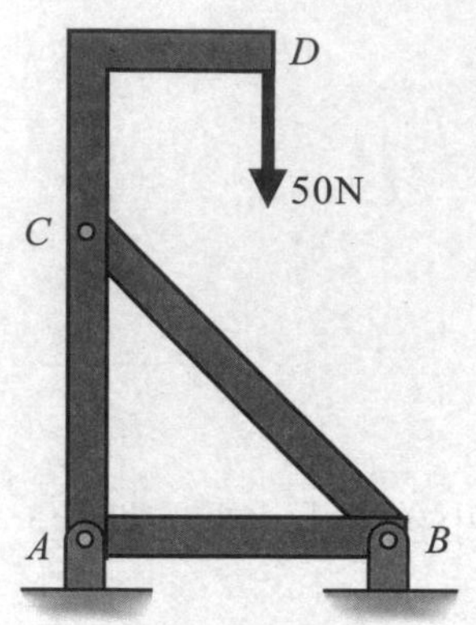

13 當下圖之構件受到 100 N 作用力時，若支點 B 介於桿 AC 的中點，試求平衡狀態下各點之反作用力大小？

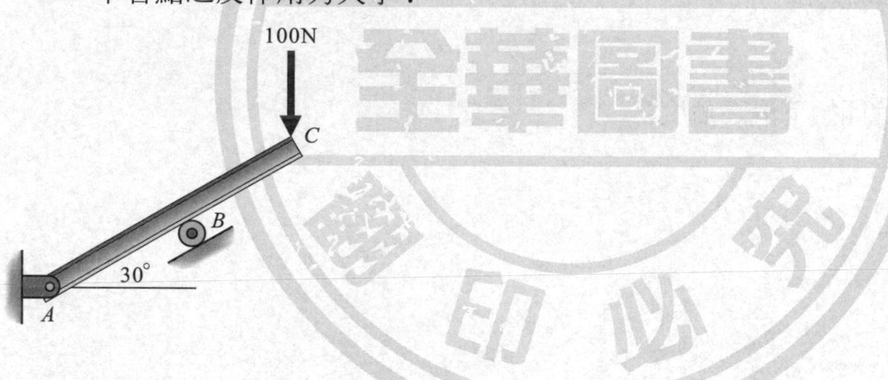

14 當下列三力元件處於平衡狀態時，試求各反作用力之大小？

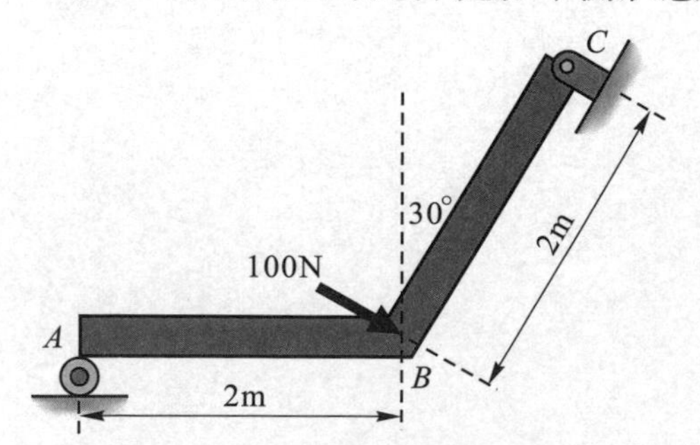

15 下圖中，重量可忽略不計的構件 AB 長 5m，以一條軟繩繫於牆上，C 點距 B 點爲 1m，夾角 θ 爲 75°，有一質量爲 10 kg 的方塊懸吊於 B 點上，當系統達成平衡時，求 A 處和 B 處所承受之反作用力大小？

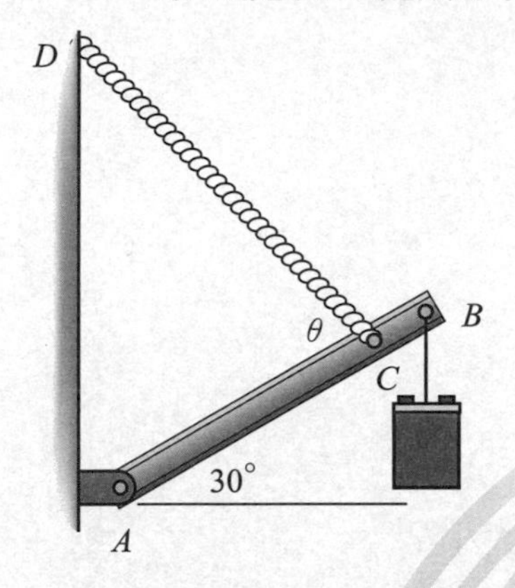

16 下圖直徑 2m 之構件上一質量爲 10 kg 的方塊懸吊於 C 點上，試求平衡狀態下各點之反作用力大小？

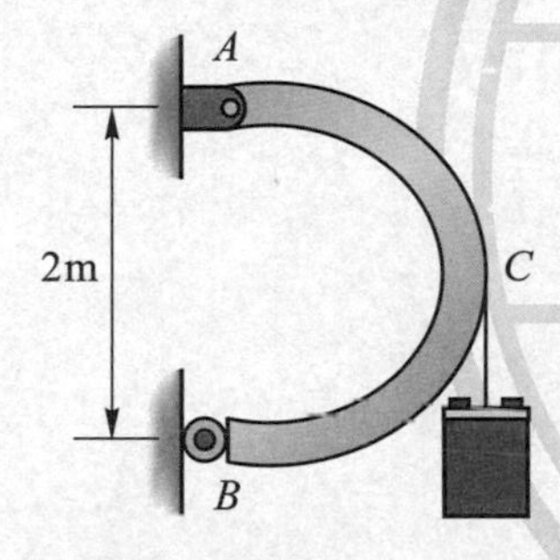

17 下圖構件中 AD 長 6m，C 點介於 AD 之間，$AB = AC = 4$m，試求平衡時接觸面 A 和 B 的反作用力？

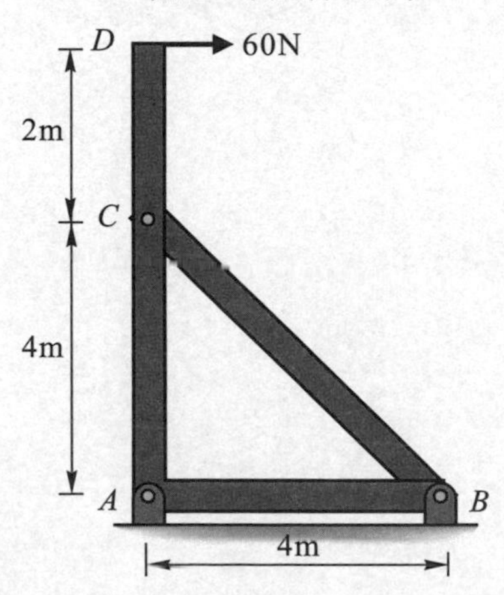

（請沿虛線撕下）

18 承上題，試求平衡時接觸面 A 和 B 的反作用力？

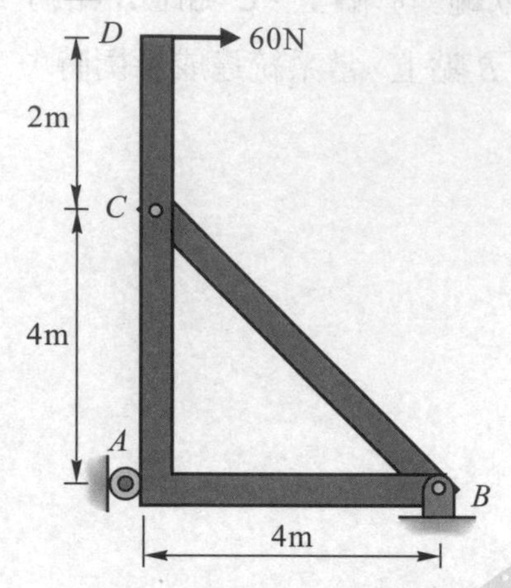

19 當下列三力元件處於平衡狀態時，試求各反作用力之大小？

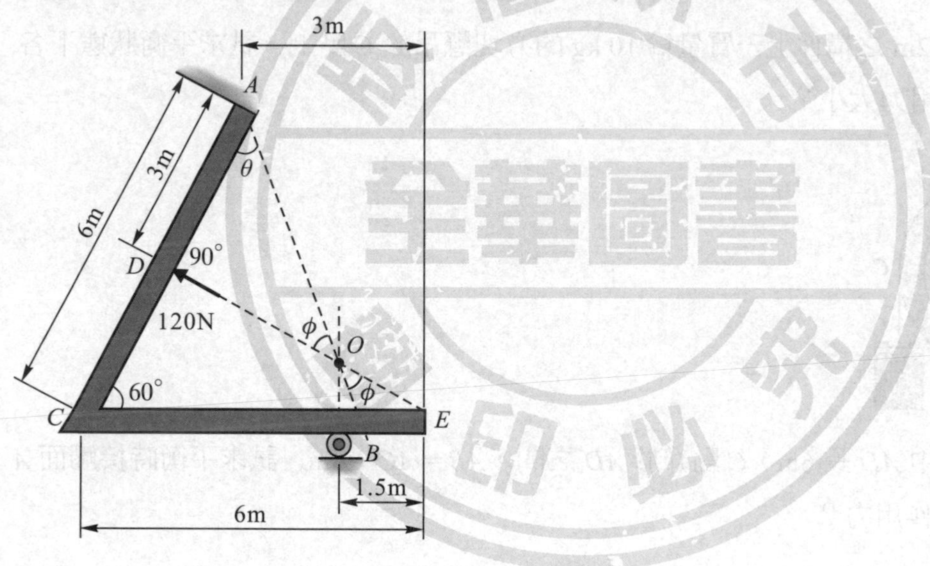

20 試求 A 點和 B 點所承受之反作用力？

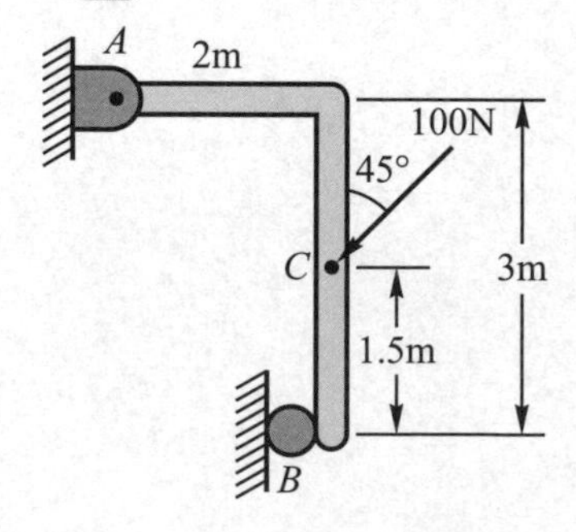

得 分

靜力學
學後評量
CH06　重力、彈簧力與張力

班級：
學號：
姓名：

1 質量為 20kg 的物體，以一條最大容許受力為 120 N 的軟繩穿過套環 O 懸吊於 A 點上，當軟繩的一端被緩緩向右移到 B 點，試求軟繩斷裂時 θ 角度為多少？

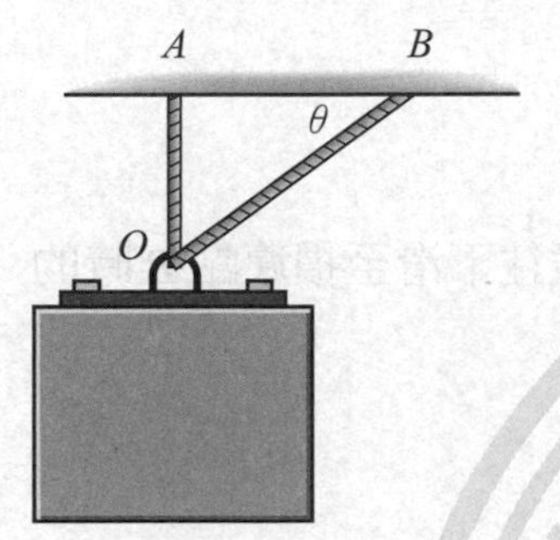

2 彈簧常數 $k = 500\text{N/m}$，自然長度為 50cm 的彈簧，一端繫於置放在光滑平面質量為 20kg 的物體上，如果 B 點往上抬高變成 θ 為 30° 的斜面，此時彈簧的長度為多少？

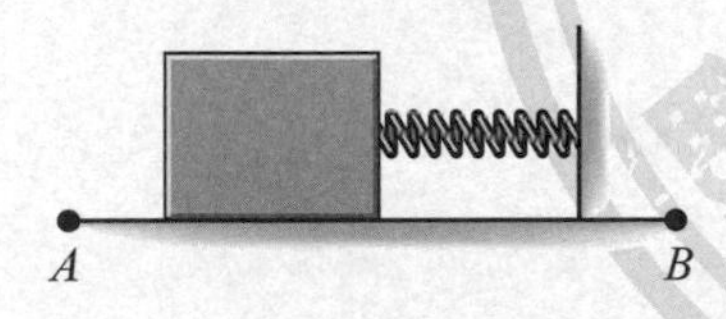

3 彈簧常數 k 的彈簧，一端繫於置放在光滑平面質量為 20kg 的物體上，如果 B 點往上抬高變成 θ 為 30° 的斜面時，彈簧的長度為 65cm，θ 為 45° 的斜面時，彈簧的長度為 72cm，試求彈簧常數 k 和彈簧的自然長度 L_0？

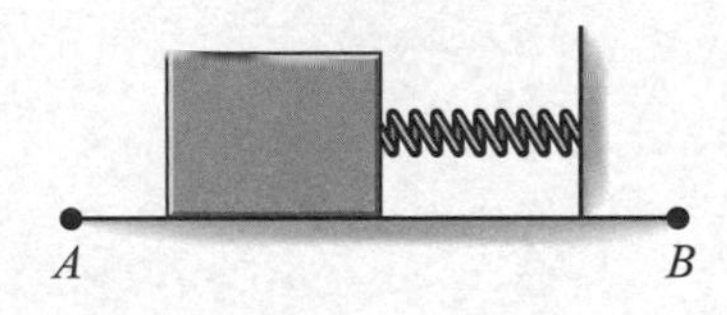

（請沿虛線撕下）

4 質量為 m 的無摩擦滑套與牆相距 50cm，在自然長度下從 A 點慢慢往下滑到 B 點，若彈簧常數 $k = 500\text{N/m}$，最大承受力為 200N，試求彈簧不受到破壞的最大質量以及此時滑套所受到的反作用力大小？

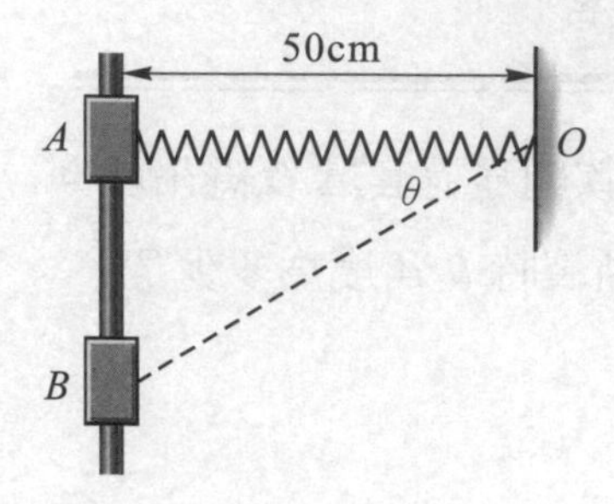

5 上題中若滑套質量為 15kg，自然長度為 40cm，試求彈簧往下滑至損壞點 B 時的長度及此時滑套所受到的反作用力？

6 質量 80kg 的物體以彈簧常數分別為 $k_1 = 3\text{kN/m}$、$k_2 = 2\ \text{kN/m}$、$k_3 = 1\ \text{kN/m}$ 和 $k_4 = 4\ \text{kN/m}$ 的四條彈簧懸掛在天花板上，試求彈簧的伸長量？

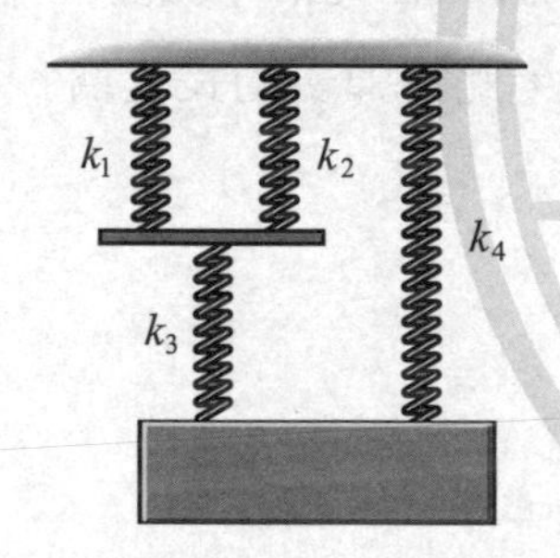

7 物體 A 和物體 B 以一條繩索和滑輪系統懸吊，若物體 A 的質量 m_A 為 10 kg，則物體 B 與物體 C 的質量分別是多少才能使三者達成平衡。

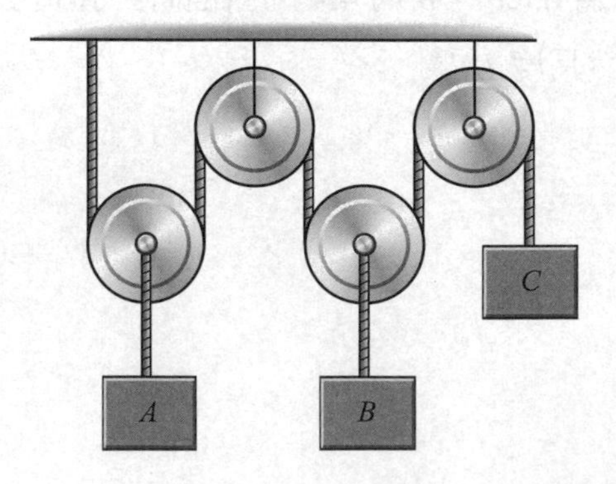

8 圖中 C 彈簧比 A 和 B 彈簧短 2cm，將質量為 40kg 的物體置於其上，求各組彈簧壓縮量？$k_A = 2\text{kN/m}$，$k_B = 3\text{kN/m}$，$k_C = 1\text{kN/m}$

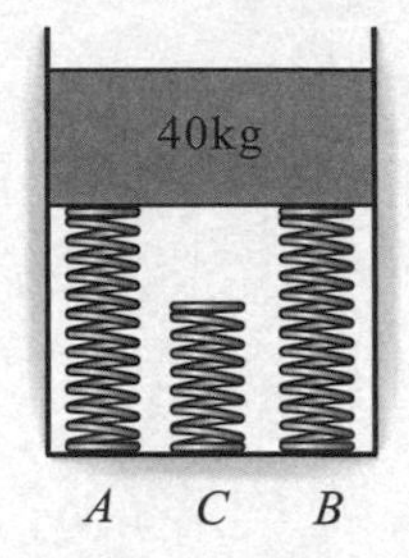

9 如圖有 2 個彈簧，求物體傾斜角度，及各組彈簧的伸長量？$k_A = 2\text{kN/m}$，$k_B = 8\text{kN/m}$

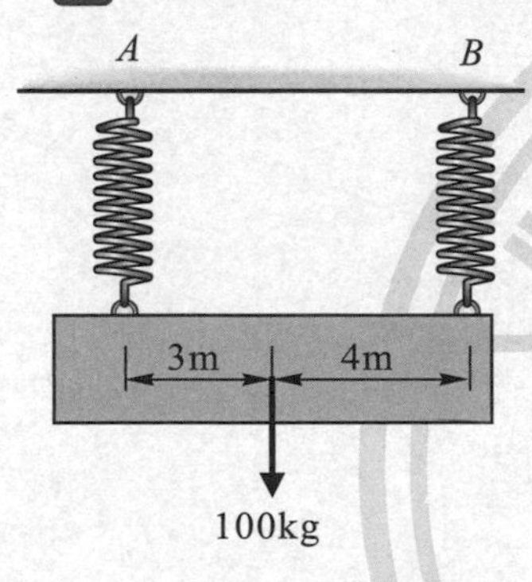

10 物體 A 和 B 以繩子、彈簧和滑輪系統懸吊，以 300N 的 T 力拉之，試求物體 A 和 B 質量為多少時才能達到平衡？彈簧伸長量？($g = 9.8\text{m/s}^2$)

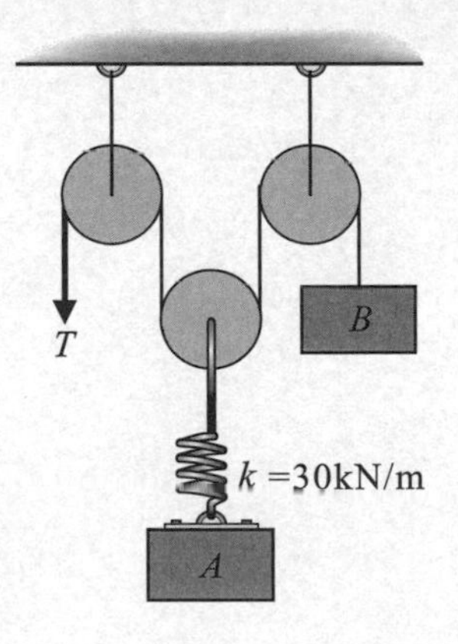

(請沿虛線撕下)

得　分

靜力學

學後評量

CH07　平面結構分析

班級：

學號：

姓名：

1 試求圖中桁架各桿件的受力情形

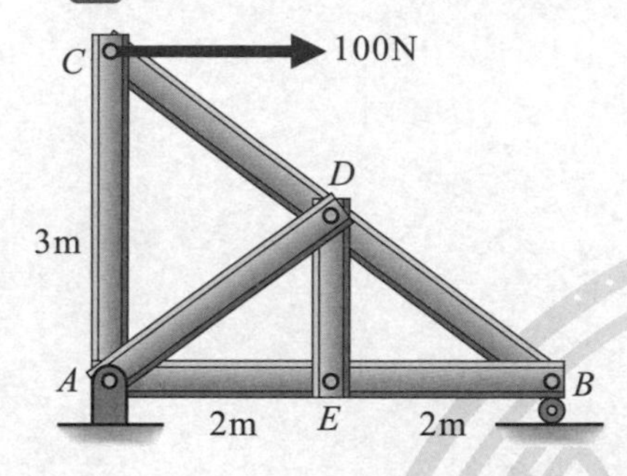

2 試找出下圖中的零力桿件？

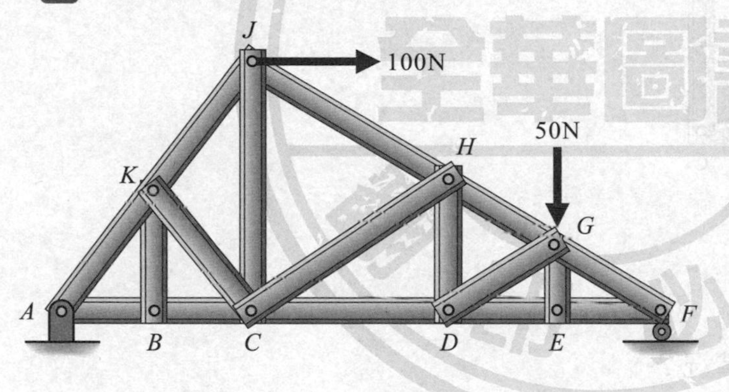

3 試求圖中桿件 AE 和 BE 的受力情況？

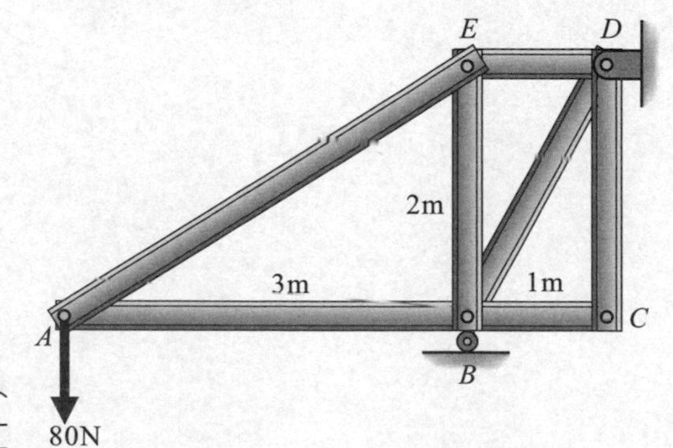

（請沿虛線撕下）

4 試求圖中桿件 BC 和 BF 的受力情況？

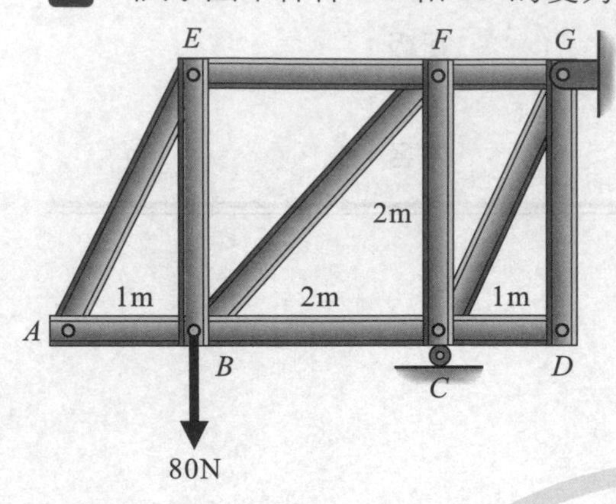

5 試求圖中桿件 AE 和 AG 的受力情況？

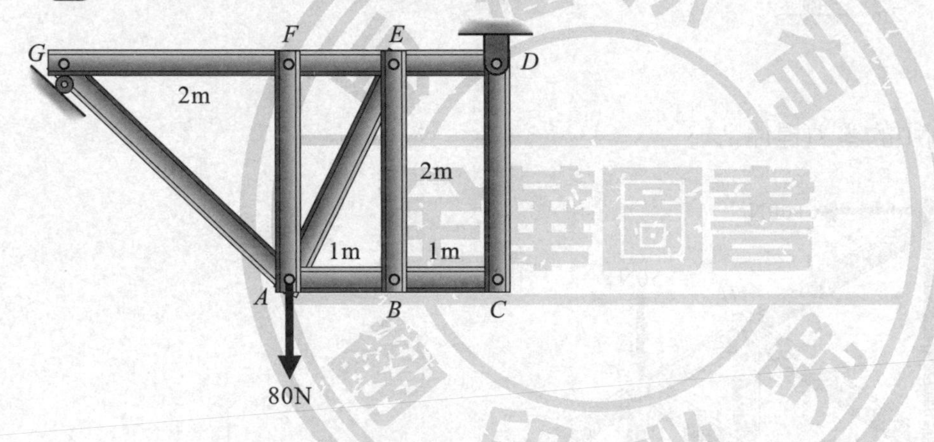

6 試求 EC、EB、EF 的受力情況？

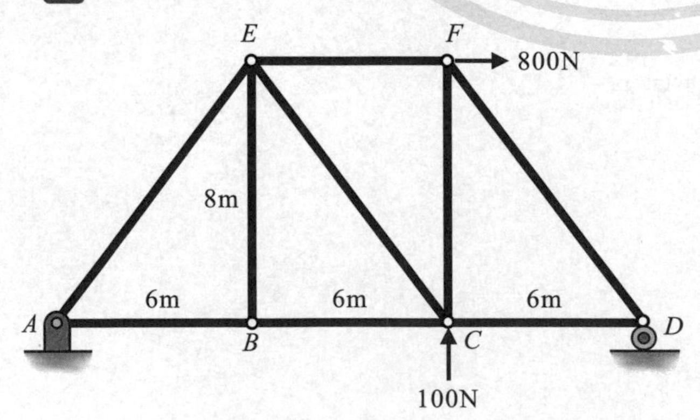

7 求各桿件的受力情形？

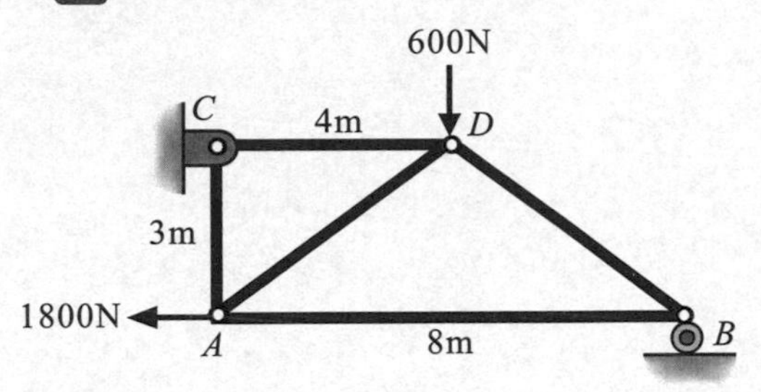

8 試求桿件 AB 與桿件 AC 所受之力？

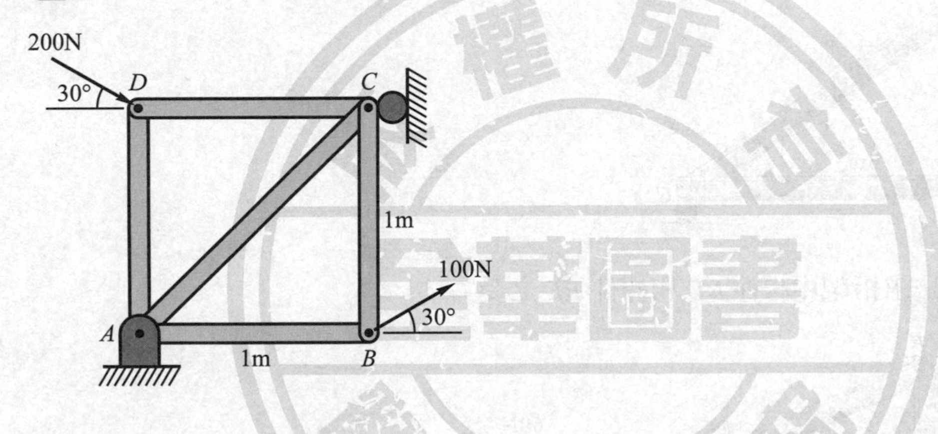

9 試求桿件 CD、BD 及 ED 所受之力？

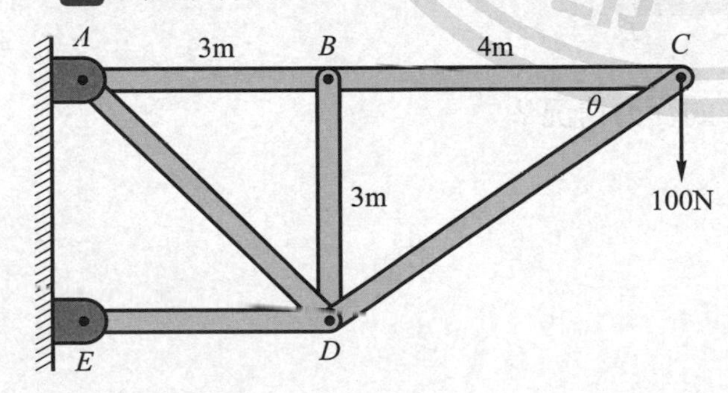

（請沿虛線撕下）

10 試求桿件 *AD*、*BC* 及 *BD* 所受之力？

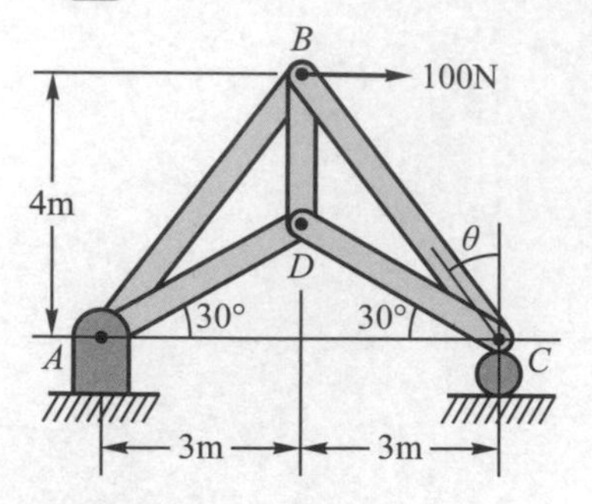

11 利用截面法求桁架中桿件 *BD* 和桿件 *CD* 之受力？

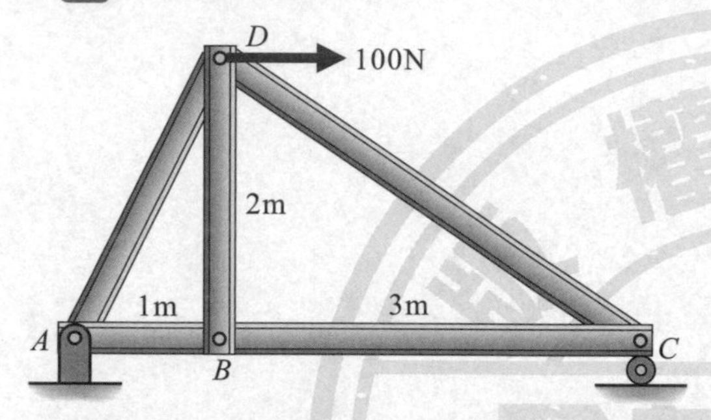

12 利用截面法求桁架中桿件 *BE* 和桿件 *FE* 之受力？

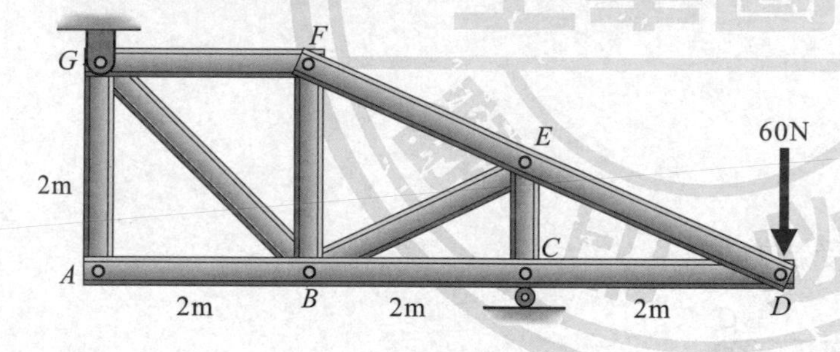

13 試利用截面法求圖中桿件 *AB* 和 *EF* 的受力情況？

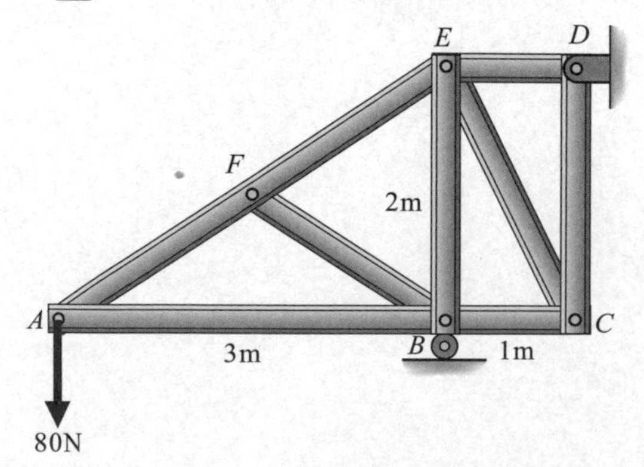

14 試利用截面法求圖中桿件 FB 和 FG 的受力情況？

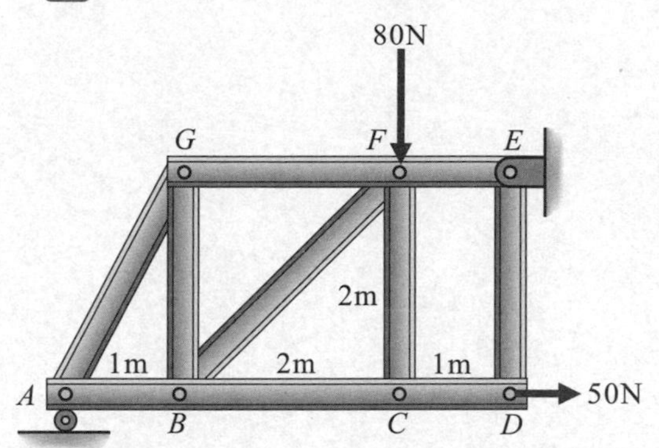

15 試利用截面法求圖中桿件 AE 和 AG 的受力情況？

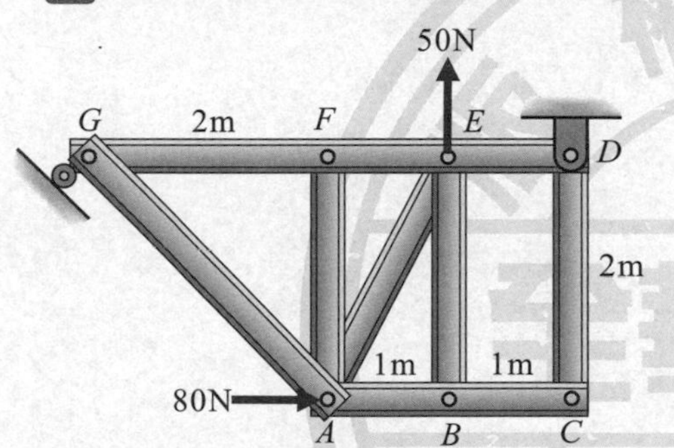

16 構件中 AD 和 CF 桿件長 3m，試求各桿件的受力情況？

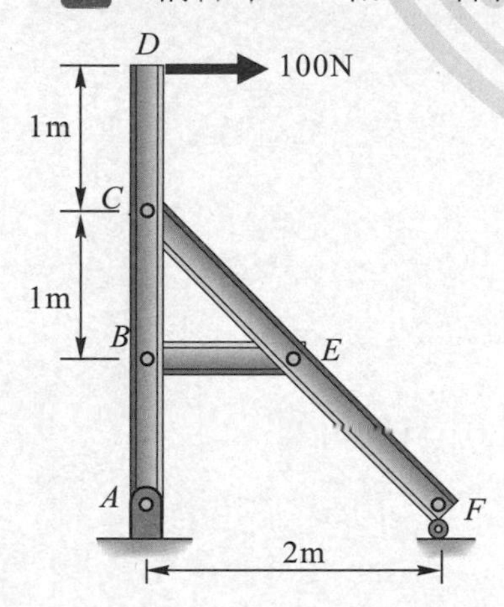

（請沿虛線撕下）

17 試利用截面 a–a 求桿件 EJ、GL 的受力？

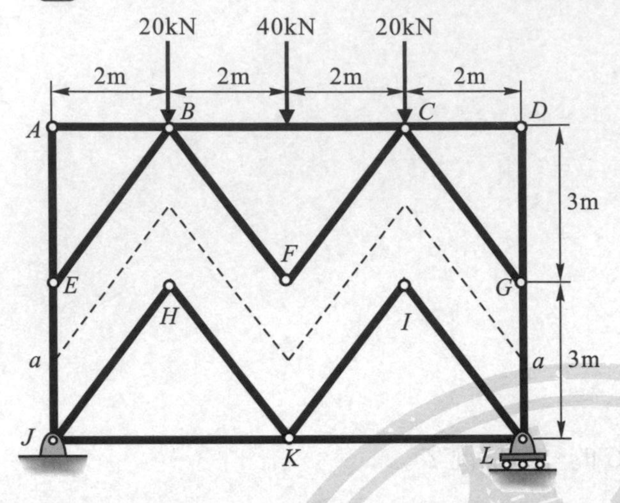

18 試用截面法求桿件 CD、FG 的受力？

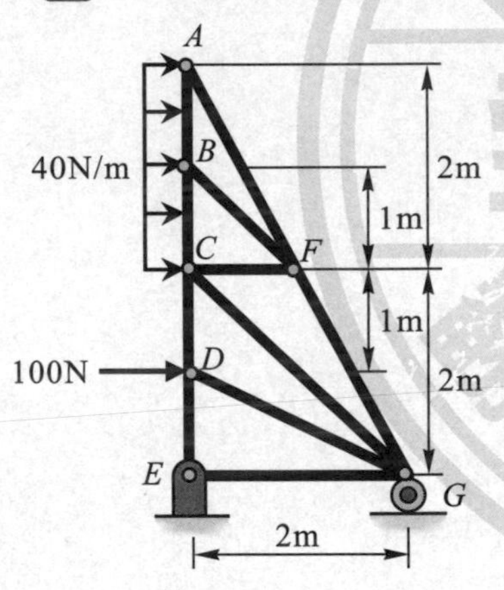

19 利用截面法求桿件 AC 和桿件 AD 之受力？

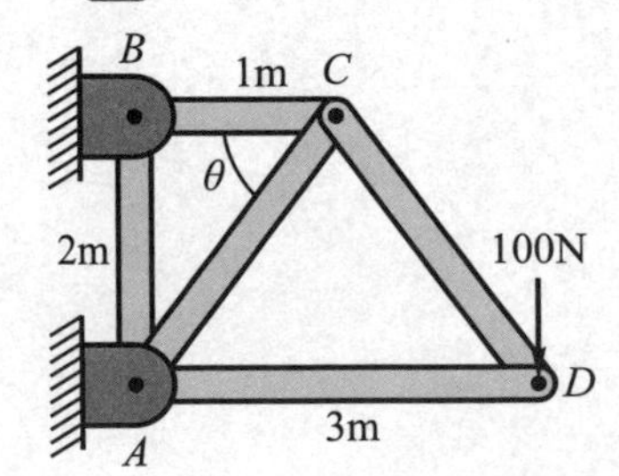

20 試求圖中構架各組件受力情形？

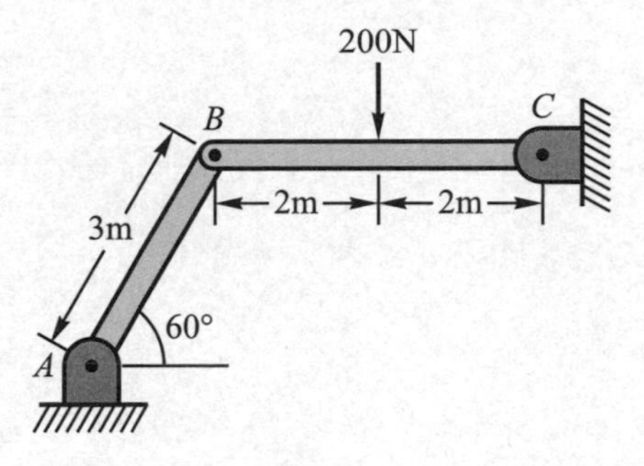

(請沿虛線撕下)

小提示

必要時，截面法和節點法可以混合搭配使用來求解桁架桿件的受力。構架則可用節點法和主要元件法搭配使用來求解。

版權所有
全華圖書
翻印必究

得　分

靜力學
學後評量
CH08　摩擦與摩擦力

班級：
學號：
姓名：

1 質量為 20 kg 的物體置於斜面上以具有彈性的繩索拖拉向上，如果繩索長度為 3m，靜摩擦係數 μ_S 為 0.2，彈簧常數 k 等於 500N/m，試求物體開始往上移動時繩索之長度？

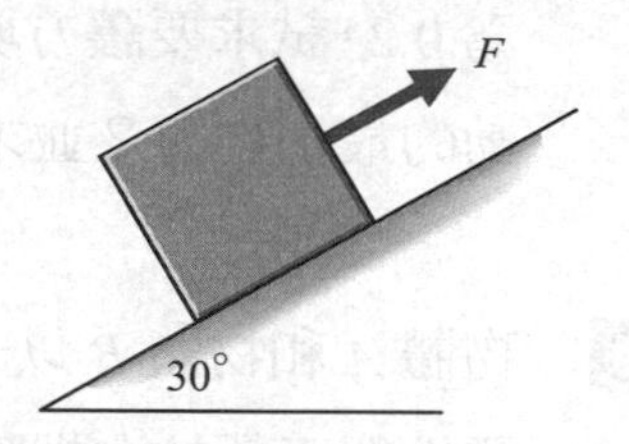

2 長度 1m，質量為 3kg 的棒子，在端點 A 處靠在牆壁上並且連結一彈簧常數為 200N/m 的彈簧，棒子和牆壁以及平面間的靜摩擦係數均為 0.2，當棒子釋放且達成平衡狀態時棒子與平面夾角 θ 為 30°，試求彈簧之伸長量？

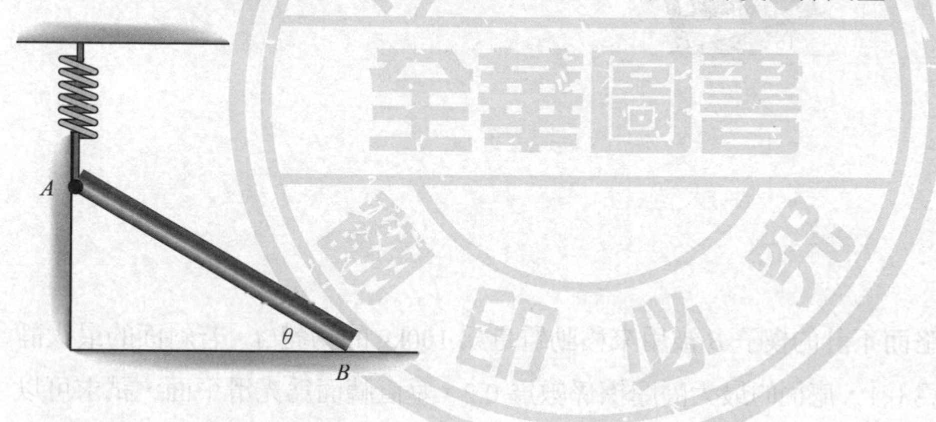

3 兩個質量均為 10 kg 的方塊 A 和 B 置於平面上，兩者之間以長 1m，彈簧常數 100N/m 的彈簧連結，兩者與接觸面之間的靜摩擦係數分別為 0.2 和 0.4，當平面被從 S 端緩慢抬高使平面變為斜面，斜角 θ 漸漸增大使兩個物體同時下滑，試求此時彈簧之長度及斜角 θ 為多少？

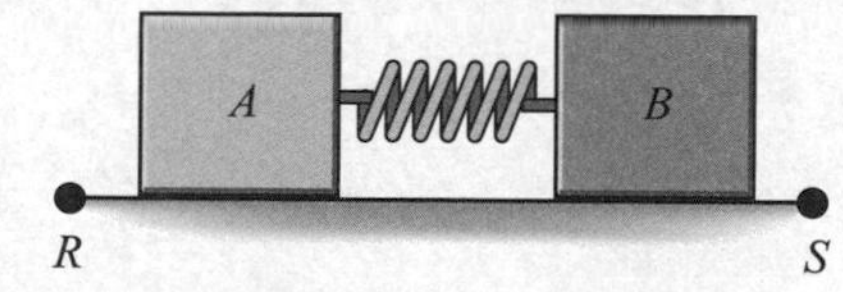

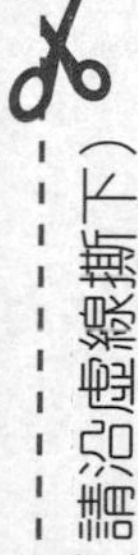
（請沿虛線撕下）

4 質量 20 kg 的方塊 A 以彈簧常數 100N/m 的彈簧連結置於質量爲 30 kg 的方塊 B 上，如圖示，若兩方塊接觸面之間的最大靜摩擦係數爲 0.5，方塊 B 和地面之間的最大靜摩擦係數爲 0.2，試求要讓方塊 A 和 B 之交界面產生移動的最小拉力？並求此時彈簧的伸長量？

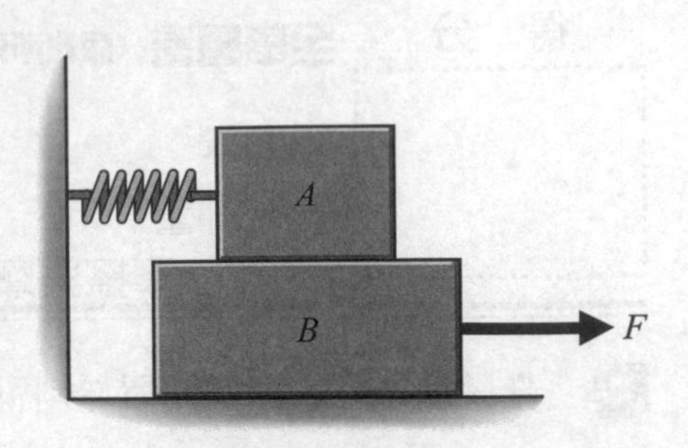

5 物體 A 和物體 B 以一條繩索和滑輪系統連結，物體 B 再以彈簧常數爲 100N/m 的彈性繩索繫於右端牆上，若物體 A 的質量爲 30kg，物體 B 的質量爲 10 kg，物體 B 和接觸面間的最大靜摩擦係數爲 0.2，求達成平衡時彈簧的伸長量？

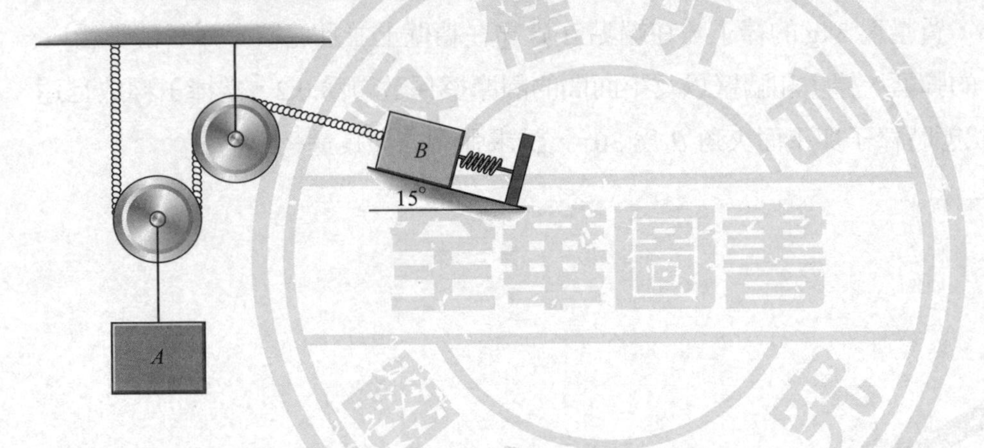

6 重量可以略而不計的楔子 B 被用來移動質量爲 100kg 的物體 A，若斜面的最大靜摩擦係數爲 0.1，底面的最大靜摩擦係數爲 0.2，垂直牆面爲光滑平面，試求可以移動物體 A 所需的最小作用力 P 爲多少？

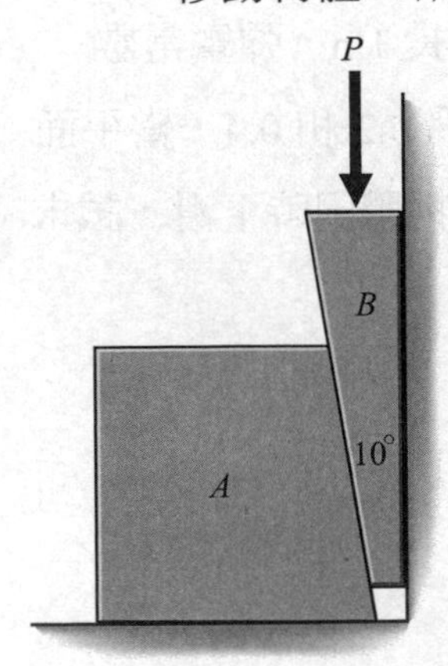

7 如圖所示，上、下兩滑塊分別重 100kg、500kg，設繩和滑輪無摩擦，各平面間摩擦係數均 0.2，求 P 之大小恰可使物件產生滑動。

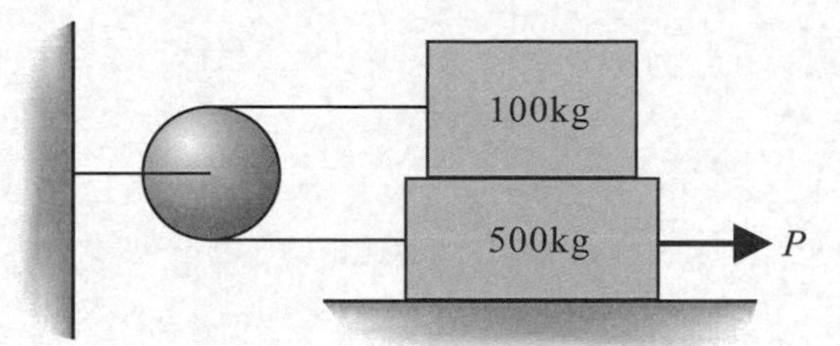

8 如圖有三個物體疊起來，求 F 要多大才能拉動？

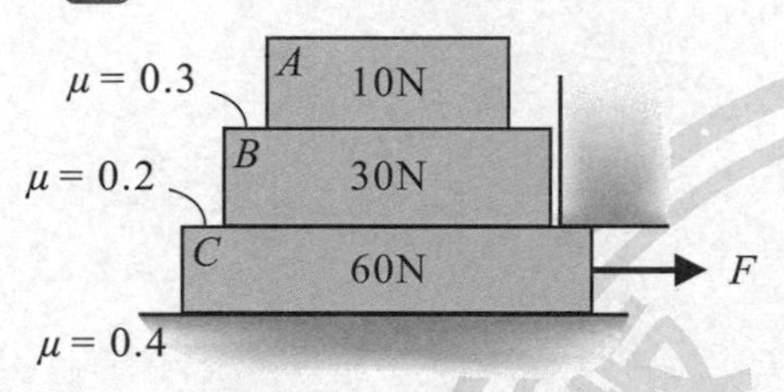

9 如圖，一個重 50N 的物件，放置於 60°角度的斜面上，表面摩擦係數 $\frac{1}{3}$，則要多少水平 P 推，使其不滑下？

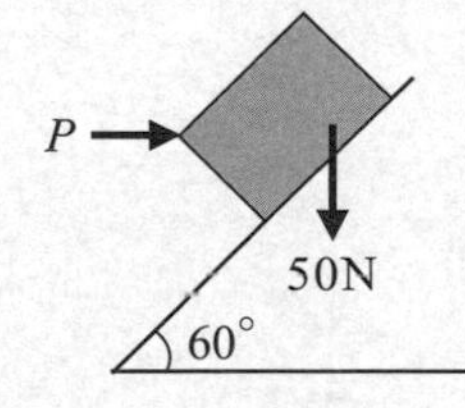

10 質塊 A 與質塊 B 之質量分別爲 10kg 與 20kg，與接觸面之摩擦係數分別爲 0.3 與 0.2，試求不會造成任何質塊移動之最大垂直力 F？

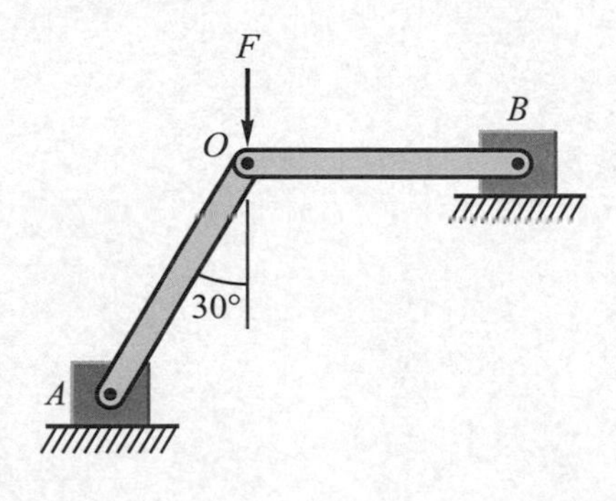

（請沿虛線撕下）

版權所有
全華圖書
翻印必究

得 分

靜力學

學後評量

CH09　重心、質心與形心

班級：

學號：

姓名：

1 在 z 軸方向有平行作用力大小分別爲 20 N、30 N、−50 N 和 40 N，它們在 x-y 平面上的作用點分別爲(2, 1)、(−1, 3)、(0, 2)和(a, b)，若欲使合力的施力位置爲原點，試求未知點 (a, b)之座標？

2 長 5m 的懸臂樑受一線分布力如下圖，求此線分布力合力的大小以及它和 A 點的距離？

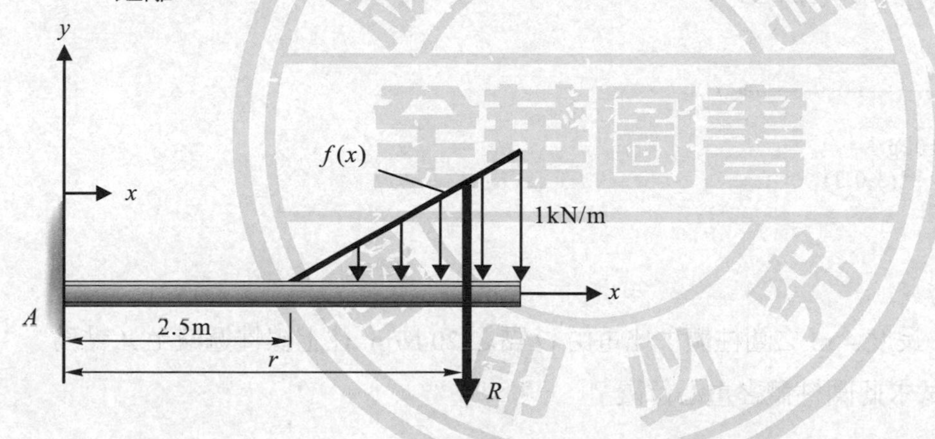

3 橢圓長軸 2 m、短軸 1 m，試求圖中組合體面積的形心位置？

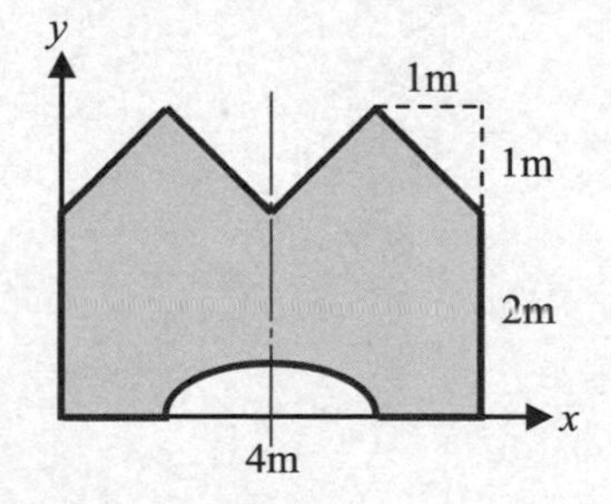

4 大橢圓短軸 1.5 m、長軸 2 m，小橢圓孔洞短軸 0.5 m、長軸 1 m，試求圖中組合體面積的形心位置？

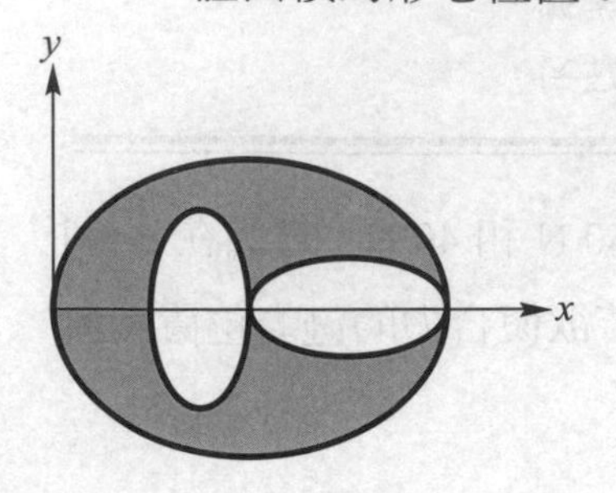

5 具有三個質點之質點系，質量與位置分別如下圖所示，求此質點系之質心位置？

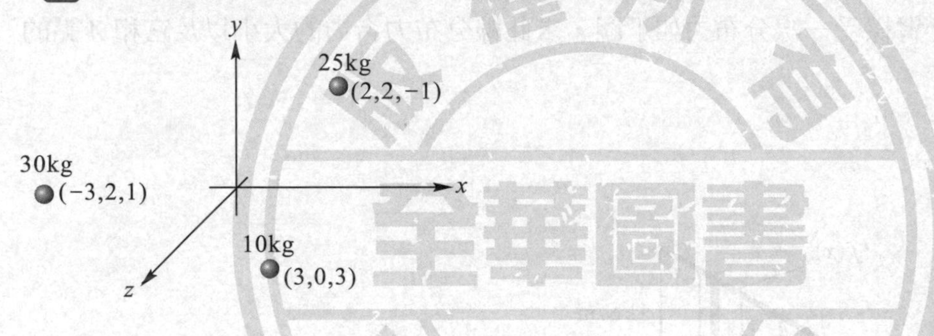

6 半徑 1 m、長度 4 m 之圓柱體，比重由 O 點之 20 N/m^3 往上線性遞減至 A 點為 10N/m^3，試求此圓柱體之重心位置？

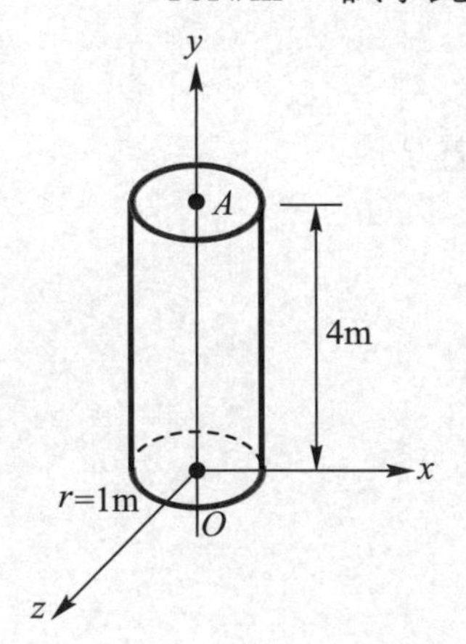

7 求 I 字型鋼截面之重心座標及形心座標。(單位：mm)

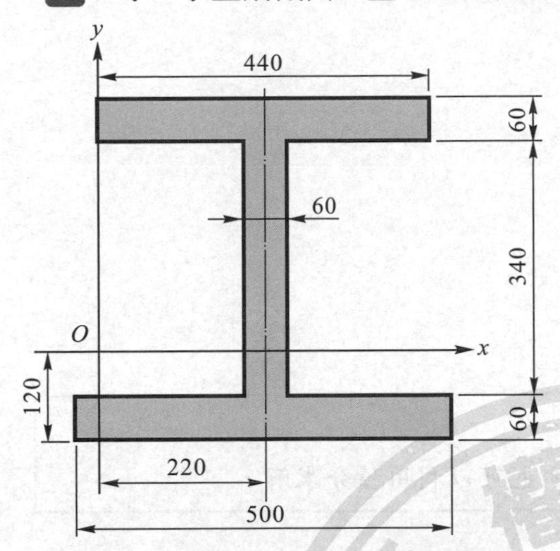

8 一皮帶輪截面繞 y 軸旋轉而成，求其重量為何？已知材料為鋼，密度 $\rho = 7.9 \times 10^3$ kg/m^3。公式：巴波第二定律 $V = 2\pi\bar{y}A$ (體積= $2\pi\bar{y}$ 面積)

重量公式 $W = mg = V\rho g =$ (體積．密度．重力加速度)

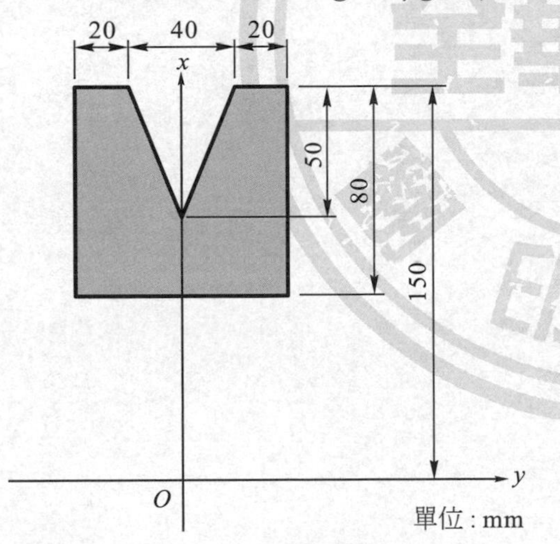

9 試求半徑為 r 的四分之一圓弧線段之形心位置？

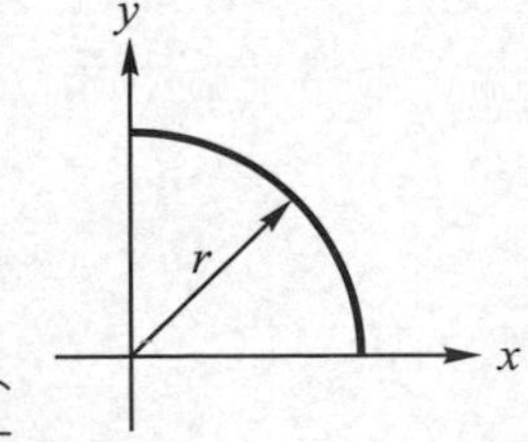

(請沿虛線撕下)

10 試求半徑為 r 的四分之一圓之形心位置？

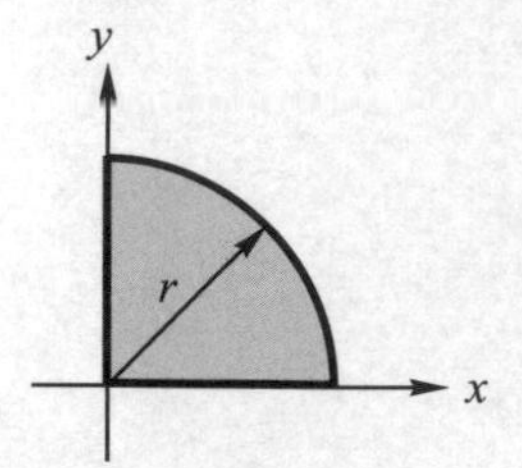

小提示

不規則圖形如果可以得到它們輪廓的方程式，也可以利用積分求解。

得　分

靜力學

學後評量

CH10　慣性矩

班級：

學號：

姓名：

1 大圓半徑 $2r$，小圓半徑 r，求面積對 y 軸及 y' 軸之慣性矩及其相應的轉動半徑？

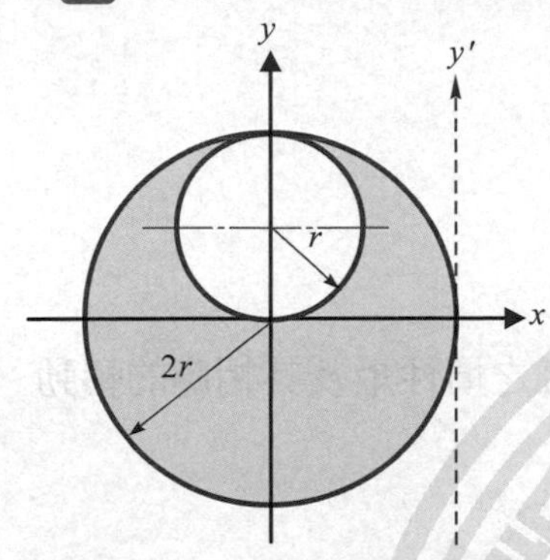

2 大圓半徑 $2r$，方形邊 $1.5r$，求面積對 x 軸及 x' 軸之慣性矩及其相應的轉動半徑？

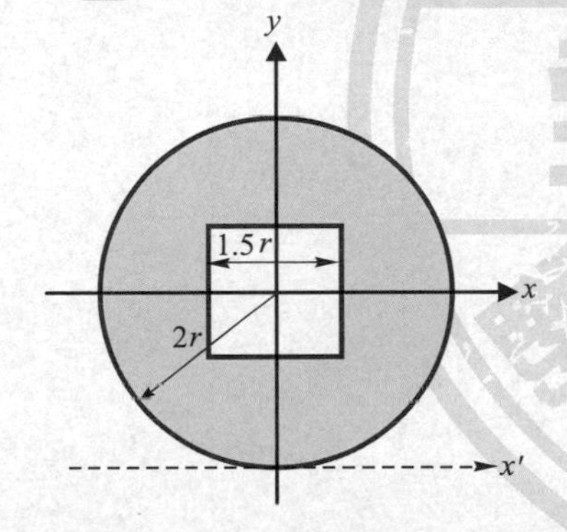

3 橢圓長軸半徑 $0.6r$，短軸半徑 $0.4r$，方形邊 $2r$，求面積對 x 軸及 x' 軸之慣性矩及其相應的轉動半徑？

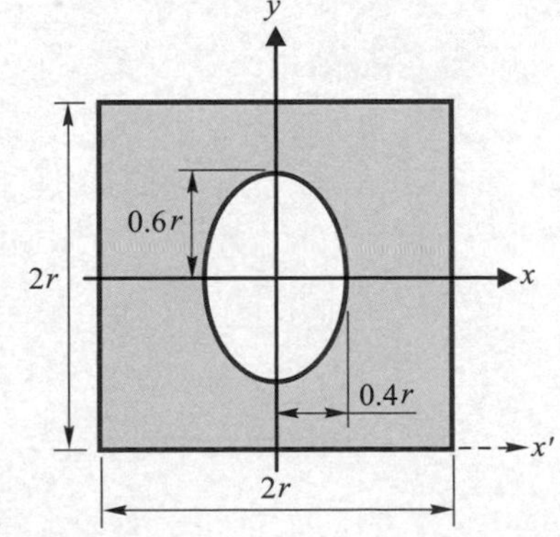

（請沿虛線撕下）

4 三角形邊長 r，求面積對 x 軸及 y 軸之慣性矩及其相應的轉動半徑？

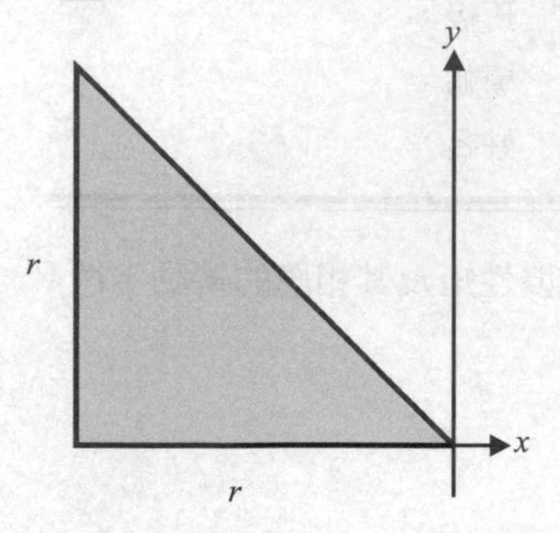

5 三角形邊長 r，小圓半徑 $0.15r$，求面積對 x 軸及 x' 軸之慣性矩及其相應的轉動半徑？

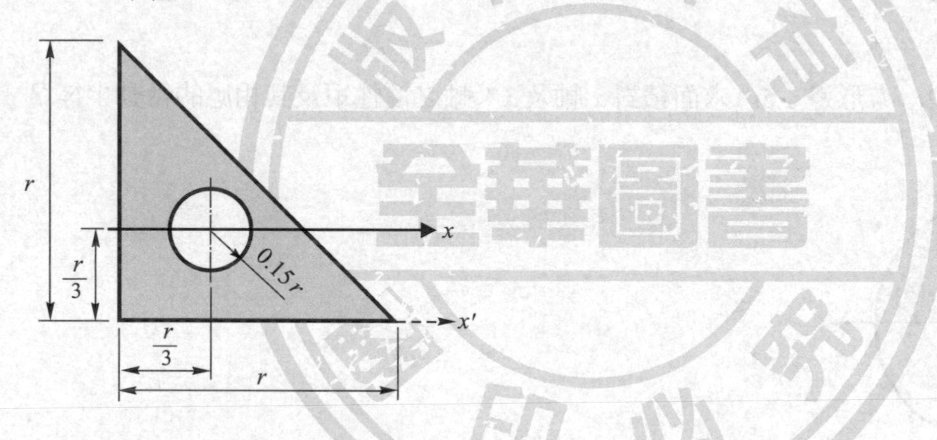

6 大圓半徑 $2r$，小圓半徑 r，求面積對 z 軸之慣性矩？

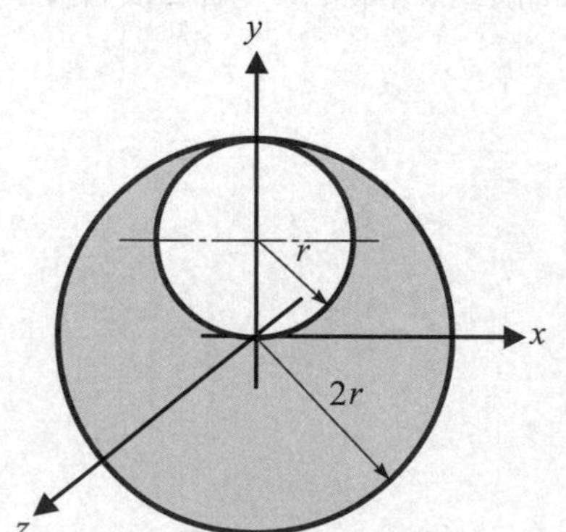

7 如圖所示截面積，求對 x、y 軸的慣性矩和轉動半徑。

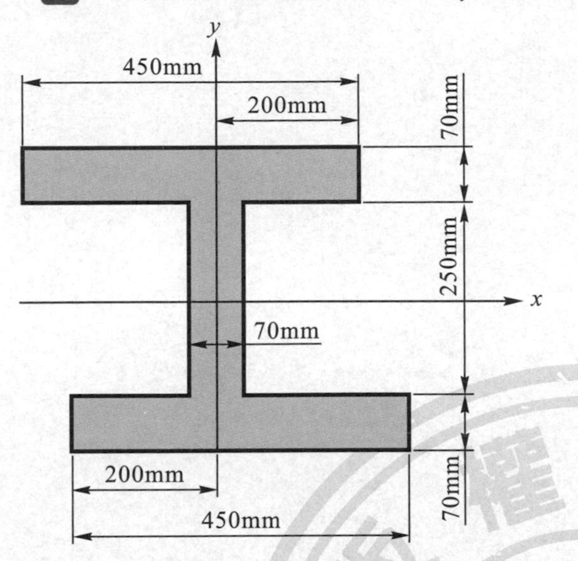

8 如圖截面積，求對 x、y 軸的慣性矩和轉動半徑？

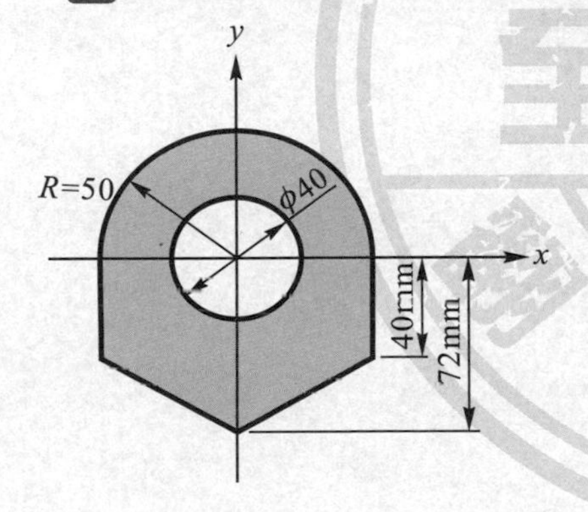

9 試求圖中陰影面積對 x 軸之慣性矩？

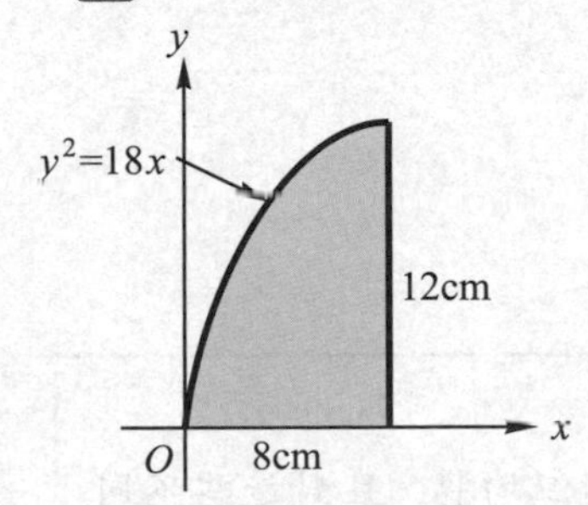

（請沿虛線撕下）

10 試求上題中陰影面積對原點 O 之極性慣性矩？

小提示

一個物體對不同軸的慣性矩一般都會不相同，除非該物體不但均質，且對這些不同軸的對應與分布情況都相同。

得　分

全華圖書（版權所有，翻印必究）

靜力學

學後評量

CH11　功與能

班級：

學號：

姓名：

1 質量 30kg 的物體置於平面上，有兩個人一前一後分別推、拉物體使其往前移動 20 公尺，若物體與地面之間的摩擦力可以忽略，試求對物體所作的功？

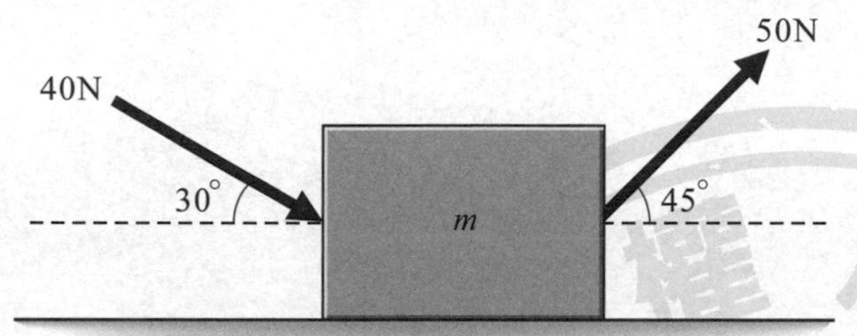

2 上題中，若物體與地面之間的摩擦係數為 0.2，試求對物體所作的功？

3 彈簧常數為 8000 N/m 的彈簧固定於地面上，將其壓縮 10cm 以後以細繩綁住，再將質量為 1kg 的物體置於彈簧上端，然後剪斷細繩使彈簧回復原來長度，若不計空氣阻力，試求該物體上彈的最大高度？

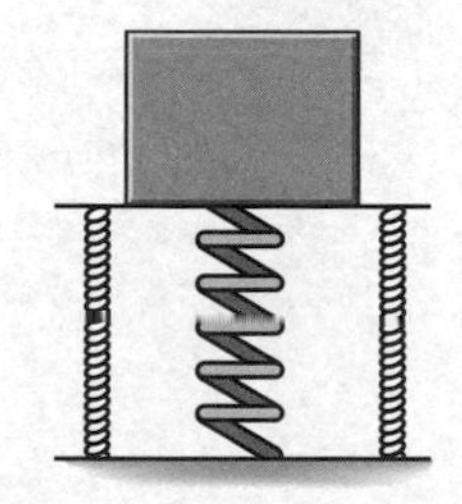

（請沿虛線撕下）

4 彈簧常數 k_1、k_2 分別爲 200 N/m 和 300 N/m 的兩條彈簧，當兩者都處於自然長度時，中間被聯接上一個質量爲 5kg 的物體，若不計空氣阻力，將物體緩緩釋放，試求該物體下降的最大高度？

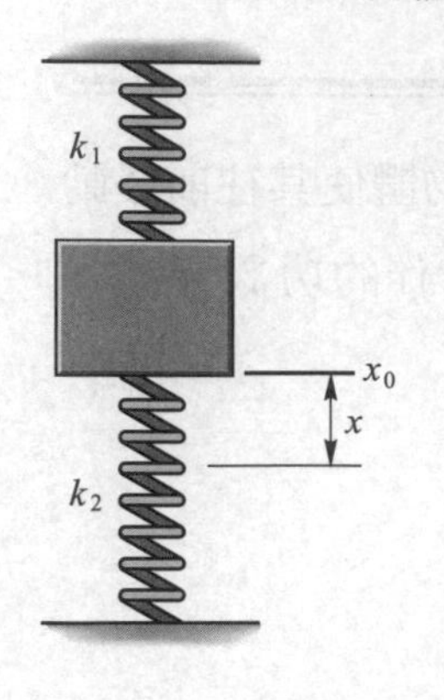

5 馬達和長度分別爲 ℓ 與 3ℓ ($\ell = 0.3$m) 的連桿裝置使活塞能在汽缸中移動，當 θ 爲 45°時，需要克服的摩擦力和汽缸內部作用力爲 300N，試求啓動馬達所需要施加的力矩？

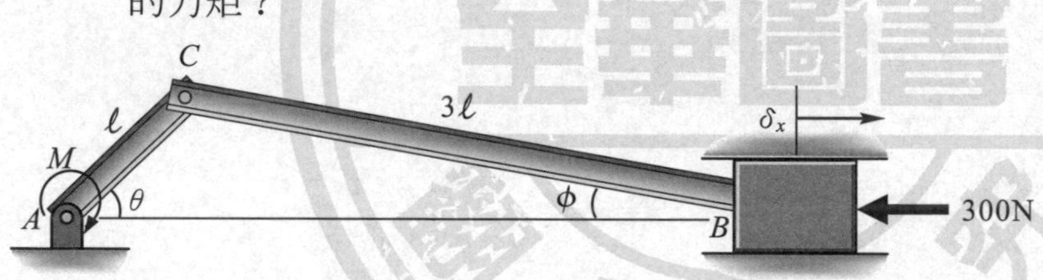

6 兩無重量的連桿 AB 與 BC 一端以鉸鏈固定，另一端則連接滾輪置放於粗糙平面上，如果二者的長度均爲 0.5m，當 θ 爲 30°時，掛在 B 點處質量 2kg 的物體恰好可以使滾輪開始滾動，試求滾輪所受到的摩擦力？

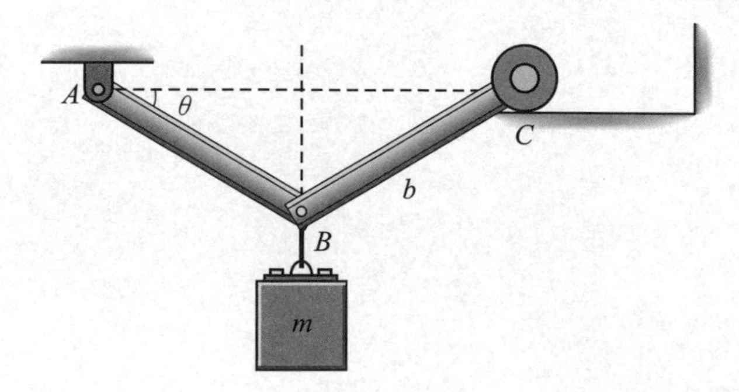

7 有一個子彈(10g)以速度 200m/s 打入木頭，木頭對子彈產生 400N 的阻力，求子彈陷入木頭的深度？(1kg = 1000g；10g = 0.01kg)

8 兩個質塊 A 和 B 質量分別為 3kg 和 2kg，以一條 k = 100N/m 的彈簧連結置於平面上，若質塊 A 與平面間摩擦係數為 0.3，質塊 B 與平面間摩擦係數為 0.5，若將平面由 B 端抬起直到有一質塊將滑動，試求此時兩質塊之位能？

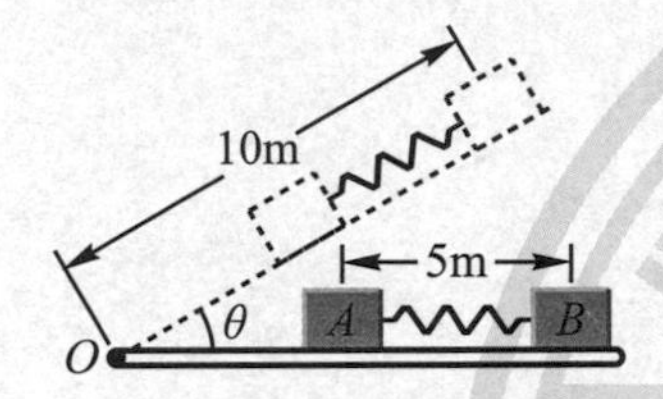

9 上題中，當質塊 B 開始滑動時，試求彈簧的位能？

10 若彈簧最大承受力為 10N，當質塊 B 被換成與平面摩擦係數為 0.8 的質塊 C，若要保證兩者下滑前彈簧不斷裂，試估算其質量及系統位能？

（請沿虛線撕下）

（請由此線剪下）

讀者回函卡

掃 QRcode 線上填寫 ▶▶▶

姓名：＿＿＿＿＿＿ 生日：西元＿＿＿年＿＿＿月＿＿＿日 性別：□男 □女

電話：（ ）＿＿＿＿＿ 手機：＿＿＿＿＿＿

e-mail：（必填）＿＿＿＿＿＿＿＿＿＿

註：數字零，請用 Φ 表示，數字 1 與英文 L 請另註明並書寫端正，謝謝。

通訊處：□□□□□＿＿＿＿＿＿＿＿

學歷：□高中・職 □專科 □大學 □碩士 □博士

職業：□工程師 □教師 □學生 □軍・公 □其他

學校／公司：＿＿＿＿＿＿ 科系／部門：＿＿＿＿＿＿

・需求書類：

□ A. 電子 □ B. 電機 □ C. 資訊 □ D. 機械 □ E. 汽車 □ F. 工管 □ G. 土木 □ H. 化工 □ I. 設計

□ J. 商管 □ K. 日文 □ L. 美容 □ M. 休閒 □ N. 餐飲 □ O. 其他

・本次購買圖書為：＿＿＿＿＿＿ 書號：＿＿＿＿＿＿

・您對本書的評價：

封面設計：□非常滿意 □滿意 □尚可 □需改善，請說明＿＿＿＿

內容表達：□非常滿意 □滿意 □尚可 □需改善，請說明＿＿＿＿

版面編排：□非常滿意 □滿意 □尚可 □需改善，請說明＿＿＿＿

印刷品質：□非常滿意 □滿意 □尚可 □需改善，請說明＿＿＿＿

書籍定價：□非常滿意 □滿意 □尚可 □需改善，請說明＿＿＿＿

整體評價：請說明＿＿＿＿＿＿＿＿

・您在何處購買本書？

□書局 □網路書店 □書展 □團購 □其他＿＿＿＿

・您購買本書的原因？（可複選）

□個人需要 □公司採購 □親友推薦 □老師指定用書 □其他＿＿＿＿

・您希望全華以何種方式提供出版訊息及特惠活動？

□電子報 □ DM □廣告（媒體名稱＿＿＿＿＿＿）

・您是否上過全華網路書店？（www.opentech.com.tw）

□是 □否 您的建議＿＿＿＿＿＿

・您希望全華出版哪方面書籍？＿＿＿＿＿＿

・您希望全華加強哪些服務？＿＿＿＿＿＿

感謝您提供寶貴意見，全華將秉持服務的熱忱，出版更多好書，以饗讀者。

填寫日期： / /

2020.09 修訂

親愛的讀者：

感謝您對全華圖書的支持與愛護，雖然我們很慎重的處理每一本書，但恐仍有疏漏之處，若您發現本書有任何錯誤，請填寫於勘誤表內寄回，我們將於再版時修正，您的批評與指教是我們進步的原動力，謝謝！

全華圖書 敬上

勘誤表

書號		書名		作者	
頁數	行數	錯誤或不當之詞句		建議修改之詞句	

我有話要說：（其它之批評與建議，如封面、編排、內容、印刷品質等・・・）